谨以此书献给
东南大学115周年校庆！
建筑学院90周年院庆！

谨以此书献给
东南大学 115 周年校庆！
建筑学院 90 周年院庆！

建造·性能·人文与设计系列丛书

国家自然科学基金资助项目"基于 LCA 的轻型结构工业化建筑碳排放协同仿真方法研究"(51708282)

国家"十二五"科技支撑计划课题"水网密集地区村镇宜居社区与工业化小康住宅建设关键技术与集成示范"(2013BAJ10B13)

建筑学视野下的
建筑构造技术发展演变

董 凌 著

东南大学出版社

南 京

内容提要

建筑构造作为建筑的物质构成要素，是建造技术的重要组成部分。构造技术反映了整个社会的组织——选择和制造建筑材料的方法、构件组合的方式、组织建造的方法、人工分配的方法、经济核算以及人们的决策对生态的影响等等。因此，构造技术的研究作为创新规律的一部分与建筑教育和实践中通常强调的空间、功能、形式等"内核"同样重要。

本书以建筑学视角切入，从生产力、构造组合原理和系统设计方法等不同方面对建筑构造的历史发展规律进行了总结，形成了建筑构造技术的发展框架：即建筑构件的生产模式、建筑构造工艺以及建筑构造系统组合方式的演变。在该框架内研究各个方向的发展趋势及其相互作用关系。在理论研究的基础上，结合当下国内外建筑工业化的发展趋势，拓展了新的基于制造业流程控制的建筑产品构造设计方法，并应用于可移动铝合金建筑产品研发中，实现了高品质的建筑产品设计与生产制造，实现了从理论到应用的升华，对本土的建筑技术教育发展以及工业化背景下的建筑设计与构造技术的结合提供了重要的理论依据和实践指导。

图书在版编目(CIP)数据

建筑学视野下的建筑构造技术发展演变 / 董凌著. —
南京：东南大学出版社，2017.7
（建造·性能·人文与设计系列丛书 / 张宏主编）
ISBN 978-7-5641-7269-5

Ⅰ. ①建… Ⅱ. ①董… Ⅲ. ①建筑构造-技术发展
Ⅳ. ①TU22

中国版本图书馆 CIP 数据核字(2017)第 167458 号

书　　名：建筑学视野下的建筑构造技术发展演变
著　　者：董　凌
责任编辑：戴　丽
文字编辑：贺玮玮　魏晓平
责任印制：周荣虎
出版发行：东南大学出版社
社　　址：南京市四牌楼 2 号　　邮编：210096
网　　址：http://www.seupress.com
出 版 人：江建中

印　　刷：南京玉河印刷厂
排　　版：南京新洲制版有限公司
开　　本：889mm×1194mm　1/16　　印张：17.25　　字数：540 千字
版　　次：2017 年 7 月第 1 版　　2017 年 7 月第 1 次印刷
书　　号：ISBN 978-7-5641-7269-5
定　　价：68.00 元
经　　销：全国各地新华书店
发行热线：025-83790519　　83791830

序一

　　2013年秋天,我在参加江苏省科技论坛"建筑工业化与城乡可持续发展论坛"上提出:建筑工业化是建筑学进一步发展的重要抓手,也是建筑行业转型升级的重要推动力量。会上我深感建筑工业化对中国城乡建设的可持续发展将起到重要促进作用。2016年3月5日,第十二届全国人民代表大会第四次会议政府工作报告中指出,我国应积极推广绿色建筑,大力发展装配式建筑,提高建筑技术水平和工程质量。可见,中国的建筑行业正面临着由粗放型向可持续型发展的重大转变。新型建筑工业化是促进这一转变的重要保证,建筑院校要引领建筑工业化领域的发展方向,及时地为建设行业培养新型建筑学人才。

　　张宏教授是我的学生,曾在东南大学建筑研究所工作近20年。在到东南大学建筑学院后,张宏教授带领团队潜心钻研建筑工业化技术研发与应用十多年,参加了多项建筑工业化方向的国家级和省级科研项目,并取得了丰硕的成果,建造·性能·人文与设计系列丛书就是阶段性成果,后续还会有系列图书出版发行。

　　我和张宏经常讨论建筑工业化的相关问题,从技术、科研到教学、新型建筑学人才培养等等,见证了他和他的团队一路走来的艰辛与努力。作为老师,为他能取得今天的成果而高兴。

　　此丛书只是记录了一个开始,希望张宏教授带领团队在未来做得更好,培养更多的新型建筑工业化人才,推进新型建筑学的发展,为城乡建设可持续发展做出贡献。

2016年3月

序二

　　建筑构件的制作、生产、装配,建造成各种类型建筑的方法、模式和过程,不仅涉及过程中获取和消耗自然资源和能源的量以及产生的温室气体排放量(碳排放控制),而且通过产业链与经济发展模式高度关联,更与在建筑建造、营销、运营、维护等建筑全生命周期各环节中的社会个体和社会群体的权力、利益和责任相关联。所以,以基于建筑产业现代化的绿色建材工业化生产——建筑构件、设备和装备的工业化制造——建筑构件机械化装配建成建筑——建筑的智能化运营、维护——最后安全拆除建筑构件、材料再利用的新知识体系,不仅是建筑工业化发展战略目标的重要组成部分,而且构成了新型建筑学(Next Generation Architecture)的内容。换言之,经典建筑学(Classic Architecture)知识体系长期以来主要局限在为"建筑施工"而设计的形式、空间与功能层面,需要进一步扩展,才能培养出支撑城乡建设在社会、环境、经济三个方面可持续发展的新型建筑学人才,实现我国建筑产业现代化转型升级,从而推动新型城镇化的进程,进而通过"一带一路"战略影响世界的可持续发展。

　　建筑工业化发展战略目标是将经典建筑学的知识体系扩展为新型建筑学的知识体系,在如下五个方面拓展研究:

　　(1) 开展基于构件分类组合的标准化建筑设计理论与应用研究。

　　(2) 开展建造、性能、人文与设计的新型建筑学知识体系拓展理论与人才培养方法研究。

　　(3) 开展装配式建造技术及其建造设计理论与应用研究。

　　(4) 开展开放的 BIM(Building Information Modeling,建筑信息模型)技术应用和理论研究。

　　(5) 开展从 BIM 到 CIM(City Information Modeling,城市信息模型)技术扩展应用和理论研究。

　　本系列丛书作为国家"十二五"科技支撑计划项目 2012BAJ16B00"保障性住房工业化设计建造关键技术研究与示范",以及 2013BAJ10B13 课题"水网密集地区村镇宜居社区与工业化小康住宅建设关键技术与集成示范"的研究成果,凝聚了以中国建设科技集团有限公司为首的科研项目大团队的智慧和力量,得到了科技部、住房和城乡建设部有关部门的关心、支持和帮助。江苏省住房和城乡建设厅、南京市住房和城乡建设委员会以及常州武进区江苏省绿色建筑博览园,在示范工程的建设和科研成果的转化、推广方面给予了大力支持。"保障性住房新型工业化建造施工关键技术研究与示范"课题 2012BAJ16B03 参与单位南京建工集团有限公司、常州市建筑科学研究院有限公司及课题合作单位南京长江都市建筑设计股份有限公司、深圳市建筑设计研究总院有限公司、南京市兴华建筑设计研究院股份有限公司、江苏省邮电规划设计院有限责任公司、北京中外建建筑设计有限公司江苏分公司、江苏圣乐建设工程有限公司、江苏建设集团有限公司、中国建材(江苏)产业研究院有限公司、江苏生态屋住工股份有限公司、南京大地建设集团有限责任公司、南京思丹鼎建筑科技有限公司、江苏大才建设集团有限公司、南京筑道智能科技有限公司、苏州科逸住宅设备股份有限公司、浙江正合建筑网模有限公司、南京嘉翼建筑科技有限公司、南京翼合华建筑数字化科技有限公司、江苏金砼预制装配建筑发展有限公司、无锡泛亚环保科技有限公司,给予了课题研究在设计、研发和建造方面的全力配合。东南大学各相关管理部门以及由建筑学院、土木工程学院、材料学院、能源与环境学院、交通学院、机械学院、计算机学院组成的课题高校研究团队紧密协同配合,高水平地完成了国家支撑计划课题研究。最终,整个团队的协同创新科研成果:"基于构件法的刚性钢筋笼免拆模混凝土保障性住房新型工业化设计建造技术系统",参加了"十二五"国家科技创新成就展,得到了社会各界的高度关注和好评。

最后感谢我的导师齐康院士为本丛书写序,并高屋建瓴地提出了新型建筑学的概念和目标。感谢东南大学出版社及戴丽老师在本书出版上的大力支持,并共同策划了这套建造·性能·人文与设计丛书,同时感谢贺玮玮老师在出版工作中所付出的努力,相信通过系统的出版工作,必将推动新型建筑学的发展,培养支撑城乡建设可持续发展的新型建筑学人才。

东南大学建筑学院建筑技术与科学研究所
东南大学工业化住宅与建筑工业研究所
东南大学 BIM-CIM 技术研究所
东南大学建筑设计研究院有限公司建筑工业化工程设计研究院

2016 年 10 月 1 日于容园·南京

前　言

　　建筑构造是建造技术教育的重要组成部分。构造技术反映了整个社会的组织——选择和制造建筑材料的方法、构件组合的方式、组织建造的方法、人工分配的方法、经济核算以及人们的决策对生态的影响等等。在之前的建筑历史研究中我们通常只关注了空间、图像，而忽略了构成它的要素。高品质的建筑需要高品质的思想，而高品质的构成要素和建造方法是这个思想中必不可少的，构造技术的进步最终会成为提高建筑品质卓有成效的推动力。因此，构造史的研究作为创新规律的一部分与建筑教育和实践中通常强调的空间、功能、形式等"内核"同样重要。

　　本书从建造的角度出发，从生产力、构造组合原理和系统设计方法等不同方面对建筑构造的历史发展规律进行了总结，并针对当下国内外建筑产业化发展的趋势，提出了新的基于制造业流程控制的建筑产品构造系统设计方法。研究主要包括以下几方面工作：

　　首先，通过回溯建造的历史发掘建筑构造技术发展规律。从不同历史阶段的、不同地域的、有代表性的建造实践中，总结出建筑构造原则、建筑构成要素以及建筑有机性的发展，作为构造技术发展规律的理论基础。

　　其次，在建筑学视野下研究了构造系统各方面的历史发展，建立了构造技术发展框架：建筑构件的生产模式、建筑构造工艺，以及建筑构造系统组合方式演变。前两者是显性的，是构造技术发展的外延；第三个要素则是隐性的，是构造技术发展的内涵。这三者的发展既有层层递进的结构关系，又有相互交叉的并行关系：生产技术的变革是构造进步的原动力，构件生产模式的演变是构造工艺进步和系统组合方式变化的基础；而最终系统组合方式的发展又会促进生产模式与构造工艺的继续革新。

　　最后，本书从当下制造业发展趋势出发，建立了基于开放的闭环的建筑产品构造设计方法，并应用于可移动铝合金建筑产品研发中，实现了高品质的建筑产品设计与生产制造。

目　录

第一章　绪论

第一节　迈向产业化时代的当代中国建筑业

建筑在不同时代、不同地域的建造技术下形成了丰富多彩的表现形式。总的说来，建筑学的内涵和基本理论一直都遵循着维特鲁威提出的"坚固、实用、美观"的三个基本原则，除去"坚固"是必不可少的要素，建筑的基本主题都围绕"实用"与"美观"展开。"实用"包括建筑的基本功能和性能以及建造技术的经济成本、对环境的影响等因素；而"美观"则是附加在建造的基本要素之上的造型艺术，包括建筑各部分的比例、细部形式、工艺水平等。

维特鲁威在《建筑十书》中沿用了希腊人的说法，将建筑称为法式，是由布置、比例、均衡、适合和经营构成的[1]。之后阿尔伯蒂在维特鲁威建筑法式的基础上发展了建筑艺术理论，并一直延续到 17 世纪，期间出现了《建筑四书》《建筑五柱式》等将立面构图作为建筑设计重点的建造学说。在这个历史阶段，建筑更多的是作为一种类似绘画与雕塑的艺术品而被赋予了"美"的象征性。不过这只是西方建筑理论发展的特征，在同样具有丰富建筑遗产的东方，比如中国，建筑并非被单纯地作为艺术品，尽管古代中国建筑中也不乏美轮美奂的建筑艺术创作。在差不多时期完成的中国北宋李诫所著的《营造法式》中，总结出了一套针对中国木构建筑特有的建造法式，但和西方通过柱式与立面构图的形式设计来控制建筑整体不同，中国的营造法式是一套完整、科学的模数控制系统，以最小的结构构件为基本模式，可以实现建筑各部分构成和组合总体控制的建造技术。虽然没有先进的制造技术，但是中国传统的木结构构造系统已经具有了预制装配的思想，不仅是在形式上统一建筑的局部与整体，而且从结构的完整性和建造的连续性上实现建筑的整体性，体现了建筑作为一种实用产品的本质。

西方相对单一、狭窄的"艺术风格"论在 17 世纪材料与力学蓬勃发展之后开始有了转变，工程学开始逐渐挑战维特鲁威经典的比例关系学，材料与建造工艺对于建筑的意义受到越来越多的重视。建造技术的积累和现代城市运动的发展进一步推动了建筑观念的转变。当由钢筋混凝土和钢结构塑造的摩天大厦在城市中心迅速矗立起来之时，工程学已经完全独立于传统的建筑学之外成为新的学科,随之同时得到快速发展的还有层出不穷的新材料和建筑产品。在城市化运动的推动下,建筑业也迅速走上了工业化发展道路。虽然在工业化发展初期,传统建筑学的惯性使得大部分建筑还保留了古典的艺术风格特征,但随着20世纪初开始的现代主义运动兴起,强调功能和实用的建造观念逐渐得到普及,建筑在大量的标准化制造中成为高效的产品。

建筑工业化的发展使得建筑师开始关注新材料、新的建造工艺和建造流程。现代主义运动的先锋建筑师们确立了新的结构模式,以标准的框架结构和自由的产品组合以及空间设计发展了新的建造形式,这种形式不用固守原有的艺术风格而获得了更灵活的现代性特征。虽然由于标准化制造的单一性,现代建筑的发展一度偏离工厂化制造的生产方式又回归折中的艺术风格来重塑人文价值,但随着19世纪70年代信息化技术的发展,建筑师开始重新掌握灵活的生产技术、多样化的产品生产工艺,提高了建筑的综合性能和品质。借助信息化技术的发展,发达国家已经走上了建筑产业化之路,如在美国、日本、德国等国家,产业化已经发展了近50年的时间,并实现了生产标准化、生产过程机械化、建设管理规范化、建设过程集成化、技术生产科研一体化。

尽管中国古代积累了丰富的建造科学技术,但由于历史原因,建筑技术的发展在18世纪后出现了断层,直至从国外引进了现代建筑理论与工业化生产技术,中国建筑业才走上发展的正轨。在借鉴国外有益经验和做法的基础上,我国从20世纪80年代开始了建筑工业化发展之路。经过30多年的发展,我国建筑业取得了显著的成果,物质技术的基础也显著增强。但从整体上看,劳动生产率提高的幅度不大,质量问题较多,整体技术进步缓慢,集中体现在建筑产品的工厂化预制程度较低、设计管理模式落后、缺乏研发创新。相比较国外已经很高比例的产业化进程,我国的建筑工业化水平还有相当的差距。

进入21世纪,中国在能源环境上的问题日益凸显,过去粗放型的建筑业发展模式的不可持续弊端越来越明显,作为国民经济重要物质生产部门的建筑业亟须做出改变。这种改变需要从优化产业结构、调整经济增长方式、完善建筑经济法规以及工程管理和建筑设计制度上共同入手,从根本上推进建筑产业化的进程。只有真正做到节省资源、推动技术创新、提高建筑品质、实现集约增效,才能实现中国建筑业的可持续发展道路。在推动建筑产业化的进程中,不仅企业要发挥技术创新的主要力量,以建筑师为主的建筑设计部门和以建筑教育与研发为主的建筑院校、科研机构也将面临新的机遇和挑战。

第二节　构造技术研究的重要性

在建筑产业化发展的国内背景下,建筑设计、生产、建造以及决策部门都需要做出相应的改变和调整,从优化建筑产业结构、资源配置和提高产品质量上实现建筑业的可持续发展。具体落实到可操作的层面上,产品的研发、制造与应用需要和建筑实践密切地结合起来,从而扭转中国建筑业发展过程中长期存在的实践与技术创新应用分离的偏颇。要从根本上解决这个问题,就要从建造的基本问题出发,从建筑产品生产制造的目的、方法、产品组合的原理上建立全面的工业化时代的建造设计理论。传统的基于空间与形式的建筑设计观念必须改变,而将所有的设计、生产和建造串联起来的要素就是建筑产品的构造系统。

虽然构造是作为建筑基本构成和组合原理的重要知识,但在当下大部分的建筑实践中,构造只被作为细枝末节的建造技术,通常只在施工图的深度才会被涉及,大样、节点是和构造联系最为紧密的语汇,图集、手册是构造最直观的技术表达。构造也因此沦为空间、功能、形式等核心问题之外的辅助技术,尤其是在现代工业化时代材料技术和制造领域的飞跃为建筑师提供了前所未有的、丰富的产品和工艺选择之后,构造似乎已经不再是一个需要设计的问题,而是建筑师可以任意选择和组合来实现既定形式的"技术工具"。在电脑绘图代替手工制图之后,大量的标准构造图集更是成为建筑行业一个提高设计效率的通用模式。

对于一门已经积累了几千年建造经验而形成的庞大的房屋构造系统而言,将其视为一种"技术工具"似乎也无可厚非,但是,如果仅以原理、方法而将构造局限于纯粹的技术方案讨论,就会将建筑置于一种枯燥无趣的材料组合的固定方程式中。但事实上,建筑师(工匠)从来不曾将构造技术作为纯粹客观的建造技艺。在漫长的建筑发展过程中,无论是历史的、地域的、个人的对于建筑理解的差异都在建筑构造上得到了不同的诠释,结构、材料、细部每个单独的概念都不足以概括构造的全部。构造是一个系统,一个从设计的开始就包括了全部构造产生的"动机"和技术手段的整体。这个"动机"不局限于重力的传递的合理性,不局限于节点连接的效率,也不局限于材料的自然属性,于是有了力的表达,有了空间的分化,有了细部呈现……这个"动机"是在技术之外的一种观念,关于等级、社会经济、艺术、功能、时代精神等的观念,甚至是一种自发的、灵机一动的奇思妙想。

正是这些由不同历史因素、地域文化和个人修养产生的不同观念,赋予了客观的构造技术以第二属性,才最终造就了世界上纷繁的建筑文明。这一略显主观的评论提示了构造在技术之外的另一种研究的可能,即在承认材料和工艺以及结构技术成为构成建筑基本组成的同时,我们有必要关注建筑师在选择材料、决定构件的组织和形式表达的主观动机的差异。这些差异对于建筑价值观的建立有哪些启示?于我而言,作为"技术上"的构造和"观念上"的构造展示了设计由概念到成果之间的连续性。对于密斯·凡·德·罗普遍被大众推崇的"上帝存在于细节"的箴言,我更倾向于他另一个鲜明的观点:"构造原则是建筑品质的唯一保证"[2]。

由此,我们有必要将构造从当下一种机械的"技术工具"单一概念中解放出来,置于一种更广阔的历史的、地域的、时代的脉络中去研究,作为"设计"的构造,而不仅仅是"建造"的构造;我们需要更主动地寻求构造设计与空间、形式和功能的关联性,而不是将其置于核心设计之外甚至是底层。更准确地说,这一研究将从构造的客观属性——技术的和主观属性——观念的两个方面来探讨构造作为一个要素介入建筑空间、功能和形式设计,影响甚至决定建筑最终呈现的历史、当下和未来。这一研究的视角也针对目前建筑行业两种主流发展倾向:一是在新兴的产业化热潮下,以标准化、预制装配发展为线索的工业建筑;二是在文化表达、空间塑造、高技应用等不同概念的主导下标新立异的、独辟蹊径的精品建筑实践。虽然两者在建筑设计的动机上差异颇大,由此反映出的在构造设计的策略上也各有千秋,但两者所依赖的生产技术条件和设计方法依然有很多类似之处,在信息化技术的影响下,两者的差异也在不断减小。不过,国内相当部分的建筑师在实践中却并未深刻地意识到生产技术的变革对建筑发展带来多样的可能,依然走在"纯粹的空间创造"和"图像化移植"的思维窠臼中不能自拔,大量低品质的、不可持续的建筑和"混乱的"中国现代城市景象已经揭露了实践中对待构造模棱两可的态度造成的危害。由此,在建筑产业化进展的重要转折点提出"建筑构造"这一事关建筑各组成要素设计与组合方式的关键影响因子的历史研究对当下国内建筑实践与教育发展有着重要意义。

研究对象的针对性和当下中国建筑发展的意义

还原建筑物质生产的本质,从产品的角度出发,建立局部构成与整体的关系,深入挖掘产品生产模式变革、构造技术进步以及构造系统组合方式演变对于建筑发展的影响,对于当下中国的建筑教育和实践有着重要的意义,因为这一研究对象的确定有着强烈而具体的针对性。它的重要性的凸显首先要被置于当代中国教育和实践的宏观背景之中。

由于中国特殊的客观原因(历史的、体制的),伴随着西方工业革命的兴起,自19世纪末期开始的现代建筑观念转变至20世纪后期近百年蓬勃发展的现代主义运动和理论在中国并未得到健全的发展。经历了早期西方宗教建筑在国内的兴起,到19世纪中期中西建筑体系的交汇,再到20世纪初土木工程在国内的兴起引起的建筑技术的发展,中国建筑逐渐完成了从以木构为主的单一体系转向以混凝土、钢结构为主的现代建筑体系的转型。但由于20世纪上半叶动荡不安的社会因素,缺乏工业化力量的支持,缺乏行业标准的依托,以及中国传统固有价值观的影响,中国建筑现代转型的过程中充满了艰辛与波折[3]。受到20世纪初西学回国的重要建筑师的影响,长期以来,国内建筑学院对于西方建筑史的教育集中于古典时期(古埃及至18世纪末期)和成熟的现代主义时期,对于两者之间的过渡则常常用对19世纪折中主义的批判而掩盖了另一方面的探索。而正是这一时期基于结构理性对材料与构造的探索,以及由现代艺术引导的现代空间观念的逐步成型奠定了现代建筑的基础[4]。而相较早期的现代建筑实践,第二次世界大战之后的现代建筑失去了当初的活力而多了一些教条,这也为本着现象学回归初衷的后现代建筑理论的兴起提供了契机。对于还未充分浸润西方现代建筑空间观念的中国建筑界,在后现代主义表面的形象象征上迅速地找到了20世纪中期曾努力尝试的"中国固有式"再度复兴的希望,并结合商品化的发展将建筑简化为视觉上的符号拼贴,对建筑物质性(结构、构造和材料)的轻易放弃,使得后现代性在信息化时代发展中迅速"加入了图像化消解的合谋"[5]而失去了寻找人与建筑根本意义的方向。

这种情况不仅实时地反映在建筑实践中,还深深影响了现代建筑设计方法的教育。从创始之初,继承于美国学院派的以"布扎"为内核的形式构图,到后来的抽象的"泡泡图"功能类型分析,再到20世纪80年代之后,多元的当代建筑理论(建筑类型学、行为建筑学、现象学等)井喷式的爆发后,抽象构成系统及地域文脉再现,直到近年伴随着媒介迅速发展而来的对于发达国家建筑设计探索的一种"图像化"表现引入,系统的构造研究在建筑学中始终处于一种相对缺失的状态。

对外国建筑史教育的取舍和设计方法的偏颇在很大程度上也反映了国内建筑教育目的的偏颇。在欧洲如德国、瑞士等建筑技术高度发达的地区,建筑教育的首要目标是职业建筑师的培养;而延续美国教育体制的中国建筑教育还是以精英建筑师的培养为主要目标,这个目标和真正从事建筑设计以及相关行业的人才需求显然不是对应的。明星建筑师的影响是可观的,也是每一个建筑从业者的梦想,但我们必须认识到,在少量的如明珠般闪耀的特殊的建筑创作之外,99%的建筑都是由平凡的建筑师设计的,而在建筑设计之外,诸多规划、决策、生产、研究部门的职位也来自经过建筑教育或相关专业的人才。全面人才是当代职业人才素质培养的重点,我们并不否认在建筑教育中发展学生广泛的概念创新的思维,但与建造密切相关的技术教育同样是未来的建筑师需要掌握的重要知识。工程学如土木、能源环境已经从建筑学中分离出去,定性而不定量的表面化技术设计已经成为现代建筑教育中的常态,长此以往必将造成学生对建造技术的轻视和对建筑肤浅的风格化理解。

更为不幸的是,这种设计与建造的"分离"在当下流行的设计院实践模式中得到了延续甚至加强。由于劳动分工精细化趋势,在建筑设计中大大减少了建筑师的技术工作量:结构可以由结构工程师设计,设备组织由水、电气、空调工程师设计,而建造的过程则有承包商来负责,建筑师的工作以及被约减到和场地相关的功能以及最终的形式表达。甚至讽刺的是,当建筑师远离产品工程,远离生产制造端,建筑师连仅有的形式创造的控制力也在逐渐失去。虽然建筑的工业化进程发展中建筑产品的生产企业是至关重要的,但建筑师也是不可忽视的关键因素。我们看到了勒·柯布西耶、密斯·凡·德·罗等现代主义大师们经典的传世之作,却没有看到他们在推动建筑工业化进程中发挥的重要作用;我们极力模仿大师的空间、形式,却忽视了科学、合理的建筑产品设计、生产建造流程。长此以往,中国未来建筑的发展前景令人担忧。

当下表面繁荣的建筑市场并不能掩盖本土设计力量的薄弱。相比较我们的邻国日本,中国建筑师在建造技术上的投入显然要滞后很多。日本新陈代谢派的代表人物丹下健三在1959年这样说道:"在向现实的挑战中,我们必须准备要为一个正在来临的时代而斗争,这个时代必须以新型的工业革命为特征……在不久的将来,第二次工业技术革命(即信息革命)将改变整个社会。"在信息化技术还未普及的当时,丹下健三的观点是有一定的超前性的,尽管对信息化社会特征的把握并不是非常准确,新陈代谢派的实践也没有对社会问题做出相应正确的对策,但强调与工业化技术应用相结合的发展方向却并无偏颇。与工业化生产技术结合的发展路线为日本现代建筑的进步提供了正确的思想基础和扎实的人才储备,无论是在广泛的建筑产品制造领域还是在先锋建筑舞台,日本的建筑都获得了瞩目的成就。日本的建筑工业化水平在世界范围内都处在前列,不仅具有类型丰富、品质精良的成套工业化建筑生产制造技术,还培养了大批优秀的建筑师,在历届普利兹克奖的获得者中,日本建筑师占了近1/3。除了日本等迅速崛起的建筑强国,像美国、英国、德国等诸多老牌工业化强国的建造技术也在不断地发展中。

经过近 30 年的发展,在最容易推进的住宅工业化发展中,中国依然只有少数有技术实力的企业在应用预制装配技术,而由设计院参与完成的住宅项目,几乎都还在采用传统的现场施工技术。钢筋混凝土占建筑结构材料的绝大多数,在大跨度或者超高层的复杂钢结构建造技术上本土的设计事务所鲜有能胜任的,不是被国外事务所垄断,就是只能依附对方做一些施工配合工作,更不要说能够完成从设计到施工一体化的建造流程。而在轻型建造产品领域更是几乎没有发展,不论是轻型钢结构还是轻型木结构,都没有成熟的、面向市场的、可以批量生产的产品。对单一结构材料的依赖和在新产品研发端的惰性严重阻碍了本土建筑工业化发展的多元化以及降低了本土建筑师在愈发激烈的国际化建筑市场中的竞争力。

虽然技术并不是建筑的唯一评价标准,但是作为与社会、经济、环境密切相关的综合学科,科学的建造技术是每一位建筑师都应掌握的,也是建筑继续创新的关键手段。国外优秀设计事务所的进入已经使得中国建筑师感受到了前所未有的压力,在同等的条件下,中国建筑师创作的局限往往不是体现在概念层面而体现在技术实现的能力上。如果不改变对建造技术的重视程度,不与先进的生产技术结合,不在建筑产品的研发端投入更多的精力,中国建筑业、中国建筑理论和建筑教育的发展都将困难重重。

进入 20 世纪,建筑技术的重要性开始在国内各个领域得到了普遍关注:众多有实力的建筑设计事务所、房地产开发公司、建筑施工单位开始引进并研发先进的工业化预制装配建造技术和节能环保的绿色建筑产品;20 世纪末,诸多建筑院校成立了建筑技术学科,并围绕工业化建造技术、绿色与低碳的可持续建筑规划设计等方向展开了广泛而深入的研究。在研究过程中,通过交叉学科和领域的优势互补以及和一线生产部门的产研结合,取得了技术应用与示范教育等多方面的重大突破。虽然这些企业与研究机构的发展还处于起步阶段,面临着诸多困难与挑战,但良好的研究氛围已经逐步成型,加上国家政策的扶持与支撑,建筑技术的全面发展已经成为必然的趋势。

在这样的国际和国内背景下,重新梳理建筑构造史,建立全面、系统的构造技术与建筑空间塑造、功能设计、形式表达等要素关系的研究有着重要的现实意义。一方面,建筑构造史框架的研究将长时间被割裂的建造技术与建筑的相关要素设计进行了重新整合,有助于纠正"将构造作为细枝末节的建造设计"的教育与实践误区;另一方面,从产品的生产制造模式以及产品构造系统组合方式角度切入,深入挖掘推动建筑构造系统发展的生产力变革、设计建造流程演变的内因,有助于从更宏观的角度掌握构造设计的方法与原理。对国内的建筑师的借鉴意义在于,应用工业化生产技术的目的不再是大量、快速地完成重复单一的工业建筑,而是通过全面、系统的设计,实现成熟工业技术向多样建筑生产的转化,实现高品质的制造与建造。在此基础上实现建造技术与环境、社会人文等综合需求的完美结合。

作为建造的设计,构造是建筑学中一个基本的问题。关于构造的研究可以说以不同的方式贯穿于建筑学的整个历史。但是长久以来对于构造的研究要么过于侧重技术内涵,要么集中于其广义的文化外延性表现。前者在具有较强的操作性优点的同时缺乏对建筑学问题的综合思考;而后者则在拓展了外延思考的范畴的同时却难以触及建筑物质构成的核心问题。

总体来说,构造问题涉及极强的技术性和实践性,对其研究和论述在很长的时期内主要集中于实践的层面。无论是东方的《营造法式》,还是西方的《建筑十书》,对构造的阐述都是为了指导人们的具体实践。当然,我们并不能否认其中蕴含的理论思考的质素,任何理论思考的本质都来源于实践的需求和经验总结,但这一质素并未以理论的形态被加以表达。在西方,15世纪的阿尔伯蒂以《论建筑》开启了将数学原理与造型艺术结合的建筑理论探讨,使得这一情况有了重要改变,阿基米德的几何学成为早期建筑柱式构造比例确立的权威依据,同时阿尔伯蒂还将建筑的结构与表皮视为人体与衣服的关系,强调作为核心支撑构造的结构的重要性。

而在中国,虽然在城市规划、造园领域很早就有了较为系统的理论,但是建筑作为一种建造的技艺——匠学,一直未突破在法式发展出另一途径的思考。显然,"重道轻器"的根深蒂固的文化传统对建筑理论的形成产生了重大阻碍。由于封建正统史学对于工匠的轻视,古代绝大多数的工匠都是埋没姓名的无名英雄,不要说其著述,连生平事迹都罕有记载,像李春这样的大匠,仅在唐人张嘉贞的碑记中留下一个名字。能留下著述的古人实际上已经超越了"工匠"的范围,他们不仅掌握了优异的施工操作技能,还掌握了材料、计算、测量校正、作图放样等全局性、关键性的知识技能。他们是工匠的领导人,具有丰富的经验和较高的社会地位,才得以在历史上留名。如隋大兴规划者宇文恺,出身贵族,以官职监督各种工程,经验丰富;元大都规划者刘秉忠,以宰相地位主持大计;李诫,从事宫廷营造工作,历任将作监主簿、丞、少监等,官至将作监,监掌宫室、城郭、桥梁、舟车营缮事宜,参与众多重大工程,经验丰富[6]。尽管如此,《营造法式》虽为古代建筑科学技术的典范,但依旧逃脱不了出于为封建统治阶级管理的需要的初衷,而无法突破科学技术之外的彰显建筑师作为设计和建造控制的自主思考。

尽管科学性在中国传统木构建造技术中占了绝大部分的比例,但我们也不可将其身处的5000年意蕴丰富的传统文化背景置于不顾,与西方追求永恒的"空间"宗教观截然不同的基于"天人合一"的自然观同样赋予中国古典建筑严肃的伦理规范和卓越的美学精神。多年以来,我们之所以认为中国建筑缺乏理论,在客观上,是由于中国丰富而深刻的建筑思想往往散布在历史的各种典籍中,并不像西方那样凝聚在一部部由建筑师编写的著作中;主观上,对于如《营造法式》止于技术、构造做法的一般解析,并不能准确地把握中国悠久的建筑文化理性思维的深度,历史的"重道轻器"的惯性思维不应成为我们探寻"器"之背后深邃而迷人的理性之"道"的阻碍。无论是建筑的群体组合,还是个体存在,无论是"大势严正"的建筑平面、立面墙体、立柱形式,还是反翘之屋盖、交构之屋架、错综之斗拱,以及无数建筑装饰艺术、样式等,都在不同程度上达到了"情"与"理"的"共振和鸣"[7],只不过总的偏向理性,却绝非"无情"。

由此,虽然现代建筑的发展几乎完全建立在西方建筑的思考和论述范式中,但在古代历史线索的探寻中,东西方的建筑具有同等的研究价值,不分彼此。当然,中国的建造技术在19世纪出现断层之后,几乎完全采用了西方建筑的思考和论述范式,本土以木构为主的建造技术也在西方的建造技术横移之后逐渐消失,并未在原有的技艺法式之外发展出新的技术发展途径。因此,在现代建筑的构造研究中,会凸显参照西方研究成果的重要性。此时,我们首先碰到的是语言的差异。

1. 不同语言间概念的差异及相近概念内涵的区分

翻译或者解释在某种程度上只是为了尽可能地接近原文和原词的含义,而不是为了求得绝对精确的理解。"构造"在建筑中作为一个实践性极强的概念,无论在中国还是西方都首先是作为一项基础科学而被认知,但对于构造的理解并非是单一和绝对的。

"构造"在汉语中有较长的历史,并非是只属于建筑的专业词汇。在辞海中,构造指各个组成部分的安排、组织和相互关系,涵盖了建筑、地理、生物、机械制造等多个领域。在中国古语中,构造一词具有较多含义,可以解释为捏造、创造,也包含结构的含义。如在明朝何景明的《略阳县迁建庙学记》中一句:"今兹之建是宅,卓隆以降湍悍,构造维新,地复其旧。"在古代中国建筑语汇中,"构造"即"作法",在成功的建造经验成为可以反复使用的技术之后,建造的过程以图或字的形式流传下来才逐渐形成了"法式",也就是现在的"规范""图集"。在这个意义上,构造是随着建造经验的不断累积而逐渐形成的,构造做法即是建造结果的直接呈现。而在现代建筑语境中,由于建造过程具有高度的相似性和重复性,加上结构、设备等专业的分工精细化,对构造的认知逐渐偏向"细部做法"。显然这样的认识对建筑构造的系统构建存在着很大的潜在危机。虽然现代结构专业已经属于土木工程,但是作为建筑完整的构成,我们讨论的建筑学视野下的构造应当也包括结构构造,而不是通常所谓的"构造大样"或者"构造图集"。脱离结构的构造讨论不仅会对理解建筑的整体构成产生偏颇,也易陷于细部做法和形式表现的涡旋中,而结构创新也是建筑构造技术发展的必不可少的组成部分,众多成功的建筑师和卓越的建筑作品即证明了这一点。

在西方语境中,显然构造有着更丰富的解释,"strcuture""construction"都有构造的含义,前者在汉语中通常翻译为"结构",后者则有着较丰富的含义。"construction"15世纪进入英语,来源于拉丁语的 constructionem:come(一起)+struere(堆积),意为堆积在一起,有建造、建造物、构造等多重含义,在西语中常常需要联系上下文去加以理解。"建造"与"构造"在西语中共用一词也说明了这两者的指向具有极高的相似度,这也是因为构造本来就是建造设计的最重要的一部分,它包括了材料成为构件的加工工艺以及构件与构件组合成局部,再由局部构成整体的组合原理;而建造是除构造所反映的基本构成和组合原理之外集成的更多信息元素,"建"是一个动词,它包括了更多动态的信息,比如时间、人力、工具、建造工序组织等,是建筑从设计到形成更全面的表达。因此,"构造"从属于"建造",并在某些情况下可以等同于"建造"来理解。

虽然"结构"与"构造"通常不会产生明显的混淆,但两者也有相互包容的相似概念。从层级上来说,结构隶属于构造系统;但从概念的指向上来说,结构更为整体。关于"构造"与"结构"的关系,密斯·凡·德·罗在一段访谈中有一段清晰的阐述,虽然不能作为公认的结论,但有助于我们更好地理解两者之间的逻辑,密斯·凡·德·罗首先谈到了对其影响深刻的贝尔拉赫关于构造的认识,"作为一位十分严谨的建筑师,贝尔拉赫拒绝一切虚假的事物,对他来说,一切'构造'不清晰的建筑都不应被建造"。密斯·凡·德·罗对贝尔拉赫在阿姆斯特丹交易所的砖砌构造给予了极高评价,并将其视为自己工作的基本原则,"真正地实现基本构造(fundamental construction),然后将其提升为结构是一件非常困难的事。我必须指出,在英文中你可以称一切为结构,但在欧洲就不是这样。我们可以说这是一个'棚屋',但不可称其为结构。结构是一个哲学概念。结构是一个整体,从上至下,直至最后一个细节都贯彻着一个观念。这就是结构"[8]。

在密斯·凡·德·罗看来,构造是结构的基础,结构是构造的上端。事实上,从严格的考古学意义对建筑起源的考证来说,结构是在基本构造上发展起来的观念也是成立的。虽然东西方经典的建造体系有着明显的差异,但在建筑起源的阶段,无论是《孟子·滕文公》中记载的"下者为巢,上者为营窟",还是《建筑十书》中描述的"有些人在山麓挖掘洞穴,还有一些人用泥和枝条仿照燕窝建造自己的避难处所",都是同源的。在建造技术发展的早期,简单的绑扎和石块堆砌构造实现了基本的建筑空间,但那些从大自然中模仿实现的构造技术还很简陋,比如早期半穴居中的独木支撑构造只能承担轻薄的屋顶重量,它们很难抵御各种环境和自然灾害的侵袭,因此并没有形成真正有足够整体强度的"结构"。而当人们开始改造这些自然的材料,使用独特的加工工具重新设计构件的连接方式,使得材料与构件之间的联系更加合理,并形成稳定、耐久的支持体系的时候,这些构造就使得房屋具有了正式的"结构",例如浙江余姚县河姆渡遗址(公元前6 000—公元前7 000 年)所呈现的惊人的榫卯连接构造,已经形成了"木结构"系统的雏形。

如果说"结构"是构造技术成熟的上端,那么同样和构造密不可分的"细部"是否可以理解为构造的另一种外延的呈现呢?"细部"与"构造"的关系和区别又体现在哪里呢? 在不同的语境中,理解是否又存在差异呢?

"detail"1604 年进入英语,直接源自古法语的 detail:de(完全的)+taillier(切成小块),英语中解释为可以从整体中分离的部分。汉语中的"细部"是后来词,与"detail"相近的汉语是"细节",但是"细节"多用于描述"艺术作品中细腻地描绘人物性格、事件发展、场景和自然景物的最小组成单位……"[9]梁秋实先生在《远东英汉大辞典》中第一次将"detail"翻译为"细部",和其在日本的经历可能有一定的关系,在日文中对"detail"的解释就是"细部","细部"对建筑而言,也更加贴切。随后,在汉语词典类书籍中对"细部"有了非常具体的定义,如《现代汉语词典》中将"细部"定义为"制图或复制图画时用较大的比例另外画出或印出的部分,如建筑图上的榫卯、人物画上的局部"[10],又如《新英汉建筑工程词典》中将"细部设计"定义为"方案设计之后的施工图设计,亦即详细设计"[11]。

显然,"细部"在词典中被抽象或简化成为建筑局部的放大表现,而且是作为一种成果的再现,从这个意义上来说,"细部"等同于"构造大样"。如果说词典的定义是从范畴的角度出发,那么在建筑设计的逻辑中是否也是如此呢? 建筑师对细部又持怎样的态度呢? 斯蒂芬·霍尔认为:"与觉察者的直观相连锁的物质提供了建筑细部,使我们超越了敏锐的视觉而发展到触觉。"[12];安藤忠雄认为:"……要表现认同性,细部成为最重要的因素……对我来说,细部这一因素完成了建筑的构图,同时,也是建筑形象的发生器。"[13]显然,建筑师更倾向将"细部"作为一种设计"动机"而不只是"施工细化"来看待。对霍尔而言,材料的触觉感受是超越视觉的感知细部;而安藤忠雄则将光线对于材料呈现的揭示视为细部精确性和质量的最终表达。如果不同的建筑师都对"细部"都有着各异的理解,那么"细部"是否只是一种随心所欲的"观念"而超然于有着实体依托的构造呢?

爱德华·R. 福特对"细部"理解的深度超越了绝大多数的建筑师与评论家,因为其在近 40 年的设计和教育生涯中都在探讨同一个问题,那就是"什么是细部(What is a detail)?"福特的第一部著作《现代建筑细部》从历史和个人角度将细部定义为建筑风格和一致性的表达;而在其第二部著作《建筑细部》又推翻了之前关于细部、细节化的定义,书中甚至还提出了现代建筑中没有细部的观点。在全书的写作中,作者没有像前一部著作中以建筑师个人的主观表达来阐述细部,而是从更加客观的角度,将细部和建筑的结构表现、节点、母题等设计要素建立联系进行类型化的区分,不过直至最后,作者也未在概念上去定义"细部"。由此可见,对于西方的学者来说,"细部"是一种更具文学或者艺术范畴的概念,尽管福特在讨论中的对象都是实践性和技术性极强的"构造大样",也不乏关于结构的、功能的、性能的细部探讨,但言语表述中却不曾离开一种"观念"上的讨论:"作为主题的细部""作为结构表现的细部""作为节点的细部""自主的细部"……福特对于"细部"的认识兼具理性与感性,即敏感于其外在的表现,又看到了其背后技术的内涵,并且在历史和现代的"细部呈现"与"真实的构造技术"之间的差距中讨论"现代建筑的有机性(organism)"。在这个意义上,福特认为"细部"是一种时尚的表现,随着时代的变化反映"即时"的特征,它与技术密切相关,但它却是由"观念"而决定的。我们可以理解福特所称的"现代建筑中没有细部",但我们不会认为"现代建筑中没有构造"。理解"细部"有助于我们更深刻地认识"构造",也有助于我们从构造的角度去追寻"细部"转变的内因。

综上,结合历史中相似语汇的辨析和当下的建筑语境,我们可以对"构造"一词形成相对明确的指向:"构"——构成(材料、构件)和"造"——建造的方法,即建筑各部分的物质构成、构件的制造工艺和连接原理。但构件的制造工艺通常在构造的内涵中最容易被忽视。在手工业时代,构件的生产与制造都是在现场完成的,构件的形式和连接都由工匠设计并完成,从设计到建造,是一个完整的过程;而在工业化时代,产品的制造工艺通常由机器完成,尤其是通用部件已经不用建筑师进行设计了,因此在设计中,构件的制造工艺容易被忽视。事实上,从手工艺到机器生产,不过是建造工具得到了拓展,构造技术的创新依然需要结合人类智慧的思考,而构件的制造工艺往往正是构造技术创新的关键。因此在构件之间的连接原理之外,我们不能因为有了更先进的制造工具而忽视了构件本身的构造设计。

2. 国内外相关研究成果

(1)国外相关研究成果

《建筑十书》是维特鲁威于公元前 32—前 22 年间完成的一部对后世建

筑科学领域有着巨大影响的西方古典建筑书籍,包括了建筑教育、建筑材料、庙宇柱式,及其他公共建筑、室内装修、供水工程、天文学和各种工程机械等完备的建造体系,是一本全面的建筑工程经验总结。在开篇第一书中首先提出的建筑师培养一节,将建筑创造的主体的重要性凸显至极,为后世的建筑师规定了准绳,树立了楷模。维特鲁威在建筑的构成中,法式、布置、比例、均衡、适合等基于几何学的"审美标准"的提出将建筑技术与艺术表现结合起来,并成为之后对神庙建筑中常见的三种柱式构造分析的基础。除了柱式,在建筑材料、结构、装修构造、施工工艺、机械和设备、建筑经济等方面的经验总结共同阐述了建筑科学基本理论。一定数量的自然科学和社会科学知识如几何学、光学、声学、气象学以及哲学、历史学等也作为理论阐述的依据,使建筑科学成为有学术根底的科学分科。当然,作者出于迎合当时刚成立的罗马帝国的君王奥古斯都,对于共和国末期出现的券拱构造技术并未如实地反映,也说明了社会制度对建筑的重要影响。总的说来,这部著作开启了西方建筑理论研究的先河,尤其是关于柱式构造的研究,成为日后西方很长一段时间内艺术风格理论探讨的基础。

14—17世纪的文艺复兴运动对建筑产生了重要影响,这个时期产生的阿尔伯蒂的《建筑论》有着极为重要的地位。在这个追逐自由的古希腊、罗马文化艺术的时代,阿尔伯蒂提出建筑艺术的观点完全顺应时代的需求,作者不仅在开篇就大力渲染建筑艺术的重要作用,还在著作中花费了大量的篇幅来讨论建筑装饰的问题。阿尔伯蒂将建筑艺术作为建筑美观产生的根本原因并不是为了否定建筑的物质属性,而是为了强调作为建筑创作主体的建筑师应当将建筑艺术视为为自己、为国家、为社会阶层、为宗教等不同的服务对象提供舒适与慰藉感的手段。因此,建筑首先应当作为形体的形式来加以观察,"形式成为建筑美观的来源"成为17世纪之前建筑理论的重要观点。尽管阿尔伯蒂以"形式"作为建筑美的评价标准夸大了建造形式的意义,使得建筑艺术论成为日后很长一段时间内影响西方建筑师实践的指导思想,但是利用形式统一建筑风格的观点对于训练建筑师在总体上控制建筑的各组成部分,形成建筑的整体性表达有着重要意义。另外,阿尔伯蒂在装饰理论中所表现出的对结构和表层概念的表述体现了其对建筑构成进一步的认识。虽然没有哥特弗雷德·森佩尔(Gottfried Semper)的"建筑四要素"影响深刻,阿尔伯蒂对建筑构造的概括作为"建筑四要素"的前身,已经形成了对建筑基本构成要素相对准确的判断。阿尔伯蒂将建筑的基本组成分为:基址(locality)、房屋覆盖范围(area)、分隔(compartition)、墙体(wall)、屋顶(roof)和孔洞(opening)。

17世纪静力学和材料科学的进展使得文艺复兴时期那种绝对的美学比例受到怀疑和挑战,结构理性的代表人物勒-迪克拒绝形式来源于风格的传统建筑理论,在其《建筑对话录》中,他提倡以一种"真实的知识"的寻求代替原先的风格,这个新的风格就是结构。结构理性主义对于构造的真实性的追求,使得长期集中于艺术风格"观念"上的构造属性得以向"物质"属性倾斜。并且19世纪工业材料尤其是铸铁和钢筋混凝土在建筑中广泛应用之后,结构的潜力之于建筑的重要意义更为凸显。材料的更新与建造方式的变革促进了新的构造系统的产生,在传统的象征永恒的砌筑构造方式之后,一种更轻、更灵活的框架构造方式在原有的木结构构造基础之上被混凝土与钢继承和拓展,建筑构造的研究开始由自然材料拓展到人工材料。除了结构理性主义,森佩尔于19世纪40年代发展出的"建筑四要素"学说,提出了一种新的建筑理论,对建筑构成的研究意义重大。森佩尔的建筑四要素理论强调了材料对于建筑的意义,并将建造的四种基本形式与人类的四种基本动机联系在一起,发展了建筑艺术论之外一种新的建筑原型,成为西方现代建筑理论与实践具体阐发的理论范式。

弗兰姆普敦的《建构文化研究:论19世纪和20世纪建筑中的建造诗学》就是将四要素中的"结构"要素抽离出来而加以阐述的著名理论著作。作者对17世纪后就已经出现,而后又被埋没在"空间理论"中的"建构文化"重新梳理并加以强调,以抵抗现代商业化背景下的"布景"式建筑。但是理论研究之所以不同于技术研究就在于,任何一个理论家的观点都不可能做到像科学研究一样客观,理论的意义在于其提供了一种思考的途径,寻找答案的过程甚至超过答案的本身的重要性。每一种理论都会因其某一方面的针对性而在其他方面的论述有失公允,就如同弗兰姆普敦过于重视建筑的"建构"价值而对产生的材料讨论的不足。于此,国内外学者都有相关的论述,"……对于建构来说绝不在'结构形式'之下的材料的使用,在绪论中只在对森佩尔理论论述中略有提及而未能成为一个重要的'反思'主题。这不能不说是'绪论'一章的不足,尽管我们完全有理由相信材料特性的重要性对弗兰姆普敦来说是不言而喻的"[14]。

相比较弗兰姆普敦对的"结构"要素的重视,宾夕法尼亚大学教授戴维·莱瑟巴罗(David Leatherbarrow)的《表皮建筑》则凸显了现代建筑发展以来另一重要的构造元素"表皮"的意义。莱瑟巴罗没有认为结构与表皮的分离是"图像化"建筑产生的不良原因,相反,从表皮与结构分离的开始,在考察了19世纪瓦格纳、卢斯等人的实践基础上,他对于当代建筑的表皮现象作出了不同的回应。他既反对当代建筑中采用历史的风格或符号,也不认同简单而粗暴地展示建造的过程,而是试图从生产(production)与再生(reproduction)之间找到一条出路。莱瑟巴罗的论述不同于一般对表皮构造技术化的阐述路线,他的研究让建筑表皮脱离历史主义图像的拼贴和当代技术奴役的局限之外,还获得了空间塑造的作用。他的研究对建构文化研究是非常有益的补充,也让分离的围护体与结构获得了同等重要的建构意义。

除了对构造要素与空间关系的辨析,关于构造与建造另一重要因素——生产技术发展关系的理论也得到了进一步发展。20世纪40年代,顺应工业化技术发展趋势,美国建筑师康拉德·瓦克斯曼(Konrad Wacbsmann)所著的《建造的转折点》一书,从建筑构造原理出发,详细介绍了建筑师在工业化背景下的研究与实践应当具备的专业素质,并对建筑结构技术开发和自动化的"流水线"工业生产模式进行了研究,提出了模块化的建筑工业化生产与组装技术。21世纪后,斯蒂芬·基兰与詹姆斯·廷伯莱克著的《再造建筑》(Refabricating Architecture)从制造业发展的角度,对建造技术和建造流程的转变提出了诸多极具挑战性的设想。作者认为传统的设计与施工方法束缚了建筑业的发展,在其他行业通过新的组织结构实现生产的经济与高效、产品的高品质时,建筑业还停留在19世纪的建造技术和模式中。基兰与廷伯莱克提出的转变,是要在不同领域的专家与工程师的支持下,完成设计与组装工艺的完全整合,而蓬勃发展的信息化管理工具将成为这一转变的核心元素。基兰与廷伯莱克为构造技术的发展提出了更新、更为本质的东西——建造的方法和流程,他们发展了除传统建筑空间、形式之外的另一条重要的建筑构造发展的线索。

20世纪后半叶至21世纪初,材料科学与产品工程的进步对于建筑产品构造技术进步的影响是巨大的,这些技术进步集中体现在众多客观地以材料和构成分类的构造技术手册的具体描述中,其中以爱德华·艾伦(Edward Allen)和约瑟夫·亚诺(Joseph Iano)编著的《建筑施工基础:材料与方法》(Fundamentals of Building Construction:Materials & Methods)为典型代表。如同现代版的《建筑十书》一样,作者以时代的需求为客观背景,从宏观的角度,对建筑师的专业技能提出了要求,并从材料的角度对建筑的结构、外维护、内部装修等全建造过程进行了全面而细致的介绍,可谓是一部现代建筑建造的百科全书。与此书相类似的还有如《材料构造手册》《砌体构造手册》《玻璃构造手册》《混凝土构造手册》等一系列构造技术书籍;而另一部分从建筑组成角度进行分类的如《立面构造手册》《屋顶构造手册》虽然切入点有所差异,但同样都属于基于材料机械性能、构造工艺、组合原理的客观阐述。这一类实在的技术研究对于相对抽象的理论研究是很好的补充,虽然并无深刻的历史追溯,但科学严谨的研究方法和结合具体案例的详尽阐述可以为当下的建筑实践提供典型的构造技术设计的基本指导原理和案例示范。

总的来说,关于构造技术的研究,西方从古典建筑到现代建筑都有相对完整的历史沿革,但长期以来在空间与人文上过大的研究比重,导致了技术端的相对弱势。虽然之后出现了众多关于构造技术详解的科学性书籍,却又不能和建造的整体流程以及功能、空间、形式等要素建立直观的联系,并不能引导建筑实践与教育界形成对构造认知产生质的转变。

2. 国内相关研究成果和不足

中国作为世界文明古国之一,古代人们和建筑匠师创造了灿烂的科学文化,留下了丰富的建筑遗产。但由于历史的原因,建筑师的地位并不像西方那样显赫,并且传统的建造技术也未能在现代实现新生。尽管如此,中国传统的建造技术依然积累了诸多成功的经验并取得了世界瞩目的成就,即便在当下,依然有很多值得借鉴之处。虽然没有系统的理论沿革,但建造技术科学的经验总结形成了我国建筑史中众多著名文献的一部分。20世纪之后,众多学者对我国古代建筑遗产进行了大量的调查研究,使得古代建造技术的研究有了更加广泛深入的开展。

在中国近4 000年有文字可考的历史中,留下了相当数量的建筑文献:既有官方的,如《考工记》,也有民间的,如《木经》;既包括了实践性科学性较强的以建造技术为主的客观研究,如《营造法式》,还包括了众多不为建筑而写,但又或多或少提供建筑形制、技术水平、重要建筑活动和人物事迹,以及与建筑有关的社会历史背景材料的间接材料,如《洛阳伽蓝记》《水经注》等;还有大量的地方志保留了丰富的史料,以及佛教、道教系统所编著的寺志、道观志等,迄今还未能充分地加以发掘整理;同时,大量的笔记、游记等也为我们了解各地的风土人情、城市面貌、建筑文化提供了大量的史料,最著名的如沈括的《梦溪笔谈》;而和建筑工程相关领域的军事、水利、数学、生产技术方面的著作所提供的土木技术、测量计算和砖瓦材料生产技术等史料也具有相当的价值。

　　总的来说,中国古代建筑的文献资料中,涉及科学技术的占了绝大多数,技术成为建筑构造发展的重中之重。对此,也许会让人怀疑中国的传统建筑构造是否仅有建造的实用价值,而无理论探讨的质素?事实上,任何一个持这种怀疑态度的人显然没有用心读中国的传统建筑,就如同英国的建筑史学家巴尼斯特·小弗莱彻(Banister F. Fletcher)在编绘"建筑之树"时将东方建筑归纳为建筑大树上的一个小小的枝丫[15]。先不论延续了近4 000年而未变的中国独特的"土木"建筑之后的意蕴深厚的哲学和伦理制度,仅仅全世界独一无二的木构体系中包含的严整的模数制度、科学的木结构构造、丰富的装修做法等,就处处体现出标准化、装配化的快速建造和极强适应性的"产品"观念。这种在几千年前就形成的与现代工业制造领域有着惊人巧合的理念难道不是一种极具睿智的前瞻性么?

　　从古代文献的产生年代看来,成熟的建筑文献多是产生于生产力发展较快的历史阶段。比如在北宋时期,技术著作如雨后春笋一般涌现出来,不仅涉及建筑,还包括军事、兵器、筑城、河防、天文观测等方面。作为中国古代建筑圭臬的《营造法式》就诞生于北宋末年。除了《营造法式》,在中国古代建筑中占有重要地位的其他文献还包括了《考工记》《鲁班经》《园冶》和《工程做法》,虽然各著作各有不同的时代背景和用途目的,但对于古代建筑构造的研究,这些文献中的相关内容都有一定的参考价值。

　　《考工记》作为我国古代流传下来最早的一部记述奴隶社会官府手工业生产各种工种的制造工艺和质量规格的官书,成书年代大约在春秋末期(公元前约500年),远远早于最早的西方建筑著作《建筑十书》(公元前32—前22年)。书中总结了有关"攻木之工""攻金之工""攻皮之工""设色(彩绘染色)之工""刮磨(雕刻琢磨)之工""搏埴(陶土)之工"等六大类三十个不同工种的生产工艺,总结了我国古代在制造车辆、兵器、农具以及建造城郭、宫室、沟洫等方面的经验。从材料的选择到制造方法、产品构造与规格以及检验质量的方法、工程形制等都分别作了或详或略的记述,是一部比较切实而具体的讲述生产技术的书[16]。其中在总论中的"天有时、地有气、材有美、工有巧"可以理解为将建筑的构成受环境、材料和工艺的影响,是一种朴素的唯物观。虽然《考工记》主要是关于城市规划的经验总结,但在有限的一些条例中也可以看出当时建筑发展的概况:在有关轮人、车人等有关木工的条文中可以看出当时对木工质量的要求之高,"审曲面势"要求木工根据木材天然的曲直纹理、形状特点加以利用。这说明当时的工匠已经充分认识到材料的性能,并形成了合适的构造工艺。《汉书》记载:"降杀以两,礼也",就是用以"2"为公差的9、7、5这样的数字来表达礼制等级。"匠人营国"在城市规模的控制上以严格的等级观制定了天子之城、公之城、侯伯之城的递减规模、城墙高度和城中道路的分级规定。这些规定反映了当时社会等级制度的情况,也形成了日后建筑等级制度的基础。另外,从"室中度以几,堂上度以筵,宫中度以寻,野度以步,涂度以轨"的描述中可以看出当时古人已经建立了尺度的观念,虽然在不同的环境中参照的标准不同,但已经形成了古代模数制度的雏形。综上可见,在掌握了工具、材料选择、加工、制造、质量检查等环节经验的当时,木工技术已经达到了一定的水平,对等级和尺度观念的建立也为更系统的建筑构造发展奠定了基础。

作为中国古代建筑技术发展集大成体现的《营造法式》出现在北宋时期，与当时生产力发展、变化有着密切关系。北宋处于封建社会盛期向晚期转变的时代，手工业规模空前，施工组织比以前有了更精细的分工，建造工艺水平也大大提高，工匠已掌握了一套"世代相传、经久可行用之法"，标志着当时建筑发展已经成熟，而"旧《木经》多不用，未有人重为之，亦良工之一业也"[17]，反映了当时技术的进步对总结出"新木经"的需要。除了经济上和技术上的发展，《营造法式》的编著还有极强的政治目的，"关防功料最为要切"，体现了其意图通过颁布一部带有朝廷法令性的专书，从而加强对功料控制，以期杜绝在土木工程中的贪污、浪费现象。在这样的政治、经济条件下，《营造法式》成为我国第一部建筑工程规范显得水到渠成。全书包括了壕寨、石、大木、小木、彩画、砖、瓦窑、泥、雕等各作制度以及施工功料、定额和各种建筑图样，是一部闪烁着中国古代劳动工匠智慧和才能的巨著，直接或间接地记录了我国 11 世纪建筑设计和施工经验、工程管理的情况，以及工匠对与科学技术掌握的程度，为我们研究中国古代建筑技术发展史，提供了宝贵的资料[18]。

《营造法式》中关于中国古代建筑构造经验总结中最为关键的部分即"以材为祖的木结构模数制度"，真正体现了一种由基本构造上升为结构哲学的技艺。"凡构屋之制，皆以材为祖，材有八等，'度屋之大小，因而用之'"的材、分制度是中国古代建筑构造观念的"核心"，它不同于现代的模数概念，并不是等差数字的模数，而是基于木结构基本构件"拱"断面为基础模数而进行划分的。材、分制度在我国古代建筑中早在汉代的石阙上以及唐代的建筑中已有体现，但是作为文字记载的出现当属《营造法式》，它的产生与中国独特的木结构构造方式是密不可分的。中国的官式木构建筑长期采用构架式体系，由柱、梁、槫、椽以及斗拱若干构件进行组合。斗拱作为重要的承上启下的结构构件，发展至唐宋已经成为由几十甚至上百个构件组装的组合构件。标准化和定型化的发展是大量的单元构件能够快速制作、安装的重要保证，材、分制度的建立正是基于这一目的，而由此确定的单位模数制度也被进一步拓展到柱、梁等其他结构构件的尺寸控制中，从而能形成一套完整的制度。材、分制度在技术上实现了庞大而复杂的构件组成的木构建筑的有序组织和合理安排；在经济上对不同类型的建筑实现了不同强度构件的合理利用，满足不同的受力要求，减少了浪费；在等级上区分了主次建筑，使得群体建筑大小得体，相得益彰，获得了完美的艺术效果。

《鲁班经》作为一部民间木工行业的专用书，对于宋初《木经》的失传是一个重要的补充，具有重要的史料价值。《鲁班经》对当时民间房舍的施工技术、工具、定位技术，及木制家具、生活用具的做法、常用尺寸进行了总结。此外，该书还体现了当时社会阶级斗争的状况，主要表现在"秘诀仙机"这一部分。"鲁班秘书"是工匠的武器，而"真言秘书"之类则为雇主（封建阶级）服务[19]，利用迷信符咒之类作为手段，来要求改善生活条件，提高劳动报酬，以反对封建阶级的剥削和压迫，是中国封建社会发展的一个由来已久的意识形态，是一个历史现象，也是中国特有的"风水之术"的一部分体现。虽然这种意识形态中包含了一部分糟粕，但是其在建筑选址、合理地利用环境方面有一定的科学参考价值。《鲁班经》作为官方的《营造法式》的补充,对于研究民间建筑构造传统有着重要意义。

《园冶》作为一部在造园史上有重要地位的园林建筑专著,是我国传统园林规划设计的重要成果。而作为其理念最精辟体现的"巧于因借,精在体宜","虽由人作,宛自天开"不仅是对我国优良的造园传统的总结,也对传统建筑在与环境自然相融合的体量控制和空间创造中从感性认识提高到理性认识,从实践效果提高到理论高度的发展,是"天人合一"的大地哲学在中国传统建造中的最高表现。虽然与建筑构造本身的技术发展并无直接关联,但对于超越"匠学"的高度去重新认识中国古典建筑艺术价值有着极高的借鉴意义,对于重建现代中国建筑文化价值观有着一定的参考价值。

作为中国古代建筑发展末期最后一部由官府主编的《工程做法》,是对明清以后的建筑工程定式的总结。其编写和颁布目的在于统一房屋建造标准,加强工程管理制度,同时又是主管部门审查工程做法、验收核销工料经费的文书依据[20]。相比较《营造法式》《工程做法》在具体的构造类型上并没有超出历史上传统的几种基本范畴,而在等级关系原则上有了更为明确的划分,体现了封建统治阶级对尊卑贵贱的严格区分。房屋被划分为大式、小式两种做法,包括了 27 种不同类型房屋建筑范例。而大小、数量并不只局限于建筑的规模,从建筑的结构、造型到装饰、色彩等全面的构造系统都完全统一在以等级为实质精神的控制中。尽管如此,《工程做法》在构造技术上基于前人大量经验总结的基础上得到了进一步发展,如对《营造法式》中的材分制度进一步演化发展形成了斗口材分制度,材分等次增加,级数划分统一,减少了换算程序,避免出现过多奇零尾数,对构造设计提供了便利。另外如在间架结构定分构造(檐柱定高,步架深与举架高,屋顶的推山、收山与悬山处理等)的调整,产生了不同的建筑艺术造型,而在木构之外的石作、瓦作、土夯、彩画油饰、裱糊等相关构造技术的编著也反映了当时建筑构造技艺成就之高。

但从清朝末期,作为官式建筑最重要的结构构件——斗拱的结构功能逐渐向装饰功能演化的过程已经暗示了中国传统建筑构造发展遇到了瓶颈。虽然社会的动荡并未给中国古典建筑一个充分的转型机会,但是随着西方建筑技术在 16 世纪之后东西方交流频繁的逐渐引入,直至鸦片战争之后的大规模强势植入,中西方建筑体系的交汇也形成了 19 世纪中期至 20 世纪初期中国建筑发展史上的一段特殊进程。李海青的《中国建筑现代转型》从技术、制度和观念的角度出发,对这一历史过程进行了全面阐述,从历史发展中客观地研究中国传统木构造与西方砖(石)构造交汇的"情"与"理",再现在碰撞与交流中的近代中国建筑发展的曲折历程,对于研究中国建筑构造由传统到现代的转变有着重要意义。总的说来,中国传统的"土木"构造体系在对西方建筑技术的借鉴与互动中,在工业化技术发展的影响下,分阶段地开始了现代转型。早期西式建筑的引入加入了木材这一中国特有的构造技术,砖(石)木混合构造也成为当时东西融合的显著特征,由于建筑体量的增加,墙体承重代替木框架承重成为趋势,木结构主要用作楼板和屋顶。受传统木构建造观念影响,在东西体系融合的初期,即使在由西方建筑师参与工程设计的项目中,中国的工匠依然会在建造过程中掺入较多中国传统技术手段,以木材装饰砖石砌筑的"拱顶"或者"束柱"在当时屡见不鲜。而随着工业建筑与新技术在 19

世纪后期的引入,木桁架、钢木组合屋架等新型屋顶构造在工业建筑中的应用,也使得中国传统的"纯木"构架向着"金属—木"混合的构造技术方向发展。中西方建筑体系的交融是中国建筑现代转型的必经之路,"从消极避让、排斥到主动学习、引进,从盲目仇视、抵触到崇尚、艳羡的复杂变化过程",我们在两种不同文化的矛盾与交融中体会到了一种在技术之外的"观念"的转变。虽然这些观念更多地来自社会不同阶层而不是具体的有针对性者,但建筑师对建筑构造技术在建筑中的看法,却反映了中国建筑现代转型过程中的价值取向。

尽管中国建筑已经完成了现代转型,但我们依然不得不提及成立于1930年的"营造学社",其对中国传统建筑的严谨的勘探和调查工作,为中国传统建筑的研究提供了极其珍贵的学术价值,在对珍贵建筑遗存的考察中,整理出了清晰的中国古代建筑发展脉络。营造学社为中国古代建筑史的编著,为传统建筑的研究和保护,为再现古代建筑的艺术价值做出了卓越的贡献。"营造学社"的努力也唤起了众多国内学者对中国建筑文化的研究和探索,尤其是在20世纪80年代改革开放之后,在抵抗"欧洲中心论"和西方建筑理论横移成为一种普遍现象的近20年内,产生了一批如《华夏意匠》《中国建筑文化大观》《中国建筑理论构成》等的致力于解读"匠学"之外的博大精深的中国建筑文化的书籍,从自然、哲学、伦理、风水、艺术风格等多方面深入研究了中国传统宫殿、园林、宗教、民居等丰富的建筑类型的建造活动中折射出的建筑文化。除了建造文化方面的研究,1988年出版的《中国古代建筑技术史》是一部科学、全面地记录我国传统建造技术精华的重要研究成果。该书集合了全国的建筑历史专家,图文并茂,从生产、经济、技术方面整理和总结了我国古代建筑技术方面的成就,对我国古代建筑遗产形成了正确、全面的认识。

相比较对古代建造技术系统深入的研究,显然,国内对现代和当代中国建造技术的系统研究要匮乏很多。一方面,由于中国的现代主义建筑发展在很大程度上横移了西方的建筑理论,不论是建筑实践还是教育体系,都深受美国20世纪盛行的"布扎"体系影响。在很长的一段时间内,对建造技术的研究都采用了一种单纯的技术化路线,即把建筑构造的各个要素孤立出来,配合《建筑结构》《材料力学》《建筑构造》等科目的设置,而没有联系建筑的结构形态、空间特质以及功能需求。建筑学视角的研究需要更为关注构造系统的各个环节与建筑设计的关系,而不是孤立简单地对待某一种元素的某一种属性。

进入20世纪90年代,受到"建构"理论的影响,80年代还盛行的关于"纯粹空间"的研究开始向以材料、建造等相关建筑物质构成方向的研究倾斜,其中尤以张永和、王澍等一批青年先锋建筑师的实践与理论为代表。王群的《空间、构造、表皮与极少主义》(《建筑师》1998(10))一文,从西方建筑发展中理论视野的转换角度切入建构的观念,三年后的《解读弗兰普顿的〈建构文化研究〉》(《建筑与设计》2001(01/02))则对这一著作和建构理论进行了全面深入而又带有审视的评价,在接下来的几年内对当时国内的建筑理论界都有较大的影响。也是在1998年,张永和在《平常建筑》(《建筑师》1998(10))中提出设计实践的起点是建造而非理论,并将建筑归结为"建造的材料、方法和结构的总和",这样"建造就形成了一种思想的方法,本身就构成一种理论,它讨论建造如何构成建筑的意义,而不是建造在建筑中的意义"。张永和这一关于建筑的定义出于某种针对性而把建造放在绝对核心的地位,从而也使得"构造"被视为一种有思想的"方法"。在其对密斯·凡·德·罗1923年砖住宅方案的解读中,张永和将建筑的"基本要素"归结为:材料(砖)、建造(砖的砌法)、建筑形态(房屋构件之间的关系)、建筑的空间。事实上,在其归纳的"基本要素"中,除了"建筑空间",其他的要素都可归结为"建筑构造"的范畴,在这个意义上,"构造"的"观念"属性认知得到了提升,长期以来建筑学主流学术形态的基本内核——简化空间与建造内核的"布扎"体系得到了丰富和补充。"基本建筑"的概念在两年之后的《向工业建筑学系》(《世界建筑》2000(07))一文中得到了清晰的表述:它解决建造与形式、房屋与基地、人与空间三组建筑关系的基本问题。事实上,在基本的构造技术发展中,中西建筑构造并无明显的差异,两者都在遵循材料的自然构造逻辑中进行基本建造,这也是张永和将工业建筑与民用建筑之间画上等号的重要原因。但另一方面,由宗教、伦理等社会意识形态不同导致的建筑形式、人与空间关系的差异性表达,也是建筑技术之外导致建筑多元发展的缘由。

对于近年来在教育和实践领域回归建筑基本要素(尤其是材料)的努力,朱涛在他的《"建构"的许诺与虚设:论当代中国建筑学发展的"建构"观念》一文中做了比较中肯的评价。他认为以现代主义建筑的价值信条和知识状况作为假定够用的中国建筑学"默认值",在这个"默认"的概念框架中利用"有限的技术手段、自我约束的形式语言和空间观念"在中国构筑一种似乎很"基本"但同时又很抽象或者主观的建筑文化是基本建筑隐含的实际策略。就此,他质疑道:"诚然,在一个现代建筑发展不够健全的国家里,采取这么一种策略无可厚非,相反,却是有着相当积极的意义。然而,另一方面,我们又不能不看到,从古至今,从匠师到建筑师对建筑空间、材料、结构与建造这些看似基本的要素的理解和运用从来不会达到一种纯客观的状态,而对这些建筑现象的理论阐释则更会被概念/实在的复杂关系所包围。实际上,这种复杂性已经构成当代中国实验教育和实践对建筑学缩减和还原工作遇到的首要的理论性难题。"[21]基本建筑中材料要素的回归内在地要求对于材料与建造的表现,而这种表现更多地成为材料的"真实性"和建造的"虚伪性"交织的"建构表现游戏"。对于朱涛而言:"当代中国建筑师对'建构学'的还原还远远没有达到一种真正的现象学的还原深度……显然,中国实验建筑师在还原某个中间层次的价值信条和知识状况中得到了满足。"[22]

进入21世纪,建筑技术的重要性开始在国内建筑实践和教育领域得到凸显,"以技术为先导"的构造观念在建筑设计中开始占据重要的地位,基于大量性建造的、标准的、预制的、轻质的等构造研究代表了一种以产品应用为目的工业建筑发展方向。以东南大学为例,建筑技术系在2000年之后由之前不足5人的边缘学科迅速扩大为近20人的包括建筑物理、建筑构造、结构、设备、绿色技术等不同研究方向的综合院系,除了人才的引进,建筑学院还购置了动态建筑环境舱,为建筑技术研究的开展提供了有力的技术支撑。在整体技术力量的支撑下,建筑技术系围绕轻型和重型建筑产品的工业化建造技术进行了系统研究,并取得了一系列成果。

虽然国内的建筑实践和教育界都开始重视建造技术对于未来建筑产业发展的重要性,但由于过去多年在空间与形式生成方面的惯性思考,同时从技术和方法层面深入探讨建筑构造与建筑设计关系的系统理论研究是很少的。

第三节　研究框架

在人类文明中,几乎所有的科学领域都可以以公式和定义作为教学中的范例,并且无论是政治还是商业方面,众多决定都是以科学探索和解释进行决策和参考,建筑的发展也理当如此。但由于建造活动不仅是科学技术的应用,还涉及人文环境的塑造,使得建造不仅仅是一个简单的包含技术、实用和经济任务的过程,也不是为了设计者个人的喜好而进行的形式创作,过多的影响因素使得通过公式与定义来确定基本的构造法则是困难的。

关于建筑构造的研究方法,通常有两种,一种是基于材料的,另一种是基于建筑构成原理的。材料是建筑构成的基本,而构件的加工工艺和相互组合原理也和材料的属性密切相关,因此,以材料为基础展开构造技术研究是自然而然的;另一方面,从建筑的构成要素上来说,建筑由基础、墙体、屋顶等组成,各部分以及内部之间的组合方式——结构的稳定性、耐久性,围护体的热工性能,形式的比例均衡等都有原理可循,因此以建筑构成原理进行构造研究也是常见的方法。

18世纪之后,随着材料技术以及工业化生产技术的进步,建筑的材料和构造工艺的新发明与应用得到了突飞猛进的进展,材料的组合不再单一,建筑的构成也更加丰富多变;实验科学的进步更使得构造技术的研究愈加精细化和专业化。但材料科学部门所做的对丰富的材料分门别类、细致入微的物理、化学、机械性能分析的最直接受益者却通常是不同类型的建筑产品制造商,建筑师更多的只是在现成产品目录中挑选合适的产品进行应用,而建筑师费尽心思获得标新立异效果的技术设计却往往与面向市场的建筑产品并无很大关联。显然,在建筑构造技术的科学基础上,我们难以找到一个技术和思想上体现构造与建筑设计相关的惯用过程,尽管我们关于建筑历史的撰写已经有很悠久的历史。

不论是材料还是建筑构成要素的发展都在日新月异,并且已经细分到不同的产品部门成为独立的研究系统,有了科学的研究方法。"构造史框架"并不是为了将所有的建筑材料与构成的发展进行详细的罗列与总结,而是为了揭示大量普遍性的和少数特殊的建筑直观的建造技术之后复杂的生产力、社会意识形态等历史成因。"构造史"是由纷繁复杂的材料与连接工艺形成的技术发展历程,具有显著的实践性特征;但在不同的实践背后,又蕴含着不同时期社会意识形态影响下形成的建筑观,因而在理论性上同样具有深厚的历史向度。

历史研究是本书的论述线索,但这里的历史性的重点并不只是在于还原历史中顺序发展下的材料与工艺进化的翔实面貌,也不是横向比较不同地域环境下的构造技术的差异,而在于挖掘基于基本生产制造原则下的构造技术形成与发展的诸多共通性,而这些共通性与当代建筑发展趋势的联系正是工业化技术普遍共享背景下国内建筑产业转型发展的大势所趋。也就是在这里,历史的研究焕发出新的生机,亦显现其生命力。

从手工艺到工业化时代,构造的发展可以分为四个基本框架:构造与建筑整体的关系、构件生产模式的演变、构造工艺的进步、构造系统组合方式的变化。这四个从构造技术发展过程中提炼出来的基本规律就是本书展开的结构逻辑。这几个部分既有层层递进的结构关系,又有相互交叉的并行关系:局部与整体的关系是构造技术发展的基础,它决定了后三者的发展方向与技术路线;构件生产模式的演变是构造工艺进步和系统组合方式变化的物质基础;而构造系统组合方式的发展又会促进生产模式与构造工艺的持续革新(图1-1)。

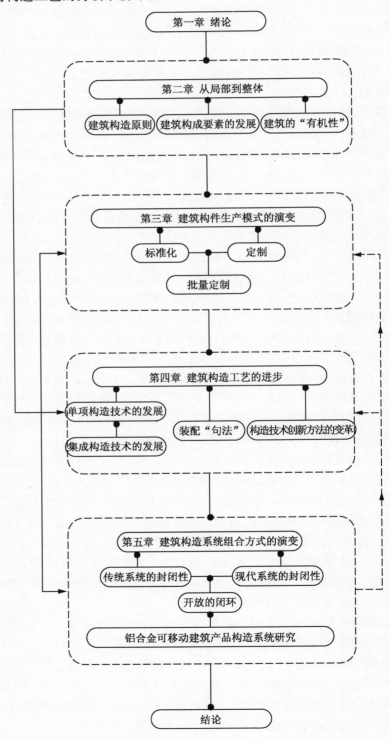

图1-1 本书框架

在基本框架的基础上,本书不仅注重思想结构上的递进性,也努力达到形式结构上的明晰性。

第二章"从局部到整体"是构造史框架建立的理论基础,这一章节从建筑构造原则、建筑构成要素的发展和建筑的有机性三方面,建立了构造与建筑功能、空间和形式设计之间的内在联系。无论批量生产还是单独定制,建筑构造的基本原则都是相似的,但经过几千年的发展,建筑构造原则的内延和外涵都有了新的发展,它们有的在古老的建造实践中已经存在,有的是随着建造技术的发展新进出现的。这些基本构造原则可以概括为四个方面:需求原则、质量原则、经济原则和可持续原则。它们是建筑材料的选择、构件生产制造和现场装配乃至建筑拆除、回收利用全生命周期的基本指导原则,同时也是建造技术发展高度浓缩的、宝贵的经验总结。在现代城市发展的需求下,建筑的构成要素获得了长足的发展:一方面,这些元素在相似的构成原则下形成了建筑产品的"无名性",另一方面,新的材质和工艺的发展也成为建筑师表现有差异的"建筑整体有机性"的关键。

第三章"建筑构件生产模式的演变"开始了对建筑构造发展根本推动力的具体讨论。建筑的构造技术具有和其他产品类似的基本特征:标准化与定制。影响标准化与定制程度的关键因素除了场地与环境等客观因素,技术手段是最重要的。从手工业到工业化生产,生产工具的进步使得构件标准化制造与定制技术都有了很大进步。随着信息化技术的发展,传统的建筑制造业也开始向汽车、电子、飞机等先进的制造业转变,批量定制的生产制造技术逐渐成为未来建筑发展的大势所趋。先进的生产技术不仅促进了材料与工艺的新一轮革新,还将建造者从繁复的现场作业中解放出来,将更多的精力用于有创造性的建筑核心内容的设计中。

第四章"建筑构造工艺的进步"正是在产品生产技术的进步基础上对材料与构造连接工艺革新历程以及未来发展趋势的深化讨论。这一章节,并没有采用通常的、基于材料分类而进行的构造技术归纳总结,而是针对构件连接特点和构件相互组合的原理,提出了新的建筑构造分类方法。新的分类方法不仅符合现代多元而复杂的构造组合逻辑,也呼应了当下蓬勃发展的预制装配建造发展趋势。除了从构件组合方式的变革进行了具体阐述,本章节最后还对促进构造技术创新方法演变的历史线索进行了挖掘。如果说构造工艺的进步形成了"构造史框架"中可见的复杂性,那么构造创新方法的演变就是"构造史框架"中不可见的复杂性,它不仅是构造技术进步的直接推动力,更是影响建筑产品构造系统组合方式的重要因素。

第五章"建筑构造系统组合方式的演变"是对生产模式演变以及工艺进步引起的构件组合方式变化的讨论。在建筑产品工厂化制造流程加入建造之前,以区域标准和全能建筑师控制的建筑构造系统呈现出较强的封闭性;当工厂生产环节出现之后,设计—建造的流程开始分层,建筑产品的组合方式由封闭走向开放。虽然开放系统既能满足现代建筑在标准结构框架下进行自由的空间和表皮形式表达的需求,也符合当下主流的设计—承包—建造(DBD)的建筑产品设计建造流程,但建筑师与材料科学与产品工程的分离,导致缺乏原创性的"形式制造"阻碍了建造技术的可持续发展。20世纪末,在信息化控制的工厂生产技术发展的基础上,一些建筑师注意到其他制造业的进步,开始借鉴相关领域的材料与产品研发流程,重新整合建筑产品的设计建造流程,以提高建筑的整体性能和建造品质而进行深度定制设计,建筑产品的组合方式在与工业化生产技术密切结合的过程中呈现了新的封闭性。作为建筑产品发展的"双轮",开放与封闭的交织正是当代建筑产品构造系统的灵活组合的特质;同时,建筑师通过垂直整合,掌握研发的方法与流程,在整体控制下进行全面的定制设计来提高建造的品质也将是未来建筑构造技术继续进步的重要保证。进而对国内高校研究机构深入生产制造端,通过流程设计进行研发,实现特定建筑产品定制设计、生产和建造的全过程进行了具体讨论,实现了基于开放的闭环原理的构造设计方法的创新应用和高品质的建筑产品生产制造,以呼应当下国内建筑产业由粗放型向集约化转变的重要发展趋势。

最后,在结语部分对研究做出简要回顾并展望后续延伸性研究。

注释

[1]　维特鲁威. 建筑十书[M]. 高履泰,译. 北京:知识产权出版社,2001:12

[2]　Blaser W. Mies van der Rohe: The Art of Structure[M]. Basel:Birkhäuser Verlag,1993:97

[3]　关于中国建筑的现代转型东南大学的李海青在其著作《中国建筑现代转型》中从观念、制度到技术的发展过程中进行了详尽的阐述。

[4][5]　史永高. 材料呈现:19 和 20 世纪西方建筑中材料的建造—空间双重性研究[M]. 南京:东南大学出版社,2008:14

[6]　中国科学院自然科学史研究所. 中国古代建筑技术史[M]. 北京:科学出版社,2000:525

[7]　罗哲文,王振复. 中国建筑文化大观[M]. 北京:北京大学出版社,2001:12

[8]　Peter Carter. Mies van der Rohe at Work[M]. London:Phaidon,1999:27

[9]　辞海[M]. 上海:上海辞书出版社,1999:3291

[10]　现代汉语词典[M]. 北京:商务印书馆,1978:1225

[11]　新英汉建筑工程词典[M]. 北京:中国建筑工业出版社,1995:198

[12]　[美]斯蒂芬·霍尔. 锚[M]. 符济湘,译. 台北:建筑与文化出版有限公司,1996:8

[13]　[美]肯尼斯·弗兰姆普敦. 现代建筑:一部批判的历史[M]. 张钦楠,译. 北京:生活·读书·新知三联书店,2004:367

[14]　王群. 解读弗兰姆普敦的《建构文化研究》[J]. A+D,2001(1):77

[15]　南京大学的赵辰教授在"从'建筑之树'到'文化之河'"中对国内建筑界对"建筑之树"的误读做了详尽的解释。首先"建筑之树"并非是弗莱彻(Banister Fletcher)在其编著的第一版《弗莱彻建筑史》中出现的,而是其儿子小弗莱彻在第四版的《弗莱彻建筑史》中首次出现的,此外由于编者对于东方建筑的无知和偏见导致将东方建筑归于一种"非历史风格"。而在 1961 年,由考定雷教授编著的第十七版中,这一观念已经产生了变革,"东方建筑"代替了"非历史性风格",并在 1975 年和 1987 年之后的第十八和十九版取消东、西格局,以全球性的眼光按时间分章节论述,并请各国有关专家撰写相应章节,从而实现了对东方建筑文化客观而全面的转变。

[16][18]~[20]　中国科学院自然科学史研究所. 中国古代建筑技术史[M]. 北京:科学出版社,2000:525

[17]　(北宋)沈括. 梦溪笔谈

[21][22]　朱涛. "建构"的许诺与虚设:论当代中国建筑学发展中的"建构"观念[J]. 时代建筑,2002(5):30－33

第二章 从局部到整体

　　产品，是指能供给市场，被人使用和消费，并满足人们某种需求的东西，既包括了有形的物品，也包括了无形服务、组织或它们的组合。20世纪90年代，菲利普·科特勒[1]等学者在原有的核心产品、形式产品和延伸产品层次上增加了期望产品和潜在产品两个层次，形成了更整体的产品概念。实用性是产品的核心，那么建筑是否是产品呢？从建筑的功能上来说这是毫无疑问的，但长久以来对建筑艺术性的重视，却使得"艺术品"长时间代替产品被冠以建筑之上，直到工业革命之后，大量的生产制造才使得建筑生产制造的本质得到显著体现。

　　建筑和其他产品一样，从早期简单的居住的庇护所到现代功能多样、形式丰富的社会活动的容器，经历了漫长的发展历史。不过，人们对建筑象征与审美功能的特殊需求使其又区别于其他产品，在很长的一段时间内，作为一种"空间"或"语言"表达产物的建筑观念掩盖了其作为生产制造产物的本质。从手工艺到工业化生产的进步，使得建筑开始进入大量性生产制造的时代，建筑实用性的特征也越来越清晰。

　　从客观需求的角度出发，从过去到现在，市场对建筑的需求始终都在变化：在阶级社会，建筑产品主要满足不同阶级；而在民主社会，个人、企业、政府等成为平等的建筑消费者。消费需求的变化导致了建筑这个庞杂的终端产品在不同的层面发生了巨大的变化：不论是作为基本功能的核心产品（解决不同问题和需要的设计），还是用于建造的形式产品（复杂的、分级的产品零部件），乃至消费之后作为技术服务的延伸产品都在各自的标准和相互协调中有了广泛的发展。一方面，作为对丰富的社会活动类型的回应，现代的公共建筑不仅需要解决复杂的功能需求，还要能尽可能多地容纳随着城市化进程不断增长的人口；另一方面，随着建筑体量的激增，除了需要发展新的结构、围护体产品，还要重新设计与热舒适性、人工采光以及便捷的交通体等相关的多元设备产品。18世纪以来，从重型、轻型框架结构等技术，到综合的电气与机械技术的结合，如电梯、水系统、空调系统、电力照明系统、供暖系统以及日新月异的通讯系统、智能系统等，涵盖范围之广、内容之多体现了建筑技术发展的突飞猛进。

　　从生产的角度出发，建筑与其他产品一样，需要标准的生产制造技术，对于大量性生产活动，标准化意味着成熟、普遍适用，它符合产品对于生产效率、经济适用性的基本要求。另一方面，由于复杂的构成和特殊的功能需求，建筑的生产与建造过程不仅要耗费比其他产品更长的时间，工艺也更加庞杂。随着建筑产业的发展，从松散的自建方式到系统的、大量性的生产制造,建造的工艺和流程都发生了巨大的变化。尽管功能、空间与形式一直是建筑师在建筑设计中重点考虑的内容,但当所有的创意转换为具体的物质形态时,材料的选择、构件的生产和装配的工艺是实现上述设计理想的必要途径。因此,无论是在手工艺时代还是工业化生产时代,建筑构造都不是无关紧要的施工技术,选择和制造建筑材料的方法、表达组合的方式、实施和组织建筑的方法、劳动力分配方式、经济核算项目以及我们的决策对于生态的影响等等都是对整个社会的反映[2]。

在不同的地域、文化以及技术发展的综合影响下,丰富的建筑实践形成了多元的构造"语汇"——"重"的或是"轻"的,"层叠"或是"节点","手工"或是"机器制造","独特的"或是"重复的"……而在当下高科技的支持下,通过建筑师独具匠心的创意所展现出来的建筑产品也越来越新奇和多元化。那么,面对如此丰富的"素材",建筑师是如何在有限的时间内、在特定的环境与场地限制下为特定的客户提供系统的解决问题的方法?面对未来的不可确定性,建筑师是如何权衡建造的常规性和复杂性,挑选合适的材料和决定实施的方案?而最后的构造设计为什么是那样?或者说为什么有时候是"相同的解决方案",有时候是"独特的解决方案"?而重复或者独特的依据又在哪里?

要回答这些问题并不容易,但我们可以从历史的线索中找寻答案。在我们整理这些线索的过程时,我们显然无法将这些组成建筑的局部从最终建筑的整体表达中分离出来,不论是分级的建筑产品还是终端产品建筑,它们的发展始终都是相互依存的;同时,我们也发现,两千年前维特鲁威关于建筑的三个基本特征的定义:坚固、实用、美观,即便在建造技术和审美情趣已经产生了巨大变化的当下也一样适用,只不过在建筑不断地更新换代过程中,它们有了更多的内涵和外延。总的说来,建筑的设计、生产和建造一直遵循以下四个原则:需求原则、质量原则、经济原则和可持续原则(图 2-1)。

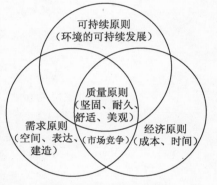

图 2-1 建筑构造的基本原则
资料来源:自绘

第一节 建筑构造原则

一、需求原则

建筑的革新不仅体现了技术的进步,更反映了市场消费需求的变化。建筑最早是为人们提供坚固、舒适的隔绝外界恶劣环境的居住产品;随着社会文明的发展以及等级制度的产生,建筑又逐渐拓展出了提供公共服务、商业活动、生产活动场所等衍生产品。对建筑产品的消费需求不仅体现在必要的物质功能上,还体现在地域文化发展过程中逐渐演变的社会意识形态中,这使得不同时代、不同地域环境中,在材料的选择、构件加工工艺和组合方式上表现出截然不同的特征。

虽然形式千变万化,但作为一项实用的技术,这些看似形式各异的建筑在建造的方法上并无本质区别。随着经济全球化的趋势越来越显著,工业化生产技术越来越普及,市场的需求越来越同质化,建筑的差异也愈加减少。尽管如此,多变的社会需求依然促使建筑在不断地发掘新的前进动力和更广泛的文化价值,20 世纪中期交叉学科的思想对现代建筑产品多元化的发展产生了积极影响,也为建筑设计的创新提供了更多的理论依据。不断变化的需求使得建筑的象征功能与个人和社会之间形成了各式各样的类推,这些需求并不局限于物质层面上,也非某位雇主或者某位建筑师在特定的环境中凭借主观想象产生,而是由特定时代和环境背景下的一种群体性的社会意识形态决定的,它使得建筑长久以来被认为是两种不同观念的产物:"作为空间的建筑"和"作为一种语言的建筑"[3]。

  1. 功能:作为空间的建筑

  空间创造是建筑的基本出发点之一,人通过自己的活动体验来衡量并决定空间尺度的大小,由此决定结构构件的尺寸来形成合理的建筑内部空间。从古至今,人们对建筑空间体验的需求有很大一部分都离不开对宇宙的思考以及对未知的自然现象的假想,这种持续的关于精神世界的探索逐渐形成了建筑独特的抽象形式,也成为建造文化起源的一部分。1942 年,24 岁的荷兰建筑师阿尔多·凡·艾克(Aldo van Eyck)发现了一张马里多贡土著的谷仓图片,梯形的夯土墙与圆锥形的稻草圆顶体现了与西方完全不同的文化特质,凡·艾克认为这种简单的构造形式将社会的结构与居住的结构密切地联系在一起,而这种联系并不仅仅体现在建筑中。在凡·艾克看来,整个多贡的文化都建立在这个简单的主题上:方和圆的组合。这个相同的主题被用在篮子、谷仓和仪式性的面具中,它代表了多贡人的宇宙观和个人观[4](图 2-2)。对此,凡·艾克这样描述到:"多贡人的篮子没有什么是装不下的,因为它的圆环和方底,它既是篮子和谷仓,又代表了太阳、天空和宇宙系统……他们的城市、村庄和房屋乃至篮子都采用了象征性的形式,这样即使是有限的空间,包含的内容却可以是无限的。最终,手工艺品、篮子或者城市,不论大小或限度都被赋予了宇宙或者象征宇宙秩序的力量和神性的特征。"[5]

图 2-2　马里多贡土著的谷仓,1600
资料来源:Edward R Ford. The Architecture Detail ［M］. New York: Princeton Architecture Press,2011:115

  房屋与世界相联系的主题在其他文化中也能找到很多相同的案例。在中国传统建筑文化中,建筑的构成与时空观也有着紧密的联系。如在传统文字中,"宇"也含屋檐之意。东汉许慎在《说文解字》中称:"宇,屋边也。"可以引申为大屋顶。那么"宙"又是什么?高诱云:"宇,屋檐也;宙,栋梁也。"(《淮南鸿烈·览冥训》注)[6]单有"宇"还不能成屋,还要有能持久支撑的"宙",才能实现房屋长久的屹立,因此,"宙"在物质上象征坚固的支撑物,而在文学中则通"久",象征时间,于是"宇宙"的时空观就成为中国传统建筑文化的核心,而中国古人所想象的自然宇宙也可以理解为奇大无比的"大房子"。因此,当"天圆地方"的宇宙

图 2-3　北京天坛祈年殿，1420
资料来源：自摄

图 2-4　现代大空间建筑的结构形式是
考虑使用功能和建筑性能综合要求的
结果

资料来源：[美]彼得·布坎南.伦佐·皮亚诺
建筑工作室作品集[M].张华，译.北京：机械
工业出版社，2002：182，197

观与代表最高意识形态的祭祀功能相结合之后，就产生了天坛祈年殿特殊的圆形形式（图 2-3）。

时空观不仅产生了外在抽象的建筑形式，还形成了特定的内部空间，为此，建筑师（工匠）们采用了众多特殊的构造技术。西方的教堂为了产生宏伟的内部空间效果，不仅拔高了建筑的高度，加大了建筑的跨度，还采用了圆形或尖塔形的屋顶来形成集中、向上升华的动感的空间形式。为了支撑大跨度的空间，一系列特殊的构造得以应用：立柱、十字拱、飞扶壁等，与古希腊建筑的平坦和舒适体现的向外部世界的敞开不同，哥特式教堂将一切封闭起来，厚重的墙体将柱子和所有的空间包裹起来，营造出一个闭关自守的心灵居所，强调内在的精神生活，远离外部尘世，在阳光照耀下，透过玫瑰窗的光线把教堂内部渲染得五彩缤纷、眩神夺目，在斑驳陆离的光影中，让人有一种恍若隔世的感觉，所有的建造形式都是为了最大限度地表现神性空间而服务的。

虽然，现代建筑已经很少为了实现建筑的象征意义而刻意创造"宏伟"的空间效果，但由具体功能需求所产生的特殊的结构形式依然存在，并且比过去更加丰富了。比如在体育、观演、交通等类型的建筑中，复杂的功能要求不仅产生了包括实现大量人群聚集、停留、疏散等大空间所需的大跨度结构技术，同时还形成了满足照明、声音控制、通风等综合性能需求的物理技术（图 2-4）。

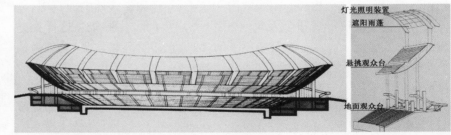

圣尼古拉(San Nicola) 体育场，伦佐·皮亚诺工作室，意大利，1987—1990

除了结构形式，"光线控制"也是空间体验的重要方式。建筑师通过特殊构造设计产生的"光的韵律"赋予了建筑独特的空间体验的行为从古至今一直得以延续。"观察阴影的变化，学习这种游戏……精确的阴影，清晰或消融；投射的阴影，对比鲜明，描绘出精确的轮廓——多么迷人的蔓藤花纹……伟大的音乐。"[7]对光影构筑建筑灵魂的建筑师来说，光在承担许多重要的实际功能的同时还要表达更多的象征意义。

勒·柯布西耶(Le Corbusier)在《走向新建筑》中描述了现代窗户的多种功能："窗户的作用是透光——'透一点，透很多，或者完全不透'……或者卧铺车厢的窗户可以密闭，也可以随意打开；现代咖啡馆的大窗既可密闭，又可以通过手柄降至地下，使其完全敞开；餐车上的窗户带有小百叶，开启时可以透气……"[8]柯布西耶将其对窗的多样功能和光影变化的畅想演变成独特的水平横窗、天窗的设计，兼具实用性和艺术性。嵌入拉图雷特修道院圣器室顶部的由混凝土围成的"五角棱镜"，"在春、秋分日，其倾斜的角度刚好使得阳光能穿过教堂，沿着圣器室的混凝土墙，从一条狭长的开口进入正殿，而最后柯布西耶在开口下设置的略微倾斜的平面就像是对阳光发出的邀请，于是，这座教堂和金字塔如同其他神圣的建筑一样，融入宇宙之中"[9]（图 2-5）。

图 2-5　拉图雷特修道院采光天窗，1959
资料来源：http://www.flick.com

除了通过光影节奏的控制来形成不同的空间感受外,建筑师一直不遗余力地在建筑表皮上尝试各种开洞形式的另一层重要原因,是为了将光以不同形式引入建筑,让人在感受建筑的同时也体验自然。路易斯·康(Louis Kahn)对光有着这样的论述:"我们都是光的产物,通过光感受季节的变化。世界只有通过光的揭示才能被我们感知。对于我来说,自然光是唯一真实的光,它充满性情,是人类认知的共同基础,也是人类永恒的伴侣。"[10]在位于得克萨斯州伏特沃斯的金贝尔美术馆设计中,康将光与空间的艺术发展至极致。金贝尔美术馆统一的自然光加强了每一个美术馆房间的整体感,康在这里创造了史无前例的天窗采光系统,他通过分离结构并且把支撑系统和照明交织在一起的做法将建筑向太阳敞开,也再次实现了其"结构是光的给予者"的信念。该建筑别具一格的构造形式是形成建筑内部光线精确控制的关键:一系列筒形拱顶是建筑中最重要的构造形式,30 m×6.9 m的拱顶往各个方向扩散。以拱顶为基础构造形式创造了具有纪念性的大空间,而光线正是借助拱顶之间的开口,通过肋壳组合的方式而进入建筑。光线呈现在没有隔墙的建筑中,构成了无处不在的自然元素(图2-6)。

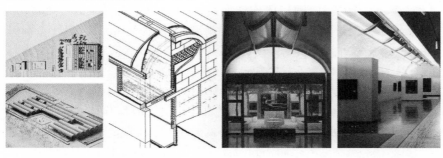

图2-6 金贝尔美术馆,1972

资料来源:Kenneth Frampthon. Studies in Tectonic Culture:The Poetics of Construction in Nineteenth and Twentieth Century Architecture [M]. Cambridge, Mass:MIT Press, 1995:259;http://www.flick.com

如果说"作为空间的建筑"不仅满足了特定建筑的功能需求,还愉悦了人的精神体验,那么"作为一种语言的建筑"则是社会等级制度的隐喻,封建社会通过严格的等级关系在建筑构成中的表达象征着使用者的高低尊卑,而作为一种抵抗"约束"的方式,相对"专制"的等级语言,又产生了倡导"民主、平等"的自由的艺术风格语言。

2. 表达:作为一种语言的建筑

(1)等级制度

在封建社会,等级制度不仅体现在社会秩序的方方面面,建造活动也被刻上了深深的阶级烙印。对于历史学家奥朗吉(H. P. L'Orange)来说,"个性"和"约束"的不同也是"民主"和"专制"的表现。奥朗吉认为罗马人通过大量的整体性体现建筑的统一性,进而表现"帝国"的秩序,如建于公元206年的罗马大浴场;而希腊人和早期的罗马秩序则是通过有差异的局部和谐代表了一种"民主"。诺里斯·K.史密斯(Norrris K. Smith)将希腊神庙独立的柱子看做一种社会的隐喻,就像各种成员站在一起一样;而对约翰·奥尼恩斯(John Onians)来说,这些排列整齐的柱子有着更具体、更激进的象征——方阵:一个由常规士兵组成的希腊军队[11]。这些历史学家们的观点都将局部视为一种社会和政治的秩序,而不是一种局限于古典范式思维方式(图2-7)。

虽然中国传统建筑使用了一套完全不同于西方建筑木构架建造体系,但是"等级制度"的隐喻在建筑的组成中同样得到了充分的体现。作

图 2-7-a　柱列整齐的帕提农神庙，前472—前433

图 2-7-b　象征最高等级的北京故宫太和殿，1420

资料来源：http://www.flick.com

为我国古代流传下来最早的一部记述奴隶社会官府手工业的制造工艺和质量规格的官书——《考工记》在"匠人营国"一章中，以严格的等级观制定了天子之城、公之城、侯伯之城的递减规模以及城墙高度和城中道路的分级规定。发展到了宋朝，这种等级制度已经严格地体现在建筑中："凡构屋之制，皆以材为祖，材有八等，度屋之大小，因而用之。"材分制度不仅实现了木构架从柱子到斗拱再到屋架的结构体系的完整连接，更在等级上区分了建筑的"主次"和"贵贱"。从建筑的间数、进深大小到柱子、梁、斗拱等结构构件的尺寸，进而到建筑装修的精致程度，直到一砖一瓦，处处都分等第。

从第一部由官方颁布的《营造法式》中，我们可以清楚地看到封建统治阶级是如何通过建筑构造系统的分级来衡量使用者的身份高低的。十三间为建筑的最高等级，然后以十一间、九间、七间、五间等奇数递减。随着间数的多少决定用料等级的高低。斗拱的等级以出跳数的多寡来衡量，最高等级的建筑采用出双抄三下昂的八铺作，计心造；最低等级的建筑为斗口跳或把头绞项造。屋顶的形式以四阿殿阁为高（重檐庑殿），其次为厦两头造（歇山），屋顶举折的高度随着房屋等级的变化而有很大的差异。除了结构构件，围护体构件和装饰构件也有着明显的等级区分。如屋面用瓦、垒脊有明确的等第，大殿用筒瓦、板瓦互相配合，而厅堂则仅使用板瓦；瓦下补衬的材料同样要分等级，以柴栈为上，板栈次之，再次是竹笆、苇箔；垒脊，殿阁正脊31层，堂屋正脊21层，厅堂正脊19层……营房仅3层。屋顶上的装饰如鸱尾、兽头大小之分亦是等第的象征，此外，大门的门钉、屋内的平棊暗格、彩画浮雕，台基的高度、作法，地面铺砖的规格等也都是辅助的衡量房屋等级高低的侧面[12]（图2-7）。

虽然在等级制度的烙印下建筑产品有了系统的分类，方便管理人力、物力，也为规范的建造施工提供了依据，但这种制度是不公平的，那些用以显示统治阶级尊严的建筑的用功用料并不在可控之列，而且为追求豪华的装饰完全可以不惜工本。例如，从功限中可以看出，雕镂一个带剔地突起海石榴花的柱础需要80功（功是中国古代劳动力定额的一种单位，《营造法式》中"功分三等"），那么如果建造一座象法式地盘图中所画的有66根柱子的大殿，仅柱础一项就要花费约5 200功，这是多么惊人的耗费！

不仅如此，由于环环相扣的约束条件，虽然群体建筑的和谐统一得到了保证，但建筑的局部在形成统一的整体形式过程中受到了严格的限制，失去了个性自由。随着社会阶级的变革，一种提倡自由"艺术风格"语言的建筑范式逐渐成形。

（2）艺术风格

早在《建筑十书》中，维特鲁威就提出了"比例""均衡"作为建筑构成的原则，这一说法在阿尔伯蒂的《建筑论》中被发展为"建筑艺术论"——建筑是由外形轮廓与结构所组成的[13]。"艺术风格论"在文艺复兴中后期得到了迅速发展，建筑变成了一种"设计的艺术"。将"艺术"凌驾于建造之上，产生了一种"纸面建筑学"，尽管阿尔伯蒂已经将墙体分为结构体、填充物和覆面层，但是，他并没有在材料和构件形式之间建立一种密切的联系，从其设计的罗塞莱宫（Palazzo Rucellai）的设计图纸和最终完成的结果可以看出，石块的砌法设计与实际建造的呈现并不一致。显然在设计过程中，柱式、拱券的比例与均衡是凌驾于面层的"砌法"之上的。

而到了巴洛克时期,建筑已经完全被整体的"装饰艺术"所包裹,建筑作为和绘画、雕塑相同一类的艺术发展到了极致。

亨里奇·沃尔夫林(Heinrich Wolfflin)在 1888 年和 1915 年分别出版了《文艺复兴和巴洛克》(Renaissance and Baroque)和《艺术史的原则》(Principles of Art History),并探讨了"从局部到整体的关系"。对于早期的文艺复兴或者古典的艺术风格,沃尔夫林认为"(建筑)通过将局部作为自由的、独立的成员而获得整体性",而"巴洛克艺术抛弃了通过局部的自由获得的整体性,而赞同一种更统一的总体动机"[14]。沃尔夫林认为艺术风格的发展对建筑而言并不是积极的,在他看来,巴洛克风格所带来的新的变化是一种以牺牲局部独立性的绝对一致性,"美丽的元素不再作为整体的一部分而享有独立性,它们都屈服于一种整体的动机,而且只有融于这个整体,局部才能获得存在的价值和美"[15]。

保罗·弗兰克(Paul Frankl)是在众多历史学家中和沃尔夫林对局部与整体的关系持类似观点的一位,他认识到了突出局部和强调整体的建筑的区别,但是他对这两种结果产生的原因持不同的观点。弗兰克认为每一种建造方式都表达了一种世界观:突出局部的建筑是一种"自由"的社会隐喻,而强调整体的建筑则表达了一种"约束"。他进一步指出,第一种阶段出现在中世纪建筑(1420—1550)和文艺复兴早期,以菲利普·伯鲁乃列斯基为代表,建筑以突出局部为特征,对力的产生机制的充分表达体现了"个性的自由"(freedom of personality)和"受约束的世界"(the world as finite)的世界观[16]。在这个阶段,秩序是"局部"和谐组织的重要体现,这种秩序被弗兰克称为"一种由分离的成员形成的有机体"。他写道:"第一阶段的建筑的构造特征通常是它们看上去似乎能抵抗外力……它们通常不会被动顺从外力的压迫,而恰恰相反,它们成功地矗立着,并看上去是坚不可摧的……这个阶段的构造形式看上去就像整体融入局部之中——即使是最后的轮廓——也像是力的表现……每一个组成部分,就像整体一样,获得了作为个体的完美,一种特定的完整性。"[17]

作为"设计的艺术",追求建筑的"完美外在形式"是将建筑视为"艺术品"观念的极致表现。文艺复兴运动借助古典的比例来重新塑造理想中古典社会的协调秩序是当时社会新兴资产阶级思想解放的实质表现,是新政治、新文化和新的经济要求的客观反映(图 2-8)。

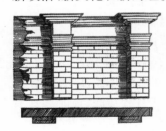

图 2-8　文艺复兴期间留下的装饰壁柱不同的构造做法:分别突出墙体 1/4、1/2 和全部突出

资料来源:[意]莱昂·巴蒂斯塔·阿尔伯蒂.论建筑——阿尔伯蒂建筑十书[M].王贵祥,译.北京:中国建筑工业出版社,2008:7,175-177,作者编辑

18 世纪后,随着工业化技术的发展,建筑师开始更多地专注建筑产品的工厂化生产而不是经过手工艺术处理的装饰风格,并且将建筑的功能和空间作为设计的首要需求,产生了大量以标准化为核心的工业化建筑产品。但由于早期工业化生产方式的单一性,无视个性、僵化的标准对建筑的人文价值造成巨大的冲击,大量急功近利、粗制滥造的建筑技术产业与建筑师预期的多样化工业产品相去甚远。于是,众多建筑师开始远离工厂化的标准构件生产系统,回归了手工艺制造,并通过"折中"的方

式,让传统的艺术风格融入现代建筑中,来重塑建筑文化价值。这一过程在 20 世纪 60—80 年代中形成了著名的后现代主义运动。

后现代主义运动可以视为"艺术风格"作为一种文化再现的需求,它的突出表现为建筑师采用象征、隐喻、折中与变异等手法,将历史文化的信息植入建筑形式表达中来产生历史片段的再现,以满足人们对建筑文化价值的期许。后现代主义横移传统形式符号来迎合社会对建筑文化价值需求的做法是带有普遍主义意味的态度,这种行为在一定程度上低估了不同语言中的深层差异,比如将单个元素从历史建筑风格中借用过来,随意地拼在一起,从而认为建筑也因此继承了历史的脉络。但这种简单的拼贴非但不能正确地诠释建筑整体的意义,还会造成含混的建筑构成(图 2-9)。

图 2-9　后现代主义对传统片段的移植和波普艺术的借用
资料来源:http://www.flick.com

更糟糕的是,在其他制造业通过新的材料和制造流程改进时间和成本的时候,大量的建筑产品仍然需要通过消耗大量的资源来获得并不相称的性能,新材料、新的工艺在建筑行业中进展缓慢。直到环境危机的出现以及信息技术的普及,众多建筑师才逐渐意识到"形式制造"的局限和新技术带来的各种发展潜力。不能否认,长期沉溺于"艺术风格"是因为建筑包含了很多不同来源的知识形态,使得建筑产品成为容纳各种特殊学科和技巧的综合产物,而其中"设计的艺术"与绘画、雕塑等艺术形态在人类精神愉悦功能上的不谋而合使得意识形态长期左右了建筑的发展方向。但长久以来的意识形态观念无论多么丰富、多么全面,也不能描述建筑到底是什么,更不用说解释了。因为,"建筑的最基本功能是通过个性的场所产生的催化作用,将无数各异的观念、表达方式和技术手段整合后以具体的形态表现出来。它们是每一位职业的或非职业的建筑师所共享的,并通过每一座建筑得以阐述"[18]。

因此,"作为一种语言的建筑"如果脱离了场所与工艺技术,浮于表面的、"字面上"的建筑形式,是无法得到持久生命力的,毕竟在面对市场多变的需求下,基于产品功能与整体性能的创新才更有意义。在这一点上,"建筑语言"的具体使用形式和使用这种语言的人们的生活之间必须具有同一性,这也是地域特征赋予传统建筑千变万化的特征而又能持续发展的根本原因:建筑的意义是社会习俗及其实践的动态过程来决定的。无论身处何种时代,我们都不应该忽视我们所共享的技术手段,因为只有技术的变革才是真正推动建筑产品品质,提高与解决各种功能、性能等复杂问题的关键因素,并实现建筑师各种奇思妙想。

3. 建造:作为工艺的建筑

尽管将建筑理解为"空间"或者"语言"的产物的观念在很长的时间内掩盖了建筑作为生产制造产物的本质,但依然有少部分历史学家对建筑的认识并不局限于意识形态。艺术历史学家欧文·帕诺夫斯基(Erwin Panofsky)认为哥特式教堂是一种(建造)秩序的系统,不过并不是精神上或者政治上的隐喻,而是一种更智慧的秩序。他认为哥特式教堂的建造反映了中世纪学院派的一种描述"不同的、有说服力的演绎"。帕诺夫斯基认为"(哥特式教堂)的那些独立的要素,在组成不可分割的整体的同时,依然保持了自我的独立性,它们清楚地区别于其他的要素——柱子与墙体之间、相邻的肋拱之间、所有垂直的要素和拱券之间,同时必然会有一个明确的联系连接不同的要素。他认为由不同要素组成的哥特式教堂的构造理所应当地在保证一种稳定性,就像那些神学的众多组成要素的基本目的是确保一种合理性一样[19]。

事实上,当我们暂时摒弃希腊神庙的比例与均衡,哥特式教堂的高耸与神秘,我们能更清楚地看到系统、合理的构造体技术的进步:希腊人不需要砂浆黏结就可以将石块组合起来,形成墙基、柱子、楣梁、檐壁等构件,罗马人继续发展了拱形结构,而哥特建筑则将石匠工艺发展到了巅峰,屋顶所有的作用力都集中到精致的网状拱顶翼肋,并传递到柱子上,从而解放了墙体的承重作用。同样,当我们摆脱了等级观念去审视北京故宫的太和殿,层层相扣的、紧密相连的木构架系统也体现了中国传统高超的建造技术。进而,当我们将视线从那些经典的、特殊的建筑转移到更具普遍代表性的大量性民间建筑时,我们会发现工艺需求对建筑生产制造本质的呼应,合理的工艺借由在特定场所与环境催化作用下,产生符合社会习俗的动态建造行为(图 2-10)。

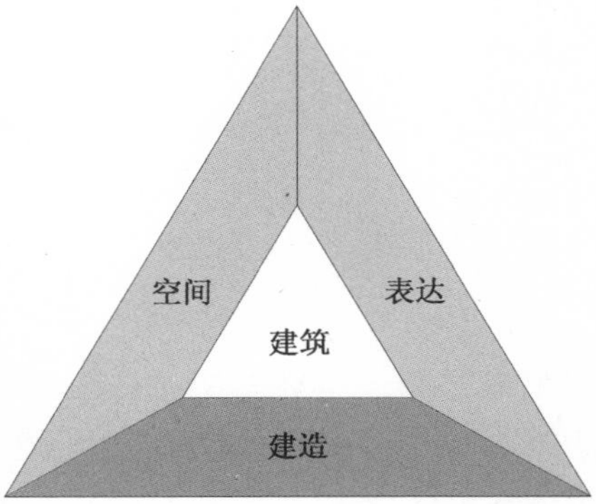

一个在建筑历史中常被提及的话题——东西方建筑文化的差异——可以被用来作为这个问题的佐证。当我们从两地最为代表性的建筑来看待这个问题时,似乎西方的"石文化"和东方的"木文化"有明显的差异。我们并不否认东西方文化的差异,并且这个差异在建造形式中确实得到了明显的体现,但意识形态的差异并不是直接导致"石"与"木"区别的根本因素。无论意识形态如何不同,在运输、加工技术相对落后的手工业时代,就近取材是一个基本原则。因此,在大量的民间建筑中,我们会发现不论是东方,还是西方,"木"与"石"的选择都不是绝对的。木材易加工的优势是明显的,并且西方的森林资源也很丰富,因此木材同样是西方大量民间建筑主要的建造材料,石构建筑则主要集中于石材资源丰富的地区和公共建筑中;同样,在以木构著称的中国传统建筑中,土、砖与石材同样得到了大量的应用,因为土、砖、石材有着优良的热工性能和耐久性能,不仅能保护木结构,还能形成舒适的室内热环境。在某些地域环境特殊的情况下,土甚至完全取代木材,比如中国西北地区的窑洞,因为那里土壤资源丰富,气候干燥多变,窑洞的构造技术充分利用了土壤的结构和物理性能,符合当地生活习俗和环境特征(图 2-11)。

图 2-10 建造作为基石,支撑着建筑的外延——空间与表达
资料来源:自绘

木材　　　　黏土　　　　石材　　　　砖

图 2-11 相同的材料在不同地域环境中的工艺差异
资料来源:自摄;[德]普法伊费尔. 砌体结构手册[M]. 张慧敏,译. 大连:大连理工大学出版社,2004:155,作者编辑

由此可见，适合时代环境与场所特征的构造工艺才是建造技术发展的关键因素，这个特征随着材料科学的发展也愈加明显。17世纪末，随着材料科学和结构力学的进步，材料的力学性能和结构表现得到了重视，克劳德·佩罗（Claude Perrault）的"相对美"（arbitrary beauty）和"实在美"（positive beauty）学说开始挑战建立在比例、均衡原则之上的"设计的艺术"，对材料丰富性以及新工艺技术应用的倡导开辟了"建造的艺术"的发展之路。坚持以结构创新为出路，摒弃传统的装饰风格，提倡实用建筑成为18世纪众多建筑师实践的方向。虽然建造的材料和工艺并未有巨大的飞跃，但工业化革命的成果已经开始影响建筑的发展，如铁质构件已经逐渐在建筑中得到推广，作为机器产物的建筑已经开始显示效率、精确、经济等特征（图2-12）。

图 2-12 亨利·拉布鲁斯特，巴黎圣热内维也夫图书馆，1838—1850，横剖面和锻铁拱构件

资料来源：Kenneth Frampthon. Studies in Tectonic Culture: The Poetics of Construction in Nineteenth and Twentieth Century Architecture [M]. Cambridge, Mass: MIT Press, 1995: 46, 49

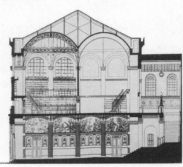
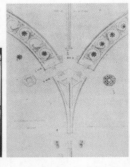

19世纪末至20世纪初，当工厂和商业建筑作为一种社会生产力发展的必然结果，并成为全新的城市建筑类型出现后，建筑高度与跨度与日俱增，材料技术得以突飞猛进地发展，实用性开始成为建筑产品的主要需求，建造工艺技术的进步真正成为建筑发展的主导力量。现在当我们重新审视密斯·凡·德·罗那些在当下已经普通，而在当初却鹤立鸡群的钢结构大厦时，我们会发现它的与众不同不仅来自它的高度与体量，更在于它简单纯粹的抽象形式与当时大部分仍然具体而生动的建筑形式的巨大反差。它外在的简单和不加装饰表现了一种纯粹的技术力量，也形成了在工业化生产技术发展趋势下对新的建造形式整体控制的建造艺术（图2-13、图2-14）。

图 2-13 滨湖公寓的框架构造

资料来源：Leatherbarrow D, Mostafavi, M. Surface Architecture [M]. Cambridge, Mass: MIT Press, 2002: 108

虽然柯布西耶在20世纪初就提出了"像造汽车一样造房子",但建筑产品真正全面实现工厂化生产制造也才不到20年的时间。尽管时间不长,在日益多元化的市场需求下,面向制造业的转变使得建筑获得了更好的前景:曾经大量生产与客户定制的差异使得建筑师为了满足不同的需求必须投入大量的人力和物力;而现在,即使在设备、环境控制系统愈加复杂的工程中,更加系统的流程管理促进了高性能的材料和先进的装配工艺发展,实现了材料的重复使用和浪费的减少,提高了建筑的品质和建造的效率,这一切又使得建造流程可以更有效地循环,最终将带给建筑一种更具有可持续性的发展前景。

在以信息化技术为主导的当下,无论是经过转译的"空间""艺术"观念,还是继续扩大的功能、性能等物质需求外延,都被统一在与材料和建造技术密切相关的创新设计中。这些新的观念与技术在具体的应用过程中始终遵循着三个基本原则:质量、经济与可持续。不过这三个基本原则在不同时代、不同技术条件下的表现方式已经产生了很大变化。

图 2-14　湖滨公寓的钢框架立面
资料来源:Werner Blaster. Mies van der Rohe: The Art of Structure [M]. Basel: Birkhäuser Verlag,1993:135

二、质量原则

作为一种实用品,建筑构造的核心原则就是质量,它包括了坚固的物质构成、优良的耐久性能、舒适的物理性能以及美学等综合品质。

1. 坚固:提高构件和结构连接的结构强度,优化构件的组合方式

对建筑来说,坚固无疑是最为重要的质量原则,因为建筑不仅要抵抗外界恶劣的自然环境,还要在突发的自然灾害发生的时候能尽可能地保护人身安全。不论是木材、土、石材,或者是铁、钢材、塑料、玻璃乃至是纸,在整体的重量上或许会有明显的轻重的区别,但只要作为建筑材料,构件以及连接设计就必须满足特定的坚固要求。虽然"坚固"并不是一个可以精确计算的"绝对值",但工程学的发展已经将其转化成为诸多可以被测量的标准,如结构的强度、刚度以及使用寿命等。

充分利用材料的特性是提高结构强度和使用寿命的基本方法。例如木材和钢材适合抗压与抗拉,可以作为柱、梁等杆件受力结构;而砖石只适合抗压,因此,只能作为实体承重结构;混凝土本身只能抗压,但在加入钢筋后又可以抗拉,既可以作为杆件受力结构也能作为实体承重结构。这些材料性能的开发与应用是在长期的实践经验总结和科学实验中逐步发展起来的。

材料的自然属性是古人在建造时最重要的依据,在密度、比重、绝热性能、承载性能可以被科学实验和仪器检测之前,顺应自然是材料加工工艺形成的基础。维特鲁威在《建筑十书》的第二书中,对建筑材料制作和使用经验已经形成了比较系统的论述,这反映了当时的工匠已经对材料的选择、开采方式以及应用方法产生了相当程度的经验认知。如石材的坚硬程度、颜色、耐久性都在建造中作为重要的考量对象,以确定其在建筑中合适的位置:"当要建造房屋时,在两年之间经受风雨而有损伤的石材用于基础,其余未受损伤的石材已为自然所考验,在地上建造可能是坚固的。"[20]同样,在古代中国,很早的时候就积累了木材采伐的经验。如《礼记·月令》载:"孟春之月禁止伐木,……仲冬之月,日

短至,则伐木取竹箭。"《淮南子》亦载:"草木未落,斧斤不入山林。"古人在长期的伐木实践中不仅总结出了合适的砍伐时间,还对不同木材的属性和适应的结构功能进行了匹配,如在《天工开物》中谈及造船的木材所说:"桅用端直杉木,长不足则接,其表铁箍逐寸包围……梁与枋墙用楠木、樟木、榆木……"

在决定选择合适的材料之后,需要考虑的就是设计合理的构件截面形状,在体积相同的情况下,选择合理的截面形状可以使构件获得较大的强度和刚度。比如,同样作为柱子,在相同截面积的前提下,矩形柱的截面强度要高于圆形。但由于实验手段的缺乏和加工技术的限制,过去,圆形的柱(木柱、石柱等)要比方形的柱更流行(其中也不排除一定的审美因素的影响)。18 世纪后,在科学实验的验证下,矩形的截面开始得到广泛的使用。当结构力学得到进一步发展,工程师发现,零件材料的分布尽量远离零件的中心轴,就可以获得较大的强度,因此空心截面比实心截面的强度更好,于是产生了空心钢柱以及工字形的钢构件截面形式(图 2-15)。

图 2-15 不同截面形状梁的强度与刚度比较
资料来源:自绘

截面形状 强度及刚度	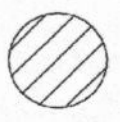 ◐	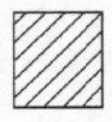 ▨	 ▨	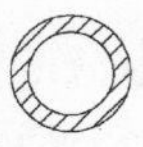 ◑	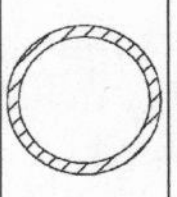 ◯	 ▢	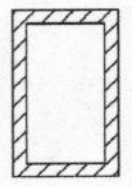 ▭	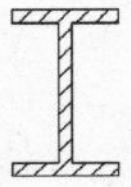 I
W(MPa)	1	1.16	1.6	1.73	2.73	3.2	4.6	5.2
I(N/m)	1	1.06	1.9	2.3	4.5	4.6	9.5	11

随着实验技术的进步,不仅结构的静态承载能力得以检测,在使用过程中结构抵抗不同荷载的动态变化——变形程度也可以被准确地测量。刚度被用来作为描述结构构件在荷载作用力下变形程度的指标,刚度越大,表示变形越小。刚度是衡量结构耐久性的重要指标,变形过大会破坏结构的正常工作,减少结构构件的使用耐久性,因此,采用合理的结构形式减少不利的变形影响来提高结构刚度也是结构设计的重点之一。在构件通常承受的荷载中,弯曲是最不利的影响,因为弯曲的断面应力分布不均匀,容易造成构件较大的变形,因此用拉、压代替弯曲可以获得较高的刚度,相比较弯曲,拉、压的断面应力分布更均匀,材料利用率高。而通常的实心截面的构件都避免不了受到弯曲作用力,如果采用桁架结构,则可以大大提高刚度,因为桁架中的杆件只受拉、压作用力。这也是为什么在现代大跨度的建筑中,通常都采用桁架结构而不采用实心结构的重要原因之一。

当然,结构构件本身的强度和刚度还不能形成完整的、坚固的结构系统,构件之间的连接方式的可靠性同样是不可或缺的。构件的连接方式与材料本身的属性、加工工具和连接工艺的进步密切相关。以木结构为例,在人还没有掌握工具制造方法的时候,连接木材最简单、直接、有效的方式就是绑扎:从中国半坡时期的穴居复原图中(图 2-16),可以看到,较粗的原木末端被插入地洞中,并通过绑扎在中段的横木插入侧面土壁中形成结构支撑,次要的枝条围绕主要结构原木互相绑扎,呈扇形展开,最后覆土并铺植物茎叶。

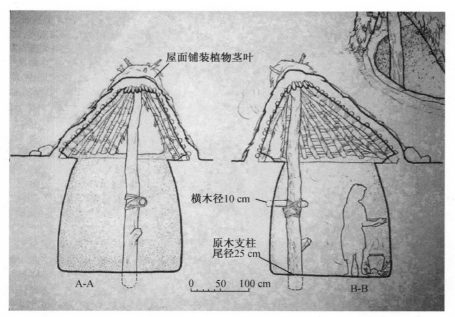

屋面铺装植物茎叶

横木径10 cm

原木支柱
尾径25 cm

A-A   0 50 100 cm   B-B

图 2-16 中国半坡时期穴居复原图
资料来源：中国科学院自然科学史研究所. 中
国古代建筑技术史［M］. 北京：科学出版社，
2000：10,9

显然，绑扎还不足以为作为建筑结构的木构件提供足够的强度，尤其随着木构件尺度的变大，扎结的节点刚度也直线下降，大风雨雪或较重的荷载都会使构架动摇，从而造成屋面泥层龟裂而漏雨[21]。榫卯构造的出现显著提高了木结构连接的稳定性，是木结构连接技术的重要进步。从中国余姚河姆渡遗址发现的遗存来看，近1万年前的古人就已经初步掌握了应用工具制作榫卯构造的技术（图 2-17）。榫卯构造使得建筑构件可以在水平、垂直以及特定角度方向相互连接，形成弹性变形和延性较好的整体结构，抵御各种自然力作用。无柱的原木结构是榫卯构造发展早期的一种建造形式，通过在原木的端头加工成为楔形榫头，在转角处交叉搭接咬合，使得圆形或矩形的原木木料在平行方向上层层叠置，形成房屋的墙壁，再在左右侧壁上立矮柱承脊构成屋顶，这种构造方式形成了木结构早期的一种形式——井干。这种水平式的木构件连接便利，但在结构跨度上受到较大的限制，加上耗费木材量较大，逐渐被框架式木结构所取代。

以榫卯构造连接柱、梁、枋形成空间框架是木结构发展的重要进步。为了解决平面线性的框架构造连接易产生的不稳定性，传统木框架建筑在梁的支座采用插榫连接，加上梁端的叉手、托脚构件，在结构中形成了许多稳定的三角形以避免梁架产生位移的可能性。我国现存最高的木塔——建于辽代（1056）山西应县佛宫寺释迦塔经过多次地震依然屹立不倒，足见木榫卯构造的坚固性。作为早期的高层建筑，佛宫寺释迦的构造设计有着诸多科学性：① 在平面上采用内外双槽，双筒式结构将中心柱扩大为内柱环，加强了塔身刚度；② 中心柱贯穿各层，外柱采用"叉柱造"逐层叠加，柱子都向中心略微倾斜形成侧脚和升起，加强了塔身的稳定性；③ 塔的五个明层和四个暗层中，都使用了一些斜撑固定复梁，以抵制风力以及地震波的惯性推力，达到防止水平方向可能产生的位移和扭动[22]（图 2-18）。除了榫卯构造，在中国传统木构框架结构中，斗拱是一个关键的构造技术，它是柱、梁之间的重要过渡结构构件，不仅支撑了悬挑的大屋顶，还是整个框架系统合理受力的重要保证。虽然关于斗拱的成因并无定论[23]，但是斗拱形成了柱、梁之间稳定的三角连接，其对于中国传统木框架建筑重要的结构作用是显而易见的。

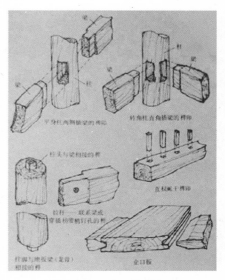

2-17 河姆渡遗址发现的榫卯
资料来源：中国科学院自然科学史研究所. 中
国古代建筑技术史［M］. 北京：科学出版社，
2000：9,10

应县木塔结构示意：由圈梁和斜撑组成的强化结构　　　　　　外槽结构示意

外檐斗拱　　　　　　　　　　转角斗拱　　　　　　内外斗拱之间
　　　　　　　　　　　　　　　　　　　　　　　　　的联系梁

**图 2-18　山西应县佛宫寺释迦塔木结构
系统以及榫卯构造**
资料来源：自摄；中国科学院自然科学史研究
所.中国古代建筑技术史[M].北京：科学出版
社,2000:88

尽管榫卯构造为传统木结构提供了稳定的连接方式,但当建筑的体量超过一定的限度,以木单材为柱、梁的框架结构就无法满足更大的跨度要求,这里的关键问题在于自然木单材的强度限制。西方的工匠为了实现公共建筑对大空间的需求,早在 16 世纪就开始研究可以替代受天然尺寸限制的单材木结构体系。欧洲的工匠们通过探索逐渐发现了可以替代木梁的三角形屋架的形式,经过长时间演变,形成了符合力学特性的早期三角屋架支撑结构。三角屋架通过将小尺寸的木料制成杆件,原本受弯的木材变成只受轴向力,通过整体框架分解承载力以获得更大的跨度(图2-19)。

图 2-19　三角屋架的制作和建造
资料来源：Edward Allen, Joseph Iano.
Fundamentals of Building Construction[M].
Toronto：John Wiley & Sons, Inc, 2009:138

在三角屋架的基础上,西方工匠又衍生出了另一种新的木结构构造形式——桁架。为了减少石拱券产生的巨大侧推力,文艺复兴后,强度与自重比更为优越的木材开始被用来建造巨大的穹顶。通过穹顶建造体验的积累,工匠在加工技术的支持下把预先加工的木材分层拼接起来制成巨大的木拱获得更大的跨度,然后以木拱为基础制作辅助连接构造,形成了桁架结构的雏形。早期的桁架结构中,木拱是其主要的支撑体,其他的辅助构造只起稳定作用,在进一步发展中,原先的辅助构造逐渐取代木拱发挥主要结构作用,最终完全取而代之。桁架这一构造形式的产生,将木框架由散件的连接转变成为整体的连接,将线性结构变成空间结构,木构件在桁架体系中只承受轴向压力或拉力,结构构件的强度和刚度都得到了提升。

合理的木桁架构造实现了前所未有的大空间跨度,此外,木材本身的加工工艺和连接方式也产生了诸多发展。胶合木是现代木结构技术发展的重要成果,胶合木在材料加工中剔除了如节疤、开裂等木材的自然缺陷,根据受力特性合理搭配层叠而成,避免了自然木材可能出现的个体偏差,具有更均匀的结构强度。预先的干燥和化学处理,减少自然环境对胶合木结构构件尺寸和形状造成的收缩、腐蚀等破坏作用。木材可以更自然地暴露于自然环境中,展现自身材料的特性。随着金属连接构件的发展,木构件的连接方式也得到了新的发展,不再限于单一的榫卯构造,产生了强度更大、连接更灵活的过渡连接构造。

金属与木材的过渡连接不同于木材之间通过榫卯搭接形成的直接连接方式,是一种通过金属节点连接不同木构件的间接连接方式。金属连接件加工方便、性能优异、连接效率高是其在现代木结构建筑中得到广泛应用的主要原因。金属相比较木材具有强度高、刚度大的优势,同时,金属易加工的特性可以更容易解决多构件复杂连接的问题。金属节点作为木构件与其他材料的过渡连接,容易实现材料的转换,利于防护性(防水、防潮)构造的处理。例如齿板连接,通过金属嵌板取代木材的榫卯开口,以最小的材料损失取得最大的构造强度,齿板可以实现从单向单板形式到多向多板形式的转变,从而满足从简支梁结构到空间网架结构等各种不同形式的构造要求(图2-20)。

图2-20 金属过渡连接构造不仅提高了木结构构件的连接强度,还丰富了结构形式

资料来源:Edward Allen,Joseph Iano. Fundamentals of Building Construction[M]. Toronto:John Wiley & Sons,Inc,2009:138,147,154

虽然木结构的构造技术发展不能涵盖其他类型的材料结构技术发展要点,但却可以反映整个建筑结构构造材料性能与力学发展的基本方向——优化材料性能和结构形式,并通过复合构造技术提高结构强度以满足建筑高度和跨度日益增加的需求。比如为了增加砌体结构的抗震性能,在砖砌体构造中加入了辅助的金属连接构件(如锚固钢筋)作为墙体加固构件已经成为标准做法,而混凝土也是在结合钢筋后才获得了更大的结构强度。不论是自然材料还是人工合成材料,复合构造技术都是改善单一材料缺陷、提高材料力学潜能的必然趋势。

2. 耐久:构件的维护与更新替换

作为所有产品中使用年限最长的建筑,构造的耐久性是衡量质量的重要指标,虽然有些零部件在出现问题后可以通过替换来实现更新,但有些关键的部件,如结构构件是不方便替换的,必须通过一定的防护构造措施来延长其使用寿命。针对不同的属性,工匠(建筑师)在选择和使用材料的过程中形成了诸多针对性的保护措施,虽然这些构造相比较结构、装饰性的构造通常更为隐蔽,并不起眼,但是它们的功能却是非常重要的,这些防护性的构造包括防火、防水、防潮、防虫等不同类型。在构造系统中,构件的连接处往往是最容易破坏的,因此加强保护的措施通常都位于构件的末端。

中国有着悠久的木结构房屋建造历史,为了解决木材的防火、防虫、防腐蚀问题,智慧的工匠创造了多种有效的构造技术。如采用较耐腐蚀的紫杉或樟木等作为主要结构材料,并采用药剂法、浸渍法、涂刷和油漆法等措施对木材进行防腐、防虫预处理;采用石材柱础隔离木材与地面的接触;梁柱交接处、楼梯与地面交接处等连接部位采用浇桐油的方式进行保护;在阴暗潮湿处的屋角梁檩、阴沟水槽、瓦下望板等菌类易繁殖的部位采用加护板石灰,留空隙加强通风排湿效果;在屋顶、阁楼、脊檩等通风不易的部位通过在山墙上留洞、做通风气楼、做檐下通风口的构造方式加强通风换气;通过外露、保护隔离或保持距离的方式保证木柱周围通风干燥,减少腐朽的可能性。古代形成的众多成熟的防护经验都在现代建筑中得到了延续和进一步发展(图2-21)。

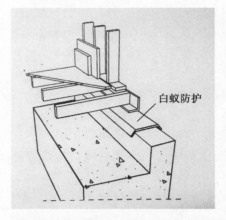
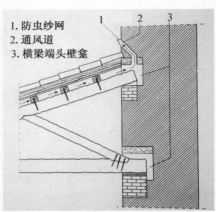

1. 防虫纱网
2. 通风道
3. 横梁端头壁龛

白蚁防护

图2-21-a 木结构的防虫、防腐构造

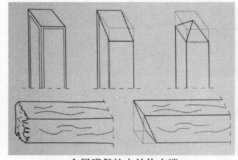
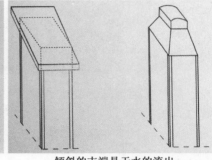

图2-21-b 构件的末端保护原理

资料来源:[西]迪米切斯·考斯特.建筑师材料语言:木材[M].孙殿明,译.北京:电子工业出版社,2012:56,58

金属膜保护木结构末端　　　　　倾斜的末端易于水的流出

　　除了结构,作为围护体的墙体也需要保护,过多的雨水、潮气侵蚀会加速墙体物理性能的衰退。在中国半坡时期穴居的遗址考古中发现了很厚的草筋泥围护结构的残迹,在泥土中加入草筋不仅可以增加墙体的抗拉性能,还能防止龟裂,这种做法在汉唐文献内称之为"墐"[24]。早期的穴居对穴面的防潮有着较高的要求,随着制陶技术的发展,泥土陶化后的防水功能得到认识并被用于建筑。由于直接烧烤穴面会造成土质松散和剥落,因此人们会先墐涂穴面后再进行烧烤,形成坚固的陶低质面层,不仅具有较好的防潮效果,还提高了强度。

　　当建筑逐渐上升到地面上之后,对墙体的保护需求依然存在,为了减少雨水和强烈的阳光对墙体耐久性的影响,建筑的屋顶开始出现悬挑,而坡度的形成则是为了更好地排水。中国建筑特有的"如翼斯飞"的反宇屋顶就是在遮阳、防水、防风和保护墙体等多种防护功能综合考量下形成的自然形式。墙根由于地下水逐步上升,而容易受潮,从而加速墙体的风化破坏,在盐碱地尤甚。古代工匠很早就发现了这个构造的薄弱环节,并采取了一定措施。在《营造法式》中砖的一节中有专门的"墙下隔碱"的做法。发展到明清时期,民间建筑墙体的防潮做法根据地理位置的差异可以分为两种:一种叫"隔碱"(北方常用),是在地面约30~50 cm高处,用一层2~3 cm的青灰层,或者用一层5~7 cm厚的苇秆做隔碱措施;第二种叫"隔潮"(南方常见),是在离开地面的墙脚处用砖砌约50~60 cm高,或者采用卵石、块石、三合土做墙裙,保护墙根(图2-22)。

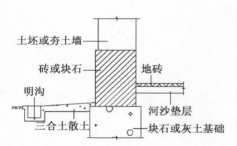

土坯或夯土墙
砖或块石
明沟
地砖
三合土散水
河沙垫层
块石或灰土基础

图2-22-a 南方地区墙下"隔潮"构造

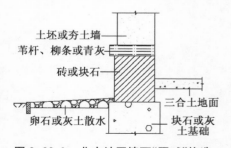

土坯或夯土墙
苇秆、柳条或青灰
砖或块石
卵石或灰土散水
三合土地面
块石或灰土基础

图2-22-b 北方地区墙下"隔碱"构造

资料来源:自绘

虽然现代高层建筑以平屋顶形式为主,屋顶已经不能顾全墙体的防护,但是系统的屋顶和墙体防水构造和有组织的排水设计也更加完善。比如在檐口的下部设计了滴水构造,在窗洞的下沿设计了带坡度的窗台,并在收头处再做滴水处理等。另外,得益于精密的构件连接以及缝隙密封设计,现代建筑大面积的墙面在恶劣的气候环境影响下仍然可以维持较高的使用寿命(图2-23)。

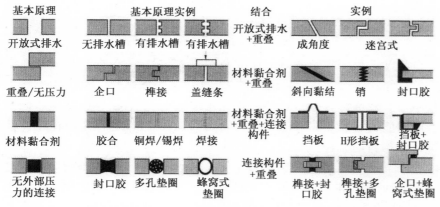

图 2-23　现代建筑围护体中精密的防护构造设计

资料来源:[德]赫尔佐格,克里普纳,朗. 立面构造手册[M]. 袁海贝贝,译. 大连:大连理工大学出版社,2006:25,作者编辑

防火一直都是建筑构造重要的防护性能之一,尤其是随着现代建筑体量、高度的增加,设备系统的日益复杂,防火问题更加重要。早期的木结构建筑一开始采用涂泥的方式来防火,随着砖石砌筑技术的发展,木结构柱通常会被包裹在厚实的砖墙中,进一步减少了火灾发生的可能性。不过,由于传统民居的布局紧密,一旦发生火灾可能会很快扩散,因此通常在山墙的部位增加保护措施,比如中国传统民居在紧邻的山墙面采取了厚重的墙体构造,同时山墙的高度超过屋脊,用以阻挡火灾蔓延的可能,于是形成了不同形式的封火山墙(图2-24)。

图 2-24　不同地域形式各异的封火山墙
资料来源:http://www.baidu.com;自摄

随着材料技术的发展,防火构造在现代建筑中有了更系统的进步。防火分隔物包括了耐火结构(如钢筋混凝土楼板)、具有一定耐火极限的非燃烧体防火墙、防火门、防火卷帘等被用来阻隔可能发生火灾后火势的蔓延,配合安置在吊顶层内的自动灭火系统可以迅速控制火灾的扩大。为了提高各种结构材料的耐火性能,在材料选择和加工工艺上都有了更高的要求。采用天然的非燃烧体材料是最优选择,如钢筋混凝土;虽然钢结构本身为非燃烧体,但随着温度的上升,其结构强度会迅速下降,在600℃时完全失去承载能力,因此对钢结构采取防火保护层构造是十分必要的。此外,考虑到高层建筑已经大量采用玻璃幕墙系统,幕墙与结构之间的空隙会成为拔风的通道,因此在每层结构与幕墙之间采取封堵设计是防止烟气蔓延的重要构造技术。

一个明显的趋势是,当结构与围护体可以分层建造之后,防护性构造正在变得越来越清晰和精细化。在传统的实体构造技术中,既需要考虑结构的承载力还需要考虑防水、防潮等保护措施来提高结构的耐久性,多样的需求使得技术解决方案必须有所偏重,这就造成总有一些需求不能实现最优结果。在现在的层叠构造技术中,每一部分的功能明晰,解决方案也更具针对性:各种围护系统如玻璃幕墙、石材幕墙、金属幕墙都可以作为保护内部结构骨架或墙体的有效"防线",这些表皮系统不仅具有一定的外观品质,还集成了防水、防潮、防火等综合的防护性能,并且它们都是可以替换的,大大提高了建筑使用功能的耐久性。

3. 舒适:提高建筑的物理性能

舒适性是建筑内部空间为人的活动提供的重要体验之一,反映到建造科学上属于建筑物理的研究范畴,包括了建筑保温、隔热、通风等内容。作为建筑内外环境之间的过滤层,围护体是建筑抵御外界恶劣环境的有效屏障;同时,还要提供充足的室内照明、足够的换气率以及与周围环境的视觉联系、区分私密区域和公共区域等作用。控制设计围护体构造的原理主要来自于两个需求:地域特有的外部条件和控制内部环境的需求。通常,外界环境不会被设计影响,它们是设计的主要参照标准,环境的特性和强度根据大陆区域、国家以及地域的不同而变化,此外直接环境和微气候也有显著作用。除了当地特有的气候、降水(雨、雪、雹)量的分布的统计计算,其他因素(噪音、工业废气)也需要采取特殊的构造设计。

研究表明,影响人体舒适程度的气象因素首先是气温,其次是湿度,再其次是风向风速等。人体舒适度指数就是建立在气象要素预报的基础上,较好地反映了多数人群的身体感受综合气象的指标或参数。人体舒适度指数一般分为10个等级,其中6~8级属于舒适的范围,5级以下属于偏热性不舒适范围。将建筑围护体作为人体的"第三层皮肤",构造性能的设计目标就会比较清晰,外部的气候温度在人体上的变化需要通过每一个构造功能层次依次减少,最终才能保证人体的温度维持在37度左右。但是气候条件是复杂的,这些复杂的需求不能单独地分给任何一个单一的构造层次,需要综合考虑不同材料的性能以及组合后的共同工作机制。

建筑物理学为围护体构造设计提供了理论的指导。热传递的三个基本方式:传导、辐射和对流,它们是建筑师决定墙体构造材料与构造方式的基本原理。重质材料的热容性大,可以减缓温度的变化,古人在没有形成科学的检验手段之前,已经通过实践经验的累积形成了采用重质的材料(泥土、石材)作为主要墙体构造材料的知识,并通过加大墙体的厚度这种最直接的构造方式实现一定程度的御寒和隔热。在某些极端的气候条件下,当厚重的墙体无法满足御寒的需求时,火炉就成为辅助性的建筑防寒构造。利用热辐射的取暖方式在古代建筑中得到了广泛的发展,火地是世界上最早的地面辐射采暖方式,也是我国古代工匠的一项重要创造。火地采暖,加热了整个地面,散热面积大,因而"一堂尽温",热量均匀温和。

火地采暖在清代较为盛行,沈阳清代故宫和北京明清故宫有很多采用火地采暖的房间。直到现在,我国蒙古定居的蒙古包中还有全套的火地设备,地面有盘旋的烟火道,外面有地下烧火口,地上有烟囱(图2-25-a)。火炕是一种与火地工作原理类似,在我国北方普遍盛行的家用取暖方式。火炕从地面高起,形如床榻,隔一阵时间便拆除重建,以利于燃烧。民间砌炕虽然多是农民自己动手,但其创造性的构造方式至今仍然令人赞叹。如为了防止"呛风",在烟囱根下设置一个回旋冷风的坑,叫"烟脖"(图2-25-b),可以防止冷气流进入炕洞内;为防止夜间停火后,热气损失过快,在烟囱靠近屋顶处设置插板,可在停火后将烟囱封闭,使得炕洞内热气流长期的保持。在西方,火炉同样是作为寒冬取暖的重要构造措施。现代建筑的取暖构造更多地由设备来实现(散热器、空调等),设备可以挂在墙上,也可以埋在架空木地板下,工作原理和传统的热辐射取暖方式相同。

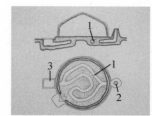

1. 烟火道; 2. 烟囱; 3. 烧火口

图2-25-a　有火地采暖的蒙古包

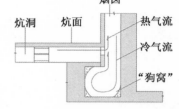

图2-25-b　传统火炕烟囱"烟脖"构造

古人很早就意识到门窗是防寒隔热的薄弱处,即现代所谓的"冷热桥"。所以很早就设置窗帘,也有设置双层门窗的做法,外层称风门、风窗,风窗夜间关闭,白天支起或摘下。还有在门内外设置门斗的构造做法。冷桥不仅是围护体的防寒的薄弱点,同时也会成为建筑防潮的薄弱点,这些地方增加了在立面内表面结露的风险,长期积累在构件内部的冷凝水会影响维护结构的耐久性。根据结露的原理,构造层次形成了在寒冷地域"内部气密性大于外部",而在炎热潮湿的地域"外部气密性大于内部"的原则。另外,通过通风降低结露可能性的方法很早就被古人发现,在很多传统建筑的墙根处,都会间隔留有出气孔,或者采用抬高地面的方式形成通风间层,有利于墙体或者房间中的湿气排出(图2-25-c)。随着技术的发展和建造的经验累积,空气间层对温度传递的延迟性被发现,双层墙体的构造因此而产生,外墙与内墙之间的空气间层成为调节温度的弹性空间。

图2-25-c　传统民居的通风间层

资料来源:中国科学院自然科学史研究所. 中国古代建筑技术史[M]. 北京:科学出版社,2000:325,自绘

除了墙体的材料与构造层次对室内的环境温度有影响,我们还可以利用洞口的设置来调节室内的温度与湿度。最早的建筑洞口是为了实现排烟而设置的,为了将烧火产生的烟气及时地排出建筑,人们在建筑的屋顶上开设了洞口——"囱",之后利用风压实现室内自然通风,逐渐形成了墙上的洞口——窗。在炎热的夏季,自然通风对调节湿度和降低室内温度有着明显效果,而在寒冷的冬季,就需要控制进风量以维持室内一定的温度,因此,控制不同朝向的窗墙比就很重要(图2-26)。当然,在温度与湿度控制之外,我们也需要考虑室内风环境的效果,如果通风的同时产生的风力过大就会产生不舒适的感觉。为了实现合理的通风效果,建筑师设计了合理的窗洞位置并发展了多样的窗户形式:平开窗、推拉窗、折叠窗、旋转窗等以满足不同的通风需求(图2-27)。

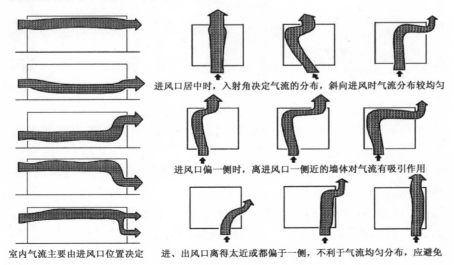

室内气流主要由进风口位置决定

进风口居中时,入射角决定气流的分布,斜向进风时气流分布较均匀

进风口偏一侧时,离进风口一侧近的墙体对气流有吸引作用

进、出风口离得太近或都偏于一侧,不利于气流均匀分布,应避免

图2-26　围护体开口位置与通风效果

资料来源:自绘

开启方式	推拉窗	平开窗	上悬窗	下悬窗	中悬窗
立面形式					
剖面与气流					
风量系数	0~35%	0~65%	0~65%	0~65%	0~67.5%

图 2-27　窗户构造与通风
资料来源：自绘

　　影响建筑室内舒适性的另一个重要指标"光"对窗户的发展也起到了重要作用。光是人类日常物质生活最基本的需求（自然照度、热量获取、杀菌消毒）。一方面，人们需要光线的照明和太阳辐射产生的温度；另一方面，人们也需要控制直射阳光产生的眩光和减少夏季过强的辐射热。于是，有控制地利用光成为窗户及其辅助构造的设计要点。

　　窗户是光线的"操控器"，窗户的开启或是关闭，以及它们的透明度都会对室内光环境和立面外观产生重要的影响。窗户主要由透光组件（玻璃）和不透光组件（百叶）组成。在玻璃发明以前，雪花石膏、大理石、动物的皮毛、帆布和纸都曾作为窗户的窗芯材料。窗户最早是不可开启的固定构件，主要用来采光，而洞口用来通风，直到可变式窗户形式的出现，窗才兼具了采光与通风的功能。早期的可变式窗户多为平开窗的形式，到了13世纪，出现水平滑动的推拉窗。随着玻璃在窗户中的推广应用，不仅提供了更大面积的光线引入，也使得室内的通透性增加，给人以舒适的视觉体验。不过过强的光照容易产生眩光，也会在炎热的夏季加剧室内温度的升高，因此在大量采用玻璃的现代建筑中，采用有控制的遮阳构造是必要的。作为调节光线的不透明组件，百叶很早就作为重要的调节光线的窗户构件，木质、石材和铁质的百叶窗被用来填充窗扇（图2-28）。18世纪后，人们开始将百叶与透明双层玻璃同时使用，形成一体化的玻璃百叶窗，与机电设施的结合使得百叶可以由电力灵活地操控，对光线的控制也更加方便和自由。

图 2-28　传统的窗户遮阳构造
资料来源：[德]赫尔佐格，克里普纳，朗. 立面构造手册[M]. 袁海贝贝，译. 大连：大连理工大学出版社，2006：252

石材活动遮阳板　　　　侧悬平开百叶扇　　　　半透明遮阳卷帘

　　虽然百叶具有一定的遮阳效果，但经过科学的实验，内遮阳的隔热效果是有限的，为了进一步提高遮阳效果，效率更高的板片状外遮阳逐渐成为窗户的重要配套构造。随着工业技术的发展，可以由手动机械控制，灵活变化的活动遮阳得到了广泛的应用。可活动的"移动"遮阳，可以根据建筑使用者的需求，自由控制室内光线进入，除了封闭和开启的状态，操控件也可以处于任何一种中间状态，对透光性进行有效的控制，有利于优化居住环境的舒适度和控制能源利用率（图2-29）。

图 2-29 现代建筑立面灵活可变的环境调节装置
资料来源：［德］赫尔佐格，克里普纳，朗. 立面构造手册［M］. 袁海贝贝，译. 大连：大连理工大学出版社，2006：255，256

环境始终都在变化中，而人体的舒适度指数是不变的，为了创造更好的人居环境，建筑的围护系统必须具有可调节性。由这些性能调节需求产生的墙体的保温隔热、通风采光、遮阳等系列构造技术还将随着建筑物理科学和建造技术的进步继续发展。

4. 美观：从装饰艺术到建造技艺

"劳动工具和劳动过程中的合规律性的形式要求（戒律、均匀、光滑等）和主体的感受，是物质生产的产物；'装饰'则是精神生产、意识形态的产物……前者是将人作为超生物存在的社会生活外化和凝冻在物质生产工具上，是真正的物化活动；后者则是将人的观念和幻想外化和凝冻在这些所谓'装饰品'的物质对象上，它们只是物态化的活动。前者与种族的繁殖（人身的扩大再生产）一道构成原始人类的基础，后者则是包括宗教、艺术、哲学等胚胎在内的上层建筑。当山顶洞人在实体旁撒上矿物质的红粉，当他们做出上述种种'装饰品'，这种原始的物态化活动便是人类社会意识形态和上层建筑的开始。"[25]

从世界范围内的考古学研究中可以发现，对"美"的追求是伴随人类文明发展的一个必然的过程，从原始人开始用动物的骨头制成不同的首饰装饰自己，到有意识地在身上涂上不同颜色或图案的纹身，再到五颜六色、形式各异的服饰，最后发展成为绘画、雕塑、音乐等独立的艺术创作形式，"审美"已经成为人类社会文明中不可或缺的精神支柱。作为人类重要的物质活动之一的建造行为，自然也被赋予了大量的"装饰"活动。两河流域古代西亚建筑，为了保护砌筑的土坯墙免受雨水侵蚀，工匠在土坯硬化之前，在墙与地面交接、转角等重要部位嵌入约12 cm的圆锥形陶钉进行保护。陶钉的底面被涂上了不同的颜色，形成早期的装饰图案。随着沥青材料的出现，陶钉逐渐被沥青所替代，而为了防止沥青被日光暴晒，工匠又在沥青外贴上各色的石片和贝壳进行保护，色彩斑斓的石片和贝壳替代了之前的陶钉成为新的装饰构造（图2-30）。

新西兰土著的纹身，
1856

乌克鲁的土墙饰面，
前3500—前3100

萨尔贡王宫玻璃墙上的公牛，
前722—前705

图 2-30 早期人类社会和建筑中的图案面饰

随着装饰审美的发展,建筑、雕塑与绘画的关系越来越密切。不同地域的文化意识形态下产生的审美情趣也是各异的。中国各具特色的民居装饰构造就是典型的案例:安徽民居的白墙黑瓦、封火山墙、精美的木雕石刻;四川民居的彩色装饰;福建民居的砖入石、大牡蛎壳墙;北方的四合院的彩色琉璃瓦、垂花门等装饰丰富多彩(图2-31)。

安徽民居的黑瓦白墙　　四川民居的彩色装饰　　山西民居的青瓦、玻璃瓦　　江南民居的水榭、亭阁

安徽民居木梁的人物雕刻　　四川民居门扇、斜撑的木雕　　山西民居垂花门的装饰雕刻　　江南民居的石(砖)雕

图2-31　不同地域多样的建筑形式与装饰构造
资料来源:自摄

功能性构造与装饰趣味相结合的现象被德国哲学家黑格尔归结为是一种建筑艺术起源的说法:"建筑首先要适应一种需要,而且是一种与艺术无关的需要",当功能得到满足之后,"还出现另一种动机,要求艺术形象和美时,建筑就要显出一种分化",于是出现了"美的形象的遮蔽物"[26],这就是装饰构造产生的过程。这种"美的形象的遮蔽物"在建筑构造中通常有两种表现形式:节点和饰面。

(1)节点

当不同的构件连接时(柱梁之间、柱与基础之间等),或者建筑局部出现转折、不连续的形态变化(墙的转角、门窗洞口等),以及不同类型结构或功能交接的部分(屋顶与墙体、柱之间,墙体与地面之间等)都会产生构造节点,节点产生的部位通常需要做特殊的结构加固、功能保护处理。建筑的构造节点成千上万,并不是每一个节点都会暴露出来,相当一部分的节点隐藏在建筑的内部,它们所承担的任务就是有效率地解决结构受力,提供不同的保护性功能,而那些少量的暴露出来的节点往往成为重点美化的对象。

以木构为主要构造方式的中国传统建筑,对构件穿插、露头、承托、支撑和加固部位,进行恰当、有重点的雕刻装饰以此来体现不同审美倾向的艺术风格。如石柱础的雕刻花纹,檐木下的霸王拳、耍头,正脊上的鸱吻,垂脊上的仙人走兽都是在结构或功能性构造的基础上进行的装饰性雕饰。以鸱吻为例,作为正脊端部起到固定和保护屋脊的构造做法,正吻位于正脊和垂脊的交汇点,是屋脊防水加强的构造节点。早期仅由瓦当头堆砌而成简单的翘突形(普通住宅主要做法),随后逐渐形成以动物形状为主的形式(凤凰、朱雀、孔雀等鸟形以及鱼龙形)。宋朝后,鸱吻图案形式不断增加,多用于高等级建筑(殿堂、坛庙)中,皇家殿堂为显示等级尊严,通常采用龙形。发展至清朝以后,鸱吻的形式已经逐渐程式化,现存最大的正吻在故宫太和殿之上:高3.4 m,宽2.68 m,厚0.32 m,由13块中空琉璃瓦组成,俗称"十三拼",重达4.3 t。发展至此,鸱吻的装饰和象征功能已经大大超过其防护功能(图2-32)。

图 2-32　中国传统建筑屋顶上不同造型的鸱吻
资料来源：自摄

西方著名的雅典神庙群，其艺术风格主要体现在建筑中不同组成部分、构件之间连接的节点处理上。如柱与梁的交接之处——柱头被做了重点处理，作为柱式与屋顶之间的过渡部分——檐部，也同样是重要的装饰对象。之后，在文艺复兴时期的建筑中，不仅柱式的形式被借鉴到墙体的洞口形态中，古典建筑檐部的三陇板的构造也被简化成为檐口下密排的短枋的形式。通过对不同组成之间连接形态的凸显来强调构成差异的手法也得以一直延续（图 2-33）。

图 2-33　被重点处理的柱头以及檐部节点
资料来源：Edward R Ford. The Architecture Detail［M］. New York：Princeton Architecture Press，2011：14

尽管现代建筑已经很少直接采用传统建筑中具象的装饰节点来表达某种特定的艺术风格，但通过材料的工艺技术来表现力的传递依然是众多建筑师在建筑构造节点处理过程中的重要方法。卡罗·斯卡帕（Carlo Scarpa）发展了保罗·弗兰克关于文艺复兴时期建筑通过突出局部特征，对力的产生机制的充分表达体现"个性的自由"（freedom of personality）的观点，但他并没有简单复制传统的符号形式，而是通过新材料与工艺的创造突出了符合时代精神的现代建筑个性。就像斯卡帕所说："现代语言应该像古典形式一样具有自己的词汇和语法，我们应该像古典柱式那样使用现代形式和结构。……我希望评论家们在我的建筑中发现我始终贯彻的意图，这就是既遵循建筑的传统，但又不是简单地复制传统的做法，因为古代柱式的建造条件已经不复存在了。在今天的条件下，即使上帝也无法创造雅典人的柱础，尽管它的优美无与伦比。"[27]

在其设计的维罗纳大众银行中（图 2-34），斯卡帕通过丰富的现代建筑材料组合和精致而富于变化的构造连接创造了一个现代版的古典主义柱式体系。柱子和梁采用钢材，饰带采用马赛克，檐口装饰采用当地的白色波提契诺石材。柱顶过梁通过铆接钢板连接成为通长的整体，钢柱设计成为间距规律变化的双柱形式，柱顶和柱础都使用了蒙兹合金（muntzmetal）处理，柱础由扁钢切割打磨后与砌体上预埋的钢板铆接；屋顶平台前的柱础更为复杂，通过八边形至十六边形再到圆柱形的转化形成丰富的变化，双柱钢梁的上方设计了凹进的圆环构成柱头，在灰暗的柱廊中闪闪发光。所有的元素都通过螺栓与钢管柱身连接在一起，形成整体的比例关系。这个设计和彼得·贝伦斯(Peter Behrens)的德国电气公司透平机车间与密斯·凡·德·罗的柏林国家美术新馆可谓殊途同归。

图 2-34 现代建筑中被重点处理的构造节点

资料来源：Frampthon K. Studies in Tectonic Culture：The Poetics of Construction in Nineteenth and Twentieth Century Architecture［M］. Cambridge, Mass：MIT Press，1995：316，317，318

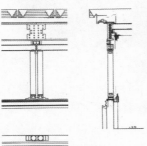

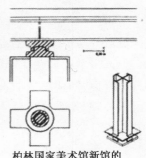

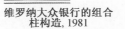
维罗纳大众银行的组合柱构造，1981　　德国电气公司透平机车间柱子构造，1909　　柏林国家美术馆新馆的柱子构造，1968

　　从卡罗·斯卡帕的诸多实践中，我们看到了在不同的材料、功能与部位碰撞的过程中产生的清晰、合理的节点连接。节点对于斯卡帕不仅是满足结构需求的连接技术，更是建造工艺品质的重要体现，需要精雕细琢。这种工艺的"自主性"对构造节点特征刻画的趋势在工业革命之后日益明显，虽然没有像斯卡帕那样大张旗鼓地宣扬对"节点"的崇尚，但建筑师在实践中对构造节点有意和无意的"夸大"已经成为现代建筑新"机器美学"的显著特征。作为机器美学最典型的代表，由理查德·罗杰斯(Richard Rogers)和伦佐·皮亚诺(Renzo Piano)设计的法国巴黎蓬皮杜艺术中心，大胆地暴露了建筑结构、设备管道，如同医学解剖一样的效果，将建筑真身的"器官"暴露在世人面前，纤细的立面金属杆件在转角处通过牛腿状的节点与钢柱紧密地结合在一起，杆件在交接处的特殊形式处理以及每一个连接的螺栓都体现了精确、缜密的机器制造工艺(图 2-35)。

　　在罗杰斯看来，缜密的工艺技巧不仅要给人理性的美感体验，更应该对人们的视觉产生诱惑，这样才能使审美体验的内容更加生动。罗杰斯秉承了英国人特有的严谨与理智，用一种精雕细琢、一丝不苟的态度对待每一个技术细部的构造工艺。在日本东京歌舞伎町(Kabuki Cho，Japan，Tokyo，1987—1993)的入口设计中，罗杰斯设计了 45 度倾斜玻璃屋顶，屋顶采用纤细杆件组成的网架进行固定，杆件连接之处被放大成为圆筒状(图 2-35)，不仅符合力学要求，更具备了一种膨胀、扩张的视觉张力，仿佛是周围的杆件在不断地推拉挤压后产生的结果。比利时安特卫普法院(Antwerp Law Courts，Belgium，Antwerp，1998—2005)的结构钢架系统条理分明、秩序井然，屋顶被罗杰斯特意扯开，如同在海浪中翻转的风帆一样，成为建筑最靓丽的元素(图 2-35)，集采光、通风的功能于一体的屋顶被设计成点状的风帆形式，屋面采用了金属面材，在阳光下熠熠生光，此起彼伏的屋顶风帆演奏出一曲精彩乐章，产生了强烈的视觉效果。

图 2-35 皮亚诺与罗杰斯的机器美学中的构造节点表现

资料来源：http://www.flick.com

蓬皮杜艺术中心的钢框架，1976　　日本东京歌舞伎町入口，1993　　比利时安特卫普法院，2005

与众多倾向纯粹的"机器美学"工艺表现的建筑师所不同,皮亚诺更倾向一种自然化的建筑。无论走到哪里,皮亚诺都试图在建筑与自然之间建立一种亲密的关系,生物形态及与周围环境的关系,赋予了皮亚诺建筑体系一种自然特性。相比较在形式上与自然谋求一致,皮亚诺更注重体系结构或构造在追求效益、效率的过程中形成的自然生物形态,而不是建筑师所需要的特定风格。在可移动的 IBM 旅行帐篷设计中,皮亚诺以全新的材料组合实现了精湛的构造节点设计。IBM 帐篷有透明的聚碳酯金字塔结构的桶状拱形屋顶,由定制的木质支撑和金属节点构成,整个骨架屹立于抬高结构的地板上。最终的帐篷为一个透明的拱形屋顶,长 48 m,宽 12 m,高 6 m,由 48 个半弧组成(不采用整弧是为了更容易拆卸和运输),每个半弧都带有浇筑铝节点的片状木材支撑架所附带的 6 个聚碳酸酯金字塔构造。这些半弧实际上是三维桁架结构,聚碳酸酯既可以作为覆盖在结构表面上的膜,也可以作为内部和外部弦之间的结构网络(图 2-36)。如同"关节"一般的铸铝节点将分散的木构件组合成完整的拱形,在清晰地实现力的传递机制的同时体现自然的有机性。精致的设计、出色的制造和装配工艺保证了构造节点的力学和美学品质,使得 IBM 旅行帐篷穿越欧洲数十个国家,在反复地安装和拆卸过程中不受到损坏。

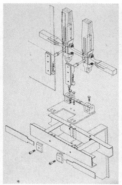

图 2-36　IBM 旅行帐篷精美的节点设计

资料来源:[美]彼得·布坎南. 伦佐·皮亚诺建筑工作室作品集[M]. 张华,译. 北京:机械工业出版社,2002:110-112

　　虽然在不同的时代,不同的技术条件下,节点的美学特征有着显著差异,但从构件的装配工艺角度出发,节点在大部分情况下可视为杆件连接时自然的工艺表现。另一方面,与杆件连接相对的另一种建造方式——砌筑——会产生另一种美的形式,那就是饰面,随着"层叠建造"技术的进步,这种由砌筑形式发展而来的"饰面"原则已经成为建筑审美情趣中不可或缺的重要组成部分。

　　(2)饰面

　　交替的水平与垂直砌缝是砌体建造活动中自然形成的"编织纹理",它不仅赋予建筑统一与坚固的力量,还提供了一种图案美,建于公元前约 570 年的巴比伦伊师塔门和侧墙上的砖浮雕将这种美的形式进一步地具象化(图 2-37)。砖不论是空心还是实心,大多数的砌法都是基于墙体的稳定性及经济性来考虑的,但装饰砌法也被工匠自然地融入建筑的艺术表现中。勃兰登堡圣哥特哈尔(St. Gotthard's)教堂走廊上的圆形柱,采用了具有哥特式风格的交错螺旋形绿色釉面砖丁砌法;位于诺曼底滨海瓦朗日维尔(Varangeville-Sur-Mer)的鸽房通过彩色的釉面砖和活泼的砌法,示范了材料、颜色和手工情况下砖块组合的无限可能性,水平垂直与斜向交错的砌法形成多层次的墙面纹理,颜色随着朝向檐口方向变得更加精细,檐口下倒三角形的砖砌雕饰类似古典建筑檐口装饰一样精致(图 2-37)。

图 2-37　砌体面饰的"编织纹理"
资料来源：[德]普法伊费尔. 砌体结构手册
[M]. 张慧敏，译. 大连：大连理工大学出版社，
2004：12，13，36

乌鲁克的伊宁神庙墙面　巴比伦的伊师塔门　诺曼底滨海瓦朗日维尔　圣哥特哈尔教堂
　　　　　　　　　　　　　　　　　　　　的鸽房　　　　　　唱诗班扶壁

　　森佩尔根据人类学研究中的一些发现，将这种类型的建造活动归结为一种"编织文化"，这种编织活动从早期的树枝与篱笆开始，经历了编席以及更高文明的织物阶段，开始在建筑中以一种象征的和视觉的方式移植和转化到砖、瓦、马赛克以及雪花饰面板中来。而在希腊时期，墙上一层薄薄的彩色涂层则使得饰面达到艺术上的巅峰。森佩尔饰面理论的意义在于很好地解释了建筑非物质化进程的发展方式，"建筑形式的发展是一个象征性演变的过程，在这个转变中，人们希望以一种富于表现力的艺术形式来隐匿构造的物质性"（construction's materiality）[28]。雅典神庙群中丰富的人物浮雕、哥特建筑中辉煌的《圣经》故事壁画、东方宫殿建筑中丰富的彩画等以不同的艺术形式表现了各异的人文或自然的主题。

　　作为森佩尔亲密助手的威尔士曼·欧文·琼斯（Welshman Owen Jones）在对东方建筑考察的基础上于 1856 年出版了《装饰的法则》，这部跨文化研究为装饰世界提供了更开拓的视野，展示了东方精美的装饰艺术，对路易斯·沙利文（Louis Sullivan）、奥托·瓦格纳、奥古斯特·佩雷、弗兰克·劳埃德·赖特（Frank Lloyd Wright）等建筑师产生了重要影响。从 19 世纪末，沙利文在建造中开始大量地使用色彩斑斓的装饰，尤其是其在 1906—1919 年的设计生涯晚期，在美国的一系列银行建筑中，色彩丰富的压制面砖形成的主题丰富的花饰在建筑中发展到了登峰造极的地步。这些面砖被沙利文视为一种织物，对此，他写道："制造商们先将泥土或者岩石磨成粉末，然后用钢丝在重制砖的表面切割，形成一种有趣的新型肌理，它有一种毛茸茸的效果，就如同安纳托利亚（Anatolian）地毯一样。"[29]对应用预制砌块编织饰面纹理的建造活动，赖特和沙利文的观点几乎如出一辙："现在，建筑终于可以使用在工厂轻松预制的材料建造了，然后用一种单一的材料像东方地毯一样编织成特定的图案。"[30]（图 2-38）

琼斯《装饰法则》　布法罗保险大楼的立面装饰，　维也纳马略尔卡住宅，
中的图案　　　　　沙利文，1895　　　　　　瓦格纳，1889

图 2-38　"面饰原则"在早期现代建筑中的表现
资料来源：Kenneth Frampthon. Studies in Tectonic Culture：The Poetics of Construction in Nineteenth and Twentieth Century Architecture［M］. Cambridge，Mass：MIT Press，1995：96，100，108；http://www.flick.com

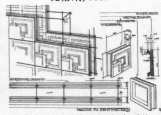

佩雷建筑中的墙　艾米莉·米拉德住宅的装饰砌块，　赖特申请专利的双层砌块系统
面装饰　　　　　赖特，1895

森佩尔的"饰面原则"为建筑装饰艺术的发展建立了重要的理论基础，但另一方面，对饰面的过度关注也使得相当长时间内，建筑艺术凌驾于物质构成之上，乃至艺术风格被认为是建筑的本质。琼斯认同饰面的重要性，但他并不认为建筑的本质就是装饰艺术，在其著作中，可以看到他始终主张装饰应当为结构服务，而不是为了装饰的装饰。琼斯的观点随后得到了另一位重要建筑师的肯定，并在森佩尔的"饰面原则"的基础上提出了新的"饰面法则"（the law of cladding, das gesetz der bekleidung）和著名的"装饰即罪恶"的口号，这位建筑师就是阿道夫·路斯（Adolf Loos）。

　　路斯对森佩尔的饰面理论的继承与反思和其早期在美国所见的新文化有着密切关系，正是在华尔街看到的巨型建筑所代表的生机勃勃的新生力量与古老的维也纳充满虚伪装饰的奢靡之风的强烈对比，使得路斯对建立在艺术风格之上的建筑文化价值产生了怀疑。路斯秉承了森佩尔饰面理论中将衣服等同于饰面的观点，但他反对将饰面等同于时装（fashion）。路斯认为将饰面等同于时装，认为饰面是可以随意选择的历史外衣的观点是有悖于古典精神和现代价值追求的，路斯的观点是对卡尔·弗雷德里希·申克尔（Karl Friedrich Schinkel）关于"装饰构造的合目的性"的肯定与加强。

　　路斯所处的 19 世纪正是工业革命蓬勃发展的时代，在工业化制造技术的进步中，传统的石材（砖）砌体逐渐被淘汰，取而代之的是更经济的混凝土，面层的厚度不断变薄，层叠构造技术也在不断地发展，这一建造方式的发展必然会带来违背材料自身属性和制作特性的问题。例如，在工厂加工工艺下改变原有的材料属性以模仿另一种材料的可能。对于路斯来说，所有的材料都具有相同的价值，他的"饰面法则"拒绝饰面材料被另一种饰面包裹，壁纸、油布、织品等不应当看起来像砖或者石头，就像编织的衣物不应当使用和皮肤接近的颜色，任何一种材料的形式只能属于自己[31]。这就是为什么路斯对 1857 年维也纳老城改造项目中大量采用水泥制品来模仿大理石或者花岗岩等贵重材料的做法极度反感的重要原因。

　　路斯在工业化发展之际，看到了去除建筑表面多余东西的必要性，在那个时代具有一定的前瞻性，同时，路斯的"装饰即罪恶"并不是完全对森佩尔饰面理论的全盘否定，而是将之前的"风格饰面"转换成为"材料饰面"，倡导一种源于工艺的审美倾向，"高贵的材料和精致的工艺不仅继承了装饰曾经起到的社会功能，作为一个独特性（exclusivity）的标志，而在豪华上它甚至超过了装饰能达到的效果。"[32] 路斯所提倡的古典精神中的"经济性"并不是一种纯粹的市场价值的衡量标准，在其设计的建筑室内，只要条件许可，往往都会使用各种纹理清晰、色泽华美的材料如大理石、黄铜、马赛克、木材和彩色玻璃。因而，以昂贵的精美材料来取代装饰的做法只能说是一种源于道德经济的判断标准左右了路斯。且不论路斯的"饰面法则"是否真正符合工业化发展背景下的经济实用的建造要求，可以肯定的是，路斯对将固有的"风格饰面"转向更广泛的基于材料和建造工艺的"广义饰面"有着重要的贡献，随着材料技术的进步，路斯的"饰面法则"引起了一轮新的饰面效应——材料以更独立的形式成为不同类型的"饰面"。

　　当玻璃从昂贵的艺术品变为通用产品之后，以多变的"透明性"迅速成为一种新兴的"图像饰面"。透明、半透明或者不透明为建筑师选择不同的玻璃来匹配特定的建筑提供了多样的选择(图2-39)。20世纪80年代之后,玻璃的透明性又得到了新的发展。材料科学家通过不断的实验,实现了用全息摄影或者二向色膜的方法进行酸刻、喷砂、网板印花和镀膜等方式来生产不同效果的玻璃。不同效果的玻璃对光的反射颜色和照明色调产生了迥异的影响,为建筑师改变建筑表面视觉感官提供了更多的可能。艺术家建筑师詹姆斯·卡本特(James Carpenter)通过镀膜玻璃创造了许多令人印象深刻的光影韵律。1994年卡本特设计的纽约二色光域(dichroic light field)除了采用镀膜玻璃作为建筑表皮,更是巧妙地将固定玻璃的构件设计成另一种颜色的镀膜玻璃,在阳光的照射下,浅色的光斑在深色的玻璃上形成丰富多变的光影效果(图2-39)。同样是由卡本特设计的印第安纳波利斯小礼拜堂,窗户采用了氧化金属的二色性镀膜,氧化金属利用干涉现象或传递、反射(由入射角度决定),把光分成光谱色彩。不停变幻的色彩使内部朴质的白色产生了生动的画面,动态的光影形成了三维动态效果(图2-39)。

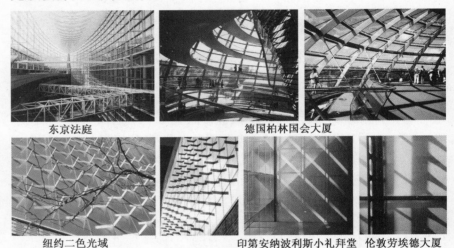

东京法庭   德国柏林国会大厦

纽约二色光域   印第安纳波利斯小礼拜堂   伦敦劳埃德大厦

图2-39 玻璃的透明性作为一种新的面饰特征在现代建筑中的应用

资料来源:[德]史蒂西,施塔伊贝.玻璃构造手册[M].白宝鲲,厉敏,译.大连:大连理工大学出版社,2004:42

迎合信息快速更迭的需求,在电子广告屏开始成为建筑表皮的新元素之后,建筑师开始尝试将薄膜液晶或全息照片整合入玻璃板层之中,使建筑成为媒体信息传播的工具,这种将图像本身作为一种表面材料的做法也让建筑更具时尚的特质。让·努维尔(Jean Nouvel)在这方面做了大量的尝试,早在1990年的DuMont Schauberg出版社获奖竞赛中,他就提出了一种透过深度、背光、反射和强光效果展现透明平面的方案,在玻璃上采用印刷字母和符号,将建筑物本身变成媒体功能的象征(图2-40)。努维尔在随后设计的建筑中,如德国科隆的媒体公园(Mediapark,1990),柏林的欧洲里尔(Euralille)购物中心(1995),瑞士弗里堡卡地亚(Cartier)仓库(1996)等,摒弃了传统的柱、墙、窗户形成的传统立面模式,建筑的正面采用最新的信息技术塑造成巨大的"屏幕",图像化的饰面赋予建筑与众不同的视觉体验(图2-40)。

图2-40 不同加工技术使得玻璃产生了新的美学效果

资料来源:[德]史蒂西,施塔伊贝.玻璃构造手册[M].白宝鲲,厉敏,译.大连:大连理工大学出版社,2004:46

相比较玻璃的坚硬和透明性，金属的柔软、光亮、多变的纹理也是建筑师热衷的材质。在建筑领域，一方面，金属被用做研究大跨度和轻质高强的新型建筑结构体系；另一方面，多样的金属制品被研制出来丰富了建筑表面材料。金属可以被制成坚硬起伏的表面，可以被折叠成三维形状，可以制成泡沫铝板，可以形成金属网制成遮阳构件，结合最先进的 LED 技术将 LED 型材附着在金属丝网背面形成多媒体屏幕，还可以制成金属砖和带金属层的纺织面料等硬度反差巨大的产品用于表现不一样的质感（图 2-41）。塞尔福里奇百货公司（Selfridges Store）和格乐利雅购物中心（Galleria Shopping Centre）的设计都利用了金属光亮和富于变化的材质特征，创造了一种奇特的、幻影般的饰面效果（图 2-42）。

塞尔福里奇百货公司

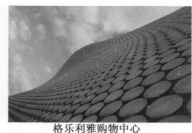
格乐利雅购物中心

图 2-41　丰富的金属面材产品
资料来源：［西］迪米切斯·考斯特.建筑师材料语言：金属［M］.孙殿明，译.北京：电子工业出版社，2012：66-71

图 2-42　建筑表皮中光亮的金属面饰
资料来源：http://www.flick.com

　　弗兰克·盖里（Frank Gehry）是一位对金属材料有着超乎寻常热爱的建筑师。不过，盖里并不喜欢抛光、磨亮的金属表面以及象征先进工业技术如钟表仪器般精密的构造节点，"故此，他拒绝如高级派建筑师一样表现金属加工工艺的精良，反而乐意使用一种看似随意性的粗糙来抵抗精美的庸俗。在他看来，柔顺如奴隶般的金属压抑了材料的表现力，而每一块褶皱和波动都各不相同，反射效果难以预知的金属板材中却蕴藏着躁动不安的强盛生命力，这种生命力造成的表面波折与弯曲是和建筑整体生命力的自由焕发吻合一致的。"[33]在盖里不同的建筑实践中，可以清晰地看到其应用不同肌理和形式的金属饰面来刻画建筑性格的方法（图 2-43）。

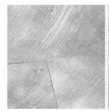

图 2-43　不同形式的金属材质在盖里建筑表面上产生了丰富艺术效果
资料来源：http://www.flick.com

　　材料科学的发展不仅使得玻璃、金属、塑料等新兴材料丰富了"饰面"的美学内涵，还使得石材、混凝土等传统的重质材料获得了结构支撑功能以外新的"饰面"作用。石材是一种坚固的结构材料，但考虑到石材是一种有限的不可再生资源，以及更经济实用的钢筋混凝土已经代替石材成为常用的结构材料，石材逐渐被加工成很薄的板材，成为保护结构和具有一定美学品质的饰面产品。赖特认为现浇混凝土建筑很难产生令人信服的构造形式,因为它不宜表现构件之间的交接关系,并且早期的混凝土在长期暴露的情况下会因为湿气的作用而影响外观材质的均匀性,因此建筑师在混凝土外层通常会覆以其他材质的面层进行外观上的修饰。在解决混凝土潮湿而影响外观的问题上,路易斯·康提供了很好的构造解决方案。康通过将灰岩大理石或者其他种类的大理石和混凝土材料并置使用的方法,将人们的目光从潮湿的混凝土外观上引开,混凝土的冷灰色和灰岩大理石的暖黄色辉映成趣,融为一体,实现了建筑外观的完整性。另一方面,通过精致的模板设计,康重塑了现浇混凝土的美学品质。

虽然康不一定是第一个创造清水混凝土构造的建筑师,但却是最成功地在建筑中实施该项技术的建筑师之一:模板技术是清水混凝土构造的关键,康采用了一种可重复使用的螺纹系扣保证模板之间保持一定的距离方便混凝土的浇筑,每个螺纹系扣的末端设有一个木栓,在混凝土浇筑后留下一系列经过精细布置的洞眼,为了控制两块夹板之间缝隙渗漏的混凝土对最终外观的影响,康极为苛刻地要求使用误差很小的 V 形接缝处理,渗漏的混凝土最终会在墙的表面形成一种凸起的接缝。现在,清水混凝土的施工构造技术已经越来越多样化,细节处理也在不断地提升,裸露的混凝混土自身也具有了"饰面"的效果(图 2-44)。

图 2-44 具备了美学意义的混凝土饰面
资料来源:http://www.flick.com

萨克研究所,	光之教堂,	"宁静的住宅",	凯萨住宅办公综合楼,
路易斯·康,1965	安藤忠雄,1965	彼得·库尔卡,2001	亚历山大·贝克尔,1999

结合混凝土的可塑性,裸露混凝土的饰面潜能还具有很大提升的余地。"蝴蝶"作为韩国第一个实验性的艺术剧院"零剧院"的取代品,以独特的造型轻盈地降落在弘益大学街这片"文化之花"上(图 2-45)。建筑两个立面的动态线条形象地模仿了蝴蝶展翅的美妙曲线,这些由混凝土雕塑出来的曲线虽然具有结构的功能,但在建筑师有意地对玻璃前后的混凝土采用了不同的表层处理效果(内部的混凝土采用了白色的涂层抹面,外部混凝土采用了裸露材料的清水做法)之后,表层的混凝土就如同附着在玻璃上的立面水彩画。轻薄、振翅欲飞的"蝴蝶"造型通过混凝土这种重质材料得以表现,产生了强烈的视觉感受。"蝴蝶"的成功不仅得益于建筑师天马行空的艺术想象力,也离不开建造技术的进步。

图 2-45 通过技术重塑材质的艺术表现力,赋予混凝土与众不同的饰面效果
资料来源:http://www.flick.com

从艺术风格，到材料饰面，再到工艺技术，建筑构造的审美经历了从装饰艺术到建造艺术的转变。虽然技术的变革是巨大的，我们似乎总能在不经意间发现，现在和过去的建造形式依然有着不少的相似之处。例如，当我们重新审视山西应县佛宫寺木塔和上海金茂大厦时，两者虽然在材料的选择和体量上有着天壤之别，但层层递缩的形态都是出于结构的稳定性而形成的；又如雅玛萨奇（Yamasaki）巧妙地借用力学原理在纽约世贸大厦的底部将三根柱子合为一根，既扩大了入口，又形成了类似哥特式尖拱的美学效果。显然，建筑构造技术与形式的创新并未割裂传统与现代的联系，原则规定了方向，但内容却可以不断变化。这也正是建筑师在创作中总是希望能不断创新，但却又情不自禁地模仿传统的原因。虽然早期现代建筑打破了古典建筑静态构成、统一形式和整齐匀称的品位，但经过时间的沉淀，被大量应用的国际式风格依然体现了古典精神的精髓，这些新的范式并不是传统的中断，而是在新的时代背景下为推动主导文化秩序适应环境变化而进行的自我调整，它们扎根于过去和现代，并根据现在的情况映射未来的远景。技术的发展是永不停歇的，但不变的"自然"法则一直潜移默化地影响着建造的行为，不论建筑的外延在技术的作用下发生了何种变化，经济与可持续的自然原则始终都会让建造行为获得持久的连续性。

三、经济原则

多项研究表明，自然界的进化所遵循的基本规律是：最少的投入换取最大的产出。这个定律几乎适用于人类任何的生产性活动，建筑也不例外。在需求原则的讨论中我们曾经探讨过不同的文化观念对于构造材料选择的偏好的影响，虽然从一些显著的案例中可以看出文化差异对建筑工艺有一定程度的影响，但对大量性的生产来说，经济原则依然是首要的。从建造的全过程来看，决定建筑经济性的影响因素包括了材料的成本、建造消耗的人力资源、产量以及建造的周期。

1. 控制材料的成本

在满足结构要求的坚固性与耐久性之后，价格显然是选择材料的重要因素。材料的总成本包括了原材料的提取、加工、运输和储藏等费用。而由于环境的约束，使得合理的开采手段以及土地、资源等可能的复原措施都被计算在造价累计的费用中。

中国曾经有着相当的森林资源储备，在就地取材的原则下，产生了大量的木构建筑。虽然木材是可再生资源，但由于历史进程中每次改朝换代都会大兴土木，使得在18世纪后，木材资源开始紧缺。除了长期不断对木材的消耗，不经济的用材方式（以榫卯为核心的木单材框架结构方式使得构件的生产耗材较大）也是加剧木材紧缺的一个重要原因。过快的资源消耗速度导致了在清朝末期，全国范围内很少能找到现成的结构材料。

如果能改变结构构件的形式，如采用桁架那样的小构件拼接实现大跨度支撑的方式，就能节省材料的耗费。纵观西方的木结构建筑发展，由于其采用了更经济的加工和连接工艺，减少了木材资源的损耗，从而获得更为持久的生命力。西方的工匠很早就开始使用木拱券、木桁架等体量性的结构代替木梁作为解决结构跨度问题的构造方式，并采用金属构件取代复杂与耗材的榫卯连接，既实现了简洁高效的受力机制，也实现了对材料耗费的经济控制（图2-46）。

图 2-46　现代轻型木框架构造省材、省力
资料来源：Edward Allen，Joseph Iano. Fundamentals of Building Construction[M]. Toronto:John Wiley & Sons，Inc,2009:186，189，190，

虽然异地取材已经随着普及的工业化生产技术不再是影响建造成本的关键因素，但少数对特定材料品质艺术性的需求依然有可能形成对经济原则的挑战。在北京的香山饭店设计中，为了实现建筑师对细部的特殊要求，建筑的诸多构造细部都采用了非同寻常的做法。贝聿铭在对窗户构造的设计中决定采用人工水磨青砖来勾连窗牖，但实际上，北京地区大量生产的是红砖而非青砖。建筑师对该细节的坚持要求导致必须从外地运送制造青砖的原材料，再由人工打磨成精度极高的水磨青砖，最终每块砖的造价达到了 10 元以上；除了对砖的要求，庭院的软石为了满足建筑师在颜色和尺寸上的要求，而长途跋涉去山东长岛特意挑选，运到北京的软石价格每块已经等同于一个鸡蛋的价格。对所有构造细节的"精挑细选"导致香山饭店的造价（每间标准间达 20 万美元）是同时期相同类型饭店造价的 5～6 倍（图 2-47）。虽然对细部品质的要求是一位职业建筑师应当具备的基本素养，但是不计代价地追求理想效果也不值得提倡。

图 2-47　北京香山饭店的"精雕细琢"并不符合地域特征，而且耗费巨大
资料来源：http://www.flick.com

不过，在贝聿铭设计的大多数建筑中，他并没有为了追求建筑形式的表现而不计代价地使用昂贵的材料与施工技术，香山饭店只是其在追求传统形式的现代转型过程中一个不甚成功的案例。贝聿铭显然认识到其在香山饭店中对建造经济性控制的失误，在之后的实践中他很快就做出了调整。在由其设计完成的苏州博物馆新馆项目中，他大胆地使用了"价廉物美"的钢结构，钢构件的生产制造以及构件的连接方式既现代又经济，并且高效焊接的钢结构连接方式也隐喻了传统木结构榫卯的"无缝"连接（图 2-48）。通过抽象、简化后的结构形式并没有因为材料与工艺的"廉价"而失去艺术性，相反，清澈透明的结构形式充分体现了新建筑对传统线性木构框架可循环利用性的尊重。钢结构的经济性并不只是体现在其材料的可循环利用性上，更体现在工业化的生产技术减少了构件加工的时间和建造过程中人力资源的耗费。

图 2-48　苏州博物馆新馆采用了新的材料和简化的工艺，依然体现了江南传统园林的艺术风格
资料来源：宿新宝摄

2. 减少人力资源的耗费

当我们审视几千年以来墙体的塑性处理时,我们会被砌体的连续性所震惊,它通过简单的分层砌筑和涂抹灰缝的方法持续表达建筑的一种统一的力量,即使到现在,砖依然因为其易用性在世界各地被广泛使用。虽然以砖为代表的砌筑构造技术易于掌握,但以湿作业为特征的逐层砌筑方式并不具有效率。在古老的时代,我们就可以看到在复杂工程中采用砌筑方法对人力资源巨大耗费的现象。对于金字塔的建造方式,至今仍无定论,只有一些可能的猜想,但无论哪种方法,都是要耗费巨大的人力和时间(据推测需要 10 万人耗费 20 年的时间)。从 1.5~160 t 重量不等的巨石,切割光滑后再堆叠整齐,即使是以现代石材加工技术和大型施工机械都不是一件轻松的事。

费时费力的手工作业持续了很久,在中世纪的石头建筑作业中,在运输和砂浆加工、石头采掘和切割,以及砖的制造过程中依然存在无止境的困难,砖从挖掘黏土到存储、在水中冷藏、成型、干燥、煅烧再到最后一步挑出约 40% 次品需花费几年的时间[34]。尽管标准化的单元预制使得材料可以预先准备和储存,在一定程度上提高了建造效率,但用砖石建造大跨度的教堂穹顶,构造设计、计划和劳动组织都具有很大的复杂性。由著名建筑师勃鲁乃列斯基设计的佛罗伦萨大教堂穹顶,平面直径达 42.2 m,为当时世界之最,圆顶采用一种新颖的中空双层薄壳结构,内部由 8 根主肋和 16 根间肋组成,构造合理。但即使是在石匠工艺达到巅峰的当时,穹顶本身的工程依然历时 14 年之久才完成。虽然石材具有一定的结构承载力和非凡的艺术表现力,但建造所需消耗大量的人力和物力使得这种昂贵的建造方式只能用于少量的公共建筑中。

在人力投入与建造质量成正比的手工业时代,质量的提升＝成本×时间的公式一直决定着建筑产业的收益。在阶级社会,人工是有明确的等第之分的,在《营造法式》第 28 卷中,按工艺的难度,将劳动量分为上、中、下三等,工匠所获的酬劳以其所能完成的施工技术的等第而划分,即使如此,工匠们的付出和他们的所得通常是不成正比的,而广大底层的劳动力受到的剥削就更严重。伴随资产阶级革命中形成的自由、民主的观点提升了劳动力的价值,随着劳动力价值的与日俱增,人们开始日益重视缩短劳动时间即控制劳动成本对于建造活动经济性控制的重要性。

工业化生产技术的出现为缩减劳动力提供了一个有效的途径。机械制造代替手工制造的工业化生产方式,缩小了地域差距带来的技术差异,运输工具的发展使得材料的跨地域使用没有了地域上的制约,例如现在石材工业在地域和加工技艺上已经实现了全球化趋势:天然石块表面可以通过锯切、浮雕装饰、弄尖、捶打、烧焦、碾磨和磨光形成不同形式的面材,并且所有的步骤都可以通过机器实现;建筑师和业主在选择石材的时候倾向于考虑石材的表观、耐久性和经济性,很少考虑石材的地域性。全世界最先进的石材加工技术在意大利和德国,由于海运成本的下降,石材在外地采集,在原产地工厂进行切割和表面加工,最后运到世界各地的施工现场进行安装已经是很寻常的一种方式(图2-49)。

手工模具制砖　　　　　　　　　现场逐个砌筑单元砌块

图 2-49　砌块从手工制作发展为工业化
批量生产,节省了产品制造和现场建造
的人力耗费
资料来源:Edward Allen, Joseph Iano.
Fundamentals of Building Construction[M].
Toronto:John Wiley & Sons, Inc,2009:305,
306

工厂化流水线制砖　　　　　　　工厂预制的整体砌块墙板

相类似的生产技术在其他相关产品如砖、瓦、门窗乃至结构柱、梁构件的生产中已经得以应用,配合现场的大型机械设备以及智能机器人,劳动力资源的消耗在建造活动中得到了有效的控制,现在我们已经可以将砖在工厂中预先加工成一片墙再运到现场装配(图 2-49)。但问题是,效率的提升不能改变砖石本身的性能,在面对更大的跨度、更大的体量时,我们需要更新的结构形式去实现快速的建造,那样才能从根本上实现建造的经济性,那个材料绝不会是砖或者是石材。

伦佐·皮亚诺在石材结构承载力上的创新实验恰是一个充分的反面案例。在其设计位于意大利福贾(Foggia)的帕德里·皮奥朝圣教堂时,他发明了一种前所未有的石材构造方式(图 2-50):建筑师将当地的石灰砌块组装形成超过 50 m 跨度的预应力拱,这种完全颠覆传统构造理念的技术要求每个构件的误差必须控制在 0.5 mm 之内,为此耗费了几代来自卡拉拉的大理石工匠们的巨大劳动力。皮亚诺的创新产生的建筑形式无疑具备足够的视觉诱惑,不过其在人力和物力上所耗费的巨大投资是否值得,就仁者见智了,毕竟 50 m 的跨度可以用更经济的结构方式来实现。

图 2-50　虽然皮亚诺创新了石材的构造
技术,但付出的代价却很高
资料来源:[德]黑格.构造材料手册[M].张雪
晖,译.大连:大连理工大学出版社,2007:39

3. 创新结构技术

"很显然,如果中世纪的工匠掌握了铸铁或轧铁技术的话,他们就不会采用他们已经使用的石材来进行建造……同样,他们也没有忘记早已应用在石头建筑中使用的弹性原则……这种有机的形式(铸铁或轧铁)显然要比石头扶壁组成的结构更简洁、更经济。因为铁柱的组合不会像石材扶壁和它们的基础构造造价那么昂贵,此外,结构所占的空间还少了很多。"[35]维奥莱-勒-迪克（Viollet-le-Duc）对中世纪砖石砌筑的大跨度空间的"笨拙"建造方式提出了质疑，并在其《建筑谈话录》中倡导摒弃单一的建造方式，采用不同的材料、技术和资源进行动态的组合，而进一步发展一种符合时代特点的紧密而有效的建造方式。

当巴黎美术学院的理论家们还在研究古典建筑语言和形式的时候，勒-迪克已经开始将设计的重心转向建造的经济性。勒-迪克针对飞扶壁构造的不经济性，努力探讨一种由轻型金属构件或者网状金属组成的空间结构，借助于铁构和玻璃组合的构造法则，勒-迪克逐渐摆脱了对历史形式的模仿，提出一系列设计精巧的混合结构。这种混合结构不仅拥有承重性砌体围合，还与鲁西荣（Roussillon）[36]的拱顶结构、铸铁构件、轧铁肋构件、锻铁拉杆以及由镀锌的金属制成的轻型屋顶或者石膏吊顶（哥特式拱肋的做法）相结合[37]。对于这种传统和创新相结合的混合构造，勒-迪克这样写道："在多面体结构中，我们应当考虑用怎样的基本形式将铁钩与砌体结合起来形成拱顶结构。金属材料的本质与形式并不符合铁拱的构造形式……但我们如果将锻铁作为一种抗拉构件，与相邻的砌体组合后就可以防止铁拱的变形，如果我们认为铁不仅便于使用，而且可以用直杆互相连接，并且这些连接的杆件可以形成一种独立的网架，在这些网架上可以安置单独的拱顶部分，我们就能设计一种符合材料本质的铁框架系统，以及一种用一系列拱顶覆盖大跨度空间的方法。"[38]

从勒-迪克著名的3 000个座位的八角大厅方案中（图2-51），我们可以清晰地阅读到其将传统与创新自然融合的思想。勒迪克既看到了传统砌体结构的优点，也认识到了新的铸铁技术的潜力，并将两者创造性地结合在一起：在拱顶、支柱、拉杆等节点中，新旧材料的对话脉络分明、毫无生涩之感。这个承上启下的杰作充分体现了以力学逻辑为基础的"实用"构造原则。

建筑师卡尔·弗雷德里希·申克尔（Karl Fredrich Schinkel）和勒-迪克一样，也是在古典主义氛围浓厚的时期依然能敏锐地觉察到新技术的力量并坚持以实用的构造原则进行建造的建筑师之一。申克尔始终坚信技术能够为建筑风格的改变提供新的可能，在1821年与创建技术职业学校（Technicher Gewerbeshule）的彼得·克里斯蒂安·鲍埃特共同编著了《工业与手工业制造者手册》（Vorbiden für Fabrikanten und Handwerker）。尽管申克尔对铸铁在建筑中的应用还持保留态度，但铁框架与玻璃的组合构造在其19世纪20年代开始就被其频繁地引用到《建筑学教程》（Architektonisches Lehrbuch）之中[39]。申克尔在建造实践中也引入了大量金属构造，即使在宫殿类建筑中也不例外。同时，申克尔还深受迪朗所称的"适用性和经济性是建筑美的主要来源"的观点影响，坚持主张建筑的一部分应当由"国家的国情和场地的情况"决定[40]。申克尔进而在"建筑艺术原则"（das prinzip der kunst in architektur）将"合目的性"作为建造活动的基本原则，他这样写道：

"建筑的合目的性可以从以下三方面进行考虑：
① 空间或平面布局的合目的性；
② 构造的合目的性，或者说，将适合建筑平面设计的材料组合的合目的性；
③ 装饰构造的合目的性。"[41]

图2-51　勒-迪克，3 000人八角大厅透视图

资料来源：Kenneth Frampthon. Studies in Tectonic Culture: The Poetics of Construction in Nineteenth and Twentieth Century Architecture [M]. Cambridge, Mass: MIT Press, 1995:52

继勒-迪克与申克尔之后,卡尔·博迪舍(Karl Bötticher)继续将结构形式创新的技术路线发扬光大,并提出了著名的"核心形式"与"艺术形式"(core-form & art-form)。博迪舍拒绝武断地选择建筑风格,并坚持风格的创新应当建立在新的结构原则之上,可以充分看出其对构造实用性的肯定。在其写作的《希腊和日耳曼建造方式的原则》一文中,博迪舍对采用铸铁代替传统的石材实现更经济、更可靠和更灵活的新的结构形式充满了期待:

"……从最早的使用石材覆盖空间开始,到作为尖拱的高级形式,再到当代的成就,石材建筑的道路已经走到了尽头,应用这一材料的结构创新的可能性已经所剩无几……如果还有什么未知的创造空间的体系的话(它肯定会带来一系列新的艺术形式),那么只能取决于一种未知的材料……这种材料的物理性能和石材相比较一定能满足更大的跨度,同时更轻、更可靠……这种材料就是铁,它已经能够满足上述种种目的。随着对铁这一材料的结构性能的进一步研究,它一定可以成为未来建筑体系的基础,它将超越希腊和中世纪的建筑体系,就像中世纪的拱券体系超越希腊时代的梁柱体系一样……"[42](图 2-52)

图 2-52 勒-迪克的弟子阿纳托尔·德·波多设计的圣吕班教堂的结构大量采用了铸铁,1869
资料来源:http://www.flick.com

博迪舍的思想和勒-迪克以及申克尔如出一辙,他们都在大多数建筑师还在用笨拙的石材雕饰线脚和檐口,在用柱式组织立面,在用石材砌筑复杂的尖券以复制一种古典美的需求时,坚持打破传统砌体建筑的固有形式,并将一种新的轻型骨架结构引入建筑中。历史的发展验证了这些以技术先行的建筑师的真知灼见:以经济性和适用性为主要目的的现代建筑运动迅速将新的建造技术大量应用到实践中,钢筋混凝土、钢结构造不仅使建筑在高度、跨度上获得了巨大的进步,也创造了一种新的时代风格。

现代高层建筑发展的引领者、"芝加哥学派"的代表人物路易斯·沙利文认为,现代高层办公建筑产生的原因主要来自两个方面,一方面是对更高的物理环境需求的回应,另一方面则是由于经济压力导致了众多大胆的推动者极力促进新材料在建筑产业中的推广应用[43]。戴维·莱瑟巴罗(David Leatherbarrow)教授认为沙利文所暗指的经济压力即"出售的热情"(the passion to sell),一种根植于美国文化中的"推动生活的力量"(impelling power in American life)。新材料在高层建筑特定形式中的发展是由那些美国东部的钢铁生产商来推动的:早期钢铁被推广至桥梁工程的结构构件要素中,逐渐地,这些推销商开始将"使用钢结构来建造高强度的框架结构高层办公建筑"的想法带到了芝加哥这座快速发展的现代化城市,以获得更大的经济利益。对于材料商而言它们推销了自己的产品,对于开发商而言,建筑越高,土地资源的利用率就越高。

现代框架结构的优势不仅体现在极大提高建筑的高度与跨度上,还体现在其非凡的施工效率上,在现代化施工机械的辅助下,很少的人力就可以迅速地完成一个复杂的项目。结构技术发展带来的可观效益使得工程师的地位得到不断巩固和提高,正如勒-迪克的学生阿纳托尔·德·波多(Anatole de Baudot)在1889年所说的那样:"建筑师的作用已经被削弱很长时间了,而工程师——时代的最优秀者,正在开始去实现他们的位置。如果工程师完全取代了建筑师,毫无疑问后者会消失掉,而艺术却不会随之消失。"[44]倡导将铆钉钢框架构造作为工业化时代新型结构类型的先驱者之一——乔治·霍伊塞(Georg Heuser)也坚信只有通过结构的发明创造(而不是装饰的花样翻新),建筑最终才能进步[45]。

纵观20世纪现代建筑蓬勃发展的一百年中,建筑形式的日新月异,高度和跨度的不断增加都和重要的结构构造技术的进步密不可分:钢筋混凝土结构、钢结构、剪力墙、大跨度桁架、网架、膜结构等(图2-53)。如何在保持结构强度的同时,实现更高的建造效率和更经济的耗费也成为结构构造设计的重中之重。俄罗斯的建筑师弗拉基米尔·舒科夫设计的天线塔是早期采用非直角格网结构的实例。这种结构构造形式的产生源于节约材料的研究。对比法国的埃菲尔铁塔,合理的钢结构设计能节约大量的角钢和槽钢型材:305 m高的埃菲尔铁塔的重量是8 850 t,而350 m的无线电塔的重量仅为2 200 t,不到前者的1/4。

钢结构　　　钢筋混凝土壳体结构　　　膜结构

框架结构　　排架结构　　桁架结构　　网架结构

图2-53　结构材料与形式的创新既保证了建造的经济性,又实现了多样的建造形式

资料来源:http://www.flick.com;Edward Allen,Joseph Iano. Fundamentals of Building Construction[M]. Toronto:John Wiley & Sons,Inc,2009:453,465,468,469

抛弃固有的艺术风格的桎梏,合理地推广经济适用的建造技术,已经成为建筑发展的必然趋势。正如柯布西耶所称的:"要赋予建筑以形式,只能是赋予今天的形式,而不应是昨天的,也不应是明天的,只有这样的建筑才是有创造性的。应当从我们建设任务的实质出发,利用我们时代的方法来进行形式的创造,这是我们的任务。"[46]虽然经济原则被提到了非常重要的高度,但对经济"竞争"的一味追求已经被证明是"经济原则"中最危险的一面。只有在长期时间内,建筑对原材料的谨慎利用才能使得可持续发展成为可能,因此我们需要在经济控制下引入可持续发展原则来衡量经济竞争的合理性——生态必须通过经济要素进入构造系统的考虑范畴中。建筑工业中不能避免要消耗大量的材料和能源,在这种情况下,必须建立建筑构造的可持续原则,以形成建筑材料提取和构件生产、组装、拆除等一系列建筑全生命周期的合理设计。

四、可持续原则

从过去朴素的自然观,到现在科学的自然观,人们在建造过程中始终关注着环境问题,关注着建造活动对我们的家园和地球的影响。世界人口的持续增长、经济的日益繁荣所带来的消费增长,及众多新生的工业化国家对有限自然资源的任意开采,这些曾经带动了人类社会繁荣的发展却也将人类文明推至了危险的境地。1973 年爆发的第一次能源危机加速了全球的科学家与工程师对环境问题共识的转变过程,尽管这次危机并未带来重大灾难,但日益恶化的环境已经给人类的未来带来了诸多威胁,这其中有大量的威胁都来自建筑工业的发展(图 2-54)。

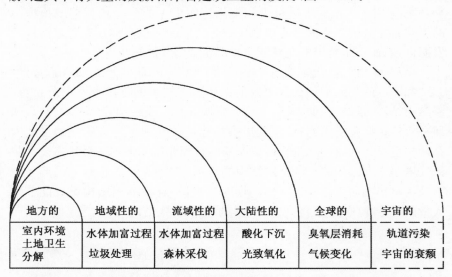

地方的	地域性的	流域性的	大陆性的	全球的	宇宙的
室内环境 土地卫生 分解	水体加富过程 垃圾处理	水体加富过程 森林采伐	酸化下沉 光致氧化	臭氧层消耗 气候变化	轨道污染 宇宙的衰颓

图 2-54　建筑对环境的影响
资料来源:[丹]斯蒂芬·艾米特,[荷]约翰·奥利,[荷]彼得·施密德. 建筑细部法则[M]. 柴瑞,黎明,许健宇,译. 北京:中国电力出版社,2006:28

　　古罗马人发明了混凝土,这种独特的塑性材料成就了罗马时代一系列壮观的建筑物。现代混凝土中加入钢筋这一混合材料后,弥补了其在塑性之外在强度上的短板。这一现代工程最伟大的发明在很短的时间内成为最为流行的建筑材料。钢筋混凝土的发展标志着一个新时代的到来,钢与混凝土的组合构造满足了高速发展的城市建设需求。但是在现代建筑努力实现功能多样性和性能舒适性的同时,大量的建造活动以及建筑设备的使用都对环境产生了诸多不良影响:一方面,对空调设备的依赖不仅消耗了巨大的能源,还加剧了温室效应;另一方面,过分保守的建造方法导致了建筑的工业化进程缓慢,还停留在 20 世纪的粗放型生产和建造活动中,不仅耗时耗力,大量的现场作业也对环境造成了一定的破坏。这些城市发展中的现实问题如果不加以引导和改正,将会严重影响我们生存环境的可持续发展。

　　可持续原则对于建筑工业来说,意味着争取消耗最少的能源和资源,尽量少为大自然增加负担,在整个建筑生命周期的各阶段中——从计划建设到使用更新直至最后的拆除,争取为建筑使用者们提高安全感和舒适感[47]。这是一个反复优化的过程,需要完整的团队紧密配合产业联盟,上端要结合材料、产品设计部门,下端要延续到建造施工承包商,连续的流程控制是可持续原则得以贯彻的基本保证。我们要致力于平衡生态的建造方法、建筑使用、再利用以及各个组成部分的协调关系,从建造流程出发可持续原则主要集中于以下几点:

　　① 节约资源:合理地使用可再生资源,避免过度使用不可再生资源,在回收利用中选择性能损耗小、易再加工的材料。

　　② 保护生态系统:减少建筑产品全生命周期中产生的碳排放量,保护大气系统免受温室效应的危害;减少建造、拆除过程中产生的建筑垃

坂,避免环境污染。

③ 保护使用者的健康:在生产和使用过程中,控制生产工艺以及建造完成后的建筑室内环境和卫生状况,避免对人体造成危害。

可持续原则只是对人类、环境以及自然之间的和谐关系的基本描述,要使其真正可以成为指导建造活动的评判标准,还需要针对每个具体的建造环节制定不同的指标,才能形成更具针对性的可持续设计策略,如将建筑的碳排放量化,对室内环境舒适度指标进行精细化的描述,对污染物造成的影响进行标准测量等。可用于系统地评估建筑产品的材料提取、生产和处理过程对全球及区域范围所造成的环境影响的国际评估标准已经有了一定的发展,如"生命周期评估"(LCA)的指标和算法。虽然该方法主要适用于对已知过程及结果的数据进行评估,未知过程或者间接的因果联系并不在其评估范围内,但通过多数案例的系统总结,该方法依然可以给予新建项目的前期设计诸多有益的指导。我们可以将建筑产品的全生命周期分为材料获取、工厂零部件生产、运输、现场建造、使用维护以及拆除六个环节,并根据每个环节的特征建立相应的可持续策略(图 2-55)。

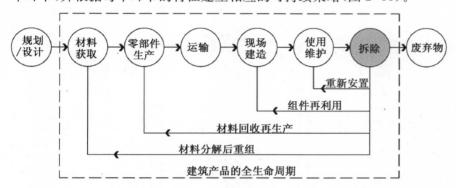

图 2-55 建筑全生命周期
资料来源:自绘

① 材料选择:尽量选择当地可再生、轻质高强的材料;材料选择应符合 LCA 确立的环境保护 4R 原则[48]。

② 工厂零部件生产:应考虑材料加工工艺对环境和人体健康的影响,选择适合当地经济发展条件的加工工艺,并对材料进行优化。

③ 运输:选择从当地获取的材料或产品,以避免长途运输。

④ 现场建造:采用预制装配技术,减少现场工程,提高建造效率,减少环境污染。

⑤ 使用维护:根据地域环境设计选择符合性能标准的围护体材料和产品;采用清洁能源,减少不可再生能源的消耗和使用过程产生的碳排放;通过可替换的产品系列实现产品的多样性和可修复性,延长产品的使用寿命。

⑥ 拆除:尽量选择回收系数高的材料,选择预制装配技术,增加零部件的重复使用率,将建筑在拆除中对环境的影响可以降到最低。

从上述策略中,我们可以看到建筑的全生命周期中每个环节之间都是紧密相扣的:材料的选择,从提取到工厂生产再到拆除后回收利用都是贯穿始终的;预制装配技术不仅提高了建造的效率,延长了产品的使用寿命,还在拆除过程中对减少环境破坏起到了重要作用。

可持续原则指导下的建筑构造设计是基于信息的,而不是基于形式的。它并不会规定建筑的既定形式,而是指导建筑如何顺利运转。以灵巧的技术获得建筑与环境之间的动态交互关系是设计的重要目标。灵巧的材料、定制化设计、本地化响应等生态观念自发地形成构件的生产和组织,使得建筑更接近生物有机体,在不断了解自身周边环境中适应条件的变化并改善自身的性能。大自然为我们提供了相当有力的实证,在自然界中,高效、节能、可持续的观点在不同的体系中得以充分诠释。从大自然中学习知识不仅是过去工匠们一贯的做法,也应当继续为当下的建筑师所用(图 2-56)。

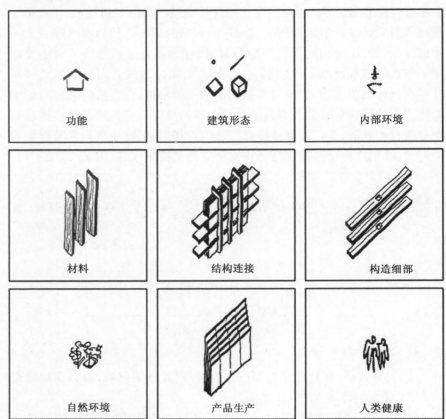

功能	建筑形态	内部环境
材料	结构连接	构造细部
自然环境	产品生产	人类健康

图 2-56 建筑构造可持续原则的基本模式:整个建筑的决定因素包括人类、环境因素,以及固有的建筑核心概念
资料来源:[丹]斯蒂芬·艾米特,[荷]约翰·奥利,[荷]彼得·施密德. 建筑细部法则[M].柴瑞,黎明,许健宇,译. 北京:中国电力出版社,2006:28,作者编辑

1. 材料的循环利用

材料生命的周而复始,生生不息是生态持续发展的自然规律。弗雷德里克·维斯特(Frederic Vester)在其 1985 年出版的著作《新的思维边界》(Neuland des Denkens)中提出了八项基本规则,其中一条就是循环利用原理。材料生命周而复始的规律已经在不同的制造领域得到了共识。循环利用在建筑中的体现主要意味着当建筑材料从主体结构中拆除后,经过再加工处理,能够反复利用,而这个过程很少产生有害物质。

具体到建筑构造设计中,可以分为两个层面:第一,尽量采用环保型材料,如木材、黏土等自然材料,这些材料具有天然的可循环利用的优势,而在工业产品中则可以选择回收利用率高的金属材料如钢、铝等;第二,在构造连接的设计中,应该充分考虑便捷的拆除和单独分层的可能,材料的同质性、不同材料的可分离性都是需要关注的重点,这样才可以实现材料的有效拆解和二次利用。

在具体的操作方法上,主要有两种:第一种是在建筑更新过程中将小构件从更大的结构上分离下来,或者在废旧建筑的拆除过程中保留较完整的小构件,其中主要操作对象是瓦和砖。这两种材料本身就是最小的建造单元构件,不论是在维护更新中,还是在建筑整体拆除后,大量构件都能保持完整的形态,是可以反复利用的构件。中国著名的建筑师王澍长期坚持利用旧砖废瓦来实践一种自然的建筑观。王澍将中国浙东传统民居中代表性的"瓦爿墙"构造技术进行了改良,将从各地村落以及废弃工地中收集来的形式各异、色彩多样的砖瓦用在中国美术学院香山校区、宁波历史博物馆等多个实践项目中,既赋予建筑强烈的地域特色,又节约了资源,实现了材料的循环利用(图 2-57)。

中国美术学院香山校区的
瓦爿墙
2010上海世博会宁波滕头案例馆的
瓦爿墙

图 2-57　王澍通过废弃材料的循环使用实践了可持续的建造理念
资料来源:自摄

　　第二种方法则偏重于碾压与重整,通常被称为"重组循环利用"。碾压通常是指通过物理性的粉碎将破瓦片、碎石等材料分裂成更小的碎片,然后用在粗毛石建筑中;或者将压碎的旧砖重组为新砖。重整则可以将破损的建筑构件重新还原成原材料,然后再生产加工成新的构件,比如金属;而有些材料在现代科技的辅助下,甚至可以由特殊的工艺改变原有材料的特性。

　　日本建筑师坂茂是一位善用环保材料的建筑师,他长期专注于可循环利用的材料尤其是"纸"在建筑中的发展潜力。早在 1995 年阪神地震时,坂茂首次设计了用于过渡使用的纸棚屋(paper),并由此开始了其长期的"纸建筑"设计生涯。2000 年由其设计的汉诺威世界博览会日本馆为了能实现日后建筑材料全部拆除回收利用的目的,采用了纸管这种轻型环保的材料,为了实现快速搭建和拆除,设计了特殊的构造形式和建造方法。纸管之间采用了绑扎这种最简洁的编织构造方式,实现了安装和拆除的最高效率。在建造的时候,纸管先排列成一个平面的网格结构,再在网格结构周围用带子绑扎牢固,然后在纸管周围搭建脚手架来调整纸管的位置,最终形成双耳细颈椭圆土罐的形状。由于建筑荷载较小而采用了地上填砂的框架基础,该建筑最终实现了"传递到地基的力很小而且整个结构能回收利用"的目标(图 2-58)。

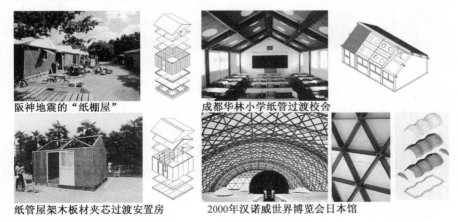

阪神地震的"纸棚屋"
成都华林小学纸管过渡校舍
纸管屋架木板材夹芯过渡安置房
2000年汉诺威世界博览会日本馆

图 2-58　坂茂专注于"纸建筑"的研究与实践,实现了材料的可循环利用
资料来源:姜蕾.卡扣连接构造应用初探:应急建造及其连接构造问题研究[D].南京:东南大学,2012:64,66,67;http://www.flick.com

王澍和坂茂两位建筑师的实践在近期获得普利兹克建筑奖的建筑师中显然并不是最"时髦"的，但他们谨慎对待材料使用的态度，和对建造工艺创造性的改进研究为建筑的可持续发展做出了积极的贡献。他们相似的实践方式也说明了一个问题：如果一个系统要保持长久的活力，它必须要具备适应外界变化的能力。这种适应能力并不是通过昂贵的造价和形式创新来实现的，而应当通过合理的技术应用（如构造技术的适用性、灵活性、可变性等）实现。

2. 提倡适度技术

密斯曾说过"每个建筑都有自己特定的社会文化性质——并不是所有的建筑都是教堂"[49]。可持续发展要以本土资源为基础，寻求建立在那些为本地人口直接利益服务的资源上，并力求使之最大化，它强调独立性甚于依赖性；在工业化技术盛行的现代，采用"适度的技术"同样重要。适度技术的核心概念是生态发展策略和实践。正如其名称所暗示的，适度技术的提出是为了"填补资本密集、不适宜的外来技术与低廉的、但通常没有效率的传统技术之间的鸿沟"[50]。适度技术具有以下一些典型的特征：成本低廉；使用当地的材料；劳动密集；规模小；技术相对简单，没有经过特殊培训的人容易理解和建造；尽可能使用可再生资源，如风能、太阳能等。当下，世界各地经济发展依然是不均衡的，大量地域面临经济和资源紧缺的问题，生土、砖、木材等传统材料与工艺依然有着广泛的应用前景。

图 2-59　传统窑洞建造技术的改良
资料来源：王军. 西北民居［M］. 北京：中国建筑工业出版社，2009：271，272

生土建筑是一种经济实用的地域建筑，至今，世界上仍有 1/3 的人口居住在亚黏土建造的房屋中，而在发展中国家，这个比例要提高到 1/2 以上。对于贫困的地区，亚黏土是一种就地取材、廉价的材料，几乎可以被无限次重复利用，而不产生任何危害。而在欧洲一些发达地区，再度关注亚黏土是因为它具有良好的蓄热能力，可以缓和室内温度波动，并且在需要的时候吸收或者释放水蒸气，为室内创造舒适的生活环境。亚黏土在建筑由传统向现代转变的过程中，引起了建筑产品的革新，并成为现代建筑工业蓬勃发展市场的重要组成部分之一。

　　除了材料的改良研究,在地域建筑现代化的过程中,传统的黏土建造工艺也得到了改良。我国西北的窑洞建筑有着悠久的历史,冬暖夏凉、物理性能好、施工简单,在适应当地气候、保护生态、节能减排上有着较好的优势。但传统窑洞也存在抗震性能差、内部通风不畅、采光不足、缺乏现代化设施等问题。而在暴雨季节,窑洞在有孔洞或缝隙处会发生土层剥落的现象,严重时甚至引起屋顶塌方。针对这些缺点,新的窑洞建设,结合地方特色进行了适宜的生态改造,使其更加适应现代化功能需求(图2-59)。为提高生土建筑的抗压、抗拉、抗震、耐久、热工以及现代化功能需求,西安建筑科技大学针对传统夯土墙、土坯墙进行了技术优化研究,通过大量的实验研发了一种新型墙体——混凝土密肋与草坯结合的新型墙体。这种墙体在抗震、保温、隔热等方面都优于传统砖墙,并在陕南灾后重建项目中得到广泛应用(图2-60)。

混凝土密肋与草泥土坯结合型墙体的制作过程

混凝土密肋与草泥土坯结合型墙体的抗震实验

图2-60　西安建筑科技大学对传统生土墙构造工艺的改进
资料来源:王军. 西北民居[M]. 北京:中国建筑工业出版社,2009:271,272

　　传统的马来(Malay)住宅是一种基于干阑式木构的地域建筑,由于其所处的热带地域,常年炎热潮湿,因此建筑采用了底层架空、高耸的坡顶以及深远的出檐来应对当地的气候;可变的多功能空间,也为家庭需要提供了预留体系,这种传统但有效的构造技术在当地的新建建筑中一直得以保存和延续。由尤瑟夫·B. 曼尼维杰伊(Yousef B. Mangunwijaya)在印度尼西亚日惹设计的A字形结构住宅,展示了和当地住宅高度的相似性,简洁而轻巧的架空构造、高耸的屋顶,都是当地传统建筑建造技术的精华。2006年在日惹由艾科·普拉沃托(Eko Prawoto)和曼妮维杰伊设计建成的Stiok Srengenge住宅通过加入更多的现代元素,进一步提升了建造的品质。为了增加屋顶的坡度,又不使暴露的结构显得过于沉重。建筑师将屋架分为大小两部分,简洁的三角屋架经过适当的变形以及加入金属构件后显得更加轻盈。金属构件不仅加强了结构的强度,也巧妙地区分了屋顶与支撑柱,强调了结构逻辑的清晰性。外墙同样和屋顶保持一段间隙,既保证了房间内充分的空气流动,也保证了垂直构成(柱、墙)与水平构成(屋顶)的建构逻辑。底层外墙抹白,和二层红色砌筑砖块对比鲜明,强调了建筑空间的主次地位(图2-61)。

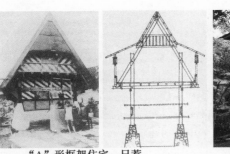

图 2-61 曼尼维杰伊对印度尼西亚传统
建造技术的现代演绎
资料来源：Chris Abel. Architecture and
Identity：Responses to Cultural and Technological
Change[M]. 2nd ed. New York：Architectural
Press,2000：204；http://www.flick.com

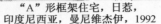

"A"形框架住宅，日惹，
印度尼西亚，曼尼维杰伊，1992

Stiok Srengenge住宅，日惹，
印度尼西亚，曼尼维杰伊，2006

适度技术的应用是对传统建造技艺的继承与更新，其中蕴含的生态效应就如同古人顺应自然的态度一样不着痕迹。

3. 推广被动式节能构造技术

如果说材料的选择反映了谨慎利用有限资源的态度，那么材料组织方式的合理性则会借由建筑性能的表现和系统的能源消耗来体现。随着建筑体量的与日俱增，室内环境的控制也越来越依赖机电设备，自从 19 世纪末期以来，与机电相关的造价大幅度增长，达到了总造价的 35%。虽然借助现代化的空调系统，人们获得了舒适的室内环境，但由此引发的能源和环境问题已经严重威胁到未来的全球资源储备以及气候的稳定性。建筑师与工程师开始关注如何通过技术手段减少建筑建造与使用过程中的能源消耗与碳排放问题，其中包括了主动和被动的节能技术。

主动节能技术主要由设备工程师通过机电设备如太阳能光电光热设备、地源热泵设备等实现对自然能源的转化，从而减少传统的对矿物资源的消耗；被动式节能技术主要由建筑师通过合理的建筑规划、构造设计实现建筑物本身依靠自然的方式收集和储存能量，使建筑与周围环境之间形成良性的循环，在不需要或很少依靠耗能机械设备提供支持的条件下也能形成舒适的人居环境，从而达到节能效果。主动式与被动式节能技术是密切联系、相辅相成的，但建筑师应当优先选择并充分利用"被动式"节能技术，尽量在不使用设备的情况下实现有效的节能效果，因为"被动式"节能技术更加经济，也更利于实现人与环境的和谐关系。

在机电设备发明以前，工匠在实践中已经积累了很多成熟的被动式构造做法。虽然现代建筑的形态发生了巨大的变化，但围护体所需要解决的问题始终没有变化（针对不同气候条件的保温、隔热、被动式太阳能利用、通风、遮阳等），很多传统的技术依然适用，只不过进行了工艺上的革新。

（1）保温隔热构造

对于墙体的一些基本保温隔热构造原理，古代工匠们的发现已经得到了科学的验证，比如采用重质的蓄热材料、空气间层等。现代的保温墙体经过系统的热工学计算有了更合理的组织，它们一般由多个负担不同功能的"层"组成，如内外防火板、空气间层、中间夹层等。夹层材料通常为保温材料（聚氨酯颗粒、聚苯乙烯颗粒等）、粉煤灰和混凝土组成。空气间层内流动的空气可以带走空心墙内累积的热量以加强墙体的隔热效果。同时，根据朝向的不同，墙体上的窗户也经过特殊的构造设计，如南向的窗户会采用内层中空双层玻璃与外层贴膜反射玻璃的组合构造，以加强夏季的隔热效果（图 2-62）。

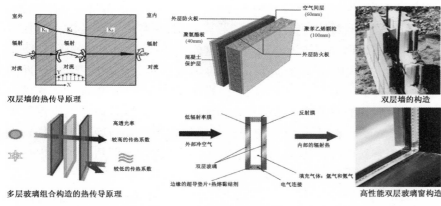

双层墙的热传导原理　　　　　双层墙的构造

多层玻璃组合构造的热传导原理　　高性能双层玻璃窗构造

图 2-62　外围护体的被动式节能构造原理与技术
资料来源：自绘；Edward Allen，Joseph Iano. Fundamentals of Building Construction［M］. Toronto：John Wiley & Sons，Inc，2009：394

　　双层玻璃幕墙构造是兼顾现代大体量建筑采光、通风、隔热等综合热工性能发展而成的新型双层墙体：随着能源危机的出现，建筑师和工程师注意到了大面积的单层玻璃容易产生高能耗，于是有了增加空气间层以提高幕墙热工性能的设想。双层玻璃幕墙和传统的双层墙在构造原理上是相同的，只是材质更轻，可变透明度的玻璃产品取代了重质材料。双层玻璃的间距通常在 50 cm 左右，外侧幕墙一般会留有通风口，内层的幕墙可以局部或者完全开启。在夏天，外侧通风口打开，在热压的作用下，空气从下侧进入，向上流动最后通过上部通风口排出，空气的流动带走了中间层的温度，并为室内提供了新风，起到自然通风的作用；冬天正好相反，外层通风口关闭，内侧幕墙打开，双层幕墙形成了小型的温室，减少了热量的损失（图 2-63）。

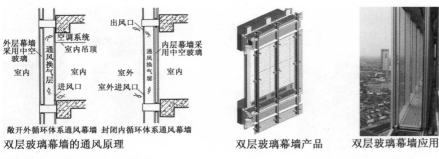

敞开外循环体系通风幕墙　封闭内循环体系通风幕墙
双层玻璃幕墙的通风原理　　双层玻璃幕墙产品　　双层玻璃幕墙应用

图 2-63　双层玻璃幕墙构造原理和应用
资料来源：自绘；http://www.flick.com

（2）被动式太阳能构造

　　为了实现不借助设备和复杂的控制系统对太阳能进行收集、贮藏和再分配，建筑师巧妙利用建筑的基本要素，如窗、墙、楼板等形成了一系列行之有效的"被动式太阳能"设计方法。每一个"被动式太阳能"采暖系统通常由两个构成要素，朝南的玻璃采集器和由砌块、岩石或水等保温材料组成的能量储存构件。被动式太阳能系统通常有三种基本形式：① 直接获取式；② 图洛姆保温墙；③ 太阳室。白天通过玻璃的长波辐射被房间内的保温材料吸收，晚上，保温材料储存的热量可以继续维持房间内的温度。

　　直接获取热量是被动式系统中最有效的方式，当房间进深过大时，可以通过高侧窗和天窗的方式使背面的房间也能直接获得太阳能。图洛姆保温墙是以费利克斯·图洛姆（Felix Trombe）教授的名字命名的。1966 年，图洛姆在法国研制出了这种构造技术。其原理是利用温室有效地吸收太阳辐射，并储存在太阳一侧的墙面中（墙面通常刷有深色涂料）。白天在墙内蓄积的热量一般到晚上才开始传导到室内墙体的表面，具有明显的"时滞"性,如果保温材料充足,整个墙体在晚上都能充当散热器。图洛姆保温墙经常结合直接采暖的方式使用,多数带窗洞的图洛姆保温墙都满砌至楼顶,但有时也砌成矮墙,这样,上午可以增加热的吸收,下午还能防止过热,晚上又能提供足够的热量。宾夕法尼亚费城附近的谢利·里奇女子侦察中心是运用图洛姆保温墙获取太阳能成功的案例之一。由于居住的女子侦查员通常在白天和黄昏活动,所以图洛姆保温墙只由10 cm厚的砖砌成,以便使得热量很快在下午和傍晚传到室内。木格栅被用来支撑砖和玻璃,外墙上增加了可伸缩的遮阳篷避免室内过强的光照。

通常,图洛姆保温墙由混凝土、砖石或黏土建成,但是容水器在随后也被用于作为图洛姆保温墙的一种特殊构造。水是一种很好的蓄热材料,在所有的材料中水具有最高的热容量,同时还有很高的热吸收率。史蒂夫·拜尔(Steve Baer)在新墨西哥的自宅设计中,就巧妙地利用220 ml容量的水桶垒成图洛姆保温墙(图2-64)。圆桶靠玻璃一侧涂成黑色,增加吸热效率,朝室内则涂成白色,利于热辐射。建筑师还设计可以活动的隔热百叶窗,夏季用于阻挡热量,冬季白天放倒可以作为反射器,提高图洛姆保温墙的工作效率,晚上则关闭保留室内的热量。当把水直接集成在墙体中,就可以形成更整体的蓄水墙。

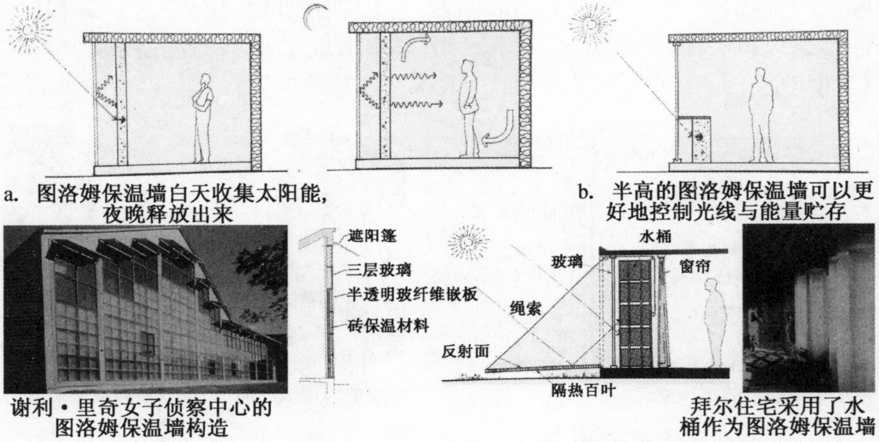

图 2-64 图洛姆保温墙的原理与实际应用
资料来源:[美]诺伯特·莱希纳. 建筑师技术设计指南:采暖·降温·照明[M]. 张利,译. 北京:中国建筑工业出版社,2004:153-155

墙体的节能构造做法同样适用于屋顶。如早期屋顶采用稻草或泥土覆盖,能获得较好的保温隔热效果,尤其是在气候炎热干旱的地区,采用大量的泥土或者石块可以形成对温度的有效阻隔,而将屋顶做成圆形则可更好地改善室内环境:一方面,圆形屋顶遮蔽了整个房屋,减少了直接辐射热;另一方面圆顶开阔的上层空间使得气流分层,居住者可以住在气温较低的下层。同时在圆顶凿孔,可以让热气流迅速的流出。

图 2-65 传统建筑屋顶的节能构造
资料来源:自绘;http://www.flick.com

（3）自然通风构造

在炎热潮湿的地方,高屋顶的形式依然适用,比如东方大量采用的坡屋顶,原理和圆形屋顶类似,并且悬挑的屋檐还可以起到有效的遮阳效果,不过为了加强湿气的排出,通风显得更加重要。中国传统的瓦屋面的构造设有通风间层,配合轻盈的框架结构,提高自然通风的循环次数,可以迅速排除室内的湿气(图2-65)。当现代建筑的形式日趋多元后,被动式通风的研究与构造设计也更加系统,根据气候条件的特点,建筑师可以选择不同的构造方式实现建筑内部空间的自然风循环。

空气流动的原因主要有两种:温度的差异或者气压的差异,前者会产生热压自然通风,而后者则产生风压自然通风。根据热压原理,冷空气下沉,暖空气向上运动,在建筑的底部开洞引进冷空气,在顶部开窗排出暖空气,从而实现室内空气的对流,这种方法适合在寒冷的冬季避免大量的冷风直接进入室内的情况下实现室内的自然通风。"烟囱效应"就是典型的应用风压通风产生拔风效果,进而加速空气的流动,实现建筑内快速散热通风的原理,捕风塔正是借由此原理产生的特殊通风构造形式(图2-66)。

利用地下空间实现热压、　　　　卡塔尔大学利用"烟囱效应"设计了
风压自然通风　　　　　　　　捕风塔构造实现自然通风

图2-66　大体量建筑中自然通风原理与应用
资料来源:自绘;http://www.flick.com

对于建筑中越来越多的大空间来说,通风的问题往往比其他问题更难解决,而诉诸于空调设施将会造成巨大的能源耗费,众多建筑师为此通过大量的实验和研究来寻求更自然的设计方法。高技派的代表理查德·罗杰斯在设计中充分尊重空气在建筑中自然流动的规律,并积极地利用各种技术将之实现。为了创造空气在建筑中最佳的流动模式,他积极地运用计算机软件进行流体动力学分析,建立自然通风系统的建筑模型。精确的运算促成了多种不同驱动方式的自然通风设计,由此产生了诸多合理的流线型屋顶。屋顶的流动性不仅利于通风,甚至引导风向,促进室内的自然风循环,而无需高能耗的机械冷却系统。

由其设计的威尔斯新议会大厦(National Assembly for Wales,Wales,Cardiff,1998—2005),经过计算机确定的屋顶流线形式如同柔和的云彩一样(图2-67),建筑内的气流可以自由地通过、回转,使得室内的温度和湿度始终处于一个适宜的范围。而流线型的凹陷处被建筑师作为炎热的夏日的蓄水池,覆盖了建筑的大部分屋顶面积,降低夏天过高的室温。屋顶的通风出口则设计了带风扇的出风构造,起到强大的拔风效果,加快室内空气的流动速度。在法国波尔多法院(Bordeaux Law Courts,France,Bordeaux,1992—1998)的设计中,罗杰斯巧妙地将"烟囱效应"和建筑使用功能结合在一起,设计了酷似酒桶的巨大的圆锥形屋顶。为抵抗当地炎热的气候同时获得良好的空气循环,罗杰斯将每个独立的审判庭处理成为封闭的酒桶形,周边不设窗,只通过屋顶的天窗采光。新鲜的空气从地下经水池降温后,从房间下方的通风孔进入室内。被阳光加热的空气升温后向上流动,从屋顶自然排出,良好的室内自然通风形成了舒适室内环境的同时还降低了建筑能耗(图 2-67)。

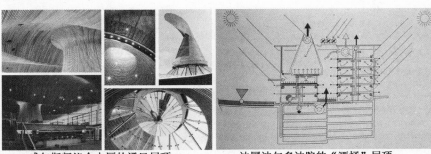

威尔斯新议会大厦的通风屋顶　　　法国波尔多法院的"酒桶"屋顶

图 2-67　罗杰斯为建筑大空间特定设计的自然通风构造

资料来源:大师系列丛书编辑部.理查德·罗杰斯的作品与思想[M].北京:中国电力出版社,2005:93-94

由于每一个单项节能构造技术的设计原理不尽相同,因此,并不是将所有的技术简单地拼凑在一起就可以实现所有的节能效果,如何组合和应用不同的技术还需要建筑师根据场所和环境特征结合建筑具体的功能进行整合设计。借助环境对建筑的作用,并将人的生理与心理需求与建筑性能需求、形式设计整合起来,是考验建筑师对建造技术综合应用能力的标尺。著名的现代主义建筑师赖特,就走在了那个时代的前列。由他设计的雅各布二世住宅不仅形式优美,还表现出了良好的生态整体性:在南向使用大面积玻璃获得阳光,利用北面保温土坡保护了建筑北面;采用重质材料保温蓄热,在夜间可以保持温度。深远的屋顶挑檐形成水平遮阳,石质的外墙用蛭石填充,并留有空洞,既有保温效果又可以排除墙体内的湿气(图 2-68)。巧妙的节能设计与形式表达获得了良好的统一,建筑与环境水乳交融。继赖特之后,出现了更多尊重自然的建筑师,如罗杰斯、皮亚诺、福斯特、杨经文等,他们坚持贯彻可持续的建造原则,赋予建筑"不是自然的形式而是形式的自然"。

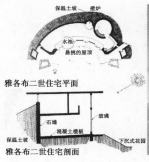

图 2-68　雅各布二世住宅被动式构造设计

资料来源:[美]诺伯特·莱希纳.建筑师技术设计指南:采暖·降温·照明[M].张利,译.北京:中国建筑工业出版社,2004:145

4. 建造方式的"轻质化"

通过"被动式节能的构造设计"我们可以减少建筑在使用过程中的能源消耗和碳排放,由此产生的生态效应是非常明显的,因为建筑使用阶段的能源消耗与碳排放在整个生命周期中占有 80% 以上的分量。虽然建造活动中的能源消耗与碳排放占整个生命周期内的分量不高,但仍不可忽视。由于建造活动的短暂性,能源消耗和碳排放会集中在一个时间段内达到高峰,这对于大量建设中的城市会产生不小的影响。

建造活动中构件的运输、现场安装都会消耗能源并产生碳排放以及一定的粉尘污染。建造工艺的选择是关键影响因素,轻质材料在建造过程中对环境的影响肯定小于重质材料。但随着建筑体量的增加,采用重质材料几乎是不可避免的。在这种情况下,建筑师就需要在综合考量中尽可能选择"轻"的建造工艺。这里的"轻"不仅是指重量上的轻,更蕴含着减少能源损耗、碳以及污染物排放量的"轻"。

使用轻型建造材料以及相关装配工艺是一种最直接的"轻"的态度。19世纪英国物理学家詹姆斯·克拉克·麦克斯韦(James Clark Maxwell,1831—1879)和A. G. 米歇尔(A. G. Michell)创立了轻型建筑理论,随后出现了众多轻型建筑的倡导者和先驱,"轻型建筑——时代的需求"的口号也成为现代建筑发展的新精神。鲁道夫·德尔纳什(Rudolf Doernach)曾对当今社会人均占有建筑材料量做过统计——人均20 t。而根据地区的不同,差异会很大,如在发达国家达到了人均60 t,而在一些落后地区,人均还不到1 t,但是混凝土材料占了其中的90%。生态学的绿色理念提出了"科学的建造房屋"的要求,轻型建筑不仅可以帮助建筑师限定材料的类型,还可以降低建造和维修过程中的能量消耗。轻质化对建造效率提升和成本节约的效果是显著的。19世纪后期,各种轻型材料建造技术的发展为建筑产业带来了新的前景。在1865年,G. E. 伍德沃德(G. E. Woodward)曾经写道:"如今,一个男人能够毫不费力地完成过去需要20个人的工作量……新型木结构轻骨构架能够节约比榫卯连接框架少40%的费用。"

现在,包括传统木材和各种新型金属、塑料等轻质高强的材料都得到了越来越广泛的应用。由于全球人口膨胀,住房不足成为世界工业化城市面临的问题,多层木框架结构房屋则成为解决高额土地费用和建造费用的方法。特别是3~5层的木框架房屋在施工速度和材料花费低的优点上为经济住宅提供了可能性。在北美有85%的多层住宅和95%的低层住宅采用轻型木结构体系。现代装配式轻型木框架建筑不仅采用小截面木材构件组成更轻的框架,还在传统的榫卯构造技术上发展出销连接、齿板连接等更快捷的连接方式。钢材是一种和木材结构性能高度相似的工业化产品,第二次世界大战后大量膨胀的钢铁企业为寻求出路开始进军住宅领域,随着"冷桥"和钢材腐蚀等技术难题的解决,钢结构在轻型建筑产品领域得到了迅速发展。轻型钢结构建筑涵盖了冷弯薄型钢、轻钢焊接和高频焊接型钢、薄钢板、薄钢管等丰富的产品系列,并大量采用轻型围护隔断材料,主要采用焊接和栓接为构造技术,是一种高度装配化的轻型建造系统。

塑料作为一种新型轻质高强材料,自从在实验室中被合成后,不仅在汽车、飞机等制造领域得到了广泛应用,还被广泛应用于现代建筑制造业中,继包装业后,建筑工程已经是塑料的第二大消费源。塑料的轻质高强、耐久性、安装简易性和成本低廉的优点,使其在建筑工程中占有重要的地位,大到建筑屋顶、幕墙、地板、门、窗,小到绝缘材料和嵌缝材料都大量应用了塑料制品(图2-69)。相比较玻璃,塑料保留了多变的透明度、更高的强度、良好的热稳定性和形稳定性,且耐腐蚀。聚碳酸酯、丙烯酸树脂以及玻璃钢(玻璃纤维增强塑料)等塑料制品已经开始代替木材、钢材、玻璃等材料成为建筑墙体、屋面、隔声绝缘、装饰、门窗等部件的更优选择。得益于塑料在工程领域的发展,由此产生的膜结构技术,更是当代大跨度建筑发展的一个重要方向。

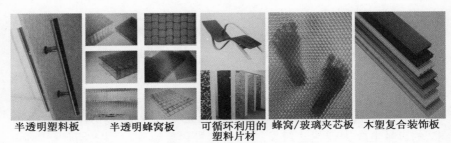

图 2-69　建筑产品中越来越多的轻质材料

资料来源：[西]迪米切斯·考斯特.建筑师材料语言：塑料[M].孙殿明，译.北京：电子工业出版社，2012：18-25

半透明塑料板　　半透明蜂窝板　　可循环利用的塑料片材　　蜂窝/玻璃夹芯板　　木塑复合装饰板

作为现代膜结构技术进步的重要推动者，建筑师弗雷·奥托（Frei Otto）坚决抵制一切笨重、坚固和固结于地面的建筑形式，他深入了解自然有机体的构造机制，并将研究成果融入大跨度建筑构造的设计中，力求设计合理性，不仅实现了经济的建造方式，还体现了"轻"的自然本质。奥托的设计从一系列轻型的帐篷开始，这些设计为其带来了很高的赞誉和广泛的关注（图 2-70）。这些作品为了当时建筑界从未有过的新建筑形式，它们采用了链拉构造，结构很轻，几乎能呈现出漂浮的状态，并且可以很容易拆除。之后，奥托耗费了大量的时间用于研究自然的结构以及工程学中的力学原理，并在实验中用这些原理来优化结构的形式，寻找减小材料用量的方法。为了方便直观地评估结构的效率，奥托自己建立了一个系统，通过形式、承载能力以及质量需求量等要素对结构的作用和效率进行了分类总结，使得"轻型"的理念得以科学化。经过大量的实验研究，奥托将网壳结构、悬挂结构等经过优化的结构形式应用到工程实践中，取得了令人瞩目的成就。

图 2-70　奥托的轻型膜结构建筑实践

资料来源：[德]温菲德尔·奈丁格，艾琳·梅森那，爱伯哈德·莫勒，等.轻型建筑与自然设计：弗雷·奥托作品全集[M].柳美玉，杨璐，译.北京：中国建筑工业出版社，2010：177，179，180，210，249

奥托不仅专注于膜结构的研究，还将轻型建造的理念用于其他类型的建筑中。在 1975 年建成的曼海姆多功能大厅的屋顶设计中，奥托创造性地使用了"网格外壳"结构，实现了轻盈的大跨结构。通过反复的实验和计算，奥托和他的设计团队确定了这个独特的网壳结构的构造方式，木条制作的格子通过弯曲和扭转交叉点使得格子在它伸展的区域弯曲两次，并用一个外壳来保证木条的夹角固定后不会改变。设计人员通过加固交叉点和增加对角方向的牵引单元减少了房顶的形变。考虑到木条能够轻松的弯曲，因此木条的硬度不能太高，截面的最大尺寸只能在 5 cm×5 cm 大小，但这样的尺寸并不能确保木条可以承受 85 m 跨度的稳定受力。于是，奥托设计了双层的格子构造，两层格子在建造时通过可调节的孔紧密地连接在一起，在完工的时候为双层格子施加足够的剪应力来固定它们。最终网壳采用了美洲西海岸的树木，格子被放入了 50 cm 的网格中，木条被带螺纹的螺栓固定，安装在交界处的盘装弹簧使得木料之间可以通过摩擦传导受力。轻质的网壳结构和精妙的构造连接设计使得

9 500 m²的屋顶只用了 60 个工作日就完成了建造,这个由英国工程师和斯图加特测绘专家广泛合作的结晶被誉为当时"世界上最复杂的屋顶"(图 2-71)。

图 2-71　曼海姆多功能大厅屋顶构造
资料来源:[德]温菲德尔·奈丁格,艾琳·梅森那,爱伯哈德·莫勒,等.轻型建筑与自然设计:弗雷·奥托作品全集[M].柳美玉,杨璐,译.北京:中国建筑工业出版社,2010:281

奥托毕生的轻型建造实践体现出其严谨、科学、尊重自然的设计理念。奥托认为轻型结构的概念涵盖了在有限的自然资源条件下如何从自然界中创造生命基础的含义,它超越了实用主义建筑或者工艺改善方法的范畴。在这一点上,奥托已经将轻型结构构造体系上升到了哲学体系的层面。仅仅从经济角度出发所做出的一些目光短浅的决定将会为建筑的"轻质化"发展形成阻碍,引用奥托的话来说,"对建筑最小化的探寻过程同时也是对于材料本质的探寻过程"[51]。轻巧纤细的结构将更好地揭示出其中的传力途径,这一点即便是对重质材料也是成立的。

在城市化进程中,钢筋混凝土依然是一种主流的建造技术,绝大部分的环境噪音与污染也来自混凝土现场作业。虽然在 20 世纪中期已经有了预制混凝土技术,但对抗震性能和缝隙处理的保守态度使得更多的时候,现浇工艺依然是建筑师的首要选择。随着建筑产业化运动的推进,集约化建造模式的转变需要这种大量性的建造工艺向预制装配工艺发展——一种更省材、省力、省时间的"轻"的建造技术。相比较现浇工艺,预制装配技术不仅装配精确、快速,建造过程中产生的碳排放和粉尘污染也得到了有效的控制,对环境造成的破坏影响降到了最低。

和奥托一样,意大利的皮埃尔·路易吉·奈尔维(Pier Luigi Nervi)也是一位精于结构设计的工程师及建筑师,他长期专注于混凝土结构的可塑性研究,并赋予这种"笨重"的材料轻盈的形式。他拒绝简单地复制通用的正交体系的框架形式,而是利用合理的受力机制为结构构件减重。一方面,奈尔维避免在大跨度单层建筑中使用"笨重"的大型支撑结构,而是通过构建一个由大量单体组成的承重体系,每个构件在这个体系中都准确地按照力的传递法则工作;另一方面,奈尔维大量应用预制构件保证构件尺寸的精确与建造的效率。

罗马小体育馆是奈尔维的经典代表作品,充分体现了建造技术与艺术的完美结合。球形穹顶如倒扣的荷叶由 36 个"Y"形斜撑承托,形成了体育馆优雅的曲线外形(图 2-72)。为抵抗 60 m 薄壳结构产生的巨大推力,设计师巧妙地设计了与球形穹顶曲线方向一致的 Y 形斜撑;为了加强斜撑的稳定性,建筑师增加了一圈混凝土连梁,在视觉上则成为建筑的"腰带",使得立面的比例关系更和谐。球形穹顶下缘与斜撑支点间的部分向上拱起,既避免了结构上产生不利弯矩的状态,又校正了因视错觉产生的边缘下陷感,丰富了建筑轮廓,与"Y"形斜撑相呼应。为了方便建造,穹顶没有采用全现浇的工艺,球形穹顶由 1 620 块预制钢丝网水泥棱形槽板拼装而成;在处理穹顶预制槽板直接接缝构造问题时,采用了现浇混凝土构造方法,自然形成了穹顶的"肋",减轻了屋顶自重的同时,保证了结构的承载力,还产生了优美的艺术形式。预制混凝土菱形槽板与肋共同形成了顶棚优美的图案,图案由穹顶中心向四周逐渐扩大形成渐变效果,如同盛开的花朵,极具艺术美感。

图 2-72　轻盈的罗马小体育馆

资料来源:http://www.flick.com

　　由皮亚诺设计完成的圣尼克拉(San Nicola)体育场(1987—1990)也秉承了"轻"的建造原则。这个完全由钢筋混凝土完成的露天体育场和罗马小体育馆一样有着轻盈的结构和优美的外形。体育场特殊的结构包括310个香蕉外形的倒 T 形预制柱,它们支撑着第二层观众席,并形成了26个巨大的花瓣形看台。几乎所有的构件都是在现场附近的工厂预制完成,包括了梁柱、花瓣形的看台,乃至看台上的座椅。预制装配技术不仅提高了建造的效率与品质,也减少了建造活动对环境的影响(图 2-73)。

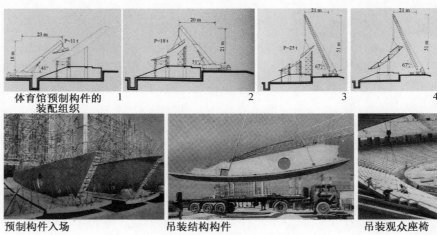

图 2-73　圣尼克拉体育场轻巧的预制构件以及装配组织

资料来源:[美]彼得·布坎南.伦佐·皮亚诺建筑工作室作品集[M].张华,译.北京:机械工业出版社,2002:196,197.

　　不论是通过材料还是通过合理的建造设计,"轻"的趋势已经在当代建筑实践中越来越明显,它既是建筑可持续发展的需求,也是愉悦人类身心感受的需求。这个过程也使得建筑师和结构工程师以及材料科学家更紧密地联系在一起,它需要多个学科在边缘以及叠合处进行不断的尝试,勇于打破固有的建筑形式与结构的分隔。

　　构造原则是一种长久以来在大量的建造经验中累积而成的潜移默化的基本法则和衡量标尺。虽然它既非建筑师在设计中需要严格执行的行为规范,也不是可以直接成为生产力的物质手段,但它对于建筑构造系统的设计有着重要的指导意义。并且,在它的影响下,建筑构成要素的具体表现随着社会文化与技术的进步也发生了显著的改变。

第二节　建筑构成要素的发展

　　关于建筑构成要素,维特鲁威最早在《建筑十书》中定义为希腊人所谓的法式(taxis),即布置、比例、均和、适合[52]。显然,在这个说法中,维特鲁威将建筑的艺术形式置于建筑的基本物质构成之上。之后,阿尔伯蒂在《建筑论》中也谈到了建筑的构成,他将建筑分成:基址(locality)、房屋覆盖范围(area)、分隔(compartition)、墙体(wall)、屋顶(roof)和孔洞(opening)[53]六个部分,相较前者,要客观很多。在19世纪一系列科学发现和进展的影响下,森佩尔推翻了之前建筑与装饰是"抽象观念的直接产物"的认识,建立了以材料、技术和功能为基础的"原动机"(urmotive)的"建筑四要素"学说,形成了建筑构成要素的客观物质概念。

森佩尔的"建筑四要素"表明的不仅是作为建筑物质构成的四个主要组成部分,还包括了这四个部分所对应的人类建造活动的基本"动机",是基于实用要求的构造技术操作,因此每个部分的起源都与相应的制作方式有一定的关系。如与"遮蔽"(roofing)相关联的是一种结构框架的制造,并进而与木工(carpentry)的制作工艺有内在的对应关系。而"抬升"(mounding)这一动机则是为了减少地面受到地下湿气的影响。这样,森佩尔在其《建筑的艺术四要素》中最终构建了一个建造艺术发展的理论,所有建筑的形式源于人类建造的四个基本动机:

① 汇聚—炉灶—陶艺(gathering-hearth-ceramices);
② 抬升—基座—砌筑(mounding-earthwork-masonry);
③ 遮蔽—屋顶—木工(roofing-framework-carpentry);
④ 围合—墙体—编织(enclosing-wall-weaving)[54]。

不管采用何种建造技术,在过去几千年漫长时间内,不同地域建筑的基本构成基本都符合"建筑四要素"学说。森佩尔绘制的加勒比原始茅屋(图2-74)是其建筑四要素的基本原型,传统的建造都围绕这些基本要素展开:高台基、大屋顶(坡屋顶、穹顶)、充满细部的墙体(柱式、窗户),赋予建筑生动的形象,也赋予它们外在可见的"复杂性"。尽管这些建筑看上去是复杂的,但它们的构造却是清晰的:中国传统木构建筑暴露了结构框架每一部分的连接,柱与柱础、柱与斗拱、柱与梁、梁与屋架……所有的构件组合都井井有条;哥特教堂的壁柱、肋拱、尖券诠释了石匠们是如何循序渐进地将石材组成骨架并最终形成完美的屋顶造型的过程。

不过,作为一门实用的科学,森佩尔的"建筑四要素"对建造动机与构造技术联系的描述是一个基本的范式和原型,并非一成不变,当建筑的结构材料和制作工艺有了新的发展,这些要素也会随之改变。19世纪末随着城市化运动和资本主义大规模的经济发展,产生了两种新的建筑类型:工业建筑和商业建筑。这两种在严苛的经济算术运算中产生的新品种很快就与工业化革命的新材料和新工艺的研究成果产生了化学反应,掀起了建造技术新一轮的革命。格里高利·特纳在《建造经济与建筑设计:一种历史的方法》(Construction Economics and Building Design:A Historical Approach)中对这些新的发明创造给予了较高的评价,它们共同将人们对建筑问题的认识从传统的砌体(或木框架)[55]形成的单一的建筑体量中解放出来,进而拓展到森佩尔的基座、"炉灶"、构架和围合等元素共同作用下的多元形式。从20世纪后期开始,这些要素都经历了各自独立的发展,并形成了自己的经济标准。

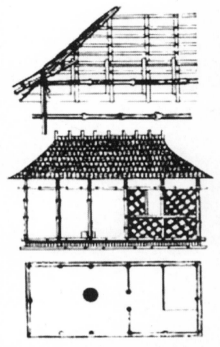

图2-74 森佩尔"建筑四要素"的原型:加勒比茅屋

资料来源:Kenneth Frampthon. Studies in Tectonic Culture:The Poetics of Construction in Nineteenth and Twentieth Century Architecture[M]. Cambridge, Mass:MIT Press, 1995:85

一、凸显的"框架"

现代建筑的发展根本上取决于结构技术的进步,当"框架"材料从木材拓展到强度更大、连接更灵活的钢筋混凝土和钢时,建筑的空间与形式都发生了翻天覆地的变化。传统的建筑结构基本可以分为两种：砌体结构（砖、石材、土）和木框架结构。受材料自然属性的约束，不仅建筑的高度和跨度都受到了限制，在空间的组合上，也比较局限。这两种基本的建造方式形成的固有空间模式在现代城市化进程中逐渐被新的、开放的、自由的空间模式所取代，这个变化过程充分体现了市场需求的变化：一方面，资本主义发展所依靠的大规模、集中化的生产方式需要大体量、大空间的生产场所；另一方面，资本主义劳动分工拓展的过程产生了作为城市中心特殊功能的商业建筑[56]（早期也称摩天大楼）。新的建筑类型需要更实用的结构、更合理的形式控制以便能够把建成的全部空间加以充分利用。新的消费需求和19世纪50年代就已经开始的新材料和新工艺的实验相结合，很快，钢筋混凝土和钢（铁）开始全面取代传统的砖石和木材，形成了新的标准"框架"。

混凝土和铁对建筑来说并不算完全的新材料，但手工艺的局限并不能发挥这两种材料的全部潜力，水泥技术和钢铁冶炼技术的进步使得这两种材料获得了新的活力。轻质高强的钢铁最早被用于桥梁等大跨度工程中，随后逐步被引入建筑中，从开始与砖石的混合使用，到成为完全的"框架"系统，这一新型工业化产品充分体现了高度工厂化生产的精度和现场快速建造的效率，尤其在工厂这种特殊的工业建筑中，钢结构具有得天独厚的优势。帕克斯顿在1851年为世界博览会设计的"水晶宫"中已经向世人展示了这种新型材料的建造潜力，但由于钢结构在防火上的缺陷，这种新型结构形式并未被大量地用于公共建筑中。

不过，另一种新的工艺——钢筋混凝土技术在和城市商业建筑类型的结合下迅速得到了大范围的推广应用。从第一座钢筋混凝土大厦波特兰大楼（1872）开始，以威廉姆·L. B. 詹尼（William L. B. Jenny）为代表的"芝加哥学派"开始了一种新的城市建筑类型的实践。虽然建筑的结构已经由传统的石材和砖墙变为建造效率更高、强度更大的混凝土框架，但根深蒂固的传统依然影响着新建筑的外观，尽管那些厚重的石材表面、拱券以及柱式已经和结构受力毫无关系，作为统一风格的"伪装"，各种折中风格的立面形式依然使得这些内核已经更换的商业建筑保持古典的气质。但当楼层高度不断增加，传统的联系就显得越来越脆弱，建筑师也开始寻找一种新的方法控制更复杂的形式。

早期建筑的立面主要被分为不同水平部分，如基座、墙身和屋顶，即使结构为框架，通常也会被砌体材料包裹起来，因此建筑主要强调了垂直的尺度和墙作为结构支撑的印象，一个明显的特征就是横向的结构框架包括楼板的表现被垂直的构成要素抑制了。而当结构框架本身暴露之后，水平与垂直的要素就变得同等重要了。在詹尼的第一拉埃特大厦（First Leiter，1879）项目中，建筑师就开始以暴露的框架作为新的立面控制要素。由于楼板是由石材砌体后铁柱支撑的，因此建筑立面砌体的面积减小了，而玻璃的尺寸则相应地增加了。虽然由铁柱和石材砌体的组合还没有形成真正的构架，石材依然具有传统的艺术表现作用，尤其是在水平与垂直元素相交的地方还做了抽象的装饰处理，但是水平与垂直要素的充分暴露已经形成了重要变化，这个变化预示着建筑已经不再强调"墙"的承重作用，而是强调由框架形成的均质的水平与垂直的受力机制。在不久后的第二拉埃特大厦（金希尔斯百货商店，1891）中，这个意图得到了清晰的强化,不加修饰的形体和充满韵律的立面成为之后众多商业建筑模仿的典型。

第一埃特拉大厦,詹尼,1879

斯科特百货公司,沙利文,1899

图2-75 "芝加哥学派"在建筑中有意图地暴露结构框架揭开了现代商业建筑风格发展的序幕
资料来源:David Leatherbarrow, Mohsen Mostafavi. Surface Architecture [M]. Cambridge, Mass: MIT Press, 2002:35,36

继詹尼之后,路易斯·沙利文(Luis Sullivan)作为"芝加哥学派"后期著名的代表人物,充分展现了其将结构框架整合为自然装饰语汇的才华。在其设计的斯科特百货公司(Carson Pirie Scott,1899)中,框架清晰而平整,水平的梁与垂直的柱采用了完全相同的尺寸,在受力表现上显得非常匀质,顶部的水平带作为垂直要素的收尾适当地加宽了尺寸以示区别,但并未做任何装饰性的处理。铁质的窗框与玻璃形成的组件镶嵌在均匀的立面方格网中,形成了第二层构图形式。虽然简洁、抽象,但整个立面依然充满了韵律的变化,充分展示了框架作为新的、简洁明快的现代风格要素的美学品质(图2-75)。克劳德·布兰登(Claude Bragdon)高度评价了芝加哥学派的高层建造实践,"在工程技术和经济需求的推动下,美国的摩天大楼已经成为未来发展的趋势"。布兰登不仅看到了新技术的经济性,还看到了一种新的技术美学特质。在他对沙利文的赞许中,他将框架带来的"简洁"视为一种"美",这些框架建筑的骨架赋予它们最大的美学品质,它们鲜明的装饰特征就是"不再需要表面的装饰构造","现在,商业建筑中已经不需要考虑文化的因素了"[57]。

柯林·罗和布兰登有着相似的观点,他认为19世纪末至20世纪初"芝加哥学派"在商业建筑中确立的标准框架结构"对现代建筑的重要程度就如同柱式对古典建筑是一样的",在他看来,框架是现代建筑发展的催化剂,它不仅起到了必要的结构支撑作用,甚至自身可以成为现代建筑形式的一部分[58]。显然,钢筋混凝土(钢)框架结构的发展,解放了被沉重的砌体限制的固有空间形式,当"墙"不再需要承重,它的材料选择与框架结构的关系就变得前所未有的自由,由此,现代建筑开启了"实体构造"向"层叠构造"转变的道路[59]。

二、分离的"围护体"

框架的功能以及美学发展重新定义了"墙"在现代建筑中的意义。脱离了装饰、承重的需求,墙变成了"填充体",一种遮盖物或者包装物,悬挂在由框架形成的开放空间的内部或外侧,墙作为"图像"得到了新的定义。

1910年由法古斯工厂(Fagus Factory)实现了"窗"变成"窗墙"的转变,而这个转折点也被视做现代主义运动的开始。尽管格罗皮乌斯在法古斯工厂中使用大面积的"玻璃墙"是出于大体量建筑对于采光需求的考虑,但将"玻璃窗"变为"玻璃墙"并且完全和钢筋混凝土框架分离的做法已经和传统的"实体构造"产生了本质区别,形成了一种新的"层叠构造"。

从此,19世纪末已经若即若离的结构与维护体部分彻底分清了界限,也使得"表皮"成为一种完全独立的构造要素。从格罗皮乌斯到柯布西耶,最终密斯的钢结构大厦将基于"分离原则"的"层叠构造"加以巩固,成为现代建筑一种通用的建造方式(图2-76)。

图 2-76 现代建筑中围护体逐渐从结构中分离

资料来源:Dennis Sharp. Dessau Aid Bauhaus[M]. London:Phaidon Press,2002;Edward R Ford. The Details of Modern Architecture[M]. Cambridge,Mass:MIT Press,c1990:248;Werner Blaster. Mies van der Rohe:The Art of Structure[M]. Basel:Birkhäuser Verlag,1993:146,150

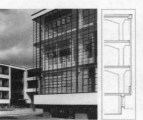  

包豪斯的车间立面与外墙剖面,德国德绍,格罗皮乌斯,1925—1926　　萨伏伊别墅的外墙与柱的构造关系,法国,格罗皮乌斯,1925—1926　　西格拉姆大厦的立面与平面所展现的结构与围护体分离的关系,美国纽约,密斯·凡·德·罗,1954—1958

作为分离的"墙",当不再需要承担结构支撑作用时,材料的选择和工艺也变得更加多元。玻璃、金属、塑料、石材等多元的材料相继成为分离的围护体的构成要素,在作为建筑重要的形象塑造者的同时,也成为建筑性能重要的"调节器":声、光、热、密闭性、湿度……显然,当围护体与结构框架分离后,建筑的形式有了更多的可能。在传统的"实体构造"技术中,屋顶、墙体、基座是清晰可辨识的,并且每一个组成要素的作用几乎是等同的。例如在中国传统木构民居中,由于木结构不能直接埋在泥土中的,因此一般由石柱础支撑。由于结构没有和土壤产生密切的接触,而木结构本身自重较轻,因此增加屋顶的重量以加强建筑整体稳定性就成了大屋顶形式的结构需求。此外,悬挑的屋顶还可以起到排水、遮阳以及保护墙体等功能。由于建筑单元大小不一,等级分明,加上群体建筑之间丰富的组合形式,形式各异的屋顶就成为中国传统建筑的显著特征。虽然西方建筑的坡屋顶没有中国传统建筑如此显著的特征,但是在墙体与屋顶之间会通过檐口划分明显的界线,以强调构成的差异。

现在,完整的围护体形成了更为抽象的整体,屋顶、墙体、基座的界线越来越模糊,甚至相互融合。一方面,随着建筑高度的增加,坡屋顶的结构、功能作用被约减了,框架本身的结构强度和刚度加上多层的水平楼板就可以抵抗各种荷载,更系统的排水系统取代了自由落水,遮阳、保护功能都由独立的构造设计实现;另一方面,坡屋顶的比例、造型不再适合现代高层建筑,因此,在平屋顶逐渐流行后,"屋顶"已经从建筑构成要素中"消隐"了,而在某些特殊的结构形式中,屋顶甚至已经完全和墙体融为统一的整体。

由未来系统(Future Systems)事务所设计的伦敦大板球场(Lord's Cricket Ground)媒体中心(图2-77)由光滑整洁的金属外壳和平整的玻璃幕墙组成,整个建筑如同无缝的蛋壳一样,完全看不出任何传统建筑的构成要素。这个完全来自于现代造船技术的产物,除了位于外壳水平中线位置的雨水槽再无任何细部可言。虽然毫无具象的生动性,但就如它的设计师简·卡布里斯基(Jan Kaplicky)所说:"这个工程所具备的光滑的效果使其在嘈杂的环境中一开始就凸显了其重要性。"[60]八年之后,一个完整的抽象建筑诞生在中国古城北京的中心——国家大剧院(2007)。这个由保罗·安德鲁(Paul Andreu)设计的东西跨度 212.20 m、南北跨度

143.63 m、高度 46 m 的巨大半椭圆形钢结构建筑外层采用了 18 000 多块钛金属面板,和玻璃共同形成光滑亮丽的表面,在剧院前的水池的倒映下,国家大剧院形成了一个完整的椭圆形,将抽象的艺术演绎到了极致。虽然国家大剧院和公元前 2 600 多年前的金字塔的建造技术以及承载的社会功能已经有天壤之别,但借由先进的制造技术产生的完美外在形式使得两者在建筑永恒的纪念性表达上获得了精神上的共鸣(图 2-77)。

伦敦大板球场媒体中心,未来系统,1999

北京国家大剧院,保罗·安德鲁,2007

北京国家大剧院独立的结构与分离的围护体

图 2-77 由完整的表皮构成的抽象的现代建筑
资料来源:Edward R Ford. The Architecture Detail[M]. New York:Princeton Architecture Press,2011:19

当然,抽象化只是分离的围护体发展的一个方向。20 世纪 70 年代后,随着信息技术的突飞猛进,使得不仅是工程学,还有社会学、生物学、材料学等学科的交叉渗透成为建筑师在实践中不得不面临的新挑战,建造变得前所未有的复杂。许多建筑师自发地显示出来对复杂性的兴趣,这种兴趣不仅表现在对不规则的、反常规的、无法度量的几何关系的构图形式的着迷,还有对那些破碎的、折叠的、非线性复杂形体的动态建筑造型的追求。他们通过借鉴一些文学理论(如哲学)[61]、批判性的标准,或者一些最新的关注复杂性自身的自然科学理论来证明自己。在追逐标新立异的同时,这些建筑师也在被追捧的时尚风格美学创作中获得了相当的满足感[62]。以盖里、埃森曼、里伯斯金德(Liberskind)、蓝天组(Coop Himmelblau)等为代表的建筑师进行了大量复杂形体的建造实践,虽然所依据的理论和标准各异,但由分离、破碎的表皮形成的复杂建筑形式也展现了建筑发展的另一种方向(图 2-78)。

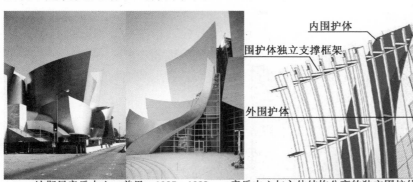
迪斯尼音乐中心,盖里,1987—1999　　音乐中心与主体结构分离的独立围护体构造

内围护体

围护体独立支撑框架

外围护体

图 2-78 分离的表皮塑造的复杂形体建筑
资料来源:http://www.flick.com

分离的围护构造不仅实现了多样的建筑形式,还提高了建筑表皮的性能。从"单一式"到多层(多片)是现代建筑围护体构造发展的显著趋势。传统匀质的单一材料很难满足现代建筑复杂的外维护性能需求,由不同材料形成的具有特定结构的层与片可以行使各自独立的功能,通过灵活组合这些层,可以使得外围护满足各种需求。而当这些层、片具备了可变性,外围护结构还可以通过适当的调节来适应外部条件的变化。通常这些不同的层需要满足以下的功能:视觉效果、信息媒介;物理防护;防水性;密封性;光线透射、折射、吸收;声音反射;减少热传导;散热、通风等等(图2-79)。总的说来,建筑的表皮获得了前所未有的自由,完全得益于"框架"的发展。

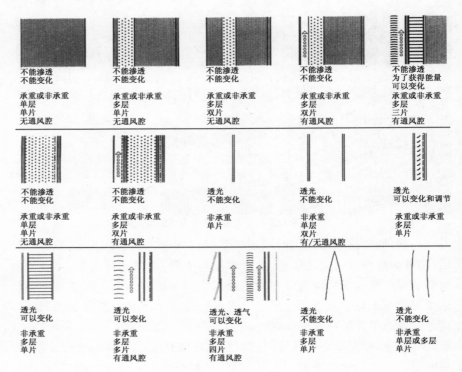

图 2-79 分层、分片的围护体构成实现了复杂的建筑功能与性能调节

资料来源:[德]赫尔佐格,克里普纳,朗. 立面构造手册[M]. 袁海贝贝,译. 大连:大连理工大学出版社,2006:27

三、进化的"基础"

要素的变化是连锁的,就像框架的独立引起了围合体的分离,高度和跨度的增加也使得"基座"得到了新的发展。从更严谨的角度来说,基座并不是一个必然的建造要素,比如在底层架空的建筑中,就没有基座这个要素,但无论落地还是架空,基础是建筑承载系统中必不可少的构造要素,这个最隐蔽的要素是建造最关键的技术要点之一。作为建筑与大地最直接的连接,基础是建筑的"根本",基础将建筑的全部荷载传递给地基,在结构上基础的重要性是不言而喻的。而由于基础最终要将力传导到地基,因此,基础构造不仅需要考虑荷载对基础构件的耐力,还需要考虑地基本身的承载力(图 2-80)。

图 2-80 从分离到融入,建筑与大地的几种基本关系

资料来源:自绘

对于传统建筑来说，由于体量有限、质量较轻、垂直荷载与水平荷载都比较小，因此基础工程比较小，一般可以选用具有一定地耐力[63]的天然土层，如岩石、碎石、砂石、黏性土等作为天然地基，基础的埋深一般也不是很深。由于石材分布广泛，抗压强度高，并且抗冻、防水、防腐蚀，因此毛石基础成为传统建筑中最常用的基础构造形式，在砖出现之后，砖基础以及与灰土（三合土）基础的组合基础成为通用的基础构造方式。

当建筑的体量不断增加，基础承载力要求不断提高之后，天然地基与浅埋深的方式就不再满足抵抗更大水平与垂直荷载的要求，因此新的建筑形式需要更坚固的基础构造来解决更复杂的荷载承受问题。首先，天然地基在多数的情况下不能满足建筑荷载的地耐力需求，就需要通过人工处理的方式进行加固，如压实法、换土法与桩基法。前两种主要着重于对地基土的处理，是从古至今延续下来的基础处理方法，现代化的机械使得压实法和换土法的效率和质量都有了更进一步的提高。不过，真正提升基础承载力的还是第三种桩基法。弗雷德里克·鲍曼（Frederick Baumanm）的《独立桩基础理论》对解决高层建筑的基础问题做了重要贡献，并进一步推动了摩天楼的发展。桩基的原理是通过柱形的桩，穿过十几米甚至几十米的软土层，直接支承在坚硬的岩石上（端承桩）或者利用土与桩之间表面摩擦力（摩擦桩）来支承建筑荷载。

基础的强度不仅和加固地基的方法有关，还和基础埋深、基础结构的类型密切相关。基础的埋深并不是越深越好，需要考虑合适的承载力、经济以及基础耐久性等多方面因素。在满足承载力的前提下，选择良好的天然地基，争取做浅基础可以有效地减少基础的造价，同时，对地质条件（土层结构、地下水位、冰冻线等）的勘察也是基础构造的重要影响因素。即使因为荷载承载力较大，而不得不选择深基础的做法，也需要考虑合适的基础构造类型，先进的基础构造技术不仅可以降低基础造价，还可以实现复杂工程的荷载支撑（图 2-81）。

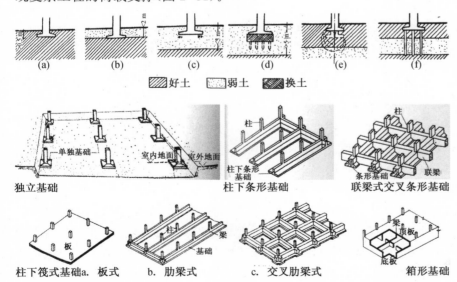

图 2-81　针对不同地质条件基础的构造策略
资料来源：樊振和. 建筑构造原理与设计[M].
天津：天津大学出版社，2009：76，80，81，82

图 2-82　多样的基础形式
资料来源：樊振和. 建筑构造原理与设计[M]、
天津：天津大学出版社，2009：76，80，81，82

早期的建筑由于多采用墙体承载方式，因此条形基础是最常见的。随着框架结构的发展，出现了独立基础。为了解决独立基础的不均匀沉降，又产生了通过联系梁将独立基础联系在一起，形成了柱下条形基础。

柱下条形基础就如同地面的框架结构一样,通过纵横连接加强了基础的整体性。随着建筑高度、体量的不断增加,强度更高的整体式基础如筏式基础和厢形基础构造技术也应运而生(图 2-82)。整体式基础不仅具有之前基础结构类型的综合优点,还有着一些前者所不具备的独特功能:比如适于在松软的地基上承载重型建筑,增强建筑的整体抗震性,可以提供宽敞的地下使用空间,拥有多种使用功能,增加空间利用率等。当然,整体式基础的施工复杂性和造价也是较高的,比如由 OMA 事务所设计的中国北京中央电视台总部大楼,由于其特殊的结构形式,不仅要抵抗风荷载、地震荷载,还要抵抗巨大的悬挑形成的倾覆作用。为此,工程师采用了 12 万 m² 超厚大体积筏式基础来支撑建筑,基础工程的规模和施工难度在近年的建筑工程中都是罕见的。

尽管基础在重型结构领域不断趋向大型化和整体化,在轻型结构领域,基础却变得更加轻盈。为了获得更灵活的可变性,体现极致的轻,从干阑式建筑中发展出来的"撑脚式"基础成为轻型建筑中常见的构造技术。建筑主体可以被轻盈的平台整体抬高脱离地面,平台的支撑可以根据建筑的荷载由各种不同形式的独立式金属基础构件实现。这些基础构件不仅轻巧,还可以在一定范围内调节高度以适应场地,减少了场地的平整工程(图 2-83)。

图 2-83 轻型建造系统中灵活的基础撑脚
资料来源:自摄;赵虎提供

2013中国SD竞赛作品基础采用的高强螺栓支撑　　2013中国SD竞赛作品基础采用的轻型独立撑脚　　ETH课移动建筑产品的可调节液压基础撑脚

不管是重型建筑与大地的融合,还是轻型建筑与大地的分离,基础的进化都反映了建筑对于强度、耐久性、建造的经济性乃至空间延展性等诸多要素的探讨。作为建筑的"末端"但同时又是建造的"开始",不论是隐性或是显性,我们都不应当忽视基础的处理原则以及与场地具体的可能性,它应当和上层的建筑形态、质量的设计息息相关。

四、扩展的"设备"

如果说基础、框架、围护体形成了建筑的"骨架"和"血肉",那么设备就是现代建筑的"器官",不能想象没有水、没有电、没有通讯设施、没有空调、没有电梯的现代建筑是什么样的,只有当以上的一切被装入现代建筑巨大的躯壳中,这个"容器"才是完整的。从森佩尔关于"炉灶"这一建造动机上来看,可以将这些新的设备视为建筑使用功能的延伸和建筑"智能化"的进步:暖气、空调、集中供水、排水、照明、电梯、网络等机电设备在短短 200 多年的时间就改变了维持了数千年的建筑形式,为了合理地安排它们,建筑师、工程师、材料研究部门、产品生产商等形成的联盟已经开始了日益紧密的合作。

在 20 世纪初,主要由结构与围合体组成的建筑还只有少量的设备,在组成上与森佩尔的四要素原型依然很接近。1900 年的建筑只有取暖、照明和简单的排水系统,设备的构成只占到建筑的5%。在短短不到100年的时间,建筑的设备就发生了翻天覆地的变化,如今,最简单的建筑也比当时最复杂的建筑至少多10个系统:供热、通风、自动控制、供水、通讯、防火、报警、监控等,设备的组成比例已经占到了近30%,而对于更复杂的如实验室这样的新类型而言,设备的比例甚至达到50%。比例的提高与造价的提高是成正比的,格里高利·特纳经过总结指出,在19世纪以前,建筑的基础部分的造价是相对稳定的,基本占建筑总造价的12.5%左右;而19世纪以后,与机电设备相关的造价迅速上升到总造价的35%。同时,随着承重墙结构向框架结构的转变,建筑基本结构的造价从过去的80%迅速下降到现在的20%,相反的是,轻质墙体的比例从3%增加到了20%,剩余12.5%则被用在建筑表面的处理上[64](图2-84)。

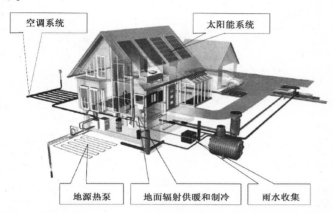

图 2-84　建筑中越来越丰富的设备构成
资料来源:http://www.baidu.com,作者编辑

　　虽然这些新的要素大多通过独立的生产部门在场外预制,但是建筑传统的要素却因为它们的加入而有了新的发展,例如空调系统对现代建筑的立面形式和对室内吊顶系统发展的影响。除了为这些设备提供合理的位置,如何遮掩和美化它们也成为建筑整体形式乃至特殊构造设计的重要考虑因素。吊顶这一在传统建筑中具有保护结构构件[65]和美化室内空间的装饰性构造在现代建筑中成为遮掩复杂的设备管线、集成灯具、通风(排风)口、火灾报警器、淋喷头等设备的综合构造系统。不过,由于出发点不同,建筑师处理这些设备与建筑主体的关系时采用的方法也不尽相同。利用成品吊顶产品在建筑顶部分出一层完整的独立空间用来"掩盖"设备是一种通常选择。但有些建筑师为这些设备设计了特殊的容纳空间,给予它们与结构同等的重要性;也有的建筑师则更为直接地暴露它们,通过精致的工艺赋予它们机器美学。

　　路易斯·康将容纳设备的空间和人的使用空间视为同等重要的两个要素,并提出了"服务空间与被服务空间"理论。康拒绝将吊顶作为解决大空间空调设备的常规构造方法,因为康既不能接受吊顶对建筑楼层真实结构关系的掩盖,也不能接受设备在吊顶内无序的组织,他认为"结构应该配备各种设施,满足房间和空间的机电要求……就此而言,将结构、照明、声学材料掩盖起来,或者将拐七拐八、最好不要被人看到的管道、桥架、线路隐藏起来,都属于愚不可及的行为"[66]。为此,康在建筑中通过特殊的空间结构设计来形成独特的"服务空间"以有组织地安排所有的设备管道。耶鲁大学美术馆独特的三角网格楼板,既有网架结构作用,也是管线分布层,空调与电路管线可以方便地从结构层中间穿越。类似的构造策略也形成了萨克研究中心钢筋混凝土空腹桁架,这些桁架的上面是25cm厚的混凝土楼板,下面则是12cm厚的中空式吊板,吊板之间每隔一段距离就留一条缝隙,以便于吊板上方的管线可以根据使用要求到达实验室的任何部位(图2-85)。

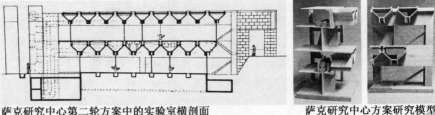

萨克研究中心第二轮方案中的实验室横剖面　　　萨克研究中心方案研究模型

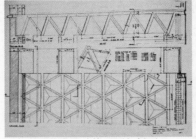

耶鲁大学美术馆结构平面与剖面　　　耶鲁大学美术馆结构充分考虑了空调管道的安置与穿越

图 2-85　康在设计中始终将"设备空间"作为独立要素处理的原则产生了独特的空间结构形式

资料来源:Kenneth Frampthon. Studies in Tectonic Culture: The Poetics of Construction in Nineteenth and Twentieth Century Architecture [M]. Cambridge, Mass: MIT Press, 1995:220,236,237

　　康对设备合理的组织体现了一种积极的态度,而一些更激进的建筑师甚至将这些要素视为建筑整体形式表现不可或缺的重要组成,不仅"暴露"它们,还通过各种工艺技术"美化"它们。1961 年由弗朗哥·阿尔比尼和弗朗卡·黑尔格设计建成的罗马弗洛姆广场拉林纳特森大厦(La Rinascente building)将竖向设备管井设置在建筑外部,在当时是一个大胆而创新的设计创意,由此带来的结果是幕墙板的形状可以根据管线的方向灵活地调整。虽然波形的外墙板是受空调管线技术影响的结果,但并不影响建筑的审美,"它令人回忆起古罗马建筑典型的表面特征",包含管线的波形嵌板看上去类似凸窗,通过不同的材质表现,其表面效果随着光线的强度不同而不断变化。

罗马弗洛姆广场拉林纳特森大厦　　　法国蓬皮杜艺术中心

图 2-86　暴露的设备已经成为现代建筑形式的一部分

资料来源:Kenneth Frampthon. Studies in Tectonic Culture: The Poetics of Construction in Nineteenth and Twentieth Century Architecture [M]. Cambridge, Mass: MIT Press, 1995:362;http://www. flick. com

　　如果拉林纳特森大厦还使用了其他材质去包裹设备管道,那么蓬皮杜艺术中心则彻彻底底地将最后一层"膜"给撕开了。这座被公认为"机器美学"经典代表的建筑,在皮亚诺和福斯特两位具有高超技艺的建筑师"操刀"下,展示了如同"医学解剖"一般透明的效果,所有的建筑构成:作为"骨架"的结构体、作为"血肉"的围护体以及作为"器官"的设备体,它们之间的组织关系和运作过程,都经过机器工艺的精巧处理后展示在世人面前。不同功能的管道被赋予了不同的色彩,成为建筑整体形式中不可或缺的组成要素。尽管外界对这种表达方式褒贬不一,但不可否认的是,设备的发展对于建筑空间、功能、建造形式的影响已经达到了举足轻重的地步(图 2-86)。

太阳能光电、光热技术是为了节约建筑能耗而拓展的一种主动节能技术,在发展的初期,太阳能集热板通常与建筑主体没有联系,而是被分离地安置在建筑的屋顶上。随着集成技术的发展,建筑师与工程师开始将这种先进的设备与建筑围护体构件(屋顶、墙体)结合,形成一种既不有损建筑整体形象又能保持设备高效运转的集成构造技术。如在德国哈姆市商业创业中心(黑格尔·斯莱夫设计)和比特菲尔德技术学院中(肖勒,施图加特),深色的多层热能收集墙形成了简洁、美观的立面;由深色太阳能控制的钢化安全玻璃集水器、带特制涂层的铜质吸收器被井然有序地安排在建筑主体结构外层,既增加了建筑形式的整体性,又为建筑提供了能源供给,一举多得(图 2-87)。

德国哈姆市商业创业中心,
黑格尔·斯莱夫,1998

德国比特菲尔德的技术学院,
肖勒,施图加特,2000

图 2-87 设备与建筑的集成度日益增强
资料来源:[德]赫尔佐格,克里普纳,朗. 立面构造手册[M]. 袁海贝贝,译. 大连:大连理工大学出版社,2006:292,294

五、建筑的"无名性"

尽管建筑构成要素的变化使得当代建筑的发展呈现了各种可能性,但另一方面,由于产品制造业的迅猛发展和日益加剧的劳动分工使得建筑产业发展也出现了和其他制造业相同的现象——同质化。全球普遍共享的工业化生产技术已经大大削弱了传统手工制造的地域差异,作为一种封闭的"容器"、固有的建筑形象(如国际式风格的盛行)已经深入人心。尽管构造系统更加复杂,但在标准的工业化生产技术统一下,大部分的建筑已经和人们日常使用的手机、电脑、汽车一样,"无名性"(anonymity)成为普遍现象。随着生产技术的通用化,同类型的产品辨析度越来越低,当人们只能通过"商标"本身来识别产品时,意味着产品的同质化达到了相当高的程度。

建筑作为一种复杂的终端产品,有一点是与其他产品不同的,那就是几乎每一个建筑产品都是"定制"的。因为场地、环境、功能、客户需求乃至建筑师的理念形成的纷繁复杂的影响因子作用对每一个建筑产品都会产生差异,这些差异的累积导致了最终产品不可避免的差异性。虽然"定制"是绝对的,但对于复杂的建筑产品系统而言,在漫长的发展历史中所形成的众多标准的生产制造工艺却有着高度的相似性,尤其是通过工业化生产推广普及的大量性生产工艺使得建筑产品零部件高度市场化,当这些标准部件与特定功能的建筑类型相结合后,就导致了建筑的"无名性"。

和那些"著名"的建筑相比,我们似乎可以得到一个简单的结论:"无名"的建筑更像是一种大量性建造的功能化(function)建筑,如居住建筑、工业建筑、商业建筑等,而具有相对灵活性的公共(public)建筑更容易成为特殊的、个性的建筑。虽然,人们会更关注那些少数引人注意的建筑,而忽视多数"无名"的建筑,但建筑师自身应当具备区别不同类型建筑以及它们之间的设计、建造方式差异的能力。在建造技术有限的手工业时代,工匠已经根据建筑的功能和等级做了基本的分类。比如中国传统建筑类型可以分为殿阁、厅堂和余屋等不同等级,又可分为宫殿、园林、寺庙、民居等不同功能,还可分为楼、堂、亭、榭、轩等不同形式。西方也很早就有了皇宫、神庙、教堂、浴场、竞技场等不同类型的公共建筑分类。

"刻意"区分不同类型建筑的建造方式是建筑师在设计时一种"不自觉"的意识。虽然文艺复兴之后,"艺术风格"曾经将众多建筑都变成了一种形式,但随着建造技术的进步,建筑师对建筑类型的认识又逐渐回到了正确的位置。美国建筑师阿尔伯特·康(Albert Kahn)清楚地认识到他所处的时代,建筑是有明显的类型之分的。在20世纪初,阿尔伯特·康就是一位在工厂设计领域颇具影响力的建筑师,但这并不是他唯一关注的建造领域。"在他漫长并且极富成效的职业生涯中,阿尔伯特·康从来没有怀疑过他所谓的建筑艺术(art of architecture)和商业建筑(business of building)之间的区别。"[67]前者包括了教堂、学校、图书馆等,而这一类型的建筑实践在他1948年出版的作品集中占了近一半的比重;而在后一类型中,则包括了各种类型的工厂、生产性建筑、锅炉房等工业建筑。

戴维·莱瑟巴罗在对阿尔伯特·康所认为的不同类型的建筑的"艺术"与"商业"比较后,认为这两者的区别并不是那么的明显,对于后者而言,更重要的是忠于工业生产的逻辑,而前者则需要实现对传统母题和设计理念的再现。尽管阿尔伯特·康从未将自己的商业建筑视为另一种风格,但他设计的工厂与公共建筑在建造的方式上依然有着明显的区别。如其1922年完成的福特汽车公司(Ford Motor Company)的玻璃工厂和航空站(air station)车间的建造充分体现了"流水线"这一工业化特征,而同时建成的工程博物馆则完全体现了建筑"艺术"特征(图2-88)。事实上,像阿尔伯特·康这样对建造产品的分类方法在当时已经不算新鲜事物了,早在19世纪初建筑工业化发展的早期,建筑师与工程师就开始分化,"随着工业化革命的发展,新的建筑类型如火车站的出现,已经需要建筑师必须在工业化生产和公共领域之间做出协调——在工程学与建筑学之间"[68]。

图 2-88 阿尔伯特·康在不同类型的建筑中对构成要素不同的处理方式
资料来源:David Leatherbarrow, Mohsen Mostafavi. Surface Architecture [M]. Cambridge, Mass: MIT Press, 2002:4,5

福特汽车公司的玻璃制造车间   福特汽车公司的工程博物馆

经过近一个世纪的发展,工程学已经占据了建筑产业的主导地位,在快速的城市化进程发展过程中,建筑工业化发展是大势所趋。在大量的工业化生产中，标准化和由此产生的均质性使得建筑产品"无名"的特征不断加强。例如标准的框架与分离的围护体所产生的统一抽象的整体形式可以适用于多种不同类型的建筑，以致"公共建筑"与"商业建筑"的差异不断缩小。1992年荷兰建筑教授(Ir Kees Bijuboutt)宣称，"如今法院也应该像平常的办公建筑一样设计和建造"[69]。从建造的"文体"上我们似乎可以区分工业制造和传统再现，或者说区分机器制造与手工艺。但这样的理解却会产生一个误解，因为它将建造的经济需求作为区分建筑类型的基础，建筑艺术是"昂贵"的，工业化建筑是"廉价"的。我们不能否认建筑工业化运动中所涵盖的经济控制的要素，但这难道就是现代建筑之所以"无名"的根本原因？

1851年的伦敦大型展览会中(The Great Exhibition)，由园艺师帕克斯顿(Joseph Paxton)设计的由27万块标准玻璃和铁质结构组成的长564 m、高40 m的"水晶宫"在9个月的时间内被迅速地建造起来，震惊了当时的建筑界。1889年，由法国建筑师居斯塔夫·埃菲尔设计，历时两年建成的当时世界最高的建筑埃菲尔铁塔矗立在法国巴黎的市中心。尽管当时看来是奇怪的建筑——一堆由工厂化生产的标准构件拼装而成的工业产物，毫无传统艺术性可言，但它们所代表的新的"机器文明"却使得它们成为具有划时代意义的、"世界闻名"的建筑。现在和"水晶宫"或者"埃菲尔铁塔"相似的建筑已经遍布全世界，但留给人们印象最深的依然是那两个最先出现的新事物。由此可见，经济性并不是艺术与工程的区别，"廉价"也不等同于"无名"。

在某种程度上，这种由"特殊"到"无名"的变化，可以看做"城市更新"而引起的自然变化过程。例如，在一个充满传统建筑的小镇上，出现一个由工厂预制生产的组件装配起来的现代办公建筑，那么它相比较其他的传统建筑自然就显得"突兀"，因为它具有"个性"或者"特征"，与现有的环境形成了鲜明的对比。但如果这个小镇逐渐拆除原有的建筑，并开始用相同的方式进行建造时，这种"个性"将不再存在。曾经不一样的建筑很快就会被"淹没"在无数的"相似"的集群之中，它们开始变的"无名"。最典型的例证就是密斯·凡·德·罗的钢结构高层建筑由"独特"发展为"范式"的过程。

"城市更新"是阶段性的，不论是中国还是西方国家，在工业革命以前，就存在着大量的"无名"建筑，它们遍布在各地古老的城镇或是村落中。它们通常以居住建筑为主要类型，成组地根据地形特点进行组合，相似的建筑几乎无处不在。建筑的"无名性"从另一个层面上也反映了符合时代风格与普遍共享技术条件的建筑整体有机性。那么，同样是类型化的结果，传统的手工建造方式和20世纪工业化革命后的情况有什么不同？生产力变革导致的构成要素的内容和尺度的变化又对建筑整体有机性的发展产生了怎样的影响？

第三节　建筑的"有机性"

一、"自然""机器"还是其他？

对"自然"的理解在不同的地域、不同的时间或对不同的学者来说总是存在差异的,人们在探索自然的同时,也在模仿自然,而最终又试图超越自然。18世纪末的工业革命,为人类社会的科技进步带来了一场前所未有的革命,"机器"的出现,也成为人类在超越自然的进程中一个重要标志,甚至有不少学者认为"机器"也是一种类似自然的有机体。威廉·佩利(Willam Paley)就是"机器是自然有机体"观点的拥护者。佩利以手表为例,阐述了机器的有机性,他认为手表的每个构件的形式及组合都是基于一个共同的动机,如果它们不是现在这样的形状,不是按现在的位置进行组合,它们就失去了作为手表组成的意义,也不再具有任何功能,这就是"自然"。

德国哲学家伊曼努尔·康德(Immanuel Kant)并不赞成这个观点。康德认为机器是一个有缺陷的有机体,只有自然的生物才是"自组织的有机体"(orgnized being)。在佩利的《自然神学》(Nature Theology)一书出版前12年,康德就表述了对手表的观点:"在手表中,每一部分都是作为驱动其他部分的工具,但是齿轮并不是其他产品构件有效性的原因,虽然每一部分都是为了其他部分而存在的事实是无可置疑的,但是这并不意味它们存在的意义,既然这样,局部的生产的原因和它们的形式也没有意义。"[70]康德认为,手表中的齿轮并不能产生其他的齿轮,同样一块手表也不能产生其他手表,如果手表的零件没有按照秩序组合它也不会自我调整,缺失了也不会自我修复——而这些缺陷,在自然的有机体中完全不存在。"树"就是一个很好的自然有机体的例证:"首先,一棵树产生另一棵树是众所周知的自然法则……第二,每棵树都是独立的。对于这种独立性我们可以毫无疑问地称其为生长,这种生长和机器的增长有着本质区别……第三,树的每一部分都是自己生长起来的,并以这样的方式和其他部分相互联系、互惠互利。在这个大自然的产物中,每一部分不仅通过其他部分得以存在,也是其他部分和整体存在的理由,这就是一个有机体……并且它所有的部分都有机地互相生成。"[71]

对于康德和其他一些学者,如卡罗琳·凡·艾克(Carloine van Eck)而言,"自然的美丽可以描述为一种艺术形式"[72],而康德也正是最早提出建筑"有机性"观点的建筑师之一。尽管在对自然的认知上,康德比佩利更准确,但建筑与自然在材料和艺术形式的相似性似乎并不能成为建筑更像"树"的充分理由。即使是强调"天人合一"的自然观,并以土木为基本材料的中国传统木结构建筑,也仅是在结构材料的选择上和构造的连接上最大限度地接近了自然"有机体"——智慧的中国工匠总结出的以榫卯为核心构造方式,"不置一钉"就可以拼接完成的木框架结构体系,看上去就像是从"树干"上不断长出的"树枝"。但无限接近并不等同于达到,榫卯构造只是古代匠人高超智慧的产物,而不是自然的生长法则。建筑无法像"树"一样自我生长,或者更准确地说建筑的形式产生并非简单地对自然的模仿,而是基于森佩尔所谓的材料与工艺的动机。所以,建筑从未达到过一种纯粹的"自然有机性",就如同人类一直在试图赋予机器"人工智能"一样,不管计算机的运算速度已经超过人类大脑多少倍,计算机依然"只是个机器"。

尽管不能成为"自然的有机体",但自然的"有机性"却或多或少因为材料、建造方式的选择一直在传统的建造活动中延续着:木材、石材、黏土等材料不仅直接取自自然,更遵循了自然的组织逻辑,无论是从视觉、触觉乃至气味,这些材料都赋予建筑自然的亲和力。19世纪之后,当机电设备和金属、塑料、玻璃等大量的人造材料进入建筑后,建筑显然是更像"手表",至少从建造的动机上看是这样的:结构支撑、性能维护、功能使用等,这些本来被"自然的艺术形式"掩盖的功能需求得到了加强。那么,现代建筑像机器进化的目标是否成为现实了呢?

从20世纪初现代主义运动的成果来看,答案显然是不确定的。不论是从建造的过程,还是从结果上看,至少在很长的一段时间内建筑看上去与机器毫无关系。原因就是与钢材同时出现的另一种新的合成材料——钢筋混凝土,它独特的材料特性使得现代建筑的"有机性"出现了另一种可能。贝尔拉格(Berlage)认为混凝土使得一种无节点的现代主义在技术上有了实现的可能性。在1905年的一个讲座中,他这样说道:"现在什么已经成为可能?没有什么比找不到一丝缝的表面,没有节点的墙,被石膏覆盖的石墙更合适了现代了……钢筋混凝土难道不是完全符合现代建筑学的发展么?它不是可以完全满足创造一种完全没有节点和缝隙的光滑表面的需求么?"[73]

尽管贝尔拉格看到现代建筑有机性的新可能,但是他的解释却并不新鲜。他认为现代建筑的有机性和"人体"很相似:"直截了当地说,(建筑)就像人的身体一样,外在的形式是骨骼的间接反映,因为皮肤虽然基本上沿着骨骼形式分布,但是在某些程度上又与骨骼相分离形成密集的区域——因此,混凝土表皮也可以用相似的方法和结构寻求呼应,同时又可以在某种意义上鉴于美学的考虑保持和结构一定程度的分离。"[74]和贝尔拉格一样,赖特也认为混凝土使得没有节点的建筑成为可能,而这种结果并没有导致如巨石一般的压抑的效果,而是产生了一种新的"有机性"。在1931年的《建筑的未来》中,他对自己早期的作品和他的导师沙利文关于混凝土的可塑性这样描述:"为什么一种更大程度的对这种(混凝土)要素的可塑性应用,不能成为建筑自身连续性的表现?……为什么不能完全抛弃柱梁结构?没有梁,没有柱,没有檐口,没有任何固定、壁柱等等。所有的部分可以融合在一起。让墙、楼板、地板成为不可分割的部分,从一部分到另一部分,获得整体的连续性。"[75]

赖特和贝尔拉格都深刻地认识到,虽然工业革命使得生产力迈入了机械者制造时代,但是现代建筑并没有因此变得更像机器,而是有了更多的可能。赖特和贝尔拉格虽然高度赞扬了混凝土,但他们没有完全恪守自己的信条,甚至在某些实践中还颠覆了它们[76]。赖特在大量的建筑实践中坚持一种抽象的"自然"有机性,而贝尔拉格则倾向机器般"清晰的构造原则"。

二、抽象的自然

赖特抽象自然母题的建立与19世纪末科学家对自然界有机物和无机物形式的研究有着密切关系。19世纪早期,以爱默生(Emerson)、索罗(Thoreau)为代表的先验论者发现了树叶和冰晶的几何形式是相似的,由此产生了它们是由同一法则生成的产物的推论。爱默生认为"树叶是植物的单元构成,……当树叶到了新的环境,它就可能转换成为另一种机体,并且,任何机体也能转换成树叶"[77]。持相似观点的索罗也认为:"在任何地方产生新的树叶是一件很自然的事，这种现象在其他很多类型的材料中都是一样的……在动物、蔬菜以及矿物——液体和晶体……它表明了一个局部在宇宙中是多么的巨大。"[78]显然，先验主义者只看到了事物的表面，随着显微技术的发展，有机生物细胞的组织结构乃至基因构成得到了直观的认识，生物体的生成机制也得到了科学的阐述。虽然无机物也可以分解为最小单元，但由于无机物不能储藏能量，因此它们只在分子构成和微观结构上与有机物有类似之处，在生成法则上两者有本质区别。

不过对于建筑来说，对自然母题的应用恰恰符合先验论关于自然材料构成在几何形式的表面相似性，而不在于它们真正的物质结构差异。由此，在先验论的背景下，我们也并不奇怪赖特最先的建筑设计的方法与（先验主义）叶片法则是如此相似：一个简单范式或者母题被用来同时控制大尺度的建筑形式和细微的建筑局部设计。在其设计的丹拿住宅（Dand House，1902）中，从"紫藤"形式中抽象出来的范式被用在主入口的窗户中，其他的如抽象的蝴蝶形式被用在光滑的拱形大门中，漆树的形式被用于带状装饰、窗户和灯具中（图 2-89）。赖特认为这些抽象的形式并不是为了实现一种简单的装饰，而是为了获得一种朴素的从局部到整体的和谐关系："我相信没有什么事物本质上是非常简单的，但是为了成为完美有机整体，它必须具有简单性。而只有当一种特征或者部分成为和谐整体中的一个和谐的元素的时候，事物才能达到简单的状态。"[79]

图 2-89　丹拿住宅中构造形式的自然母题，赖特，1902
资料来源：Edward R Ford. The Architecture Detail[M]. New York：Princeton Architecture Press，2011：97

在赖特设计的奥克帕克联合教堂（Unity Church，1908）中，从教堂的整体造型、窗洞比例到门把手，乃至室内的灯具，我们都看到了一个基于一定比例的"长方形"母题贯彻始终。在爱德华·福特看来，虽然赖特自己宣称教堂规则的平面设计是为了可以经济地使用混凝土模板，但经济性作为建筑其余部分的立方体和长方形主题使用的解释显然并不充分。尤其是在赖特看来反映混凝土材料自然特征的长方形与立方体形式，在实际的塑性过程中是非常复杂的。从联合教堂预制柱的建造过程就可以看出来，除了柱础是混凝土现浇而成的，柱头和柱身复杂而精致的几何图案都是预制后再和柱础浇筑在一起的，并非赖特所谓的经济地进行现场模板浇筑。而这种类似的方式之后又被用于巴恩斯达尔住宅（Barnsadall "Hollyhock" House，1921）的檐口、装饰柱以及家具设计中，成为赖特自然主题中最显著的但却最不成功的案例。显然，与建筑整体形式相比，这个主题形式过于复杂，失去了在联合教堂中局部与整体的和谐关系，尤其将这复杂的抽象形式作为座椅的靠背，使得使用者的体验并不舒服。

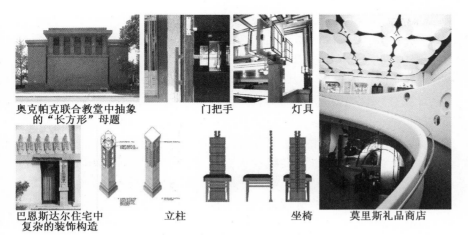

奥克帕克联合教堂中抽象
的"长方形"母题

门把手　　　灯具

巴恩斯达尔住宅中
复杂的装饰构造

立柱　　　坐椅　　　莫里斯礼品商店

图 2-90　赖特建筑构成要素对自然母题的抽象

资料来源：Edward R Ford. The Architecture Detail［M］. New York：Princeton Architecture Press，2011：99，100，101，109

20 世纪 30 年代之后，赖特的自然母题就逐渐减弱了，变得更加的抽象。比如在其设计的莫里斯礼品商店中(1948)，入口的拱券和室内连续的弧形坡道都体现了极致简化的几何形式，尤其是坡道的栏杆和围墙，都达到了赖特之前所认同的没有节点的整体有机性，但是从天花板灯具的形式组合中，依然能依稀看出赖特对自然母题的依恋（图 2-90）。

显微技术的发展揭示了自然形态与抽象几何的内在联系，在赖特之后，更多的建筑师开始探讨建筑与自然有机性的关联。不过，相比较在先验主义影响下对自然形式的兴趣，在数学、材料科学和结构力学的辅助下，建筑师开始更多地关注材料本身内在的结构逻辑。在 TOD'S 表参道旗舰店的设计中，建筑师伊东丰雄用树枝的分形构造图案形成了建筑的外表，由混凝土形成的树形图案本身也是结构支撑的一部分，而不是对自然形式的简单模仿。孟买的"树形托特屋"中"树枝"形柱受力匀称，直接撑起了屋顶，使得"梁"成为了多余的元素（图 2-91）。看似艺术的造型是在合理的结构力学原则下反复验算求证的结果，辅以工厂灵巧的机器制造工艺，最终使得钢这一金属材料获得了"柔软优美"的自然形式。

TOD'S表参道旗舰店

孟买的"树形托特屋"

图 2-91　"抽象的树形"在建筑结构构造中的应用

资料来源：http://www.flick.com

提到树形结构，我们不禁会想起卡拉特拉瓦，在他的作品中，这只是诸多动感结构形式中的一种。西班牙建筑师圣地亚哥·卡拉特拉瓦从不遵循经典的力学常识，他跨越了艺术、科学与技术的界限，创造出充满动感，如诗般的现代建筑结构形式，塑造了设计实践领域的新典范。他打破了今天我们建筑界的常规和专业之间的障碍，使我们重新思考形式、结构与功能之间的关系；他的设计从自然、从人的骨骼以及生物的皮肤组织尤其是从人的躯体的功能和动作中汲取灵感。

结构的定型化设计和异化结构的功能是卡拉特拉瓦创作的两个基本策略:"完美的事物能以正确的形态复合,和成功地在每一处平衡各种力量。"[80]他的设计与力学机制能够实现完美的契合,而非单纯地追逐形式的标新立异。他认为理想的结构外形应当随着支撑荷载的变化而变化,结构薄弱的地方应当得到加强,结构的定型化设计正是针对构件连接节点处产生的精密变形,结构截面根据荷载的传递进行特定的设计,进而出现光滑、连续曲线的动态变化。于是我们在其作品中可以经常看见构件中部加宽和末端的扭转、卡接、偏斜等明显的构造形式特征。异化结构即将结构分成独立的个体,每一部分都具有各自的功能,受压和受拉的结构被一分为二,材料和形式都不一样,每一个构件都表现了整体结构。

不管是早期还是后期的作品,卡拉特拉瓦的设计中始终会呈现出两种基本的结构设计理念:一方面,变截面的结构构件暗示了力与荷载的变化;另一方面,不同部位的连接会显示出迥异的材料和形式变化。这两个理念导致了其作品表现出一种非同寻常的现象:看似倾斜要倒下的柱子,通过附加的构件获得支撑或悬挂力得以平衡,呈现出往复运动的动势。构件的截面在最后缩小至一个关键点,这种处在持久的静态和岌岌可危的瓦解状态中间的临界点让建筑充满了动感,也更接近自然的动态形式。在东方火车站和多伦多市中心的 BCE 宫的设计中(图 2-92),巨大的"树形柱"支撑起波浪形半透明的顶棚,形成了现代的"城市森林"。虽然卡拉特拉瓦的"树形柱"并不像孟买的"树形托特屋"那样栩栩如生,但是从工程学角度上来说,这种形式实际上更加符合建筑结构的受力机制,因此,这种抽象的自然更加科学。

图 2-92 卡拉特拉瓦设计的自然、动感的"树形结构"

资料来源:[美]亚历山大·佐尼斯. 圣地亚哥·卡拉特拉瓦[M]. 赵欣,译. 大连:大连理工大学出版社,2005:45,56,57

从上述这些案例中,我们看到了自然的"有机性"在建筑中的进化。不过也正如前文所探讨过的,无限接近也永远不能完全达到,这便是作为人工产物的建筑与自然的本质区别。那么我们不妨换一个角度,将建筑看做同样是人工产物的"机器"来看待,这样,构造的逻辑就变得简单明了,"为制造而设计"是机器的基本原则,在这一点上,它比效仿自然更直接。

三、精确的机器

什么是机器的有机性? 当我们放眼周围的汽车、电脑、手机等机器时,我们会发现功能特定、制造精密、效率至上是这些现代工业化制造产物的明显特征,那么机器的有机性是如何在现代建筑中得到体现的呢?

图2-93　阿姆斯特丹证券交易所中精确的金属构造连接，1903

资料来源：Edward R Ford. The Architecture Detail[M]. New York：Princeton Architecture Press，2011：188

　　贝尔拉格设计的对现代主义建筑影响深远的阿姆斯特丹证券交易所（Amsterdam Storck Exchange）于1903年建成（图2-93）。它完美地将传统的砖结构与新的钢架拱结构结合在一起，它的构造节点是如此的生动：钢架拱和砖柱的节点在结构上是连续的，因为力的传递在完整的"拱"形中得到了延续，但是钢桁架的末端结束于一个可动的铰支座上却形成了视觉上的不连续。尽管贝尔拉格可以使用砖砌的方式将铰支座包裹起来形成一个"看起来"更整体的结构形态，但他选择了忠于构造的清晰表达。爱德华·福特（Edward R. Ford）认为阿姆斯特丹的构造"清楚地分解了建筑的组成，厚重的、静态的砖砌体被轻盈的、灵活的钢架覆盖。如果我们把节点定义为建筑整体性的一种微观的表现，这个节点并不是一个典型的建筑中常见的，它的表现恰恰相反，而是另一种将所有的要素合理组合的范式"[81]。

　　得益于技术的进步，阿姆斯特丹的构造形式在当代已经成为一种并不鲜见的类型，但在钢铁还未大量应用，并且通常情况下被刻意隐藏在砖墙中的当时，贝尔拉格对砖与钢的构造处理具有重要的意义，也清楚地反映了其"一切'构造'不清晰的建筑都不应被建造"的格言[82]。另一位伟大的现代主义建筑大师密斯在考察了贝尔拉格的阿姆斯特丹证券交易所后感触良深，并在日后的实践中将"构造原则"（the principle of construction）视为建筑品质的唯一保证。在1961年的《建筑设计》（Architecture Design）杂志对密斯的专访中，密斯这样说道："贝尔拉格是一位非常严谨的建筑师，他拒绝一切虚假的东西。……著名的阿姆斯特丹证券交易所是他的成就……它使我认识到什么是清晰的构造，这样的构造就应当成为我们工作的基本原则。"[83]

　　深受贝尔拉格的影响，密斯将毕生的精力几乎都贡献给了"钢"这一精致的机器制造业产物。从巴塞罗那德国馆（1928），到伊利诺伊州理工学院（IIT）的化学馆（1945）、图书馆（1944），再到芝加哥湖滨公寓（1951），密斯对钢这一新型工业化材料的浓厚兴趣最终促使他成功地开发了现代高层钢结构大楼的建造设计方法。如果在德国馆的设计中，密斯使用光亮的镀铬钢皮包裹十字形组合钢柱的行为还多少有些"隐喻"的成分，那么在伊利诺伊州理工学院化学馆的设计中，作为建筑柱、梁、窗户等不同结构和维护体构成的标准型钢已经没有任何修饰，最终在芝加哥湖滨公寓中,采用不同系列的型钢、板材以及玻璃的组合形式,已经完全看不到传统砖石的影子,它们之间等级分明而又紧密联系的组织让建筑看上去和精密的机器别无二致(图2-94)。

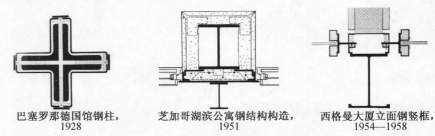

巴塞罗那德国馆钢柱,　　芝加哥湖滨公寓钢结构构造,　　西格曼大厦立面钢竖框,
　　　1928　　　　　　　　　　1951　　　　　　　　　1954—1958

图2-94　密斯在钢结构建筑实践中逐渐形成的精密的"机器"建造艺术
资料来源:Werner Blaster. Mies van der Rohe: The Art of Structure[M]. Basel: Birkhäuser Verlag, 1993:32,73,139

建筑除了满足实现特定的功能外,建造的品质还必须考虑美学的意义。因此,当工业制品进入建筑之后,建筑师也会理所当然地赋予其一定的审美特质,这种特质基于但不限于这些新材料的加工工艺。伊斯特·麦考伊(Esther McCoy)认为克雷格·埃尔伍德[84](Craig Ellwood)的玫瑰住宅(Rose House,1963)获得一种"完美"的特质。这个住宅和密斯的范斯沃斯住宅一样是一个典型的钢结构建筑,麦考伊认为这个建筑的完美在于其"完美的节点",或者说是一种"没有节点"的整体性(absence of joints)[85]。麦考伊认为建筑的钢结构柱与梁完美地融合在了一起,它们之间的联系是连续的,不分彼此[86]。爱德华·福特认为玫瑰住宅和之前的密斯乃至之后其他建筑师的诸多钢结构建筑实践揭示了一些有趣的事实:我们可以发现这些构件的连接是高度抽象的,但这种抽象既不像传统的框架形式也非材料的简化处理,它的"完美形式"来自一种只有机器才可能实现的工艺,这种工艺真正实现了构件连接的"无节点"[87]。福特进而认为这种有机器制造产生的"机械主义"(mechanism)对20世纪后半期建筑的发展影响深远(图2-95)。

范斯沃斯住宅,　　　　玫瑰住宅,克雷格·埃尔伍德,1963
密斯·凡·德·罗,1951

图2-95　由机器制造形成的"完美"的构造连接
资料来源:Edward R Ford. The Architecture Detail[M]. New York:Princeton Architecture Press,2011:200,208

如果抛开"机械主义"对现代建筑发展的意义不谈,仅从构造的角度上去看,机器的"有机性"是否真的达到了那些建筑师和评论家所谓的连续的、没有节点的完美构造形式呢?麦考伊和福特都看到了机器生产工艺所带来的建筑构造节点"抽象化"的另一种可能——"没有节点",但事实上,这不过是钢结构特殊的焊接工艺产生的"视觉欺骗"。当这些看起来光洁无比的构件被铸造出来并在现场焊接的时候,所有的边缘都会留下连接的痕迹,即便工艺的进步可以不断使得焊缝变小,乃至无法近距离辨认,这个"节点"依然是存在的,除非工艺发生了质变,比如所有的构件

都是在模具中整浇而成的。更进一步来说，虽然看似完美，但"无节点"的机械式连接并不是机器制造工艺的唯一形式，考虑到大体量的建筑构件在现场焊接的工艺难度和品质的保证，使用更效率、强度更大的螺栓连接已经成为钢结构构造技术的另一重要发展方向。当我们看到蓬皮杜艺术中心以及现代诸多高技派建筑暴露出来的结构时，我们会发现早期那种抽象的、连续的构造形式变成了充满动感、依旧"机械"的节点。

因此，在早期"完美的机器有机性"的背后，只是机器的某些连接工艺和建筑师对于传统的"形式有机性"的期许达到了一致，而并非展现了机器有机性的本质。真实的机器的整体有机性并不在于强调一种"形式构成"的完整性，机器功能和性能的整体性才是系列零部件生产制造的首要前提，"为制造而设计"的直接目的是"精确"和"高效"，在这一点上，贝尔拉格的表述更加真实。由此，建筑只有在深入制造业的精髓后，以满足整体性能标准需求为目标进行系列零部件的设计、生产和制造，并合理地组合它们，才能真正体现"机器的有机性"。这一认识已经在 20 世纪中后期被高技派的诸多建筑师贯彻于实践当中。

四、"塑性"的整体

不论是"效仿"自然或是"借鉴"机器的制造工艺，都是建造技术发展的重要组成部分，但这两种整体的有机性还不足以涵盖所有的建造方式。除了"自然"与"机器"，还有另外一种有机性，那就是赖特与贝尔拉格所认识到的，存在时间久远，至今仍在发挥着巨大效力的有机形式——"塑性"。从古代人们偶然间使用了石灰石并与其他材料混合形成一种新的建筑材料——石灰砂浆，到后来罗马人发明了混凝土，再到现代先进的钢筋混凝土技术，建筑的"塑性"历史已经发展了超过万年的漫长时间。考古学家在土耳其东部的发现表明，将石灰砂浆作为建筑材料的历史最早可以追溯到公元前 1.2 万年，大约 6 000 多年后，石灰砂浆开始被用在黏土砖结构的建筑中。之后，石灰砂浆与砖石结合的砌体建造方式开始在世界各地得到了普及，如在古埃及、地中海、亚洲等地重要的宗教建筑、军事工程中，像著名的金字塔、希腊神庙、中国长城的建造中都使用了石灰砂浆。

罗马人不仅继承了希腊现场浇筑砌体的方法，还进行了工艺改进，他们在原有组成的基础上增加了凝灰岩、大理石碎块和黏土块作为骨料，形成了最早的混凝土。维特鲁威在《建筑十书》中首次描述了水硬性砂浆，以及罗马人发明的由水硬性砂浆和碎石组成的混凝土。这种罗马混凝土不仅具有一定的防水性，经过与不同骨料的组合以及通过机械夯具压实后，抗压强度与今天的混凝土基本一致。在罗马的众多大型公共建筑诸如水池、浴场、水坝中，都应用了罗马混凝土。其中，最显著的成果应属罗马万神庙的建造（公元前 27 年）。作为古罗马最壮观的建筑，其直径达到 43.3m，而上部则完全采用了以混凝土建造的自承重穹顶，其规模和技术含量在当时的混凝土工程中都是最高的。墙体和网格状穹顶的构造运用了不同密度的混凝土，结构重量越接近穹隆顶部越轻（下部厚 5.9 m，上部 1.5 m），直到顶部为直径 9m 的天窗，合理地运用受力机制使得墙体不需要扶壁就可以独立支撑穹顶的侧推力（图 2-96）。混凝土在万神庙中不仅实现了大跨度、高强度的复杂穹顶工程建造，其形成的完美的"塑性"整体也创造了永恒的纪念性空间。

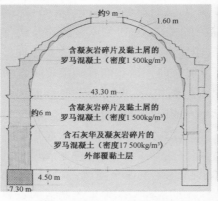

图 2-96　罗马万神庙的混凝土构造，前27

资料来源：[德]金德·巴尔考斯卡斯. 混凝土构造手册[M]. 袁海贝贝，译. 大连：大连理工大学出版社，2006：10

约9 m　1.60 m

含凝灰岩碎片及黏土屑的罗马混凝土（密度1 500kg/m³）

43.30 m

约6 m

含凝灰岩碎片及黏土屑的罗马混凝土（密度1 500kg/m³）

含石灰华及凝灰岩碎片的罗马混凝土（密度17 500kg/m³）

外部覆黏土层

4.50 m

-7.30 m

　　混凝土施工知识随着罗马帝国的衰落而失传了，直到 18 世纪后半叶才逐渐恢复。1824 年波特兰水泥的发明才使得这一有着悠久历史的人工合成材料形成的古老建造技术重新焕发光彩，随着钢筋混凝土技术的发展，现代建筑迎来了一个全新的时期。钢筋混凝土的构造方式具有之前任何一种砌体或者杆系材料所不具备的优势：它早期的成就是商业建筑中通用的标准框架体和由此带来的灵活的空间布局；之后，众多钢材与木材所难以实现的形式也可以通过钢筋混凝土构造实现，比如具有喇叭式柱头的平板结构可以实现柱、楼板的无缝连接，中间不需要插入支撑的梁构件（图 2-97）。这种整体性结构最典型的特征就是不再区分主动与被动构件，也就是承重与非承重构件，而它的延展性和多变的表面又提供了新的、不可预知的可能性。

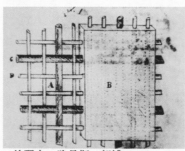

约瑟夫·路易斯·朗博(Josef Louis Lambot)的钢筋混凝土专利，1855

罗伯特·马亚尔，仓库，苏黎世，1910

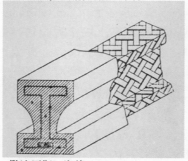

图 2-97　钢筋混凝土构造技术的发展以及在早期现代建筑中的应用

资料来源：[德]金德·巴尔考斯卡斯. 混凝土构造手册[M]. 袁海贝贝，译. 大连：大连理工大学出版社，2006：13，14，21，27

撒迪厄斯·海特(Thaddeus Hyatt)铁筋增强混凝土专利，1874

赖特，庄臣公司办公楼，瑞辛，1936—1939

　　尽管贝尔拉格倾向于机器般"清晰的构造"，他依然毫不吝啬地给予这种新的材料极高的评价："在铁之后，钢筋混凝土可能是建材王国中最重要的发明，也许是所有发明里最重要的，因为钢筋混凝土具有铁所不具备的性能，并且集铁、砖石的性能于一身，还有什么材料能如此优越呢？没有任何一种材料可以像钢筋混凝土一样建造出没有接缝的表面和不需要连接的墙体……在技术上，它可以用任意尺寸来构造建筑上两个最重要的元素,即墙体和支撑体之间构件跨度,也可以用任何可能的尺寸制成一个完整的构件。这种材料能够克服迄今为止生产出的任何建材所带来的困难,它是一个技术上的胜利。"[88]正如贝尔拉格所说的,20世纪之后,钢筋混凝土以其全面的结构性能和经济上的优势在各种类型的建筑中获得了全面发展,其显著的"塑性"特征也在众多大跨度和复杂形式的建筑设计中得到了充分展示。

预应力技术的发展解决了混凝土徐变过程中可能出现的裂缝问题,进一步提高了钢筋混凝土的抗变形能力,被广泛用于大跨无柱的单层结构建筑中。20世纪初期,由马克思·伯格(Max Berg)设计的百年纪念大厅(1911—1913)通过预应力技术实现了那个时期最宏伟的混凝土建筑。这栋建筑的结构计算在当时是一个难以置信的工程:跨度65 m的穹顶由32根肋筋支撑,底部采用一根型钢圈梁受拉,顶部采用一根直径14.4 m的圈梁受压。在大穹顶顶部还设有一座5.75 m高的顶塔。在穹隆下侧四边设计了4个巨大的弧形钢筋混凝土拱券支撑,拱圈外侧又设置了许多飞扶壁支撑,飞扶壁之前通过刚性肋连接,加强了结构的稳定性[89](图2-98)。

建造中的百年
纪念大厅

环球航空公司(TWA)航站楼,
埃罗·沙里宁,1956—1962

建造中的悉尼歌剧院

百年纪念大厅
的内部透视

东京代代木国家体育馆,
丹下健三,1964

悉尼歌剧院,伍重,1956—1976

图2-98　混凝土构造技术进步对大跨度建筑发展的贡献

资料来源:[德]金德·巴尔考斯卡斯. 混凝土构造手册[M]. 袁海贝贝,译. 大连:大连理工大学出版社,2006:22,33

随着工程师的深入研究,钢筋混凝土壳体结构进一步推进了大跨度建造技术的发展。崭新而富有表现力的动力学屋顶激发了新一代建筑师的创作欲望,埃罗·沙里宁、丹下健三、伍重分别设计的环球航空公司航站楼、东京代代木国家体育馆、悉尼歌剧院都展现了由混凝土壳体构造形成的"塑性"表现力(图2-98)。除了在大跨度结构领域,混凝土"用一种模具"就可以实现无限建造可能的"形体可塑性"以及"材质可塑性"得到众多现代主义建筑师青睐,在第二次世界大战后大量的公共和民用建筑领域得到了应用。

表现主义时期的建筑师是最早开始利用混凝土的可塑性来拓展现代建筑多元形式的先行者。埃里希·门德尔松(Erich Mendelsohn)设计的爱因斯坦楼(1920—1921)就是其中著名的案例,不过由于早期技术的不成熟,在建造过程中遇到了不少的问题:由于过多不规则的曲面导致了模板制作的困难,于是建筑的上半部分还是采用了传统的砖石砌筑,然后采用薄薄的一层定型混凝土覆盖。模板技术对于混凝土塑形的影响是至关重要的,在鲁道夫·斯坦纳(Rudolf Steiner)设计的位于瑞士巴塞尔附近的歌德纪念馆(Goetheaum)中,为了实现不规则表面的塑形,建筑师请到了当地著名的木匠(Heinrich Liedvogel),精美昂贵的模板由窄木条制成,木条润湿后弯曲钉在肋板上,精致的模板工程实现了大量的曲面和锐角边缘(图2-99)。

爱因斯坦楼，
门德尔松，1920—1921

歌德纪念馆，
鲁道夫·斯坦纳，1928

朗香教堂（1954）与拉图雷特
修道院（1957）不同的裸露混凝土

图 2-99 混凝土在形体与材质表现力上的自由"塑性"特征

资料来源：[德]金德·巴尔考斯卡斯. 混凝土构造手册[M]. 袁海贝贝，译. 大连：大连理工大学出版社，2006：24；Flora Samuel. Le Corbusier in Detail[M]. Oxford：Elsevier Ltd，2007：63，183

勒·柯布西耶不仅是建筑工业化发展的倡导者，他在混凝土建造领域取得的成果同样令人瞩目。20世纪30年代之后，柯布西耶几乎所有的建筑实践都与混凝土相关。他在实践中深入研究了混凝土可塑性潜力，其中包括了极富想象力的朗香教堂的屋顶和那些公共建筑中超大尺度的遮阳百叶构造。此外，柯布西耶还对未经处理的类似凿痕的裸露的混凝土材质充满了兴趣。柯布西耶将不同视觉和触觉的裸露混凝土材质与人的感觉联系起来，用以塑造不同性格的建筑。比如，在拉图雷特修道院中，柯布西耶有意将大号石子渗入混凝土骨料中，当模板移开后，墙面会暴露石子的表面，这种粗糙、冷酷甚至抚摸起来令人难以忍受的表面效果多少表达了修道士或朝圣者的苦行生活；而在朗香教堂的外墙上，柯布西耶却塑造了如"皮肤"般的效果，虽然是裸露的混凝土，它却如此细腻，以致人们会情不自禁地触摸它们（图2-99）。

20世纪50年代之后，更多建筑师投入到了混凝土的"塑性世界"中，其中既有专注于材料表现的建筑师如路易斯·康、安藤忠雄等，也不乏像詹姆斯·斯特林、弗兰克·盖里等利用混凝土的可塑性潜质激发建筑空间结构创新的建筑师。当然，现代建筑师们继续发挥混凝土塑性潜力的基础是建造技术的进步，在看似光滑、整体的塑性背后，建筑师融入更多的构造元素。在荷兰乌特勒支大学教育中心设计中（1997），我们看到了一个外表由混凝土形成的完整的折板结构，轻薄的折板与透明的玻璃让这个有着优美弧线的建筑看上去浑然一体。但是当我们解剖这个折板的细部构成时会发现，这个流畅的折板并不是完全的混凝土结构，在其弯曲弧度最大的地方，采用了强度高、易塑型的胶合木和钢材，而最终表面所呈现出来的只是在木板之外覆上的一层薄薄的水泥涂层，混凝土在这里并没有发挥结构作用（图2-100）。

关于建筑构成与整体有机性关系的研究，不论是材料、结构还是形式方面，都还未结束。虽然像卡拉特拉瓦、扎哈·哈迪德等当代先锋建筑师已经将建筑的"有机性"提升到一个新的高度，但它的潜力到底还有多少，还需要更多的建筑师和工程师们继续去探索。虽然建筑未来的发展趋势依然有着多种不可预测的发展方向，不过有一点可以肯定的是，工业化生产技术、制造业以及信息科学技术将会成为建筑师与工程师们手中强有力的"武器"，从构件的生产模式、连接技术以及系统组合方式等多方面继续推动建筑前进的步伐。

混凝土屋面板
弯曲的胶合木板
IPE钢结构肋
85mm发泡绝缘层
50mm的表面喷涂混凝土

内衬钢梁的
混凝土屋面板

图 2-100 荷兰乌特勒支大学教育中心，雷姆·库哈斯，1997

资料来源：Edward R Ford. The Architecture Detail[M]. New York：Princeton Architecture Press，2011：170，171，作者编辑

注释

[1] 1995 年菲利普·科特勒在《市场管;理:分析、计划、执行与控制》专著修订版中,将产品概念的内涵由三层次结构说扩展为五层次结构说,即包括核心产品(core product)、一般产品(generic product)、期望产品(expected product)、扩大产品(augmented product)和潜在产品(potential product)。

[2] [丹]斯蒂芬·艾米特,[荷]约翰·奥利,[荷]彼得·施密德. 建筑细部法则[M]. 柴瑞,黎明,许健宇,译. 北京:中国电力出版社,2006:4

[3] Chris Abel. Architecture and Identity: Responses to Cultural and Technological Change[M]. 2nd ed. New York: Architectural Press. 2000:141

[4] Edward R Ford. The Architecture Detail[M]. New York:Princeton Architecture Press,2011:115

[5] Aldo van Eyck. Dogon: Miracle of Morderation[J]. VIA 1,1968:102;Aldo van Eyck. Basket, House, Village, Universe[J]. Forum ⅩⅤⅡ,1967:9

[6] 罗哲文,王振复. 中国建筑文化大观[M]. 北京:北京大学出版社,2001:4

[7] Le Corbusier. The Chapel at Ronchamp[M]. London:Artchitecture Press, 1957:47

[8] Le Corbusier. Towards a New Architecture[M]. London:Architecture Press,1982:158

[9] 转引自 Flora Samuel. Le Corbusier in Detail[M]. Oxford:Elsevier Ltd Press,2007:88

[10] 转引自 Kenneth Frampthon. Studies in Tectonic Culture:The Poetics of Construction in Nineteenth and Twentieth Century Architecture[M]. Cambridge, Mass:MIT Press, 1995:240

[11] George Dodds,Tavenor. Body and Building:Essays on the Changing Relation of Body and Architecture[M]. Cambridge, Mass:MIT Press, 2002:51

[12] 中国科学院自然科学史研究所. 中国古代建筑技术史[M]. 北京:科学出版社,2000:541

[13] [意]莱昂·巴蒂斯塔·阿尔伯蒂. 论建筑——阿尔伯蒂建筑十书[M]. 王贵祥,译. 北京:中国建筑工业出版社,2008:7

[14][15] Heinrich Wölfflin. Principles of Art History[M]. New York:Dover,1950:159

[16] Edward R Ford. The Architecture Detail[M]. New York:Princeton Architecture Press,2011:181

[17] Paul Frankl. Principles of Architectural History[M]. Cambridge:MIT Press 1968:104,113-114

[18] Chris Abel. Architecture and Identity: Responses to Cultural and Technological Change[M]. 2nd ed. New York: Architectural Press, 2000:148

[19] Erwin Panofsky. Gothic Architecture and Scholasticism[M]. 2nd ed. New York:World,1957:47,50,58-59

[20] 维特鲁威. 建筑十书[M]. 高履泰,译. 北京:知识产权出版社,2001:50

[21][22] 中国科学院自然科学史研究所. 中国古代建筑技术史[M]. 北京:科学出版社,2000:19,88

[23] 关于斗拱起源的相关著作有:汉宝德. 斗拱的起源与发展[M]. 台北:境与象出版社,1982;杨鸿勋. 斗拱起源考察[A]//建筑考古学论文集. 北京:文物出版社,1987

[24] 中国科学院自然科学史研究所. 中国古代建筑技术史[M]. 北京:科学出版社,2000:11

[25] 李泽厚. 美的历程[M]. 天津:天津社会科学院出版社,2001:9

[26] 转引自汪正章. 建筑美学[M]. 北京:人民出版社,1991:25

[27] 转引自 Kenneth Frampthon. Studies in Tectonic Culture:The Poetics of Construction in Nineteenth and Twentieth Century Architecture[M]. Cambridge, Mass:MIT Press, c1995:320

[28] Tonkao Panin. Space Art:The Dialectic between the Concepts of Raum and Bekleidung[D]. University of Pennsyvania, 2003:80

[29] Louis Sullivan. Suggestions in Artistic Brickwork//Prairie School Review 4[M], 1967:24

[30] Frank Lloyd Wright. In the Cause of Architecture IV[A]//Frederick Gutheim. In the Cause of Architecture:Essays by Frank Lloyd Wright for Architectural Record, 1908—1952 . New York:McGraw-Hill,1975:146

[31] David Leatherbarrow, Mohsen Mostafavi. Surface Architecture[M]. Cambridge, Mass:MIT Press, 2002:2

[32] 转引自史永高. 材料呈现:19 和 20 世纪西方建筑中材料的建造—空间双重性研究[M]. 南京:东南大学出版社,2008:92

[33] 刘松苟,李鸽. 弗兰克·盖里[M]. 北京:中国建筑工业出版社,2007:142

[34] [德]普法伊费尔. 砌体结构手册[M]. 张慧敏,译. 大连:大连理工大学出版社,2004:17

[35] Eugene Emmanuel Viollet-le-Duc. Benjamin Bucknall[M]. New York:Grove Press, 1959:58,61

[36] 法国南部的一个地区。

[37] Kenneth Frampthon. Studies in Tectonic Culture:The Poetics of Construction in Nineteenth and Twentieth Century

Architecture[M]. Cambridge, Mass:MIT Press, 1995:50-51

[38] Eugene-Emmanuel Viollet-le-Duc. Benjamin Bucknall[M]. New York:Grove Press, 1959:89

[39] Kenneth Frampthon. Studies in Tectonic Culture:The poetics of Construction in Nineteenth and Twentieth Century Architecture [M]. Cambridge, Mass:MIT Press, 1995:74

[40] Edward R de Zurko. Origins of Functionalist Theory[M]. New York:Columbia University Press, 1957:196; August Grisebach. Karl Friedrich Schinkel[M]. Leipzig:Im Insel Verlag,1924

[41] Edward R de Zurko. Origins of Functionalist Theory[M]. New York:Columbia University Press,1957:197,198

[42] 转引自 Kenneth Frampton. Studies in Tectonic Culture:The poetics of Construction in Nineteenth and Twentieth Century Architecture[M]. Cambridge, Mass:MIT Press, 1995:84

[43] Louis Sullivan. The Autobiography of an Idea[M]. New York, 1956:314

[44] 转引自[德]Schunck. 屋顶构造手册(坡屋顶)[M]. 郭保林，译. 大连:大连理工出版社,2006:10

[45] Kenneth Frampton. Studies in Tectonic Culture:The Poetics of Construction in Nineteenth and Twentieth Century Architecture[M]. Cambridge, Mass:MIT Press, 1995:90

[46] 转引自刘先觉. 密斯·凡·德·罗[M]. 北京:中国建筑工业出版社,1994:79

[47] [德]黑格. 构造材料手册[M]. 张雪晖，译. 大连:大连理工大学出版社,2007:22

[48] 根据生命周期评估(Life Cycle Assessment,LCA)，环境保护的 4R 原则为:reuse(重复利用)、reduce(减量化)、recycle(循环利用)、recovery(回收利用)。

[49] Scadra Honey. Mies van der Rohe:Eurpoean Works[M]. London:Architectural Design,1986:104

[50] [美]克里斯·亚伯. 建筑与个性:对文化和技术变化的回应[M]. 张磊,司玲,侯正华,等，译. 北京:中国建筑工业出版社,2003:224

[51] Freio Otto. Die Architectui des Minimalen[J]. Glasforum,1990(1):2

[52] 维特鲁威. 建筑十书[M]. 高履泰，译. 北京:知识产权出版社 2001:4

[53] [意]莱昂·巴蒂斯塔·阿尔伯蒂. 论建筑——阿尔伯蒂建筑十书[M]. 王贵祥，译. 北京:中国建筑工业出版社,2008:8

[54] 参见史永高. 材料呈现:19 和 20 世纪西方建筑中材料的建造—空间双重性研究[M]. 南京:东南大学出版社,2008 年:60-61

[55] "木框架"为作者自行添加，因为，虽然通常西方的建筑史都建立在砌体建造技术的发展之上，但从全球范围来看，木框架结构也是常用的传统建造技术，即使在石构技术非常盛行的欧洲也是如此。

[56] [意]曼弗雷多·塔夫里,弗朗切斯科·达尔科. 现代建筑[M]. 刘先觉，译. 北京:中国建筑工业出版社,2000:52

[57] Claude Bragdon. The New Image[M]. New York, 1928:89.

[58] Colin Rowe. Chicago Frame[A]//Mathematics of the Ideal Villa and other Essays. Cambridge, Mass, 1976:90

[59] 所谓实体建造，即墙体的构成是不分层的同一材料;而层叠建造，则是墙体在其纵深方向上应用了多种材料，因而虽是同一片墙体，却可以分为不同的层。

[60] Future Systems. Unique Building:Lord's Media Centre[M]. Chichester:Wiley-Academy,2001:85

[61] 如以伯纳德·屈米、彼得·艾森曼等为代表的建筑师的作品被与雅克·德里达的解构主义哲学与批判紧密地联系在一起。

[62] Chris Abel. Architecture and Identity:Responses to Cultural and Technological Change[M]. 2nd ed. New York:Architectural Press, 2000:48

[63] 在稳定的条件下，单位面积地基所能承受的最大压力，称为地基容许承载力,简称地耐力

[64] Kenneth Frampthon. Studies in Tectonic Culture:The Poetics of Construction in Nineteenth and Twentieth Century Architecture[M]. Cambridge, Mass:MIT Press, 1995:381

[65] 在古罗马浴场的设计中，屋顶木龙骨的下方采用铁质构件吊挂了第二层顶棚，用以保护木龙骨不被水汽腐蚀

[66] 转引自 Kenneth Frampton. Studies in Tectonic Culture:The Poetics of Construction in Nineteenth and Twentieth Century Architecture[M]. Cambridge, Mass:MIT Press, 1995:215

[67][68] David Leatherbarrow, Mohsen Mostafavi. Suface Architecture[M]. Cambridge, Mass:MIT Press,2002:2

[69] Kenneth Frampthon. Studies in Tectonic Culture:The Poetics of Construction in Nineteenth and Twentieth Century Architecture[M]. Cambridge, Mass:MIT Press, 1995:385

[70][71] Immanuel Kant. Critique of Judgment[M]. New York:Barnes and Noble,2005:175-176,178

[72] Carloine van Eck. Organicism in Ninteenth:Centry Architecture[M]. Amsterdam:Architectura & Nature,1994:122

[73][74] Iain Boyd Whyte, Hendrik Petrus Berlage. Thoughs on Style:1886—1909[M]. The Getty Center for the History of

Art，1996：172，176

[75]   Frank Lloyd Wright. The Futre of Architecture[M]. New York：Mentor，1963：208

[76]   Edward R Ford. The Architecture Detail[M]. New York：Princeton Architecture Press，2011：188

[77]   Emerson，Essays and Lectures[M]. New York：Literary Classic of the United States，1983：753

[78]   Robert Richardson. Henry Thoreau：A Life of the Mind[M]. Berkeley：University of California Press，1986：157

[79]   Edward R Ford. The Architecture Detail[M]. New York：Princeton Architecture Press，2011：157

[80]   ［美］亚历山大·佐尼斯. 圣地亚哥·卡拉特拉瓦[M]. 赵欣，等译. 大连：大连理工大学出版社，2004：32

[81]   Edward R Ford. The Architecture Detail[M]. New York：Princeton Architecture Press，2011：189

[82]   Blaser M. Mies van der Rohe：The Art of Structure[M]. Basel：Birkhävser Verlag，1993：10

[83]   Peter Carter. Mies van der Rohe at Work[M]. London：Phaidon，1999：27

[84]   20 世纪 60 年代南加州最著名的密斯学派建筑师。

[85]   Edward R Ford. The Architecture Detail[M]. New York：Princeton Architecture Press，2011：209

[86]   Esther McCoy. Craig Ellwood[M]. New York：Walker，1968：71

[87]   Edward R Ford. The Architecture Detail[M]. New York：Princeton Architecture Press，2011：210

[88][89]   转引自金德·巴尔考斯卡斯. 混凝土构造手册[M]. 袁海贝贝，译. 大连：大连理工大学出版社，2006：18，23

第三章　建筑构件生产模式的演变

　　毫无疑问,20世纪是一个科技飞速发展的时代。量子力学的发现革新了科学界的思维方式,化学与生物化学成为人类造物的工具,由此引发了材料科学的巨大进步。微电子学取代了传统意义上的记忆储存、分析整理以及前景预测,也重新设计了人们工作的形式。并且,自从能源与环境问题得到更广泛的关注之后,对生活本质在伦理范畴内如何延续下去的追问也更多了。人们不断提高对健康问题以及生活水平的关注,导致了工作时间的整体压缩,使劳动力成为宝贵的资源。机械化的进步使得通过繁复的人力来实现产品产量与质量提升的古老公式成为过去,信息化技术加入生产过程进一步加快了产品的生产速度,同时保证了产品的品质。

　　就在众多工业部门都从机器制造以及信息化技术中受益匪浅时,建筑业的进步却依旧迟缓。正如克里斯·亚伯(Chris Abel)在《建筑与个性》(Architecture and Identity)中开篇所指出的那样:"很少有人意识到建筑工业已经到了一个生产制造的时代,即使是从它的字面意思上来说。相比较其他工业部门,建筑物的生产似乎永远限于过时的实践当中,无法反映新的技术和生产方式。"[1]为什么建筑业不能像汽车、飞机、电子等制造领域迅速地进入全面的工业化生产进程? 尽管建筑产品大部分都实现了工厂化生产,建造也采用了先进的机械化工具,但手工艺却依然占据不小的比重,能够完全实现工业化生产的建筑类型是有限的。

　　为什么建筑工业的发展不能像其他制造产业完全覆盖建筑的所有类型呢? 显然,建筑的特殊性使其可以选择更多的生产制造方式——手工或者机器。汽车、电脑、手机这些工业产品最大的特征就是它们是完全的来自工厂生产线的产物,作为同一批次的产品,它们是完全一样的通用产品,它们必须由机器生产。而建筑则不然,即便不通过机器,建筑也可完全由手工的方式实现建造,并且由于体量的限制,终端建筑产品很少可以完全工厂化制造的方式进行生产,最终的建造依然要在现场完成。

　　从前端的概念设计到下游的物质实施阶段,在这个复杂的建造流程中产生的不同部门(政府、雇主、设计部门、建造承包商等)之间的意见,以及地域经济、意识形态、技术差异等等都使得建筑产品的通用化变得非常困难。毕竟,建筑不是一种"快速消费"的迭代产品,任何一次谨慎地设计、生产和建造都是为了获得长久的、高品质的用户体验。因此,虽然最大限度地利用标准的生产制造工艺是理想的生产模式,但为了满足不同环境和性能要求,特定的制造也是必不可少的。标准化与定制就是建筑产品生产制造的"双轮",它们在相互协调中共同推进建造技术的发展;而如何实现大量性生产的同时满足特定需求成为不同的技术手段在建造过程中交织与融合的动力。

第一节　标准化

总的说来,市场需求是产品生产的外因,在越来越激烈的市场竞争下,"时间、价格、质量"是核心竞争要素,为产品的进化提供动力;产品在功能、结构、外观等方面的继承和革新是产品进化的内因。产品的畅销或者淘汰是竞争的结果,就如同自然界的"适者生存"法则,企业需要总体考虑产品的经济要素,实现利润的最大化,因此,标准化是重要的生产原则。

那么建筑产品的标准化概念是如何产生的,又是如何定义呢? 19世纪初,工业化建筑(Industrialized Building,IB)的倡导者们开始将标准化视为工业生产的最重要的规则之一,工业化建筑的代表人物伊兹拉・伊汉克朗茨(Ezra Ehrenkrantz)认为标准化通过有限的尺寸类型保证组合的便利,其他众多工业化的著作也将其视为重要的信仰,并不断强调这一原则在大量性生产过程中的合理性。但事实上,标准化并非制造业的产物,早在手工业时代,标准化就已经产生了。以 P. H. 斯科菲尔德(P. H. Scholfield)为代表的传统学者认为标准化是思想的产物——最终目的是为了"风格的统一":"每一栋形式不同的建筑中,视觉效果都是无序的、混乱的。建筑师需要通过形式的重复建立秩序,只应当尽可能多地使用较少的形式、多次地重复时,才能导致最大化的秩序"[2]。

虽然传统的建筑学者和工业化运动的倡导者们都对建筑产品的标准化从不同的角度进行了描述,但从工程学的角度上来说,他们的定义都是片面的。首先从结构受力机制上来说,均衡的受力分布需要标准的构件形式,这才是构件尺寸类型限定的根本原因;其次,从节省材料、劳动力方面来说,构件的生产与加工需要标准的工艺以减少生产、建造过程中的资源消耗,这才是构件形式产生重复秩序的前提。因此,标准化并不只是尺寸的标准,也不是秩序的标准,它不仅包括了构件的通用化,还包括构件加工工艺的标准化、构件连接方式(接口)的标准化以及生产工具的标准化。

一、标准材料

建筑产品构件的大范围应用需要性能稳定的标准材料,传统的木材、黏土(砖)、石材都是经过大量实践而被验证的经久耐用的自然材料。在人工合成材料诞生之前,标准材料与地域环境有着密切的关系,建筑在适应环境的过程中与本地材料产生和谐的共鸣是自然而然的过程,而在这个过程中产生的材料特征也逐渐成为日常环境中的一部分,这种地方材料与环境的友好"契约"使人们得到安全感和归属感,也使得建筑风格可以长久的延续。不过,在快速的城市化发展过程中,这种传统的"契约"被打破了,新的建筑形式需要新的标准材料。柯布西耶在《走向新世界》里就表述过对新的标准材料的期待,"自然材料的成分表化无常,必须以稳定的材料加以替代"。他所认定的"稳定的材料"是一种特征稳定、高品质的、来自于生产线上的人造产品,如混凝土、钢、玻璃、塑料等。为了满足更强的结构、更好的性能需求，这些新的材料和传统的地方材料都应当接受科学测试，由人工重新合成，以保证所有的材料都安全可靠，标准的工业化生产工艺使得材料不再有明显的地域差异（表3-1）。

表 3-1　建筑中常见的"标准材料"的类型以及具体的结构形式

结构类型	石材	亚黏土	陶瓷材料	带有矿物黏合剂的建筑材料（石膏、水泥、混凝土等）	沥青材料	木材	金属	玻璃	合成材料
块材	•	•	•	•				•	•
板材	•	•	•	•		•	•	•	•
杆件	•			•		•	•		•
薄膜、片、柔性覆（垫）层					•		•	•	•
零配件						•	•		•

资料来源：自绘

二、标准工艺

由于材料属性的不同，材料的标准生产工艺也是不同的，如有的材料被加工成杆系结构构件（如木材、金属、混凝土），有的材料被加工成单元模块构件（如石材、砖），有的材料被加工成面板（如木材、金属、玻璃、混凝土、合成材料），还有的材料被加工成柔性卷材（如塑料）。每一种材料的加工工艺不论是手工的或是工厂化生产的，都遵循一定的行业标准（图3-1）。

图 3-1　自然和人工合成材料都具备了成熟的工业化制造工艺

资料来源：Edward Allen, Joseph Iano. Fundamentals of Building Construction[M]. Toronto：John Wiley & Sons, Inc, 2009：110，111，418，419

胶合木板的流水线生产　　　型钢的生产流水线

如何能最大限度地实现构件的通用化程度是标准生产工艺的重要目标，因为构件的通用性越高，就意味着构件的生产效率越高、越经济。简化构件形式是标准化的最直接方式，构件越小、结构形式越简单，越适合大量生产。砖应当是世界上最早的标准构件之一了，它充分体现了柯布西耶关于标准化的定义："最简单、最基本、最纯粹的材料；精确的形状；合适的功能"[3]。砖的材料来源不仅广泛，生产工艺也很简单。从早期较大尺寸的土坯，发展成以"一手抓"为适宜尺寸的单元砖，是工匠在长期的建造实践中总结出的合理尺寸，但这个标准尺寸也不是一成不变的。例如在德国，有两种砌块的标准：一种是基于"八分制"的小型砌块，其基本尺寸分为两种：薄型 DF（240 mm×115 mm×52 mm）和普通型 NF（240 mm×115 mm×71 mm）；另一种是基于"十分制"的大型砌块，这种标准砌块的发展主要是由于硅酸钙和加气混凝土工业的发展，大型砌块不仅施工速度快，隔热性能也更好。大型砌块的尺寸根据是否承重会有一定范围的变化，一般尺寸为（1 000 mm×500 mm×100 mm）（图3-2）。

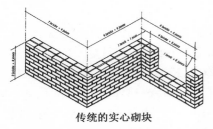
传统的实心砌块

新型的空心砌块

图 3-2　不断变化的标准工艺
资料来源：［德］普法伊费尔. 砌体结构手册［M］. 张慧敏，译. 大连：大连理工大学出版社，2004：73

对于属性相对单一的材料，构件的标准化生产工艺是比较容易成型的，但对于一些属性多元的材料，标准化的工艺在不同的技术条件下差异是显著的，比如木材。木材兼具优良的抗压与抗弯性能，既可以作为杆件构件，也可作为板材构件。根据木材的特征，在早期，工匠发展出了标准的榫连接工艺，通过榫卯的契合构造，木结构构件之间可以形成直接连接，不需要其他过渡构件。但由于木构件种类丰富导致了开榫工艺的多样化，也加大了标准构件制作的复杂性。

在中国传统的木构建筑中，由于几乎所有的木构件连接都采用了榫卯的构造形式，因此在建造的过程中，木构件的制作是最耗费人力的工作。比如在《营造法式》对工匠等第的划分中，将工艺技术的难易程度和劳动量分为上、中、下三等，其中如大木作，尤其是制作复杂的斗拱构件都是上等。因此，为了尽可能地减少标准木构件工艺的复杂性，工匠在长期的实践经验中也限定了榫卯构造的类型，以提高构件的生产效率，《营造法式》中通过总结列出了四种标准的榫卯类型：斗拱的榫卯连接，多为十字交叉，上下咬接的形式，只有暗契采用销眼穿串的方式；槫与普拍枋等横向平接构件多采用"螳螂口"和"勾头搭掌"等榫卯连接方式；柱与梁的连接则采用"鐏口鼓卯"或"梁柱对卯耦批搭掌"等类型榫卯；柱子的拼合采用"暗鼓卯"和"银锭榫"[4]。尽管如此，榫卯构造依然给标准化生产效率的提升带来了很大的难度。直到金属连接件的产生，这个问题才得以解决。当铁钉、螺栓、齿板、胶合等新的工艺能实现更高效的连接后，繁琐的榫卯构造就没有必要了，木构件的形式也因此变得简洁，构件的生产效率也得以提高（图3-3）。

图 3-3 构造技术的进步使得标准构件的形式更加简洁，提高了构件的通用化程度，节省了生产成本

资料来源：中国科学院自然科学史研究所. 中国古代建筑技术史[M]. 北京：科学出版社，2000：533；Edward Allen, Joseph Iano. Fundamentals of Building Construction [M]. Toronto：John Wiley & Sons, Inc, 2009：120, 122,123，作者编辑

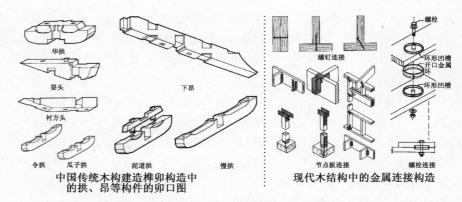

华拱　要头　衬方头　令拱　瓜子拱　泥道拱　慢拱　下昂

中国传统木构建造榫卯构造中的拱、昂等构件的卯口图

螺钉连接　螺栓　环形凹槽开口金属环　环形凹槽　节点板连接　螺栓连接

现代木结构中的金属连接构造

　　从构件的标准化生产工艺发展过程来看，构件的功能越单一，标准化的程度就越高。因为传统的木结构构件既要作为承重构件，又要起到连接作用，因此构件的形式就变得复杂。当有过渡连接构件代替木构件发挥连接的效能之后，木构件的形式也就得到了解放。这也反映了建筑标准构件生产工艺发展的一个趋势，通过越来越多的通用标准构件将原有复杂的构件分层、简化，既提高了构件的通用化程度，也提高了生产效率，节约了成本。

　　虽然推进标准化的发展是提高建筑产品生产效率的有效方法，但建筑产品不是为了满足生产最大化的要求而存在的，不论是场所的变化，还是功能的差异，都会引起建筑结构、性能以及形态上的变化，这就要求标准也可以灵活地变更。阿尔瓦·阿尔托（Alvar Aalto）认为："标准化并不是意味着所有的房屋及所有的构件都一模一样。标准化主要是作为一种生产灵活体系的手段，用它来适应各种家庭对不同房屋的需求，并能适应不同的地形位置、不同的朝向景色……"[5]而奥古斯特·佩雷（Auguste Perret）的观点则更为直接，他一直倡导合理化生产，而不是最优生产，对他来说，每一个重复构件都是为特定建筑进行的特定设计，一旦建造完成，所有预制混凝土的模具就应当全部作废[6]。如果从生产方式的角度而言，佩雷所提倡的应当是一种类似于"批次生产"的方式，每一个建筑的构件组成都属于一个批次，为了保证每一个建筑的特殊性，不同批次的构件标准也应当保持差异性。

　　尽管看上去是在强调和标准化相反的差异性，但不论是阿尔瓦·阿尔托还是佩雷，他们都没有否认标准化，而是在拓展标准化的内涵使其不局限于某种特定的形式。比如佩雷所说的模板问题：更新模板不会改变预制的标准技术，只是构件会产生形式或者性能上的差异。阿尔托也明确地指出，建筑的标准化不应造成相似的建筑或者不能改变的实体，而应该深入建筑的构件和元素的内在系统中，以一种有机的方式着重保留这些元素的性质，使它们能构成无穷的组合形式——这是一个由相同部分构成的，却又能产生各种功能和形式的变体。阿瓦尔·阿尔托和佩雷的观点其实反映的正是产品生产的另一个方面——定制，它和标准化并不矛盾，而是标准化与特定需求相结合的必然结果。因此，我们不能为了追求单纯的经济利益而陷于"标准形式"的教条主义，应该深入研究构件的标准生产工艺与连接的标准构造，利用多样的标准组合方式实现建筑的定制设计。

第二节　从手工艺到机器制造

在建筑市场中我们可以找到品种繁多的标准化产品，但在实际的生产制造过程中，在标准生产工艺下定制不同的零部件是一种建造的常态，这其中既包含了工艺技术的原因，也源于特定场所、功能以及不同的意识形态多样化的需求。直到现在，建筑构件的生产与制作也还依赖两种基本方式：手工艺与机器。手工艺的偶然性使得即使采用相同的制作工艺，每一个构件都会产生一定的差异；而机器则将这种手工差异的"偶然性"降至最低，并大幅度地提高了构件的生产效率。不过，不论是手工艺还是机器，都是人类智慧的延伸，定制的内涵并不在于两者效率或者是偶然性的差别，而在于如何利用不同的工具实现特定需求的生产制造方法。

一、手工艺：现场制造

在瓦特发明的蒸汽机问世以前，人类的智慧与灵巧的双手结合产生了巨大的物质文明财富，更留下了不计其数的、瑰丽的建筑文化遗产。手工艺的潜力是巨大的：2 000多年前，人类就可以在没有任何机械工具的条件下运输比自身重几十倍乃至百倍的巨石，然后将这些粗糙的巨石打磨成平整、规则的形式，再累积成近150 m高度的金字塔，这个高度记录直到1888年才被巴黎的埃菲尔铁塔打破。是什么让人类可以征服大自然，将各种天然材料筑成复杂的工程？仅凭双手显然是不够的，灵巧的工具是必不可少的。

在中国的新石器时代，古人已经使用石斧、石铲等工具砍伐树木，并用石镞、骨铲、蚌刀、磨棒等锐利工具加工木材。从江苏吴江出土的完整的石斧木柄采用榫接而未采用绑扎就可以看出当时的古人已经初步学会用工具加工木材的榫卯构造。而在浙江余姚河姆渡新时期遗址中发掘的干阑式建筑中，不仅发现了在木柱、木梁中已经采用了榫卯构造，还发现了木楼板，在没有金属工具的条件下，将木材加工成木板并不是一件容易的事，木板的出现反映了当时木材加工工艺的重大进步。金属制造技术的进步进一步推动了木材的加工工艺的发展，到了战国时期，木匠们已经有了成套的铁制工具。《管子·海王》云："行服连軺辇者，必有一斤、一锯、一锥、一凿。"由于工具的发展，木工业有了更精细的分工，据成书于战国初期的《考工记》记载，当时已经有了"设色""刮磨""劍木""剡木"等工序。从战国至西汉的楼阁建筑发展来看，在木构架中，柱头上使用斗拱已经成为普遍现象，木构件制作工艺取得了显著进步（图3-4）。

在木构技术非常成熟的宋代，可以从代表手工艺最高成就的装饰构造中看出当时木构件加工工具发展水平之高。当时门窗上的装饰线脚、花纹为追求效果的华丽，形制多样，制作工艺复杂。如格子门的格子不但有四斜球纹格子，而且格眼本身木料的线脚就有七种之多，包括四混绞双线、通混压边线心内绞双线、平出线等。那些表面起伏种类繁多的线脚和复杂的球纹，必须有相应形制的刨口和锯子才能实现。从现存的一些年代较早的木装修构造看，球纹有通过两块条木加工后拼成的，也有用一条木料挖空作成，但无论用哪种方法加工，都要求有能灵活旋转改变方向的锯条[7]。除了木材的

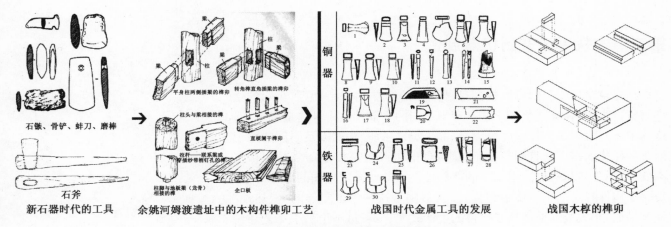

图 3-4　手工艺的进步和工具的发展密切相关

资料来源：中国科学院自然科学史研究所. 中国古代建筑技术史［M］. 北京：科学出版社，2000：295，297，300，303

加工技术，彩画、砖雕、石刻、镏金等工艺也随着工具的发展提升到了前所未有的高度，形成了历史长河中无数珍贵的艺术珍宝（图 3-5）。

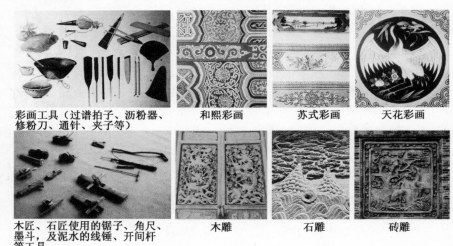

图 3-5　工匠的智慧与工具的完美结合产生了赏心悦目的建造艺术

资料来源：中国科学院自然科学史研究所. 中国古代建筑技术史［M］. 北京：科学出版社，2000：529；http：// www. baidu. com

除了切割、打磨、雕刻、绘画等过程中所用的工具，在建造中还有一种重要的辅助工具——模板，一种用于材料塑形不可或缺的定制工具。模板最早被应用在夯土墙的建造技术中，在我国西周春秋时期，版筑技术有了新的发展，工匠开始用立柱、插竿、撅子、草绳来固定模板。从洛阳东周王城的发掘遗址中，可以推测当时的模板技术已经相当成熟："夯筑城墙时，里外两侧夹有木板，木板横放……在城墙内侧普遍发现保留夯筑时使用木板和插竿的洞眼痕迹。"为了加快夯筑效率，"用木板隔成方块，当方块夯筑到相当于木板的高度，然后拆板向一方移动，另筑方块，这样循序渐进，一层一层向上"[8]（图 3-6）。

虽然夯土这种原生、自然的建造技术已经很少出现在现代的建造场景中，但是从夯土开始使用的模板施工技术却一直被沿用下来。直到现在，模板依然是各种标准构件生产制造以及在现场实现复杂建造形式的重要"定制工具"。一方面，模板被用来批量生产各种标准的建筑构件，如砖、瓦、金属、塑料、混凝土构件等；在某些特殊工艺中，模板甚至可以成为建筑构造本身的一部分；另一方面，通过模板和现场工人熟练的技艺，建筑师一些特殊的、新奇的乃至天马行空的想象才得以实现。对于佩雷来说，木模板是混凝土建筑存在的先决条件，在其追求新的法兰西柱式的

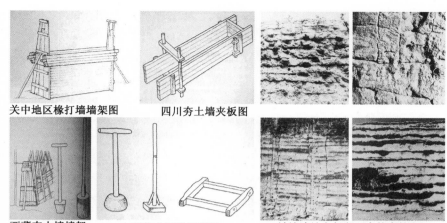

关中地区椽打墙墙架图　四川夯土墙夹板图

西藏夯土墙墙架
以及工具图　制作土坯的工具图　城墙遗址上保留下来的夯筑印记

图 3-6　模板工具在传统砌筑构造技术中的应用

资料来源:中国科学院自然科学史研究所. 中国古代建筑技术史[M]. 北京:科学出版社, 2000:45,48,55

过程中,佩雷逐步发展出一种前所未有的柱头形式。他将传统的科林斯柱式的卷叶柱头转化成木模板几何搭接形成的有机纹理,从市政建设博物馆到勒阿弗尔柱式,佩雷柱头形式的发展经历了整整十年时间。通过模板的现场控制,佩雷将建造的具体语言提升到一个令人叹为观止的精确程度,所有的柱子都直接脱模而成,混凝土柱上的凹槽就像是熟练的工匠雕刻出来的一样(图 3-7)。

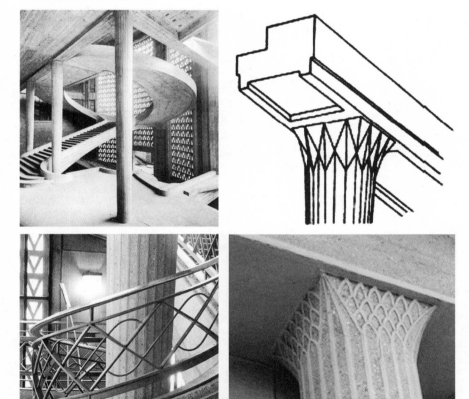

图 3-7　巴黎市政博物馆中由木模板塑造的混凝土柱的有机纹理,奥古斯特·佩雷,1936—1937

资料来源:http://www.flick.com;Kenneth Frampthon. Studies in Tectonic Culture:The Poetics of Construction in Nineteenth and Twentieth Century Architecture [M]. Cambridge, Mass:MIT Press, 1995:150

　　也许除了"神奇",再没有更合适的词汇可以描述柯布西耶的朗香教堂了,这个既和传统没有多大联系也和现代建筑的一般手法不相关的作品引起了人们无数的遐想。这个即使在多年之后看起来依然奇异的建筑,连柯布西耶本人都无法清晰再现当初的创作过程,这是一个完美的"艺术品"。不过,即便作为一种雕塑造型艺术,这个工程的施工难度也是极大的,因为它毕竟不是纯粹的艺术品,它需要围合空间,提供使用功能。从柯布西耶最初的草图来看,最终完成的建筑和初衷的设想几乎一模一样,于是去贯彻这一想法,并将所有不规则的平面、弯曲、倾斜的墙体以及向上翻卷的屋顶细部都完整地实现就成为最关键的问题。不论是从方案异常复杂的曲面出发还是从柯布西耶本人对材料的偏爱而言,混凝土都是这个工程独一无二的选择,而且必须是现浇工艺。复杂、精致、昂贵的木模板不仅实现了两层间距2.26m的混凝土薄壳曲面造型,以及大量不规则的曲面墙体,还呈现了如同人体皮肤一样细腻的表面质感。柯布西耶本人亲自绘制了大量细部的草图并在现场进行施工指导,工匠们高超的手工艺确保了朗香教堂现场建造的质量。在关于朗香教堂的书中,柯布西耶毫不吝啬地将一整段章节献给了施工队,以感谢他们在建造过程中所发挥的积极作用[9](图3-8)。

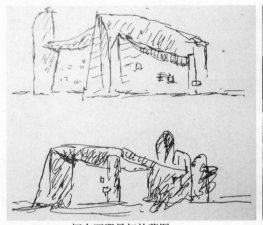

图 3-8-a 朗香教堂的设想与最终建成结果的高度吻合与施工队伍精湛的手工技艺关系密切

柯布西耶最初的草图　　　　建成后的朗香教堂与施工队伍

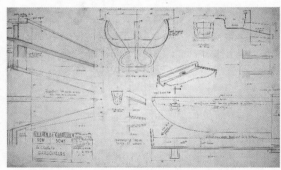

图 3-8-b 柯布西耶精心设计的朗香教堂滴水口构造

资料来源:[瑞士]W 博奥席耶,O 斯通诺霍.勒·柯布西耶全集(第6卷)[M].牛燕芳,程超,译.北京:中国建筑工业出版社,2005:17;Flora Samuel. Le Corbusier in Detail[M].Oxford:Elsevier Ltd,2007:8,9

虽然朗香教堂的建造体现了手工艺对建筑形式定制的无限可能,但形式创新和手工艺的灵巧并不能推动建造技术的本质进步。在工业化生产技术蓬勃发展的初期,大部分的建筑师都未意识到这点,现代主义建筑发展的早期,模板与塑性材料结合所赋予建筑形式表现的无限可能性让众多建筑无暇顾及工业化制造技术的进步,而专注于在有限的建筑类型中通过手工艺不断探索建筑的艺术表现力[10]。这样的后果是可以预见的,就像中国传统的木结构以及西方的砖石砌筑在技术发展到顶峰之后,没有新的生产制造工艺的推动,建筑的发展就只能被限定在有限的结构和反复的形式循环的单行线上,逐渐失去活力。尽管几千年形成的思维惯性是强大的,依然有一部分先锋建筑(其中包括勒·柯布西耶)没有停留在当时盛行的依靠耗时耗力的手工艺来实现新的建筑形式的固有建造方式中,而是更紧密地和已经开始蓬勃发展的工业化生产技术融为一体,去探索更具革命性的、新的定制方法。

二、机器制造:工厂化生产

几乎整个 20 世纪,各种致力于场外预制的理论基础或者实践基础都是产品的同一性。汽车流水线的 T 模式就是在对产品的大批量需求下应运而生的,它坚定地持续着重复生产的模式。勒·柯布西耶感受到了这种思想的力量,并积极地在建筑业领域推行它。柯布西耶相信,"当世界上的万千事物蜕变成若干'物体类型'时,不仅整个世界将变得更加美丽、更有力量,而且这些'物体'类型也将以更高的质量、更低的价格出现在社会大众面前,人们能够从更广泛的途径中获得设计优良的生活用品,无论这些用品是汽车还是建筑"[11]。

而事实上,真正迫使建筑师寻求新的生产方法的原因并不是工业化革命本身,而是城市现代化进程的内在需求。如果说过去一个主持工程的都料匠(掌握尺寸的大木匠)可以不依靠施工图纸,仍能总领工程的主要做法和规格:在掌握尺寸的匠人统一指挥下,在现场按规定要求分派任务。屋架结构现场放样、定尺寸,构造大样的尺寸直接画在墙壁或地面上,按尺寸截料……[12]那么,在建筑构成的复杂性以几何倍速度增加的现代,全部在现场完成构件的生产与建造显然是不现实的了。20 世纪初,伴随经济发展而兴起的商业建筑与工业建筑需要大量、快速的产品生产制造模式。

如果将建筑作为一个终端产品来看,就像克里斯·亚伯所说的,建筑产品的生产方式相比较其他制造业是滞后的。1913 年,亨利·福特首创了汽车制造的流水线生产福特 T 形车(图 3-9),大大解决了汽车制造的成本,让汽车变得平民化;建筑的整体流水线生产直到 20 世纪后半叶才出现在某些特定类型的建筑中。但就建筑单品部件而言,工厂化批量生产的方式很早就出现了。1854 年,柏林制造商卡尔·施利克森(Carl Schlikeysen)发明了挤压机,像虫一样的压头和可替换的模具是其基本组成。通过挤压机,预先混合好的黏土被挤出并被金属丝切成块。砖的制造过程由此可以变成一个从材料准备到塑形再到煅烧的连续过程,每一步都可以控制、调节,就如同汽车制造的流水线一样实现了可控的自动化生产。几年后,1858 年,同样来自柏林的弗雷德里希·霍夫曼(Friedrich Hoffmam)发明了连续的环形砖窑,可以更快、更经济地完成砖的烧制,并可以连续工作几十年,因此也得以"效率窑"的美名。这些发明将砖的生产能力提高了近 5 倍。十年

福特汽车公司的流水线,1913　　　　砖的工厂化生产,1854

图 3-9　汽车与建筑产品早期的工厂化批量生产

资料来源:Chris Abel. Architecture and Identity:Responses to Cultural and Technological Change[M]. 2nd ed. New York:Architectural Press,2000:4 ; Edward Allen, Joseph Iano. Fundamentals of Building Construction[M]. Toronto:John Wiley & Sons, Inc,2009:306,307

后,隧道窑的发明问世继续将同等砖厂的生产效率提升了 12 倍[13]。

批量生产(mass production)是工业化早期最先采用的一种大量性生产方式,它的显著特点是将需要加工的产品零件在整个生产流程中始终被固定在流水线上,并被自动地在一道道加工环节之间传送。这种流水线生产模式的主干即自动化的加工机器,它替代了传统的手工,可以高效率地进行重复性生产,并且不需要休息,也很少出错。从最早的砖,逐渐到结构柱、梁、楼板,再到门窗乃至每一个细微的连接构件,建筑业发展出了丰富的产品生产流水线。尤其随着层叠建造技术的发展,更多的围护体产品迅速地涌现出来,其中不仅包括了玻璃、金属面板、石材饰面等单一功能产品,还涵盖了集保温、隔热、装饰等多功能一体的复合产品。例如在复合铝板产品的生产流水线中(图 3-10),经过铝板自动折边、发泡机自动填充发泡剂、自动敷设铝箔底面、自动裁剪等一系列工序后,工人只需要在生产流水线的末端检验裁剪整齐的复合保温板的表观质量后,就可以将成品保温板送入仓库储存。曾经的墙体平整、涂抹保温砂浆(粘贴保温材料)和饰面工程都被压缩在了 60 m 的流水线中,而负责一系列复杂的工作的"工人"是铝板折弯机、标准 PU 发泡机和自动裁剪机。在这套机器的配合下,误差在 3 mm 以内的复合保温板产品年产量可以达到 125 万 m²。

图 3-10 安徽罗宝节能科技有限公司的复合保温板智能的流水线
资料来源:自摄

1. 铝板进入自动折弯机　2. 折弯后铝板进入 PU 发泡机　3. PU 发泡机自动填充发泡剂并敷设铝箔底面　4. 自动裁剪机将保温板材切割成标准尺寸

虽然单品构件的生产效率的提升是显著的,但由于批量生产的类型是有限的,对于有着高度定制化需求的建筑,单一的生产线满足不了多样的建造需求。为了实现产品的多元性,又形成了另一种生产方式——批次生产(batch production)。批次生产可以实现多种类型零件的生产,但数量是有限的,这一过程通常需要大量手工操作的简单机器,每一个步骤都是独立的、不连续的操作,零件通过手工的方式在不同的机械之间传递。如果说批量生产适用于一些通用的标准产品,那么批次生产则可以实现更多元的定制产品。例如铝单板通过剪板、折弯、焊接、打磨、检验、前处理、上挂、喷涂等不同工序的处理之后,就可以形成形式多样的饰面产品。这些工作由不同的工人通过功能单一的机械设备完成,比如折弯机、切割机、雕刻机等,机器之间并没有联系,整个生产过程也没有完整的流水线,而是通过人工的方式进行传递(图 3-11)。

图 3-11 在铝板产品生产过程中所体现的人工与机器结合的批次生产方式
资料来源:自摄

1. 开卷　2. 剪板　3. 倾轧　4. 数控雕刻
5. 折弯　6. 焊接　7. 打磨　8. 喷涂

批量生产与批次生产相结合的工业化生产模式不仅在建筑产业,在其他制造领域也持续了相当长的时间,即便是现在,这两种方式依然是众多工业生产部门所依赖的生产标准。随着 20 世纪 60 年代后以计算机发明为标志的信息化革命的到来,全球进入了一个知识爆炸的时期,自然科学领域产生了质的飞跃,科学发展突破了单一领域的发展模式,开始迅速地进入广泛的交叉领域综合研究中,建筑领域也同样如此。建筑师在被固有的国际式风格束缚多年后渴望多元的选择,渴望表达,渴望彰显个性,这种强烈的愿望在与不同的科学领域交叉中形成了多元的现代建筑理论:文脉主义、隐喻主义、建筑符号学、建筑现象学、建筑心理学、环境心理学等等。面对快速变化和高度多样化的需求,产品的批量需求变得越来越小。同样显而易见的是,批次生产的方式,由于其缓慢的低产出也无法适应这一要求。工业化发展在这个时候到了一个瓶颈期,不过信息化技术的发展既带来了新的市场需求,也促进了一种新的产品生产模式的产生——批量定制,可以同时满足大量生产和多样化需求的生产方式。

然而,在汽车、电子等制造领域开始积极变革的时候,绝大多数的建筑师还没有意识到这一点,当他们发现新的形式无法通过现有的工业化生产技术实现时,他们最通常的做法是回归手工艺。这也正是克里斯·亚伯指出的建筑工业发展所面临的问题。而斯蒂芬·基兰与詹姆斯·廷伯莱克则更深刻地指出了落后的生产方式给建筑产品发展带来的危害:"为什么我们总是看见建造成本上涨的速度超过国民平均生活水平增长的速度? 为什么我们必须始终在建造成本的边界条件约束下做出设计决策,而这种决策总会导致产品的可选性余地减少、用户的定制程度降低、标准化构件数量的增加以及建筑质量的下降? 为什么当我们面临工程竣工验收阶段众多的质量问题时,唯一的解决办法依然是无止尽的书面交流和时间消耗?"[14]

基兰与廷伯莱克的问题已经在其他制造领域通过批量定制的方式得到解决,而建筑工业的批量定制却发展迟缓。直到 20 世纪后期,一些建筑师以及建筑产品制造企业才开始实践这种新的生产理念。批量定制平衡了批量生产的教条与手工艺的低效、高耗费的缺点,将两者的优点结合在一起,为未来建筑工业化发展带来了显著的、实质性的变化。

第三节　批量定制

批量定制的观念最早可以追溯到 1970 年,美国著名的科学家艾尔文·托夫勒(Alvin Toffler)在《未来的冲击》(Future Shock)一书中提出,"未来的社会将要提供的并不是有限的、标准化的产品,而是多样化、非标准化的商品和服务"。随后,斯坦利·戴维斯(Stanley Davis)在其 1987年的《未来的理想》(Future Perfect)一书中正式提出了"批量定制"(mass customization)的概念,经过 30 年的发展,这一概念已经在制造业的各个领域得到了广泛应用。

戴尔公司是最早将批量定制应用于产品实践的成功企业之一。创始人迈克尔·戴尔(Michael Dell)在 1984 年创办戴尔公司之后,将批量定制作为一种革命性的新理念，可以根据不同需求向客户提供计算机，在市场上获得了巨大的成功。戴尔公司将计算机分解为不同的组成部分，然后再灵活地组装，形成了丰富的产品系列。借助软件进行供应链管理，公司可以根据客户的需求，制造具有自身特色的产品，并以合理的价位、出色的售后服务获得了大众的青睐。戴尔成功的经验很快被其他电子产品、生活日用品、服装、手表、汽车等各行各业借鉴，成为新的产品生产模式。

批量定制可以从不同的角度进行分类，比如按产品的类型分、按定制的范围分、按批量定制的原理分、按客户订单分离点分、按产品形式分等[15]。而其中，按客户订单分离点的方法由于涉及定制产品的研发、设计、制造、装配与销售等过程，分类的适用范围是最广泛的。客户订单分离点(customer order de-coupling point, CODP)，是指企业生产活动中由基于预测的库存生产转向响应客户需求的定制/订单生产的转换点。按照客户需求对企业生产活动影响程度不同，即客户订单分离点在企业生产过程中位置的不同，批量定制可以分为：按订单销售(sale-to-order, STO)、按订单装配(assemble-to-order, ATO)、按订单制造(make-to-order, MTO)和按订单设计(engineer-to-order, ETO)四种类型[16]（图 3-12）。

① STO，又称库存生产，在这种方式下，只有销售是由客户订货驱动的。这类产品在建筑中多为通用的标准化部件，如砌块单元、金属五金件、电气、暖通设备等产品。

② ATO，是指接到订单后，将企业中已有的零部件经过配置后向客户提供定制产品的生产方式。这种定制方式一般应用于门窗等围护体产品中，因为不同的建筑门窗洞口的大小是有差异的，但是不同的建筑依然可以采用相同的门窗产品，只要门窗企业根据具体的洞口尺寸重新装配门窗零部件就可以满足需求。在这种生产方式中，装配活动以及下游的活动是由客户订货驱动的。

③ MTO，是指接到客户订单后，企业在已有零部件的基础上进行变形设计、制造和装配，最终向客户提供定制产品的生产方式，在建筑中大量使用的金属部件都属于这类生产方式。在这类生产方式中，变形设计及其下游的活动是由客户订货驱动的。

④ ETO，是指根据订单的特殊需求，重新设计能满足特定要求的新型零部件或整个建筑产品，在此基础上，向客户提供定制产品的生产方式，如为满足特殊需求的大型结构构件的制造。在这种生产方式中，开发设计以及下游的活动是由客户订货驱动的。

在实际的生产过程中，这四种类型的定制方法并没有明显的界限，尤其是对于复杂的建筑构成而言，不同的定制方法在同一个建筑中经常是交织、重叠的。不过，不管是哪种定制方法，都需要一种更灵活的生产工具，以实现快速多样的可变性生产。

一、可变性生产：面向市场的通用机械

批量生产是机器的强项，多样化定制是手工艺的强项，如何将这两者结合起来共同发挥作用，一直是一个难以解决的问题。直到 20 世纪 70 年代，一种新的控制系统（计算机）的产生才使这个问题有了正确的解决

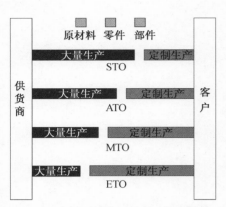

图 3-12　不同类型的批量定制方式中定制生产的比重差异

资料来源：包志炎. 定制产品进化设计原理与方法研究[D]. 杭州：浙江工业大学，2012

方法。计算机的发展引起的信息化革命推动了机器智能化发展,逐渐地,在传统执行单一命令的机器之外出现了一种新的生产机器,它是自动化的,同时又具有可变性,其性能的机动性和多样性结合使它能广泛地适应原本由各特定机械所针对的不同工业部门的要求。这些机器中的一种类型可以在一种产品的生产中实现多样的操作,后一种类型则可以针对大量不同的产品生产完成极为多样化的操作。在后一种类型中,最为特殊的就是工业机器人(图3-13)。

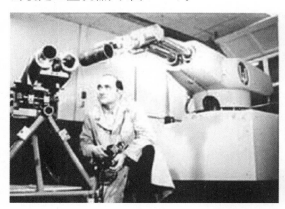

图 3-13 早期的通用机器人
资料来源:Chris Abel. Architecture and Identity:Responses to Cultural and Technological Change [M]. 2nd ed. New York:Architectural Press,2000:9

这些机器人集成了高级的控制程序和记忆系统,并且可以编写程序,不断接受新的工作;同时这些机器人可以在不同的生产部门之间转移。目前多数机器人可以实现类似于人的手臂所进行的操作,它们可以使用特殊的工具:喷枪、焊枪和其他动力工具,适应恶劣的工作环境和高强度的工作压力,它们在汽车、电子、日用品等工业部门得到了广泛应用。而近年来,工程师和建筑师也开始应用机器人参与复杂的生产与建造活动。

例如在香港汇丰银行的金属面板生产中,使用了大量的焊接机器人,提高了复杂形式的铝制窗框架的生产制造效率,也节省了大量的劳动力。除了完成工厂的复杂构件的组装任务,计算机自动化在建筑工地上也有了新的应用,几种不同的机器人被开发出来用以完成不同的建造任务:协助结构组装的装配机器人、配筋和混凝土浇筑的机器人、室内工程收尾的机器人、完成混凝土板和喷射封火涂料的机器人、室外工程收尾的机器人以及用于繁重的挖掘和钻孔切割的机器人等。智能化的机器人不仅能完成简单重复的工作,在程序的控制下还能完成具有一定复杂性的建造活动,如瑞士苏黎世联邦理工大学(ETH)已经开始研究通过程序控制让机器人来按部就班地实现复杂的建造技术(图3-14)。

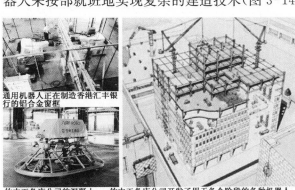

通用机器人正在制造香港汇丰银行的铝合金窗框

竹中工务店公司的混凝土楼板面层施工机器人

竹中工务店公司开发了用于各个阶段的各种机器人:自动化起重机、楼板找平机器人、自动墙面粉刷机器人等

苏黎世联邦理工大学研究通过程序控制实现机器人完成更复杂的建造活动

图 3-14 机器人代替人类参加高度重复性和高强度的建造活动
资料来源:Chris Abel. Architecture and Identity:Responses to Cultural and Technological Change [M]. 2nd ed. New York:Architectural Press,2000:44;赵虎提供

从相对稳定的工厂环境到更激烈多变的现场工地环境,机器人参与的建造范围的拓展可以预见未来的建筑工程对机器人技术发展的需求,尤其是在标准化制造和建造的活动中,在高度重复性和高强度的建造活动中,在人工劳动力变得愈来愈昂贵的未来,机器人更多参与建造可以有效地提高生产力和实际工作质量。这也是为什么在日本和其他发达的工业化国家,机器人制造技术得到青睐的原因。在建筑施工环节广泛应用机器人不仅在技术上可行,在经济上也是合理的[17]。

不过即便采用了多功能的机器人,对于整个生产过程的集成化方面的贡献也是有限的。因为,它们在完整的系列生产过程中,只能为某个或者某几个环节提供多样性的自动化操作。这些独立的多样化操作可以帮助解决生产中的某些瓶颈或者从枯燥和危险的工作中解放一部分手工劳动力,但总产量和全局效率才是决定整个企业的生产集成化累积效果的关键。若想突破这一限制,必须有一种在集成化和持续可变的生产过程中,对可调节的机械进行有效控制的方式。在这一方面,机械设备工业(machine tool industry)起到了领先作用,机械设备工业在传统的批次生产技术之外提供了一种实现多样产品的先进模式,它预示着一种完全自动化工厂的雏形。

这种进步的基础正是建立在机械设备适应数字化控制之上的。在数字化控制(NC)的机械中,所有机械设备都按照数字化的信息进行操作,信息来自于构件本身的标准,并反馈至机械的运转中,其中还包括了自动的设备,可以依照不同的操作做出相应的改变。机械所可能实施的复杂动作——同时也就是零件所可能被加工出的复杂形状——被描述为机械可以依之操作的数字坐标:二向度的、三向度的等等,最高可以达到六向度[18]。这种可以高速运转应付多样操作的灵巧可变的机器,可以完成连人工都很难加工的复杂形状的零件。

这种灵活的加工工具最早被建筑师应用于复杂形式的建筑构件生产制造中。在弗兰克·盖里设计的杜塞尔多夫海关大楼(图 3-15)中,不论表面充满动感的金属表皮,还是里面一层混凝土板都是在工厂预制完成的。放弃了耗时耗力的模板工程,盖里充分利用了机械领域最尖端的制造技术,预制混凝土板由 CNC(计算机数字化控制)刨槽机制作而成。刨

图 3-15 杜塞尔多夫海关大楼应用数字化控制的机器实现了复杂构件的工厂化定制

资料来源:刘松茯,刘鸽.弗兰克·盖里[M].北京:中国建筑工业出版社,2007:140

槽机根据电脑模型将聚苯乙烯泡沫削成三维模板,可以保证在倾倒混凝土的时候不会引起钢筋移位,宽2.4 m、高3.4 m、厚0.9 m的模板可以重复使用,355块不同形状的混凝土板组装在一起形成了杜塞尔多夫大楼外形的轮廓。

虽然自身具有了高度的灵巧可变性,单独的数控机械设备依然不能为整个工厂的生产水平带来质的提高。将不同复杂程度的操作集中于有限的机器上,也会使得一些复杂和昂贵的机器仅被用于一些单一、简单的任务,比如建筑局部复杂的零部件生产制造。真正的突破还需要将一系列不同的、性能互补的数控设备连接在一起,形成一个"综合的机器控制体"。

二、机器进化:走向全面的信息化控制

形成"综合机器体"的思想最先由 Molins 机器公司推出的"24 系统"实现了。由 D. T. N. 威廉姆森(D. T. N. Williamson)发明的"24 系统"是一个完全集成化的灵巧可变的制造系统。正如其名字,该系统可以 24 小时不间断运行。该系统已经被应用在石油化工和钢铁加工等行业中,由计算机控制的自动化生产线实现了一种灵活可变的流水线。例如,一个由 6 台机器组成的系统每天可以生产 2 000 ~ 20 000 个产品,并在产品的构造配置和尺寸上都可以有很大变化。这种系统的产生将大量生产的高容量、高速度和消费需求的多样性结合在一起,是一种革命性的系统[19](图 3-16)。

图 3-16 "24 系统"计算机控制的生产线
资料来源:Chris Abel. Architecture and Identity: Responses to Cultural and Technological Change [M]. 2nd ed. New York: Architectural Press, 2000: 10

通过这样的方式来改变生产内容的能力,可以将企业对生产过程的控制带到一个更高的层次。英国控制论专家斯塔福德·比尔(Stafford Beer)认为从车间拓展到企业中央控制的发展为工业化提供了一种更广泛的发展空间:"信息化控制下的工厂寻求一种适应性更广泛、反映更迅速的自动化系统,它有能力控制任何一种类型的企业。"[20]比尔建立了一种类似生物体"神经系统"的可适应工业有机体概念,这套可控制的"神经系统"是全面自动化的,并且有着不同的层级,遍布整个企业的组织机构。通过"基本控制部件"(basic cybernetic)作为可调节流水线的基础[21],在计算机辅助操作技术支持下,比尔设置了一个有 5 个层级的系统来实现信息化的工业结构控制,所有的数控机械设备在不同层级的系统控制下,有条不紊地完成工业生产的输入和输出信息。

这个最初的综合体本身已经包含了一个 3 层的指令结构,形成了"第一系统控制器"。第一层级由一系列数控设备以及控制它们的计算机组成,这些计算机的控制记录被第二层的计算机控制着。第二层的计算机同时负责调节相同系列的机器,并监控联系该生产进度和更大的工业生产机构的输入和输出信息;最后一层连接则实现了分部门的管理,实现了特定的生产线与市场需求和限制之间的联系,完成了"第一系统"。之后,通过"第二系统"实现企业内部不同部门之间资源需求的平衡。"第三系统"则将这些平衡向着企业战略目标的指向进行调节。"第四系统"和"第五系统"分别在外部环境影响企业整体以及战略调整时提供相关的信息[22](图 3-17)。

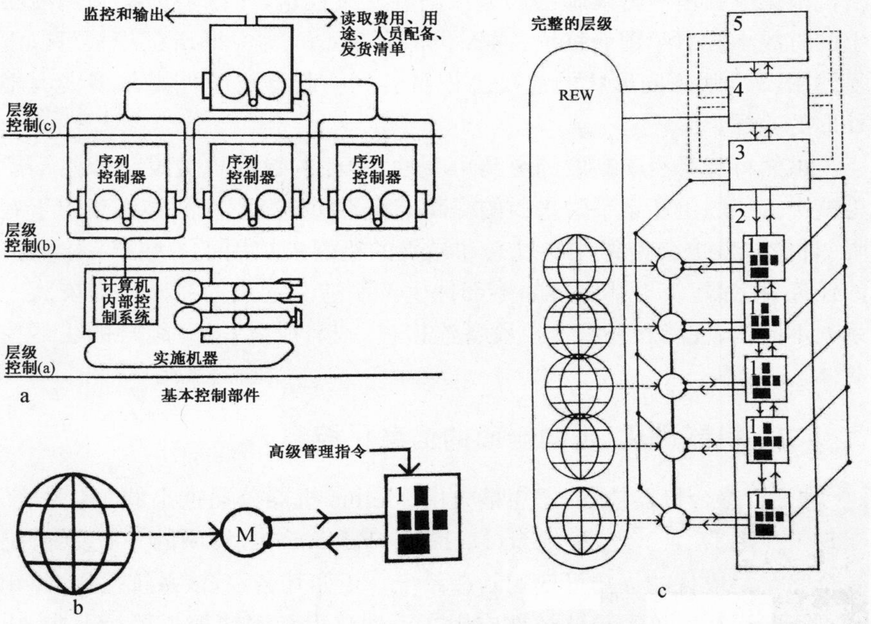

图 3-17　比尔提出的全面自动化、分层级控制的信息化工厂计算控制系统
资料来源：Chris Abel. Architecture and Identity：Responses to Cultural and Technological Change [M]. 2nd ed. New York：Architectural Press，2000：11，作者编辑

型钢是采用分级系统生产制造的典型代表。在型钢的生产过程中，一般是三级控制系统：第一级用于生产组织管理，采用大型计算机进行 DDC 控制（直接数字控制）；第二级是对生产过程的控制，即程序控制，程序控制计算机一般分两线控制，一线控制热轧作业区，一线控制精整作业区；第三级是对每道工序的控制，包括对加热、轧制、锯切等工序的控制，一般采用微型机进行控制。各工序微型机反应的生产信息通过中间计算机反映给各自的程序控制机，经程序控制机汇总后反映给中央控制机，中央控制机再根据生产标准发出下一步调整和控制的指令。现在，分层控制的信息化工厂已经能够实现大批量、多样化的定制产品，而且已经逐渐从结构、围护、设备、家具等单一产品转向完整的终端建筑产品定制。

应用信息化控制技术，建筑产品生产企业不仅同时满足了不同类型构件的批量生产与多样化需求，还将各种构件的设计与制造整合起来，形成了建筑终端产品的批量定制。日本积水化学公司是日本最大的工业化住宅成产商，长时间地专注于 2～3 层的可持续工业化住宅产品研究，并最早研制出日本单元装配化工业住宅体系。该企业设计埼玉县的工厂平均每 48 min 可以制造出一栋 2～3 层的独户住宅构件，然后运往现场安装，一天之内完成所有装配建造。这种工业化装配住宅主要采用钢骨架（木骨架），配以复合墙体和楼板，在生产线上形成盒子结构。80％的单元构件在工厂生产，包括地板、外墙、天棚和梁，下料、切割、拼装、焊接等工序全部在不同的生产线上完成，全自动焊接机可以保证毫米单位的精度，喷刷涂料工序则有机器人负责完成。门窗、楼梯间、卫生间、壁橱及成套的厨房设备均安装在盒子结构内，坡屋顶在工厂内分块制造完成。专用卡车将工厂生产的单元体和零配件运送到组装现场。由不到 10 名工人，用吊车吊起单元连接，包括结构体系和精装修全部组装作业在 4 小时内完工（图 3-18）。

主体钢结构生产线　　外墙板流水线组装

屋面板流水线组装　　生产好的墙板堆放　　运输至现场安装

图3-18　信息化控制的工厂将所有的产品生产整合起来,形成了建筑终端产品的批量定制

资料来源:http://www.flick.com

走向信息化控制的工厂实现了建筑产品的批量定制,使得制造者对设计和制造的总体过程实现了尽可能多的控制。这种总体上的权威性使得制造者可以从整体设计中获得所需要的最大化的效率,并可以在任何适当的时候更改它们的产品,这对于任何一个企业的持续成功都至关重要。市场需求可能向着任何一个不可预知的方向发展,如果制造者没有保持对他们产品的总体控制,就无法跟上这种变化。

批量定制的最终目的是为了满足现代客户越来越多元的需求,但又不以高昂的成本为代价,真正实现了价廉物美的优质产品。无印良品(总部东京)是一个以木材为本的综合商店品牌,它在日本的地位就像 Inditex 在西班牙,宜家在瑞典或者星巴克在美国一样,是日本最受欢迎的商店。无印良品的企业哲学是"没有商标的优秀产品",它所有的产品都是顶级质量,由设计大师设计并拥有平易近人的价格。2005 年开始开发的无印良品之家是由著名建筑师与无印良品协同开发的预制装配住宅。无印良品之家不是一个单栋的住宅,而是一个工业化预制住宅产品的系统设计,顾客可以按照他们的喜好去定制他们的住宅,选择各种零件比如门把手、地板、楼梯、墙体等等。整体的建筑按照一定的模数进行挑选,以间为单位,按照(几×几)间的模数进行选择,出售不同的价格,同时又可以根据不同的家庭情况对具体设计进行可控制范围内的调整。它简洁大方的外形,高性能的品质让它成为非奢侈类住宅市场的优秀产品。

无印良品之家按照形式风格分为木之家与窗之家等,分别是与建筑师难波和彦和隈研吾合作设计完成的。难波设计的木之家提供了面向相邻住宅的私有面和一个面向小院子或道路的公共面,一个简单的长方形体量特别适合日本的城市化和半城市化环境。公共面拥有大的开口与深屋檐,运用细小的钢柱,形成一个面向公共环境的灰空间。室内形成的开放空间,与阳光结合,形成优质的室内空间。木之家顾名思义是采用木结构的预制装配住宅,它的结构概念是"既是持久的,也是可改变的",基本结构形式是用装配化木制框架结构,构造主要采用空心销连接,简洁高效,并且具有一定的灵活可变性。隈研吾设计的窗之家则是另一种风格:窗之家基本采用坡屋顶,顾客可以选择决定在住宅的什么部位开窗,并选择窗户的大小与形式,不同形式窗户突出了建筑的个性,也给予客户高度地参与定制的自由(图 3-19)。

图 3-19　无印良品之家批量定制的住宅产品

资料来源:http://www.flick.com；无印良品窗之家与木之家的产品手册

无印良品木之家　　　　　　　　　无印良品窗之家

　　不仅满足了多元的客户需求,走向信息化控制的工厂也真正实现了勒·柯布西耶关于"像造汽车一样造房子"的理想,尽管是在局部领域,这个进步也是巨大的,并且,这个进步还有提升余地。工厂在建造的全过程中还只是一个中转站,现场才是建造的终点。工厂将建造的很大一部分工作量由现场转移到了一个个由一系列复杂的机器组成的流水线上,但如果将流水线从工厂转移到建造的现场,现场也可以成为一个灵活的"工厂",而这个更具挑战性的设想已经在小范围内被科学家实现了。

　　2014 年 2 月,美国航天局(NASA)出资与美国南加州大学合作,研发出了"轮廓工艺"3D 打印技术,只要一个按键就可以操控机械"打印"出房子。据"轮廓工艺"项目负责人、南加州大学教授比赫洛克·霍什内维斯介绍,"轮廓工艺"其实就是一个超级打印机器人,其外形像一台悬停于建筑物之上的桥式起重机,两边是轨道,而中间的横梁则是"打印头",横梁可以上下前后移动,进行 X 轴和 Y 轴的打印工作,然后一层层地将房子打印出来。"轮廓工艺"的工作速度非常快,24 h 之内能打印出一栋两层楼高、2 500 ft² (约 232 m²)的房子。"轮廓工艺"3D 打印技术目前已可以用水泥混凝土为材料,按照设计图的预先设计,用 3D 打印机喷嘴喷出高密度、高性能混凝土,逐层打印出墙壁和隔间、装饰等,再用机械手臂完成整座房子的基本结构。建造的全程都由电脑程序操控(图 3-20)。

　　尽管目前通过该"3D"打印的技术"打印"出来的房子体积、形式还比较简单,但当这样一台机器人在现场独立地制造建筑的时候,工厂已经不再是那个固定的建筑构件的生产制造中转站了,而成为现场直接完成建造活动的终结者。虽然这个技术的创新对于目前普遍大体量、复杂性的建造活动并不能起到巨大的影响,但是就像一百多年前勒·柯布西耶的理想在今天得到了实现,谁又能想到 100 年,甚至是 50 年后的未来,建筑工业的生产制造技术会发展到一个怎样的地步呢?

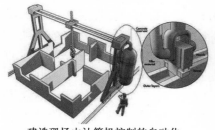

建造现场由计算机控制的自动化
"打印机器"设备

在实验室内由轮廓成型机器手臂
打印出的样品墙体

图 3-20　"3D"打印技术将产品的工厂预制和现场安装合为一体,进一步整合了生产制造流程

资料来源:http://mp.weixin.qq.com

虽然建造技术的未来有着诸多不可确定性,但有一点是可以肯定的:工厂对于建造最重要的意义不是一个庞大的提供材料堆放、加工、储存的物质空间,"机器"才是工厂的核心,而信息化技术又是机器进化的基础。机器对于现代建筑而言就像石镢、骨铲对原始棚屋的意义一样,在建造的历史中,它们都是建筑师(工匠)将设计付诸实施的"灵巧的工具",这些工具的发展不仅改变了建筑构件的生产方式,还带来了更深远的影响。

三、劳动力解放:改变建造者的角色

建筑技术的发展不仅影响了构件生产方式的变化,相应的变革也发生在建造者身上,这其中包括设计、生产、施工以及管理者等不同角色。批量定制的生产模式所带来的革命性结果,以及信息化对生产控制所带来的影响并不会导致手工劳动的彻底消失,而是重新分配与定义。不论机器有多先进,依然会有许多以自动化方式并不经济的装配工作,这些更复杂的工作依然是手工操作的特权。不过,一种新的能更好地适应不断变化的生产方式,在由流水线装配向小组装配的转变中逐渐产生了。

原有的流水线上的装配方式对工人创造力与积极性产生一定程度的约束。在这种方式下,劳动者们被限制于重复的、单调的角色中,每个操作者仅仅完成极为有限的工作,就像生产线的奴隶一样。现在,一些公司已经开始推出具有开创新的"非线性系统",它所提供的小组装配思想与流水线生产的方式完全不同。装配工作由不同的小组展开(每组 1～10 人不等,视产品装配的复杂性而定),每组负责一种产品从头至尾的装配。相对流水线生产方式,这种新的方式已经被证明可以提高劳动者的工作积极性,同时提高产出的数量与质量,降低废品率。这种创新的成功来源于释放了固有生产线对劳动力创造性的束缚,为生产者(建造者)探索性的活动提供了可能。它对中等或者更加有限数量的批次生产大有裨益,同时,对整个装配过程全面的了解和控制使得装配者可以更好地理解和适应他们工作中的改变,并及时针对变化做出应变[23]。

相类似的改变也影响着管理者与设计者的工作方式。传统的理论认

为企业的管理层必须专业化，就像建筑设计的专业细分一样，所有的决策都是由不同的专家小组决定的，比如建筑功能与形式由建筑师决定，建筑结构由结构工程师决定，建筑设备由电气、暖通工程师决定，在企业中也一样。这种方式很难保证整个企业或者建筑设计在面临综合问题时可以得到更宏观的解决方案。同时，在信息化控制的企业结构中使用的操作方式，本身就隐含了跨领域的、多方面（而非专业化）之间更密切的联系。后工业化的工厂如果要充分地利用信息化技术，就必须寻找一种更灵活的管理角色；同样，建筑的设计部门也需要一种更灵活的通用人才。正如为了适应多变的车间生产，装配人员的类型和所需的技术已经开始发生改变一样，"自由形态的设计与管理"可以将专业化的管理层和工程师从有限的、狭隘的专业领域中解放出来，将迄今为止大多数依然在各自独立的设计、战略指挥、生产操作以及行政管理联系在一起，形成一种全面的控制。

相对于管理者从改变中获得的长远利益而言，设计者的获利是立竿见影的。在 20 世纪 80 年代，随着一段时间的酝酿，一些具有冒险精神的建筑师与工程师以及制造商合作，用信息技术和灵活的制造系统设计了一系列独特的建筑。比如诺曼·福斯特事务所设计的雷诺中心（Renault Centre）和香港的汇丰银行，在这两个建筑中的某些独特的钢结构构件和特殊的金属面板都是批量定制的产物。和理查德·罗杰斯设计的伦敦劳埃德大厦（Lloyd's HQ）一样，作为最早的为信息时代设计的特制的办公建筑之一，香港汇丰银行除了配备了以计算机中心需要而发明的架空楼地板外，还引用了一套计算机控制的、追踪太阳轨迹的"日光反射镜"（sunscoop）以控制自然光的分布，使中庭获得更多的采光（图 3-21）。

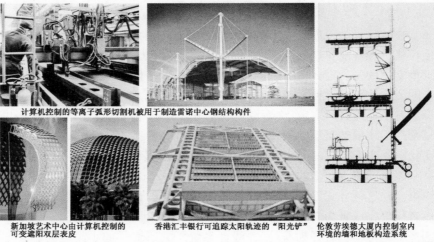

图 3-21　产品生产制造技术的进步激发了建筑师的创造潜能，为建筑产品性能的全面提高提供了更广阔的发展空间
资料来源：http://www.flick.com；Chris Abel. Architecture and Identity：Responses to Cultural and Technological Change ［M］. 2nd ed. New York：Architectural Press，2000：58

计算机控制的等离子弧形切割机被用于制造雷诺中心钢结构构件

新加坡艺术中心由计算机控制的可变遮阳双层表皮

香港汇丰银行可追踪太阳轨迹的"阳光铲"

伦敦劳埃德大厦内控制室内环境的墙和地板构造系统

从这些早期的实验开始，建筑的"智能化"发展在信息化的计算机辅助设计与制造技术支持下，迅速取得了爆炸性的突破。其中例如诺丁汉大学基于知识工程（knowledge-based engineering，KBE）开发的多用户系统，实现了介入整个设计和制造过程的功能，使得设计师、制造者和使用者能够进行实时的方案比较——虚拟现实技术。建筑师和使用者可以在建筑建成之前检验设计方案，这个进步提高了设计制造的速度，既有利于前端设计的改进与创新，还将整个过程面向更广泛的观察及参与开发，标志着建筑发展在面向用户的关键环节上取得了突破性的进展；而其他如快速样品（rapid prototyping）研究以及即时生产方式（just-in-time production)进一步缩小了需求与生产之间的鸿沟[24]。在建筑研究的最前沿,为能够响应结构与环境条件变化定制化"智能材料"[25](smart material)的发展开创了建筑从分子层面到建筑整体更深远的完全定制化前景。

由此可见,建筑构件生产模式的进步不只是提高了生产制造的效率,还改善了生产制造流程并激发了设计者与建造者的创新潜能,从繁复的施工设计中解脱出来的建筑师与工程师可以尽情地发挥想象力与创造力,使得建造的过程更高效、经济,同时建筑的品质有了巨大的提高。

注释

[1] Chris Abel. Architecture and Identity:Responses to Cultural and Technological Change [M]. 2nd ed. New York: Architectural Press, 2000:3

[2] Scholfield P H. The Theory of Production in Architecture[M]. Cambridge University Press, 1958:6

[3] 转引自 George H Marcus. Le Corbusier— Inside the Machine for Living[M]. New York:Monacelli Press,2000:33

[4] 中国科学院自然科学史研究所. 中国古代建筑技术史[M]. 北京:科学出版社,2000:533

[5] 转引自刘先觉. 阿尔瓦·阿尔托[M]. 北京:中国建筑工业出版社,1998:30

[6] Kenneth Frampthon. Studies in Tectonic Culture:The Poetics of Construction in Nineteenth and Twentieth Century Architecture [M]. Cambridge, Mass:MIT Press, 1995:148

[7] 参见中国科学院自然科学史研究所. 中国古代建筑技术史[M]. 北京:科学出版社,2000:535

[8] 中国科学院自然科学史研究所. 中国古代建筑技术史[M]. 北京:科学出版社,2000:30

[9] Flora Samuel. Le Corbusier in Detail[M]. London:Elsevier Ltd Press,2007:8

[10] 详见第三章第二节。

[11] Stephen Kieran,James Timberlake. Refabricating Architecture[M]. New York:McGraw-Hill Press,2004:121

[12] 中国科学院自然科学史研究所. 中国古代建筑技术史[M]. 北京:科学出版社,2000:532

[13] 参见[德]普法伊费尔. 砌体结构手册[M]. 张慧敏,译. 大连:大连理工大学出版社,2004:22

[14] Stephen Kieran,James Timberlake. Refabricating Architecture[M]. New York:McGraw-Hill Press,2004:146

[15] 丁俊键. 面向订单设计定制产品设计方法学的研究与应用[M]. 上海:上海大学,2007

[16] 包志炎. 定制产品今年花设计原理与方法研究[M]. 杭州:浙江工业大学,2012:7

[17] Chris Abel. Architecture and Identity:Responses to Cultural and Technological Change [M]. 2nd ed. New York: Architectural Press,2000:49

[18] 参见 Chris Abel. Architecture and Identity:Responses to Cultural and Technological Change [M]. 2nd ed. New York: Architectural Press, 2000:10

[19] Willamson D T N. New wave in manufacturing[J]. Amercian Machinist, 11 (9):146-154

[20] Beer S. Towards the cybernetic factory[A]// Von Forster H, Zopf Jr G W. Principles of Self-Orgnization. Pergmon Press, 1962:27

[21] Beer S. Machines that control machines[J]. Science Jounal ,4(10):89-94

[22][23] 参见 Chris Abel. Architecture and Identity:Responses to Cultural and Technological Change [M]. 2nd ed. New York: Architectural Press, 2000:11,13

[24] 转引自 Chris Abel. Architecture and Identity:Responses to Cultural and Technological Change [M]. 2nd ed. New York: Architectural Press, 2000:55;关于快速样品详见 Dickens P M. Rapid prototyping—the ultimate in auto-marion [J]. Assembly Automat,14(2):10-13

[25] "智能材料"就像"可变性生产"一样,指某些材料与技术可以感知环境变化并以自身特性或组织的某种适应性调节来响应那些变化。

第四章　建筑构造工艺的进步

　　为了实现高品质的建造,建筑师(工匠)们总是尽力从可获取的材料身上发掘出全部的设计潜能。过去,建筑师可以选择的通常仅限于当地的材料和传统的手工艺,由于自然材料和工具的局限,构造技术也都大同小异。18世纪的材料科学迅速发展之后,新的人工合成材料如金属、钢筋混凝土、玻璃、塑料等大大拓展了构造技术发展的空间。近几十年来,随着信息化技术以及经济全球化的发展,材料科学的进步更加迅速,在实验室中不断合成的新材料,使得构件的类型与组合的可能性变得越来越多元。这其中既包括了众多以专门的材料与工艺研究为目的的单项构造技术,也包括了将多种复杂功能高度整合的集成构造技术——当工厂化的生产制造技术普及之后,预制装配和现场建造一样,已经成为现代化建筑施工的主要方式。

第一节　单项构造技术的发展

　　虽然构件的类型日趋多元,但构件连接组合的方式始终都没有脱离几种有限的连接类型:契合构造、固定连接构造、可变连接构造、运动构造(折叠构造)和弹力构造。尽管类型有限,但通过不同的材料组合,同样的构造类型可以通过不同的材质来表达,相同的材料也可以实现多样的构造类型,这种多元的交叉组合成为构造工艺不断进化的显著特征(表4-1、表4-2)。

表4-1　主要的单项构造技术与材料的交叉组合关系

构造类型 \ 材料类型		木材	竹材	砌体			混凝土		金属	玻璃	合成材料
				黏土	砖	石材	现浇	预制			
契合构造	榫卯	•			•	•				•	•
	嵌板	•	•								
	拉链								•		
固定连接	夯筑			•							
	砂浆				•	•					
	浇筑						•	•			
	胶合	•				•				•	•
	焊接								•		

构造类型		木材	竹材	砌体			混凝土		金属	玻璃	合成材料
材料类型				黏土	砖	石材	现浇	预制			
可变连接	绑扎	•	•								
	螺钉	•	•						•		•
	螺栓	•	•					•	•	•	•
	卡扣					•					•
	夹固	•				•					•
运动构造			•			•		•	•	•	•
弹力构造									•	•	

资料来源：自绘

表 4-2　主要单项构造技术的发展历史阶段

材料与构造类型	时间	手工业时代		工业化时代	
		BC7000—AD	AD—1800	1800—1950	1950—2015
木材（竹材）	绑扎				
	榫卯				
	机械连接				
	胶合				
黏土、砖砌块、陶瓷等	夯筑				
	砌筑				
	榫卯				
	机械连接				
石材	砌筑				
	榫卯				
	机械连接				
	胶合				
混凝土、水泥、石膏等带有矿物黏合剂的材料	浇筑				
	机械连接				
	混合连接				
沥青材料	胶合				
金属	焊接				
	机械连接				
	契合连接				
玻璃	胶合				
	机械连接				
	榫卯				
合成材料（塑料、玻璃钢等）	胶合				
	机械连接				
	契合连接				

一、契合构造

契合构造是一种通过阴阳咬合直接连接的构造方式。榫卯是契合构造最典型的代表,这种精巧的连接构造被广泛地应用于木构件连接中,早期也曾经被用于砖和石材构件安装构造中(图4-1)。依靠构件阴阳相接之处的摩擦力实现连接的强度,不需要其他过渡构件是榫卯构造装配高效的优势。但构件的开榫耗时耗材,以及连接强度有限是其明显的缺点。因此,随着金属构件的发展,木榫卯逐渐被钉子、螺栓、齿板等连接所取代。尽管如此,在轻型木结构建造系统中,经过现代改良的榫卯构造依然是一种高效的连接技术。

图4-1 传统的榫卯构造
资料来源:自绘

砖榫卯　　　　　　石构件榫卯　　　　　　木榫卯

现代木榫卯工艺简化了榫卯构造形式,并通过机器生产提高标准构件的生产效率,由胶合木形成的构件强度也更高。在纽约举行的暴风建造实验中,新奥尔良住宅(House for New Orleans)采用了一种新颖的木板榫卯构造方式。从结构柱、梁到墙板维护构件,乃至楼梯等附属构件全部采用胶合木板组装而成。以木板形成的排架结构作为建筑的整体支撑体系(包括基础),木板上预先开锯齿形企口作为接口,所有的结构和围护板材之间都通过榫卯构造连接,墙板每隔一定距离加以十字形或者一字形构件作为加强连接,屋顶和梁的结构连接通过半圆形的插接件进行加固(图4-2)。

图4-2 新奥尔良住宅中经过改进的木榫卯构造
资料来源:http://www.flick.com

金属工艺的发展,产生了一种新型的榫卯形式,那就是从钢结构连接中嫁接过来的齿板连接技术。嵌板是一种类似榫卯的连接构造,金属嵌板取代了木材的榫卯开口,以最小的材料损失取得最大的构造强度。人们通过水力压力机、气动压力机或机械滚筒等机械手段将齿板压入木材,这些齿形紧固件起到多重钉盘的作用,将木构件连接在一起。这种整体嵌入式的构造比螺钉、螺栓更容易与更大块的木纤维产生强效连接,从而使木材开裂的可能性降到最低。齿板的引入为木构件提供了各方向的高效连接,使得木材也可以形成和钢材一样的空间结构形式:嵌板从单向单板形式到多板多向的形式可以满足从简支梁结构到空间网架结构等各种不同构造的要求(图4-3)。

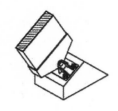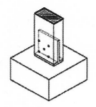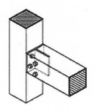

图4-3　由金属嵌板和木材形成的混合材料榫卯构造
资料来源:http://www.flick.com

在先进的加工技术下,榫卯构造得以拓展到其他材料领域。受传统木构启发,英国工程师劳伦斯·杜赫斯特(Laurence Dewhurst)和蒂姆·麦克法兰(Tim Macfarlane)尝试研制出了一种不含任何金属构件,以玻璃榫眼和凸榫为构造的全玻璃建筑。在此基础上,1992年,建筑师瑞克·马瑟(Rick Mather)建成了第一个真正意义上的全玻璃构造建筑——伦敦汉普斯特德(Hampstead)的一间温室。除了柱、梁外,墙体和屋顶完全由带PVB层的三层层压玻璃组成,玻璃之间全部采用榫眼连接。由安泰纳(Antenna)与麦克法兰合作设计的英国金斯威德(Kingswinford)博物馆扩建工程同时也是迄今为止最大的全玻璃建筑(图4-4)也采用了相同的构造方式。长11 m、高3.5 m的玻璃清澈透亮,完全没有采用任何金属连接件,1.1 m的柱子和梁采用树脂合成的碾压结构,玻璃层通过榫眼和凸榫连接[1]。

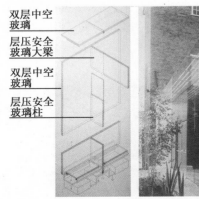

双层中空玻璃
层压安全玻璃大梁
双层中空玻璃
层压安全玻璃柱

图4-4　金斯威德博物馆扩建项目中采用玻璃榫构造实现了特殊的全玻璃建造技术
资料来源:[德]史蒂西,施塔伊贝.玻璃构造手册[M].白宝鲲,厉敏,译.大连:大连理工大学出版社,2004:278,作者编辑

除了榫卯,最常见的另一种契合构造就是拉链:它将柔性的皮革、布料通过刚性链牙的契合构造连接在一起,并能达到开合自如的效果。拉链连接分为压状拉链、旋转拉链、槽型拉链和滑行拉链等,建筑工程中通

图 4-5 新的契合构造——拉链连接在膜结构中的应用

资料来源：http://www.flick.com

常采用的是金属压状拉链，尤其在膜结构连接中，拉链有着广泛的应用。作为膜结构构造中一种高效的连接方式，拉链节点在两排膜边缘上做链条压边，并在拉链末端设置开启拉链的拉环，用以防止拉环脱出拉链的端部，可以在现场实现张拉膜之间的快速连接（图 4-5）。

契合构造通常不需要借助其他过渡连接技术就可以实现构件之间的快速结合，除此以外，大部分构件的连接都会借助第三种材料（如黏合剂）、构件（如过渡连接件）或者特殊工艺方法（如焊接）。从构件连接后的状态考虑，一般可以分为固定连接和可变连接。

二、固定连接构造

固定连接的类型比较有限，砌筑、胶合是最常见的固定式连接构造。传统的砌筑工艺是以砖石为主的，在哥特时期，石砌技术发展到了极致。现在，由于建造效率与经济性的需求，砖石的砌筑工艺已经逐渐被钢筋混凝土浇筑技术所取代，而后者的发展则和混凝土的材料配比以及模板技术密切相关。早期的混凝土具有较高的强度和极佳的可塑性，但是笨重和粗陋是其不可忽视的表观缺陷。材料科学的发展使得混凝土不仅在表观形象上有了突破性的进步（装饰混凝土、透光性混凝土、印花混凝土等），还获得了更多特殊的综合性能（高强、轻质、防水等）。

不论是在现浇还是预制工艺中，模板对建筑结构的塑形以及建筑构件肌理的形成有着决定性影响。最早的模板工程可以追溯到罗马万神庙的穹顶建造中采用的砖模，考虑到混凝土的凝结是一个化学过程，模板材料的选择需要满足既不影响凝结过程也不受这种过程的影响，在后来的发展中，木模、钢模和塑料模板逐渐成为混凝土建造使用的主要材料。钢模和塑料模板是具有高湿度的绝佳材料，特别适合不同形式的柱子成形。模板的规格一般为 10～35 mm 厚、250～900 mm 宽、0.6～3 m 高，内外角表面部分由可以调节的覆盖聚氯乙烯的金属接头组成。除了模板材料工艺的发展，模板施工的方法也得到了不断改进。传统的现场模板工程需要较多支模与拆模的工作，并且大多需要手工完成，因此需要耗费大量的人力。今天我们广泛应用的模板都是工业生产的预制板，可以反复使用，并且可以应用到每一个特定的项目中。不仅如此，经过改进后，还产生了新的永久性模板技术。永久性模板可以和混凝土浇筑在一起，在混凝土凝结后成为结构的一部分共同受力，不仅简化了施工工序，少用甚至不用模板支撑，还可以作为建筑的保温或装饰构造，一举多得（图 4-6）。

图 4-6 模板是砌筑构造技术进步的关键因素

资料来源：Edward Allen, Joseph Iano. Fundamentals of Building Construction [M]. Toronto：John Wiley & Sons, Inc, 2009：435；http://www.flick.com，作者编辑

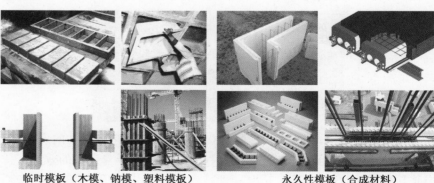

临时模板（木模、钠模、塑料模板）　　　永久性模板（合成材料）

胶合也是一种有着悠久历史的固定构造技术,古人很早就开始利用动物胶进行壁画、容器等胶接工艺,在玻璃发明以前,胶接也是纸与窗框结合的主要方式。在柔性材料的结合方式中,胶粘有着简单、快速、不损坏材料等诸多优势,被广泛地应用于家具和图书制作中。当在实验室合成的胶粘剂获得了比天然动物胶更好的强度与耐久性之后,胶合的方式在建筑中也得到了广泛应用,如装修工程、防水工程中柔性材料的连接都以胶合为主。另外,随着玻璃技术的发展,耐候胶取代了传统的以窗棂和压条作为固定线性支撑,成为玻璃与窗框连接的重要构造方式。胶水不仅连接效率高,还具有优良的密封性能。

　　在现代建筑工业中,胶粘剂对大跨度木结构的贡献更是举足轻重。胶合技术为现代大跨度木结构构件提供了足够的强度保证和多样的塑性自由度。在工厂中,胶合木可以轻松地被预制成长达 50 m 的梁,广泛使用于桁架梁、脊梁、地板梁、悬臂梁等多种结构梁构件中。当作为空间结构时,胶合木形成的空间网架系统可以获得和钢结构接近的超大跨度;同时,除了矩形,胶合木截面还可以加工成为单锥形、双锥形以及各种曲线的复杂形式(图 4-7)。2011 年建于赛维利亚恩卡纳西翁(Encarnacion)广场上的都市阳伞(Metropol Parasol)是目前世界上规模最大的木构建筑。由混凝土作为主要结构"枝干"(高 28.5 m),大量的不规则形式的胶合木构件相互咬合而成的蜂窝状网架屋顶面积达到了近5 000 m²。都市阳伞充分展现了现代胶合技术对木结构强度和可塑性潜力的提升(图 4-7)。

不同形式的大跨度胶合木梁　　　赛维利亚恩卡纳西翁广场上的都市阳伞

图 4-7　胶合技术促进了现代大跨度木结构构造技术的发展
资料来源:http://www.flick.com

　　金属加工技术的发展产生了一种新的固定连接工艺——焊缝连接,简称焊接。一种通过电弧产生的热量熔化焊条和局部焊件,然后冷凝形成焊缝从而使焊件连接成一体的连接构造技术。焊接是钢结构中常用的连接方式,根据接合的方式不同,焊接可以分为对接、搭接和 T 形连接三种(图 4-8)。焊接受可焊性因素影响,如钢材种类、焊接环境、焊接材料和工艺等多种外因制约,是一种要求较高的构造连接方式。焊接的角度和方向选择具有很大的自由度,耗材小,加工方便,连接整体性强,刚度大,使用范围广,尤其适合连接构件数量多,形式复杂以及有较高防水要求的工程(图 4-8)。

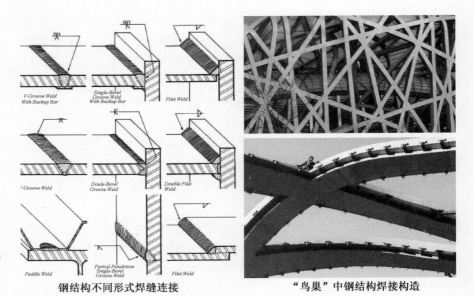

钢结构不同形式焊缝连接　　　　　　　　　　"鸟巢"中钢结构焊接构造

图 4-8　钢结构的焊接构造和应用
资料来源：Edward Allen, Joseph Iano.
Fundamentals of Building Construction[M].
Toronto：John Wiley & Sons, Inc, 2009：
430；自摄

三、可变连接构造

虽然固定连接构造赋予建筑构件牢固、稳定的连接效果，但完全的约束会使得结构出现突然性的破坏；同时，固定连接构造建造效率低，也不利于建筑的维护与更新。从利于结构的抗震性和建造的可持续发展角度出发，灵活的可变连接具有更大的优势：一方面，不完全约束使得节点可以在一定范围内运动以吸收力的作用，抗震性更好；另一方面，可变连接建造效率高，构件可以方便地替换更新，并且在建筑拆除的过程中大大提高构件的回收再利用率。因此，在保证构造强度与耐久性的前提下，优先选择可变连接已经成为构造技术发展的主要趋势。

可变连接也称为机械式连接[2]，"干作业"的方式是其区别于依靠化学反应的"湿作业"的固定式连接的主要特征。金属构件的发展是可变连接构造技术进步的重要基础。金属的加工方式可以分为冷加工、热加工和机械加工，具体的工艺又可以分为锻造、铸造、轧制、挤压、拉拔、扭转等。通过这些不同的工艺产生的类型丰富的连接构件（螺钉、螺栓、铆钉、销钉等），为不同材料与构件之间的灵活多变的组合方式提供了技术支持（图 4-9）。金属构件的设计充分体现了工业制造领域中"为制造而设计"（design for manufacture）的策略，设计人员最初依据装配方式对产品结构进行设计，进而考虑零件制造成本，在装配和成本间达到平衡，以尽可能低的成本、易装配的产品结构作为最终方案。

图 4-9　丰富多元的机械连接金属构件
资料来源：Edward Allen, Joseph Iano.
Fundamentals of Building Construction[M].
Toronto：John Wiley & Sons, Inc, 2009：120,
121,426

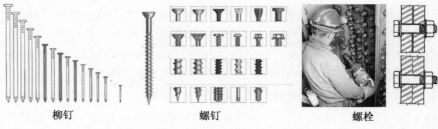

柳钉　　　　　　　　螺钉　　　　　　　　螺栓

之后新兴发展起来的塑料制造业中，在相同理念的引导下，也产生了众多高效的可变构造连接技术，卡扣是其中最典型的一种。卡扣构造通过定位件、锁紧件和增强件的协调配置，起到在零件间形成机械连接的作用[3]。卡扣尽可能地将多种功能件集于一身,采用简单高效的方式进行装配。作为一种机械连接系统,构件与构件的连接是借助定位功能件与锁紧功能件(约束件)完成的,这些功能件与被接合元件的一个或另一个是同源的,接合要求锁紧功能件(柔性的)在与配合件接合时向一侧运动,随后恢复到它原来的位置,以产生将零件卡在一起所需要的干涉。其中定位功能件是非柔性的,在连接中提供强度和稳定性。增强件对系统起到完善作用,提高连接的坚固性与用户友好性等等[4](图4-10)。

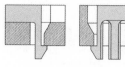   

悬臂连接　　　　　　　　环状连接　　　　　　　球状连接

图4-10　塑料卡扣构造的基本形式
资料来源:姜蕾.卡扣连接构造应用初探:应急建造及其连接构造问题研究[D].南京:东南大学,2012:18

尽管制造业中的灵巧精致的构造为建筑构造技术发展提供了新的思路,但并不是所有的工艺都可以直接嫁接到建筑中,在建筑产品中,这些连接技术需要结合建筑建造的具体特性进行重新设计与修正。当这些新颖的构造技术与传统的材料相碰撞时,它们非但没有成为限制建筑师创新的障碍,大多数的时候反而会促进更具创造性的组合工艺的改良,这种变化在建筑的结构与围护体构造技术中都有显著体现。

由于改变了制造工艺,预制混凝土结构构件之间采用了更高效的金属过渡连接。在混凝土构件连接中,有两种基本的过渡构件:一种是焊接板,它通常被用来加固构件之间的连接强度,也可以用来连接钢结构构件;另一种就是混凝土组件本身的一个组成要素——钢筋,预留的钢筋接头是构件之间搭接然后通过砂浆灌注形成稳固连接的关键要素(图4-11)。可变连接保证了结构构件的组装和拆除效率,并且在拆除后构件依然能保留相当的再利用价值。

图4-11　改变了制造工艺的混凝土预构件采用了更高效的金属边缘构件连接构造
资料来源:自摄

在围护体构件更新、维护的需求下,可变连接在多元的表皮构造系统中应用日益广泛。现在,由黏土制成的不同尺寸的陶瓷墙板已经可以悬挂在由不锈钢或者铝材组成的支撑系统上形成优美的立面:通过螺栓连接,金属骨架依附在主体结构上组成一个稳定的幕墙支撑系统;然后,在工厂预制的不同形式、尺寸的陶瓷立面板通过悬挂、夹固或者卡扣的方式与幕墙骨架连接,就形成了既能表现传统砌体纹理,又符合现代高效装配需求的新工艺(图4-12)。

在这些新的改良构造工艺中,灵巧的金属连接件是最关键的要素,它们或卡、或挂、或夹,实现了幕墙多样的连接可能,而这一特征在玻璃幕墙的构造中表现得更为突出。金属与玻璃的组合节点可以分为线性支撑与点式支撑,前者可以进一步分为明框式和隐框式,而后者的种类更为丰富,常见的有以下四种:① 在玻璃的四角上钻孔然后通过金属板和螺栓固定的间隔式点支撑构造,以金属(杆件、索件)作为次级支撑框架,将幕

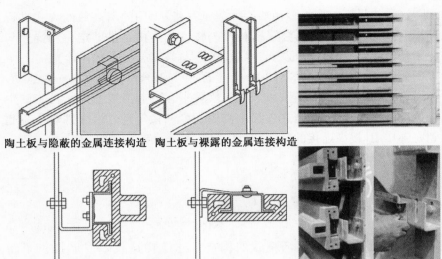

陶土板与隐蔽的金属连接构造　陶土板与裸露的金属连接构造

图 4-12　应用灵活的机械连接,建筑师创新了传统材料的构造技术

资料来源:[德]赫尔佐格,克里普纳,朗. 立面构造手册[M]. 袁海贝贝,译. 大连:大连理工大学出版社,2006:89;自绘

特制的陶土单元与金属构件的卡扣构造

墙的受力传递至主要结构的一种构造方式;② 夹固板,一种简单有效的固定玻璃的方式,不仅可以节省原材料,还可以在没有边缘接触的情况下安装玻璃;③ 不开孔间隔式支撑,以铸铝夹板在玻璃四角夹持住玻璃的一种柔性连接,可以节省大量的玻璃开孔费用,同时形成简洁优雅的立面效果;④ 吊挂式支撑,常用于较大面积的和较薄厚度玻璃连接的一种构造技术,可以避免玻璃受弯产生变形(图 4-13)。在实际操作中,由于金属构件以及连接构件的工艺差别,在这几种基本构造方式上延伸出来的工艺千变万化。

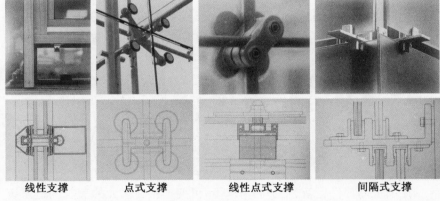

图 4-13　不同连接构造的玻璃幕墙

资料来源:[德]史蒂西,施塔伊贝. 玻璃构造手册[M]. 白宝鲲,厉敏,译. 大连:大连理工大学出版社,2004:278,49,52,53,作者编辑

线性支撑　　　　点式支撑　　　　线性点式支撑　　　　间隔式支撑

　　金属构件的发展不仅实现了围护体产品丰富的组合形式,对传统结构材料的潜力再挖掘也有很大助力。不仅是木结构,连竹结构这种受自身属性限制较大而不能广泛应用的优质可再生材料在金属构件的辅助下也获得了"新生"。和木材相近的竹材因为空心结构、易开裂、不易加工等缺点,在建造中的应用一直较为有限。传统的竹结构连接通常为棕绳捆绑、铁钉或螺栓直接连接以及穿斗连接三种。这三种连接方式都有各自明显的缺点:捆扎简单高效,但是棕绳荷载承受能力有限会导致节点整体荷载能力分布不均,增加了节点突然断裂破坏的可能;由于竹材壁薄,容易劈裂,铁钉受力无法得到保证,会导致节点不可靠,铁钉的锈蚀、老化也会影响结构的牢固性;穿斗构造对原竹材料的完整性影响较大,在受到外力作用的时候,节点的刚度和稳定性会降低(图 4-14)。

传统的绑扎、穿斗构造　　　　　新型的金属构件连接

图 4-14　可变的金属连接构造加强了竹结构强度、稳定性以及构件组合的灵活性
资料来源:http://www.flick.com

竹结构强度提高的关键在于加强节点的可靠性,通过引入钢构件节点,就可以有效解决传统柱构造节点薄弱的缺陷。钢构件节点通过螺栓、钢筋挂钩、卡口、金属箍等配件组合将柱子连接成整体。当少量竹材连接时可以采用平接和搭接的方式;当连接的竹材位于同一平面内,可以使用锚栓、螺帽、金属垫圈、垫片配合紧固,同时在交接处设置金属箍加固柱子;当竹材位于不同平面,则可以增设拉杆。如果是多根柱子汇集一点时,则可以采用类似钢节点的节点板或节点球的形式,在中心钢构件上多个方向钻孔或设置钢(肋)板,通过高强螺栓、螺帽、金属垫圈等构件与各竹材相连,形成钢板连接节点(图 4-14)。

灵活的金属节点不仅加强了节点强度,还使得竹材可以在不同维度内自由地组合,提高了结构可塑性。现在,从细微、简单到巨大、复杂的形式,几乎没有可变连接技术所不能胜任的。可变连接构造不仅使得建筑构件可以灵活地装配与拆卸,在特定的需求下还可以组合成为运动构造,让构件在一定范围内自由运动,从而实现建筑功能与性能的灵活调节。

四、运动构造

建筑中的运动构造最早是为了满足需要经常开启和关闭的部件如门、窗而出现的特殊构造。很早以前,工匠就在门窗等构造连接中实现了旋转和推拉的运动;19 世纪后,机械运动构造的出现为现代建筑的运动构造发展提供了更广阔的前景,不仅门窗等传统的运动构造获得了更多元的形式,其他组成部分如轻质墙体、屋顶、基础以及诸多围护体零部件也获得了更灵活的使用功能和性能控制。

要了解运动构造,首先要了解机器运动的原理。在机器中,通常将运动的部分称为机构,即剔除了与运动无关的因素而抽象出来的运动模型,它主要用于研究机器运动,是机械学上的一个术语。在机构传动中,我们进而把互相约束而又能产生一定约束运动的两部分称为构件。构件之间需要连接,将两种构件相互接触并能实现一定相对运动的连接成为运动副。运动副按接触的方式分为低副和高副两类:一对运动副若是始终保持面接触,则这类运动副统称为低副;如果一对运动副始终保持点或线接触,则这类运动副统称为高副。在低副中根据构件沿接触面的运动方式还可以分为移动副、转动副和螺旋副等:移动副,两构件只能沿接触面的轴向产生相对运动;转动副,两构件只能以接触面的中心轴线作为转动轴进行转动运动;螺旋副,以螺旋面作为接触面的运动副(图 4-15)。

名 称	低				高 副
	转动副	移动副	螺旋副	圆柱副	齿轮副
举 例	杆件的铰链连接	滑块与导槽的连接	外螺纹与内螺纹的连接	圆柱与圆筒的连接	两圆柱直齿轮的啮合
示意图					

图 4-15　常见的运动副类型

资料来源:叶丹,孔敏.产品构造原理[M].北京:机械工业出版社,2009:61

根据机构运动的方式,可以分为三种基本类型:① 平面运动:在机构中,各活动构件任一点相对于机构的运动轨迹均被约束在某一平面上的运动;② 螺旋运动:物体绕轴线运动,同时按照一定比例轴向移动的运动;③ 球面运动:物体上的所有各点,分别与某一确定的点保持一定距离移动的运动成为球面运动。在这三种基本方式之上,机器的运动构造形成了齿轮机构、链轮机构、摩擦轮机构、螺旋机构、连杆机构、凸轮机构、槽轮机构、棘轮机构等多种形式。在建筑中,摩擦轮机构、螺旋机构是常见的运动构造类型。

建筑中运用摩擦轮机构原理的运动构造多见于平面运动,如门、窗及其组件以及可移动墙体中,以移动副和转动副类型为主。移动副的最直接构造形式通常为滑动构造,在可移动构件的上端和下端设置轨道加以固定,通过构件之间的压力保持相互接触的旋转轮,依靠基础摩擦力实现构件的水平位移。根据构件的尺寸与重量,滑动构造的设计也不尽相同:比如普通的窗户通常只在底部设置滚珠就可以承受滑动荷载(图 4-16);而比较重的移动门或者轻质墙体,则会在上端(或者下端)采用具有一定荷载承受力的滑动滚轮;如果当构件大到一个体育场的屋顶,那么承载和驱动其滑动的机械装置将更加复杂。转动副常见于窗户(玻璃幕墙)的光线、空气调节组件构造中(图 4-16)。

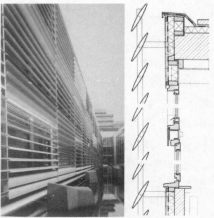

图 4-16　建筑中常见的移动副和转动副构造

资料来源:自摄;[德]史蒂西,施塔伊丹.玻璃构造手册[M].白宝鲲,厉敏,译.大连:大连理工大学出版社,2004:246,作者编辑

不同的运动副在门窗产品的应用　　灵活调节光线和通风的可变立面组件

除了作为外围护体的性能调节,运动构造还可用于室内空间的灵活布局,形成空间使用的可变性与多适性。香港建筑师朱志强通过家具与隔墙的运动构造设计,在 32 m² 的有限居住空间内实现了空间的灵动变

化。建筑师在书架与壁橱中采用了水平滑动构造：平时，书架与壁橱紧贴墙壁可以形成宽敞的大空间；当壁橱向外推开，即可形成厨房空间，书架向外打开后，则可以将墙上的床放下形成一个小的居住空间。滑动的隔断与折叠家具让这个"局促"的空间有了各种使用的可能（图4-17）。

图4-17 建筑师利用滑动构造在有限的空间内实现了灵活的使用功能
资料来源：http://www.flick.com

　　虽然不如摩擦轮机构应用广泛，螺旋机构也是建筑中重要的运动构造类型。螺旋机构是利用螺杆和螺母的配合实现运动和动力传递的运动构造，其有着结构简单、易于制造、传递推力大、传动精确、工作平衡等优点，螺旋千斤顶是这种机构的典型代表。有趣的是，发明这一机械设备的人不是机械领域的专家，而是著名的建筑师伯鲁乃列斯基，为了建造佛罗伦萨圣母百花大教堂的复杂穹顶，精通机械学的伯鲁乃列斯基发明了无先例可循的螺旋千金顶[5]。1923年，专注于工业制造领域的建筑师理查德·诺伊特拉（Richard Neutra）发明了一种利用螺旋机构原理的预制基础撑脚，可以适应不同的场地。现在，这种基础形式已经被广泛用于临时性的轻型建筑中，螺旋机构不仅可以在复杂地形中快速地调整建筑的水平安装面，而且可以方便地拆除，对场地的影响很小（图4-18）。

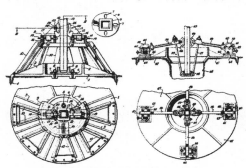

图4-18 螺旋机构在可调节轻型基础撑脚中的应用
资料来源：自摄；David Leatherbarrow, Mohsen Mostafavi. Surface Architecture [M]. Cambridge, Mass：MIT Press，2002：147

理查德·诺伊特拉发明的可调节基础撑脚，1923　　　现代轻型建造系统的可调节基础撑脚，2014

五、折叠构造

　　除了摩擦轮机构、螺旋机构，建筑师与工程师还在继续探索机械学与建筑工程学交叉的可能，一些更具挑战性甚至可以算是高尖端的运动构造在一些前沿建筑中相继产生了。1987年，法国建筑师让·努维尔在巴黎阿拉伯世界协会的设计中，创造性地将基于相机快门原理的机械运动构造用于建筑的复式开窗系统中，来控制室内的光线，并将这种重复的机械控制件的形式与伊斯兰建筑传统的几何图形的艺术表现相结合，实现了技术与艺术的完美结合（图4-19）。

　　让·努维尔在光线控制中使用的相机快门控制原理来源于一种特殊的运动构造——折叠构造，折叠构造通过将部分构件收缩，在不使用时减少空间占用，在需要时展开满足功能需要。折叠构造是一种综合如摩擦轮机构、连杆机构等各种类型运动机构的复杂动构造，日常生活中的折叠家具、卷尺、相机等都应用了折叠构造。折叠构造的核心就是"折"与"叠"

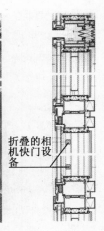

折叠的相机快门设备

图4-19 巴黎阿拉伯世界协会外围护设计中创造性地应用折叠构造实现精密的光线控制

资料来源:[德]赫尔佐格,克里普纳,朗. 立面构造手册[M].袁海贝贝,译.大连:大连理工大学出版社,2006:258,259

的运动,折叠运动既可以由手动的方式实现,也可以通过电力驱动。"折"一般分为轴心式与平行式两种形式:轴心式中有沿同一轴心伸展的结构(如伞),也有沿多个轴心运动的构造(如工具箱);平行式是利用几何学中的平行原理进行折动的构造(如手风琴、连接火车车厢的皮腔构造)。"叠"一般可分为重叠式、套式和卷式。折叠构造不仅实现了对空间的高效使用,还可以实现一物多用。

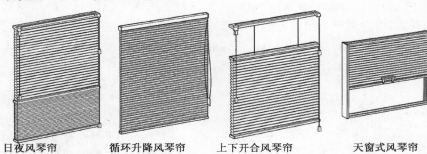

日夜风琴帘　　循环升降风琴帘　　上下开合风琴帘　　天窗式风琴帘

图4-20 应用折叠构造的窗帘产品

资料来源:内装修图集

在建筑产品中,折叠构造主要应用于门窗、遮阳百叶、电动卷帘、家具等零部件(图4-20)以及一些特殊的建筑产品如帐篷中。虽然在围护体部件中,折叠构造的应用较广泛,但是在建筑的结构连接中,折叠构造并不常见。因为在坚固以外还要赋予结构可变性,这对建筑师的结构力学应用能力是一个很大的挑战。尽管难度巨大,圣地亚哥·卡拉特拉瓦这位集结构、建筑设计、雕塑设计天分于一身的通才还是勇敢地站了出来,挑战这一未知的领域。卡拉特拉瓦的博士论文《可折叠的空间结构研究》为其在这一领域的探索奠定了重要基础,这个理论力图系统地生成和示范将三维空间结构折叠成二维结构再变成一维结构的所有可能性。卡拉特拉瓦将抽象的几何体假设成用刚性杆和活动节点连接形成,使得多面体可以进行移动、折叠、打开等运动(图4-21)。

图4-21 卡拉特拉瓦的折叠空间结构研究

资料来源:[美]亚历山大·佐尼斯.圣地亚哥·卡拉特拉瓦[M].赵欣,译.大连:大连理工大学出版社,2005:8,96,182,196,208

考虑到结构的可靠性,卡拉特拉瓦设计的折叠构造无一例外都采用了轴心式折叠,并以多轴折叠的构造形式为主,轴既是构件活动的基础,也是结构支撑的重点。在1985年的厄恩斯廷仓库大门、1989年的渐变的阴影装置和1992年阿尔克伊公众大厅的屋顶中,卡拉特拉瓦在小尺度范围内尝试了结构的折叠构造设计。厄恩斯廷仓库大门没有采用现成的

折叠式电动卷帘产品,而是巧妙地设计成可以转换为雨篷的折叠形式:在大门从闭合到打开的过程中,弯曲的弧线变化记录了大门运动的轨迹,最终完全打开的大门就像人的臂膀一样伸展开,自然而然地成为入口的雨篷。

厄恩斯廷仓库大门,1985　　渐变阴影装置,1989　　阿尔克伊公众大厅的屋顶,1992

图4-22　卡拉特拉瓦在大门和装置中通过折叠构造实现结构的空间可变性

资料来源:[美]亚历山大·佐尼斯.圣地亚哥·卡拉特拉瓦[M].赵欣,译.大连:大连理工大学出版社,2005:8,96,182,196,208

之后设计的渐变阴影装置采用了悬挑的折叠结构。装置采用了12根长达8 m、重600 kg的预制混凝土构件,构件的末端固定于支座上,每个构件端部由运动的滚珠和基座连接,通过驱动机械完成自由的变化。阿尔克伊公众大厅屋顶的折叠构造继承了厄恩斯廷仓库大门设计,甚至可以看做厄恩斯廷仓库大门的"水平版本"。两者在功能上是一致的,作为地下空间的入口,完全打开后的格栅下就是进入大厅的楼梯,由折叠构造形成的变化韵律使其超越了一般意义上的屋顶而成为极具艺术表现力的城市地标(图4-22)。

积累了一定成功的经验后,卡拉特拉瓦开始在更大尺度的结构上进行折叠构造的设计。在"塞维利亚世界博览会"上,卡拉特拉瓦利用折叠构造将科威特亭设计成一个拥有无限变化可能的屋顶。这个设计可以看成是渐变阴影装置的"放大版",混凝土支座支撑着17根25 m长的半拱结构,每个结构单元都是独立的,并且可以通过各自的驱动马达自由活动。屋顶完全打开后形成525 m²的圆形广场,关闭后则形成有屋顶的展厅,自由调整的状态就像人的手指一样,灵活多变。

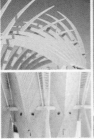

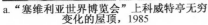

a."塞维利亚世界博览会"上科威特亭无穷变化的屋顶,1985　　b.密尔沃基美术馆扩建工程自由伸展的"羽翼",2001

图4-23　卡拉特拉瓦通过折叠构造将结构可变性与建筑的空间、性能与形式完美地结合在一起

资料来源:[美]亚历山大·佐尼斯.圣地亚哥·卡拉特拉瓦[M].赵欣,译.大连:大连理工大学出版社,2005:8,96,182,196,208

折叠屋顶的构想最终在密尔沃基美术馆扩建工程中(2001)中产生了极致的艺术形象(图4-23)。密尔沃基美术馆正对着当地的重要路段林肯纪念大道,卡拉特拉瓦沿着大道的方向新建起了一条拉索引桥,跨度长达73 m,把人们的视线直接引导到新建的建筑上来,笔直地正对着新美术馆的主要入口。作为天桥末端的观景平台、入口和临时展览空间,充满诗意的屋顶利用建筑的几何形体、材质和变化的动势重新定义了博物馆新的特质。通过机械传动装置,建筑顶部两侧用来调整光线的钢结构格

栅就像鸟的羽翼一样可以打开或者合拢,为建筑整体轻盈灵动的结构形式添上了画龙点睛的一笔。在卡拉特拉瓦对空间结构运动形式的研究与实践中,折叠构造已经成为了集功能与审美一体的建造艺术。

六、弹力构造

如果说契合构造的精致、可变连接构造的多元、运动构造的灵动是显而易见的,那么,弹力构造则是一种在通常情况下并不引人注意的构造。不过,我们并不能因为其"隐性"的特征而忽视他,因为弹性构造在越来越复杂的现代建筑中有着举足轻重的作用,它是实现优良的建筑围护性能不可或缺的构造技术。建筑的防水性、防风性以及气密性都与弹力构造密切相关。

弹力构造是由弹性材料构成,利用材料的弹性形成的构造。大多数弹性材料是化学合成物如橡胶,也有物理性的弹性材料如弹簧。弹力构造广泛地应用于现代各种工业化产品中,如汽车工业中的轮胎、车窗框的封边橡胶垫、避震圈等。弹力构造有几个显著特点:① 必须在外力的作用下,弹力构造才能发生作用;② 弹力是一个双重概念,可以压缩也可以伸展;③ 细长材料更能发挥拉力效应。在建筑中,弹力构造是填充建筑构造缝的重要技术。建筑因为防震、防止温度变形等需要形成各种不同功能的构造缝:抗震缝、变形缝、温度缝,这些缝可能会引起冷桥、漏水等问题,因此需要特殊的材料填充。弹力构造因其可变性伸缩的特点是填缝构造的最佳选择,如聚乙烯泡沫棒、聚乙烯闭孔泡沫都是常用的构造缝填充产品(图4-24)。

图4-24 在墙体、屋顶构造缝中常用的弹力构造
资料来源:变形缝建筑构造,04CJ01,作者编辑

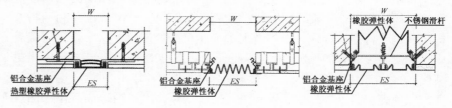

第二节 集成构造技术的发展

直到不久前,建筑还在采用单独建造的方式,即每个构件都在现场安装完成。随着产品批量化生产技术的发展,一种新的装配方式出现了,那就是将更多的装配工作在工厂分模块预先完成。这个进步使得现场作业越来越少,步骤越来越简化。这种集成构造技术在建筑行业中发展的时间还不长,但优势却很明显,产品装配的质量得到了更好的控制,人力和时间的耗费大大减少。在19世纪初,汽车制造业也采用每一辆汽车单独制造完成的方式,就像今天仍在继续着的大多数建筑的建造方式一样。不过,汽车制造业比建筑业更早发现了模块化制造的好处。经过一个多世纪的发展,汽车、航空、电子等制造领域已经积累了相当成熟的产品模块化设计与装配技术,这正是当下建筑产业发展所亟须的。

一、模块化:来自汽车制造业的启示

在20世纪汽车制造业刚开始的时候,每辆汽车大概由4 000多个零

件组成,所有的零件都是单件生产。1913年,亨利·福特首创了汽车制造的流水线生产福特T型车,批量生产开始成形,汽车生产流程变成在统一的流水线上逐个添加和组装零件的过程(图4-25)。随着汽车零部件越来越多,汽车制造商开始将产品逐渐外包,由外部的制造商来生产不同的零部件,从分层的供应商那里,汽车制造商不仅可以获得零部件,还可以获得已经组装好的组件。在这个过程中,汽车制造商的流程工程师们开始意识到将汽车整体分割为不同的模块所带来的优势:把一部分零件组装起来的小型组件运送到总装车间进行最终组装,这样不仅能提高汽车的组装质量,同时节省了制造的成本与时间(图4-25)。

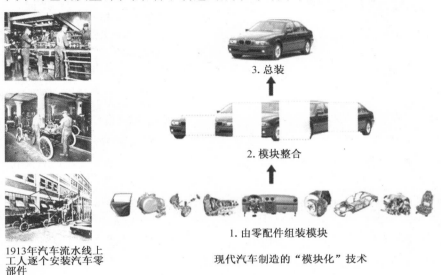

3. 总装

2. 模块整合

1. 由零配件组装模块

现代汽车制造的"模块化"技术

1913年汽车流水线上工人逐个安装汽车零部件

图4-25 汽车制造业中"模块化"的集成构造技术提高了产品生产效率
资料来源:Stephen Kieran,James Timberlake. Refabricating Architecture[M]. New York: McGraw-Hill Press,2004:54,56

信息化的管理保证了这些模块可以准确地从产品整体中分离出去,在经过独立的生产线加工后又可以回到原来的位置。例如在美国俄亥俄州戴姆勒·克莱斯勒的一间生产吉普车自由人(Liberty)的车间内,模块与零件的管理都是自动化的。自动化的传送装置通过从车间网格上发射出来的激光精确地对每一个零件进行定位,并按照要求将模块传动到最终的组装地点。在这个批量化生产的系统里,移动的是装配线而不是工人,所有的模块如车门、发动机、驾驶员座舱、座位、底盘等都在独立的传送系统上生产和运输,模块组装完成后又回到原来的车身上与之匹配[6]。

随着模块化组装的浪潮迅速发展,为了进一步提高装配的效率,汽车制造商的研发重点除了单项技术之外,有很大一部分开始转向精简供应链,即尽可能减少最终组装的零部件数目的集成化制造技术。一开始,汽车供应商可以分为四个层级,从初始的设备制造商开始,将不同的模块分包出去,分包商将模块再分为更小的模块分包出去,这种阶梯一直传递下去,直到模块分解为最基本的零件(图4-26)。层级越高的分包商,生产的模块集成度也越高。例如,位于第四层的供应商只生产螺钉和扣件,而某个第二层的供应商可能生产无线电设备,而到了第一层某个供应商可能负责整个仪表盘。事实表明,从20世纪90年代开始,第一层供应商的数量增加了3倍,许多原先位于第三层、第四层的小型零部件供应商都和第一层供应商合并了,为初始设备的制造商提供组装好的模块。因此,对于有能力并且有意愿的那些底层供应商而言,当机会出现时,他们更愿意将自己的位置在供应链的位置中前移,不再仅仅负责单一零部件的供应,以提高自身的竞争力。这些外部供应商的竞争在无形中提高了模块的集成化程度,同时三个方面有了明显降低:劳动成本(降低了 33.7%)、设计费(降低了 33.7%)与材料费(降低了 16.4%)[7]。

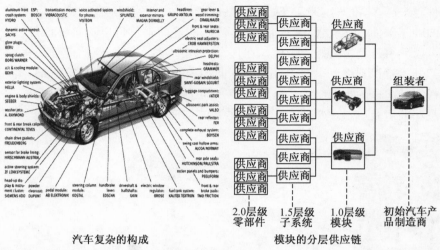

图 4-26　从模块的分层角度出发,精简供应链可以有效地减少总装时的零部件数目,提高装配效率
资料来源:Stephen Kieran,James Timberlake. Refabricating Architecture[M]. New York. McGraw-Hill Press,2004:97,99

汽车复杂的构成　　　　　模块的分层供应链

　　汽车以及相关制造业应用模块化装配技术所取得的成就是令人瞩目的,而在这背后隐藏的那个最初未被人们所接受甚至是违反人们直觉的规律已经开始被越来越多的制造商所发现并充分应用——模块化有利于产品质量控制。在过去,受"命令与控制"理论的影响,尽可能将多的工作直接控制在最终的组装者手中,以保证产品质量和成本的做法导致了绝大多数的零件都是在现场完成装配的。之后的实践与理论发展认识到复杂制造过程的混乱本质:不论是汽车、飞机还是建筑,最终组装的零部件越多,质量就越难控制,因为每次安装的误差累积起来就会越来越多;相反,组装时的节点越少,安装的误差就越少,安装也越精确。

　　模块化的装配策略体现的是一种"多即是少"的原理:增加制造的流程,却减少了成本。以汽车的驾驶舱为例,如果采用传统的方法组装一个汽车驾驶舱,安装重达 138 lb,共计 104 个零部件需要花费 22.4 min;如果采用模块化的组装方法,最终安装的零件只有 1 个,安装时间也缩短为 3.3 min。不仅如此,专注于组件集成化设计后,驾驶舱的构造技术也得到了改进。原有驾驶舱多采用钢结构,除了钢结构骨架,其中最重的零部件主要为通风、加热和制冷系统。在综合原来各自独立的功能过程中,工程师开始考虑是否可以使结构横梁同时成为暖通空调系统的管道?这样就可以使结构功能与空气输送系统合二为一,从而减少组件的重量。最终,采用纤维加固树脂做成的带换气口的轻质高强的中空横梁产品诞生了[8],不仅结构强度加强了,驾驶舱的种类也减轻了,汽车的整体质量得到了提升。

　　这种新的建造流程在提高产品装配效率的同时,也无形中形成了不同以往的构造节点设计的理论要求和实现形式。在过去,节点是由零部件来决定的。有一个零部件,就会至少有一个节点来完成和其他零部件的连接。所以,传统的组装方式,不论是汽车、飞机、轮船还是建筑,都是逐个零件从下至上、从里到外按部就班的安装。有关零件与节点关系背后的数学模数是强大的,简单地说就是一个产品的零部件数目和这些零部件之间可能的接口数是成指数关系的:2 个零件有 1 个接口(2:1),4 个零件有 4 个可能接口(1:1);16 个零件可能有 24 个潜在接口(2:

3)[9]。对于有着成千上万零部件的汽车以及百万计数目零件的飞机,每个零部件的连接都是对工艺的挑战(图4-27)。

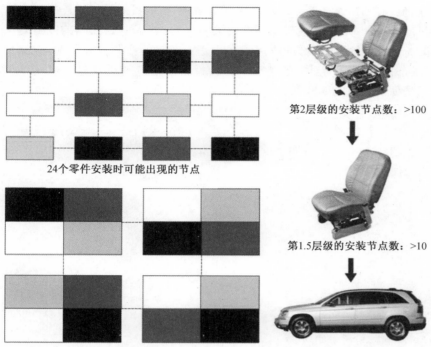

24个零件安装时可能出现的节点

4个模块安装时可能出现的节点

第2层级的安装节点数:>100

第1.5层级的安装节点数:>10

第1层级的安装节点数:1

图4-27 模块化分级不仅减少了总装时的节点数,还使得质量控制可以分级开展

资料来源:Stephen Kieran,James Timberlake. Refabricating Architecture[M]. New York: McGraw-Hill Press,2004:105,106

解决装配复杂性的方案就在这简单的数学原理之中,减少零部件的数量是最直接的方法。但事实上,减少零部件的数量通常需要对零部件本身以及组成材料进行重新设计,这需要耗费大量的科研时间,即使可以减少也是有限的。对于将"时间就是金钱"奉为"金规铁律"的大部分制造商来说,这并不是上上之策。另一种解决方案就是分解装配流程,基于这个原理而产生的模块组装的目标并不是要限制一个产品节点的总数,它更关注的是最终连接的节点数,对于制造商来说,最不希望节点出现的地方就是供应链的末端,也就是最终的组装车间。因此,制造商通过模块的区分,将建造流程拆解到不同的部门,由独立的团队在每个模块所属的范围内进行设计和制造,由于流程是同时开展的,因此时间非但没有增多,反而节省了。质量控制也可以逐级进行。而最重要的就是在最终组装阶段,零件的节点数目得到了最大程度的控制(图4-27)。

模块化装配的第一个重要要素是地点,节点数目的问题并没有解决,而是被分散到不同的地点完成,地点的转移成为解决过多连接节点的一个解决方案。当复杂的问题被分解为一系列互相关联但更小、内容简化的问题,不同的厂商就可以各自投入更多的精力,最终组装时要处理的问题也就得以简化。当然,这样也会导致一个新的核心设计问题出现:如何设计这些组件、模块乃至更大的区块的连接方式?简单地说也就是总装节点的设计问题。

在汽车制造业中,制造商根据模块的类型设计了几种特殊的模块接口,这些总装节点在模块与模块之间、系统和系统之间提供连接、接口或者闭合的方式。比如对于电子系统,采用的多位插拔式连接而不是固定连接,这样既方便检修线路,也方便安装拆卸;对于通风设备管道,则可以通过活动套筒连接;最后,用于装饰的封闭装饰模块则通过卡扣式连接,高效便捷。通常,这些节点都是隐蔽的,只有拆开面板之后,我们才会看到这些节点。当然,模块中的节点虽然数量有限,但每一种必然有着独特的功能,有的用于控制不同组件之间的间隙,有的可能是用于连接另一个组件的搭头。这些节点与零部件的关系可能是平齐的、凹陷的或者是凸起的。所有这些零部件的连接顺序都是由内置的注册表控制的,它避免了零部件之间出现误配的情况。作为模块的节点需要具有高度的精确性,任何质量上的偏差都会导致最终装配的失败(图4-28)。

图4-28 精确的节点设计是模块化装配质量的重要保证:汽车装配的精度是以毫米为单位的
资料来源:自摄 ;Stephen Kieran, James Timberlake. Refabricating Architecture[M]. New York:McGraw-Hill Press,2004:92

二、预制装配建造的发展

如果说汽车制造业已经从模块化装配技术中获得了如此显著的效益,那么建筑产业呢? 如果不论建筑类型的多元性和建筑形式的差异性,仅从构件组装的角度出发,建筑与一辆汽车并没有什么本质差异,只不过汽车在车间完成组装,建筑在现场完成组装。虽然在手工业时代,现场作业技术是建造唯一可行的方式,但单元构件的场外预制已经产生了,如砖、瓦等标准化构件。随着工业化生产技术的发展,从门、窗等相对简单的构件到更整体的单元模块等集成化产品开始全面地实现了工厂预制(图4-29)。

图4-29 建筑产品预制技术的发展
资料来源:自绘

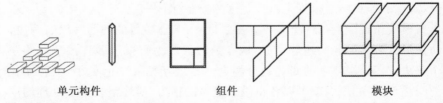

单元构件　　　　　　　组件　　　　　　　模块

虽然建筑产品零部件工厂预制的发展并不滞后于汽车,甚至还可能比汽车制造业更早,但"模块化"的装配概念却没有很快被建筑师所意识,建筑产品的场外预制主要集中于单项技术的发展,这些单项产品之间很少有密切的关系。虽然像勒·柯布西耶这样有远见的建筑师提出了向汽车制造业学习的工业化生产方式,但那些在第二次世界大战后推行的固有的、采用通用标准物的工业化建造方式并没有得到长久地延续。一方面,由于早期批量生产的技术局限性,建筑产品的大量性生产和多样性不能共存,导致了建筑师与大众对标准化的抗拒;另一方面,在斯提芬·

基兰和詹姆斯·廷伯莱克看来,由于政治力量的介入,使得住宅成为一个被过度关注的议题,导致了形式多样的建筑被等同于某一类型的建筑产品,在政治力量大力推进工业化住宅生产技术的过程中,"住宅是理所应当使用场外组装技术的唯一建筑类型"的观念被大众所接受。这些综合因素导致了场外组装被不幸地打上了"唯一建筑类型、唯一应对方式"的双重烙印。这种不幸的搭配不仅缩小了场外组装的适用范围,还将建筑模块化类型局限于住宅一种类型[10]。

更糟糕的是,在很长的一段时间内,一提及场外组装的质量,人们就会不自觉地将它和可移动建筑产品联系起来。这种最早开始使用模块化组装技术的建筑产品,由于其在简单的功能与形式以及性能上的缺陷,一度被广大建筑师所忽视,而这种习惯性的思维也附带到了对工厂化标准构件预制体系的抵制中。必须承认的是 20 世纪批量生产最大的问题就在于预制构件缺少变化,工厂精良的机器只能批量制造有限的建筑形式,这也是工业化建筑被众多建筑师所诟病之处。尽管如此,我们还是应当注意到那些看起来有些"无趣"的标准化产品所体现出来的先进制造思想,它们是 20 世纪末建筑工业再度革新的原点和基础。在这方面做出较大贡献的建筑师并不是提出工业化生产模式的勒·柯布西耶,而是一些积极投身工业化生产制造,深受现代工程技术发展影响的工程师,巴克敏斯特·富勒(Buckminster Fuller)和让·普鲁维(Jean Prouve)就是其中的两位代表人物。这两位并没有受过正式建筑教育的建筑师在工程领域,尤其是预制装配领域的贡献是有目共睹的,从另一角度来说,他们的工作以及成果在建筑以外的领域更加广为人知。

作为一个出色的工程师,富勒将他在数学上的才华用在复杂的空间结构的计算与找形中,创造性地发明了整体张拉球体结构,并将其应用在其设计的批量化生产的房屋中。1928 年富勒设计了第一个采用张拉结构的单元房。这个后来被称为威奇托屋(Wichita House)的建筑在当时就是高技术的产物:建筑外壳采用了飞机生产制造的工艺,结构构件的生产和装配材料使用了铝,表皮采用了可拉伸的塑料膜。富勒甚至使用了飞机设计的原理,流线型的造型保持气流可以持续地在建筑中流动。由于采用了轻质高强的材料,建筑整体重量才 6 000 lb[11],通过撑脚抬高与地面分离更加深了建筑的"轻"的形象,整个建筑看上去就像漂浮的气球一样轻盈(图 4-30)。之后,富勒还为这个建筑产品设计了预制装配式的卫浴单元。尽管由于种种原因,富勒最终没有将这个原型房推向市场,但富勒积极地寻求与先进制造技术结合来促进建造技术进步的思想与实践给后人留下了宝贵的经验。

图 4-30 富勒设计的轻型建筑产品原型和整体卫浴单元,1928
资料来源:Ryan E Smith. Prefab Architecture: A Guide to Modular Design and Construction [M]. John Wiey & Sons, Ins, 2010:33

让·普鲁维也不是一名职业的建筑师，但其在建筑工业化生产技术中做出的卓越贡献对预制装配的发展有着深远影响。普鲁维始终坚持用工业化的生产技术来进行建造，并且经常从汽车、飞机制造技术中汲取设计的灵感。在1935年，他设计了一种小型的可批量生产的房屋，并以此为原型为客户建造了用于度假的小型住宅。随后普鲁维设计了大量法国军队使用的临时居住产品，并参与了战后住宅产品的设计。普鲁维设计的建筑产品都很轻，并且都采用了工厂预制构件，在现场可以快速地组装。同时，普鲁维还在自己的工作室中设计了大量预制构件。普鲁维设计的预制装配式建筑要远远多于同时期的任何一位建筑师。当代工业建筑的设计与制造的众多原则和方法都可以追溯到20世纪早期普鲁维在其设计建造（design-build）的工厂里进行的实践中（图4-31）。

勒·柯布西耶，1910　　巴克敏斯特·富勒，1930　　弗兰克·劳埃德·赖特，1940

让·普鲁维，1949　　格罗皮乌斯，1960　　集成化箱式建筑，1970

图4-31　20世纪后，建筑师在预制装配技术方面开展的系列研究

资料来源：Stephen Kieran，James Timberlake. Refabricating Architecture［M］. New York：McGraw-Hill Press，2004：114

经过半个世纪的发展，不论是在富勒与普鲁维成果基础上开展的轻型建造研究，还是基于预制混凝土构件系统的重型预制装配技术都得到了进一步发展。20世纪初，新的建筑外观与落后的建造技术的矛盾开始被消除，勒·柯布西耶的预言也逐渐实现了，只不过并不是如同他当初设想的"大量的、可重复生产的标准化'物体类型'"，而是存在千差万别、各具特色但同时又可以批量生产的建筑产品。20世纪50年代后，以福斯特、罗杰斯、皮亚诺、盖里为代表的一批建筑师，重新掌握了先进的工业化生产技术，实现了形式复杂和性能优越的建筑创作。这也让更多的建筑师意识到场外组装并不是"统一的、重复的形体"的唯一定义，预制装配技术开始突破住宅领域，被应用在更多类型的公共建筑中。建筑师开始重新挖掘新的方法所带来的设计与建造的潜能，模块化装配技术也在成为继单向构造技术发展之后又一个新的技术增长点（图4-32）。

三、建筑模块化装配技术

构件预制技术的成熟是模块化装配技术成型的基础，只有当越来越多的零部件都在工厂生产时，建筑也才能像汽车制造业那样将建筑的组成进行模块化的区分，然后由不同的分包商完成不同的部分，最后在现场进行总装。由于建筑的类型丰富，形式多样，体量差异巨大，因此不像有限类型的汽车或者飞机可以进行统一的模块化区分，即便是功能高度相似，但不同制造商的住宅产品，根据企业不同的制造工艺和生产流程，其模块的划分也不尽相同。

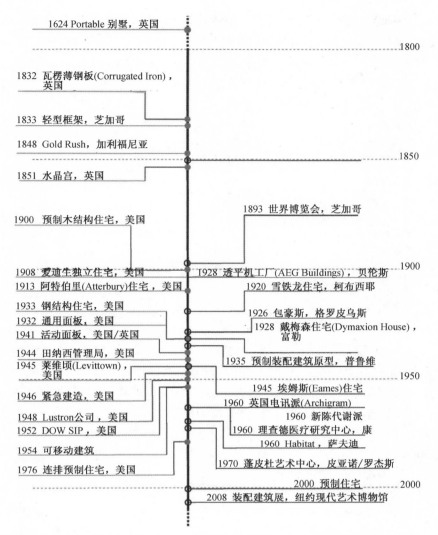

1624 Portable 别墅，英国

1800

1832 瓦楞薄钢板(Corrugated Iron)，英国

1833 轻型框架，芝加哥

1848 Gold Rush，加利福尼亚

1850

1851 水晶宫，英国

1893 世界博览会，芝加哥

1900 预制木结构住宅，美国

1908 爱迪生独立住宅，美国　1928 透平机工厂(AEG Buildings)，贝伦斯

1913 阿特伯里(Atterbury)住宅，美国　1920 雪铁龙住宅，柯布西耶

1900

1933 钢结构住宅，美国

1932 通用面板，美国　1926 包豪斯，格罗皮乌斯

1941 活动面板，美国/英国　1928 戴梅森住宅(Dymaxion House)，富勒

1944 田纳西管理局，美国

1945 莱维顿(Levittown)，美国　1935 预制装配建筑原型，普鲁维

1950

1946 紧急建造，美国　1945 埃姆斯(Eames)住宅

1960 英国电讯派(Archigram)

1948 Lustron公司，美国　1960 新陈代谢派

1952 DOW SIP，美国　1960 理查德医疗研究中心，康

1954 可移动建筑　1960 Habitat，萨夫迪

1976 连排预制住宅，美国　1970 蓬皮杜艺术中心，皮亚诺/罗杰斯

2000 预制住宅　2000

2008 装配建筑展，纽约现代艺术博物馆

图4-32　工业革命之后预制装配建筑发展的重要节点

资料来源：Ryan E Smith. Prefab Architecture: A Guide to Modular Design and Construction [M]. John Wiley & Sons, Inc, 2010：22，作者编辑

　　尽管有着显著差异，但模块的基本划分方法和原则是确定的，建筑模块主要有两种划分方式：第一种和汽车制造业是类似的，即按产品的构成要素来划分，建筑产品模块可以分为结构、围护体、基础、设备四个主要模块（图4-33），这些主要模块根据具体的建造方式可以进一步细分，比如围护体可以继续分为外围护体和内装模块，外围护体还可以分为屋顶、墙体模块等等。第一种划分方式是直观的，并且适用于任何形式的建筑中，不论是形体简单的还是复杂的，是轻型建造系统还是重型建造系统都适用。第二种划分方式则是以单元空间为基础的装配模块概念，是以第一种模块概念为基础的拓展。以单元来划分模块可以最大程度地利用标准化制造技术，将结构、围护体以及设备集成于统一的单元模块中，充分发挥场外预制的优势。虽然区分的原理不同，但是两种模块在建筑工业化建造技术中都有各自适用的范围。

　　作为两个不同时代的建筑师，瓦克斯曼与基尔南·廷伯莱克都是专注于建筑工业技术应用的代表，他们在不同时期从不同的角度提出了建筑模块化的概念。瓦克斯曼发展了建筑的概念模块设计，他从工业制造流程的角度将建筑分为几何模块、元素模块和公差模块，体现超越真实材料的抽象类别。而基尔南·廷伯莱克则发展了建筑的装配模块概念，其创新之处在于将建筑构件对应到材料和成品单元上，并将其比喻为"磁带

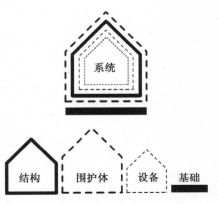

图4-33　建造系统的四个基本模块
资料来源：自绘

盒",即现代建筑构件不再是单一材料的块状实体,而是带有各种管线功能的盒体,每一个元素都包含了多种材料、成品和技术的整合(表4-3)。

表4-3　瓦克斯曼与基尔南·廷伯莱克的建筑模块比较

瓦克斯曼建筑设计 所包含的模块	基尔南·廷伯莱克建筑设计 所包含的模块
· 材料模块 · 性能模块(力学性能、技术、经济指标) · 几何模块 · 运动模块(运输、储存、安装) · 构造模块 · 元素模块(不透明元素、透光元素、框架元素、承重元素、水平/垂直元素、承重/非承重元素、移动/不移动元素等) · 连接模块 · 部件模块 · 公差模块 · 设备模块(采光、动力、通讯、供热、制冷、通风、给排水等) · 装置模块(卫浴、厨卫、家具等)	· 5个"整合的"元素 　场地、脚手架、楼地板-磁带盒、块、墙-磁带盒 · 16个可选择的分项 　一般需求 　场地建设 　混凝土、石材加工、金属、木材与塑料 　湿热控制 　门窗 　完成面 　专业部件 　设备、家具、特殊构造、运输系统 　机械、电气

资料来源:自绘

　　瓦克斯曼与基尔南·廷伯莱克虽然身处不同的时代,但他们都认识到了建筑模块化设计的重要性,两者的模块理念既有区别又有诸多相似之处。不论是概念模块还是装配模块,都有一个核心的思想,那就是尽可能地将建造过程整合起来。"模块化"理论为建筑构造的集成化构造技术发展提供了理论基础,不过由于建筑材料种类、组合方式千变万化,模块化的集成构造需要从建造的最小单元构件出发,根据构造组合的原理,开发合理的模块装配技术。

　　1. 组件——功能模块

　　构件是建造的基本要素,当材料被加工成构件就具备了明确的建造功能。但逐个构件的现场安装方式不仅耗时耗力,还会影响建造的品质。于是,建造者逐渐发展了将构件先预先组装成组件,再进行装配的方法。随着建筑工业化的发展,组件的类型越来越丰富,集成度也越来越高。

　　混凝土预制技术就是组件集成化发展的一个典型代表。相比较现浇混凝土构造技术,预制混凝土构件的生产制造整合了不同构件乃至设备管线的安装技术,提高了建造效率和品质。早期,预制混凝土工艺生产的构件类型有限,并仅限于混凝土构件本身,集成度较低。经过100多年的发展,现代预制混凝土制造技术不仅实现了完全的自动化生产,还将设备管道、电路接口、保温隔热材料、窗户甚至外层饰面都集成在墙板构件中,实现了高度集成的墙体组件(图4-34)。

图4-34　预制混凝土墙板组件
资料来源:自摄

带飘窗、装饰面层和保温层的预制墙板、叠合板组件　　　　　　　预埋管线、预装插座和预开窗洞的墙板组件

　　混凝土组件的场外预制对现代混凝土建造方式的改进效果是显著的,它将现场所需要的模板、支筋、混凝土浇筑、养护技术都集成在工厂的

流水线上完成,这些预制好的墙板运输到现场后,通过数量有限的节点连接,就可以迅速完成建筑结构和围护体的拼装。混凝土的预制装配技术彻底地改变了混凝土的建造工艺,它将现场大量耗时耗力的湿作业变成了少量的湿作业以及大量的干作业相结合的方式,将原有受气候影响较大的混凝土浇筑和养护过程完全放在环境更好、更易控制的工厂内完成,减少了建造的周期,提高了建造质量(图 4-35)。

1. 软件自动计算墙板数量与尺寸

2. 机器自动布置边模

3. 机器自动安置钢筋网

4. 机器自动浇筑混凝土

5. 机器自动振捣混凝土

6. 养护

图 4-35　全自动的混凝土组件生产流程提高了产品的质量和建造效率
资料来源:江苏元大建筑科技有限公司提供

　　由于模板是可以灵活调整而不是固定不变的,因此预制混凝土技术不仅适用于标准化的组件制造,也可以用于形体不规则的平面甚至曲面组件的制造中。斯蒂芬·霍尔(Steven Holl)设计的位于美国西雅图大学校园中的圣依纳爵(St. Ignatius)教堂是一个非同寻常的建筑,虽然不像柯布西耶的朗香教堂那样张扬,但不规则的形状和内部复杂的空间让这个建筑充满了个性。从建筑表面的材质我们可以很容易判断出这个建筑是用混凝土建造的,但是建筑表面上清晰的缝隙以及形状独特的点状凸起又暗示着这个非凡的建筑独特的建造方式。是的,圣依纳爵教堂不规则的形式采用了混凝土预制装配技术,所有的墙板、屋顶组件都是在工厂预制后在现场组装的,不同构件之间的接缝形成了建筑表面的纹理,而那些点状的构造则是在安装过程中用来将构件与吊装器械固定的金属吊件。建筑师在建造结束后保留了这些建造的痕迹,并将它们作为结果的一部分呈现在大众面前,足以可见建筑师对这种精致的装配工艺的欣赏(图 4-36)。

圣依纳爵教堂不规则的形式　　　　　　精确的预制装配建造

圣依纳爵采用了场外预制技术,节约了现场建造时间　　精致的墙板挂扣件设计

图 4-36　预制组件可以制成复杂的、不规则的形式满足建筑师的特定设计有和手工艺一样的艺术品质
资料来源:Ryan E Smith. Prefab Architecture: A Guide to Modular Design and Construction [M]. John Wiley & Sons, Inc,2010:22,作者编辑

预制装配式混凝土构造是众多建筑组件生产制造技术中独特的一种，它最显著的特征在于改变了原来构造工艺的施工地点，并将整体浇筑的过程分解，实现构件的精细化连接，但基于浇筑的固定构造连接并没有太多变化的余地。而由轻质材料（如木材、金属、塑料）通过可变连接实现组合的预制墙板组件工艺就要丰富许多。轻型墙板生产环节消耗的能量更少，不依赖重型器械，具有更灵活的构造组合方式，适合作为低层轻型建筑的结构兼围护部件或各种类型建筑的不承重内隔墙产品。

依靠灵活的可变构造连接，轻型预制墙板可以集成不同的功能（承重、保温、装饰等）。一个多功能立面墙板组件通常由以下部件组成：由薄壁型密肋板构成的结构构件，板壁上粘有相同材料的横肋，既可以阻止膨胀，也可以形成可填充保温材料的空腔。木板、塑料和金属都是这种轻质合成板墙的常用材料，内外板经过处理一般可以直接作为饰面层，也可以进行粉刷涂料或者贴墙纸等简单的装饰，空腔还可以预埋电线。比利时—麻省—纽约联合队在2013SD竞赛[12]中采用的玻璃钢复合墙板就是这种类型的组件。该太阳能住宅从地板、墙板到屋顶板全部采用了高度集成的构造形式：10 cm×10 cm 的玻璃钢方形管作为墙板结构支撑，中间用木肋板加强结构强度；墙板空腔内填充聚氨酯保温层，内外覆玻璃钢板；需要布线的墙体则预先沿方管布置电线，并在指定位置留好电气接口（图4-37）。

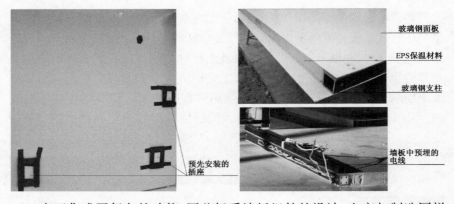

玻璃钢面板
EPS保温材料
玻璃钢支柱
墙板中预埋的电线
预先安装的插座

图4-37 集保温、装饰、管线布置一体化的复合轻质墙板
资料来源：自摄、自绘

由于集成了复杂的功能，因此轻质墙板组件的设计、生产与制造同样需要技术的高度整合。日本大和房屋在 XEVO 系列住宅产品中开发了以肋板结构为基础的墙板组件，除了主体结构采用了轻钢结构，外墙围护、楼面围护、屋面围护、内墙围护都采用了这种标准化的板块构造。外墙板组件包括了作为结构功能的耐力板、非结构功能的面板和保温隔热材料，由这些构件组成的墙板组件全部在工厂的流水线上完成，出厂前这些墙板就具有了防水、保温隔热、防潮透气以及装饰等完整功能。为了加强结构的整体强度和方便组件与钢结构连接，在外墙板外设计了特殊的 U 形钢腹板，用于连接墙板的螺帽预先固定在 U 形钢腹板内，安装时，螺栓直接从钢构件的腹板内侧穿入与螺帽拧紧固定。整体设计的外墙板组件具有极高的安装精度，安装误差控制在±1 mm 以内（图4-38）。

虽然实体墙板的预制装配技术在工业化住宅领域中得到了广泛应用，但在高层商业和办公建筑中，应用更多的是玻璃幕墙系统，而由于玻璃本身的易碎性以及各种配件的零散性，使得预制更大、更整体的幕墙组

面板
耐力板
保温材料

复合外墙板构造　　　　工厂流水线制造　　　　现场安装

图4-38　日本大和房屋公司 XEVO 系列住宅产品中的复合墙板组件
资料来源：http://www. baidu. com；自绘

件的愿望一直难以实现。不过,依然有一些富于冒险精神的建筑师大胆地挑战了这个难题,在美国宾夕法尼亚大学梅尔文·J 和克莱尔·莱文(Melvin J and Claire Levine)礼堂的幕墙设计中,建筑师与工程师一起设计了一种可活动的双层玻璃系统,这个系统包括了外层的双层玻璃、电子控制的百叶窗、空气循环腔以及内层的单层玻璃。空气循环腔相当于一个集气室,通过它,室内空气在空调系统的作用下可以被提取并进入循环系统,可变的百叶则可以在需要的时候打开反射太阳辐射。不过建筑师并不满足于幕墙构造的性能设计,而是希望将完成不同功能的复杂构件集合在一起,形成更整体的组件以保证建造的质量。

　　这个想法极具挑战性,幕墙组件不仅具备自承重能力,还包含了复杂的环境调节系统,这对工厂的整合制造能力是一个极大的考验,具备这种能力的制造企业并不多,最终帕玛斯迪利沙(Permasteelisa)公司成为这个特殊幕墙的生产商。在车间完成预装的幕墙组件被运输至现场,通过预先安置的垫圈和精密的金属附件实现准确的连接,组件之间的接缝和节点连接质量得到了有效的控制。耗用7周完成组装的幕墙经过试验验证,被证明不仅是一个优秀的密封绝缘系统,而且有着不错的隔声效果,完成的质量甚至超出了设计的预期值(图4-39)。

图4-39　梅尔文·J 和克莱尔·莱文(Melvin J and Claire Levine)礼堂中高度集成的玻璃幕墙组件体现了当代预制装配技术的潜力
资料来源：Ryan E Smith. Prefab Architecture：A Guide to Modular Design and Construction[M]. John Wiley & Sons, Inc,2010：22,150；Stephen Kieran, James Timberlake、Refabricating Architecture[M]. New York：McGraw-Hill Press,2004：157,作者编辑

　　所有这些预制组件的技术进步展示了集成构造技术给建造带来的全新面貌,并且以上所列举的还只是庞大的建筑产品目录中的一小部分,除了丰富的围护体产品,还有设备产品如空调系统、电力系统、厨卫等也都发展了集成化的组件装配技术。当各种构成要素的组件制造与装配技术日趋成熟后,由功能模块转向空间装配模块的集成构造技术也就水到渠成了。

　　2. 盒子——空间装配模块
　　关于建筑空间模块的建造理念,最早应当是由勒·柯布西耶在关于工业化建筑的批量生产研究中提出来的。1914 年提出批量生产的"多米诺"骨架系统之后,柯布西耶进一步提出了以单元空间灵活组合建筑的方法,在 1923—1924 年的"佩萨克"(Pessac)基本构成元素中,柯布西耶将标准的单元空间作为一个基本模块,当面对客户的不同需求时,建筑师可以通过灵活组合模块以实现建筑空间与形式的自由演绎(图 4-40)。不过在连组件都还未能实现大量预制的当时,空间模块的设想只能是一个美好的设想。

图 4-40 柯布西耶关于建筑模块组合的设想

资料来源:[瑞士]W 博奥席耶,O 斯通诺霍.勒·柯布西耶全集(第 1 卷)[M].牛燕芳,程超,译,北京:中国建筑工业出版社,2005:63

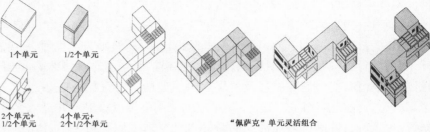

1个单元   1/2个单元

2个单元+   4个单元+
1/2个单元   2个1/2个单元

"佩萨克"单元灵活组合

　　20 世纪 50—60 年代,可移动轻型建筑产品的出现使得空间装配模块概念实现的契机到来了。作为一种"跨界"产品,这种以极限居住功能为主题的特殊建筑产品由于体积足够的小,可以在工厂里完成全部的组装工作,并由卡车来运输(图 4-41)。由于功能单一,大部分建筑师都未将这种产品视为正统的建筑而将其边缘化,但依然有少部分建筑师从这种高度预制化的建筑产品中发现了"单元盒子"模块场外预制的潜力,建筑师摩西·萨夫迪和黑川纪章就巧妙地利用盒子结构实现了空间、形式复杂的大体量建筑的高效建造。

图 4-41   20 世纪中期空间单元模块的建造实践

资料来源:Chris Abel. Architecture and Identity:Responses to Cultural and Technological Change[M]. 2nd ed. New York:Architectural Press, 2000: 5; Ryan E Smith. Prefab Architecture:A Guide to Modular Design and Construction[M]. John Wiley & Sons, Inc, 2010:37,作者编辑

塑料汽车旅馆和卡车运输系统,1956   混凝土预制单元建筑产品,1960—1970

　　摩西·萨夫迪设计的栖息地 67(Habitat 67,1967)展示了盒子结构进行灵活的空间组合的潜力。用预制混凝土预制成的混凝土盒子除了屋顶是单独的组件外,地面及带窗洞的墙板也是在工厂预制并拼装成整体的盒子结构后运输至现场整体安装的。每一个盒子通过统一的开口和其他模块单元任意组合,因此,虽然单元模块的形式是固定的,但模块组合的空间却是多元的。最终我们看到了沿横向和竖向叠加后展开的丰富的建筑形态。这个案例不仅展示了单元模块组合的多元性,同时,以空间模块为整体单元的预制装配也在组件的基础上进一步提高了建造效率。

图 4-42   早期空间模块装配技术的应用

资料来源:Ryan E Smith. Prefab Architecture:A Guide to Modular Design and Construction[M]. John Wiley & Sons, Inc, 2010:36; http://www.flick.com

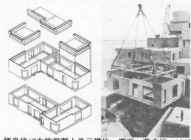

栖息地67中的混凝土单元模块,摩西·萨夫迪,1967   中银舱体大厦中的舱体单元,黑川纪章,1972

从结果上来说,黑川纪章的设计和摩西·萨夫迪是大相径庭的,但两者的设计思想是完全一致的,从模块整合的角度出发,黑川纪章更进了一步。1972年建成的东银舱体大厦是在城市中心高密度地区的一个酒店式公寓,因此建筑对容积率与建筑面积的使用率有较高的要求。在这个前提下,建筑师大胆地将单元舱体建筑产品与钢结构相结合,建造了一栋看似怪异,但却能最大限度满足任务需求的特殊建筑。黑川纪章通过和集装箱制造公司的合作,用高强度塑料制成了封闭的舱体单元,单元模块不仅具有完整的结构与围护体,还集成了浴室、厨房、家具等一应俱全的设施,基本上只要外接上供电、给排水设施,就是一个完整的居住单元。最终,144个完全一致的单元舱体运输至现场,每个舱体的四周预埋了金属构件,与核心筒的钢结构通过高强螺栓连接,竖向叠加的标准舱体形成了一种工业生产独有的美学特征(图4-42)。

虽然没有东银舱体大厦那样著名,1968年在美国圣安东尼建成的希尔顿河畔旅馆是最早采用预制单元舱体建成的高层建筑。建筑最下面的四层采用了预制混凝土结构,从5层到21层采用了预制单元。496个单元,以每17个单元一周的时间,仅用了28周就完成了所有单元的组装。之后,高层建筑的盒子模块建造技术在英国得到了进一步发展。2010年,一座由曼彻斯特奥康奈尔·易斯特(O'Connell East)事务所设计的24层高学生公寓采用了内嵌钢结构的单元盒子,整整805个"盒子"(比希尔顿旅馆还多300个)只用了27周就完成了整体装配,比传统的现场建造方法提早了整整一年,体现了极致的装配效率,也为投资商节省了大笔经费[13](图4-43)。

图4-43　奥康奈尔·易斯特事务所设计的24层高学生公寓,2010
资料来源:Ryan E Smith. Prefab Architecture: A Guide to Modular Design and Construction [M]. John Wiley & Sons, Inc, 2010:161

空间模块化装配技术的优势不仅体现在快速的建造效率上,还体现在建筑局部构成可以更换甚至可以更新上,这与建筑的可持续发展理念不谋而合。英国建筑师罗杰斯一直提倡:"易于改变用途的建筑有更长的使用寿命,并能表现出对资源更高效的利用。"[14]因此,罗杰斯一直尝试在建造设计中采用可变结构设计,在长期的研究与实践中,他发展了一种"弹性结构"——可拆卸的预制单元连接构造技术。通过这种特殊的螺栓节点,可以实现单元模块的灵活插接,以适应建筑多功能和可更新替换的要求。伦敦的劳埃德大厦是罗杰斯设计的最著名的"弹性结构"案例。劳埃德保险公司作为业内的巨头,对建筑空间有着较高的要求,不仅办公空间要在原来的基础上提高3倍,还要在保证各功能联系的同时避免主要空间和辅助空间的相互干扰;最重要的是,为了适应保险业市场的变化,建筑空间要灵活多变。业主的要求正好符合罗杰斯"弹性结构"的理念,建筑师为此设计了插入式舱体单元,设备用房、电梯楼梯以及卫生间等附属设施设置于功能塔中,独立于建筑主体之外,以整体插入的方式与建筑主体相连(图 4-44),当附属功能部件出现损耗和问题时可以轻松地拆卸更换,而不影响建筑内部的功能。

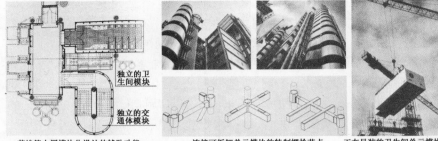

独立的卫生间模块

独立的交通体模块

劳埃德大厦模块化设计的辅助功能　　　　连接可拆卸单元模块的特制螺栓节点　　　正在吊装的卫生间单元模块

图 4-44　劳埃德大厦中的单元模块实现了建筑的可持续发展需求
资料来源:刘松茯,刘鸽.理查德·罗杰斯[M].北京:中国建筑工业出版社,2008:70

由于种种限制,无论是结构的强度,还是空间的灵活性需求,适用于空间模块装配的大体量建筑类型还是有限的。与盒子结构装配技术更为匹配的依然是轻型建造系统,从材料、结构形式的选择到模块的大小以及模块之间组合都更多元化。现在,在轻型建造系统中,"盒子模块"已经成为一种标准的设计方法和建造技术。木材和轻钢是现在单元模块制造的标准材料,相比较于预制混凝土单元,轻型结构的盒子单元质量更轻、组装更快。钢材、木材一般作为单元模块的骨架,然后在骨架上附加各种类型的墙板(如木板、塑料板、金属板等)组成盒子结构(图 4-45)。单元盒子的预制程度以组装的具体步骤为准,需要拼接形成大空间的"面"会预先留空,考虑到建造过程中结构受力的不稳定、不均匀的部位可以采用临时的支持构件加固,在整体安装过程结束后再拆除。

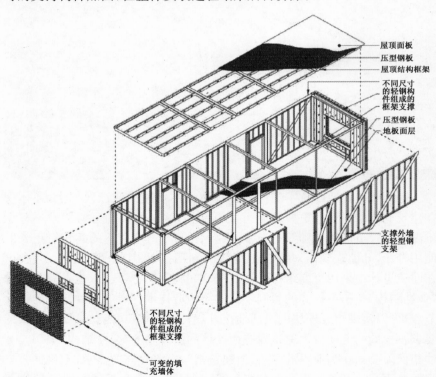

屋顶面板
压型钢板
屋顶结构框架
不同尺寸的轻钢构件组成的框架支撑
压型钢板地板面层

支撑外墙的轻型钢支架

不同尺寸的轻钢构件组成的框架支撑

可变的填充墙体

图 4-45　典型的轻钢单元盒子构造
资料来源:Ryan E Smith. Prefab Architecture:A Guide to Modular Design and Construction[M]. John Wiley & Sons, Inc,2010:171,作者编辑

屋顶通常会作为一种特殊模块单独设计,因为屋顶是围护体中功能最复杂的部分,过多的接缝会导致屋顶防水功能出现缺陷,预先安装好的屋顶容易在吊装过程中损坏,因此,单独的屋顶模块设计都是必要的(图4-46)。除了结构与围护体,设备(如卫浴、厨房、空调设备)的集成也是很

重要的,这些设备会根据单元模块的尺寸预先定制,可以在单元模块工厂预制的时候先安装在模块中,也可以单独组成设备模块,在现场总装的时候整体安装(图4-46)。

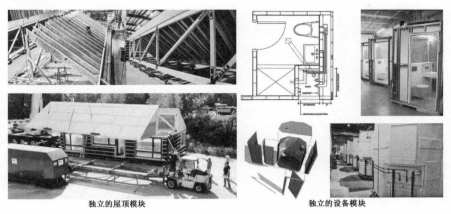

独立的屋顶模块　　　　　　　独立的设备模块

图4-46　将复杂的部分拆分成单独的模块有利于装配整体质量的提高

资料来源:http://www.flick.com;Ryan E Smith. Prefab Architecture: A Guide to Modular Design and Construction[M]. John Wiley & Sons, Inc,2010:173,作者编辑

　　模块化的单元最大限度地实现了所有构件的工厂化生产与组装,因此现场装配的工作变得更加简单,主要是模块与模块之间的节点以及缝隙的处理。单元模块首先要和基础发生紧密的联系,在通常的做法中,单元的结构构件向下延伸,和基础上的预埋构件连接,连接的方式可以采用现场焊接或者螺栓连接。不论是竖向叠加还是横向叠加,缝隙都是模块之间重要的处理对象,缝隙的构造需要考虑防水、冷(热)桥隔断、气密性、防火性等综合问题。在一个典型的两层高的单元盒子模块连接的构造细部中,我们看到了从地板开始到楼板再到屋顶的模块之间的缝隙都采用了柔性绝缘材料。通常楼地板以及屋面的缝隙要实现完整的密封,以保证上下层的隔声性以及防水性;墙体之间通常留有空腔,以利于缝隙内部的空气流动,防止出现冷凝水影响到保温隔热材料的绝缘性能和耐久性能(图4-47)。

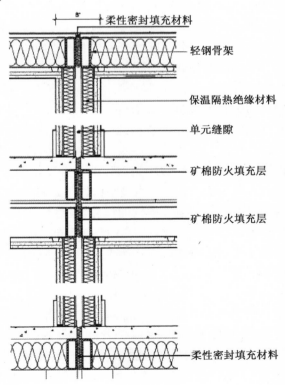

柔性密封填充材料

轻钢骨架

保温隔热绝缘材料

单元缝隙

矿棉防火填充层

矿棉防火填充层

柔性密封填充材料

图4-47　典型的单元模块连接的构造缝设计

资料来源:Ryan E Smith. Prefab Architecture: A Guide to Modular Design and Construction[M]. John Wiley & Sons, Inc,2010:170,作者编辑

建筑模块化装配技术的发展对建造的逻辑产生了显著影响：从单一构件，到成组的部件，再到成块的单元，安装的对象越来越大，步骤却越来越简单。但随着集成化构造技术的发展，一个新的问题也产生了：传统的逐个构件组装的方式可以通过在现场灵活地调整构件来弥补施工误差，那么对于越来越大的组件甚至空间模块，它们对施工的精度有着更高的要求，我们该如何协调这些组件与模块的关系？组件与模块的尺寸又是如何确定的？在安装误差不可避免的情况下，我们如何在工厂生产阶段和现场装配阶段调整这些误差，实现高质量的建造？解决这些问题，我们需要掌握并继续发展构件组合与装配的"句法"——模数协调和公差控制。

第三节　装配"句法"

一、模数协调

构件、组件与空间模块都是建筑的构成要素，串联这些要素需要基本的规则——尺度协调。这种类似文学中的语法一样的规则贯穿建筑设计、生产、建造施工的全过程中。模数是尺度协调的具体表现形式，是选定的尺寸单位。在构造系统中，作为尺寸协调中的增值单位，模数是建筑结构、零配件、设备等不同构成要素尺寸间相互协调的基础。

模数并不是工业化以后的新兴事物，公元前1世纪，维特鲁威就发明了一种数学计算方法作为模数来设计建筑。这个方法以柱径为一个基本尺度，以此创造了一种协调的体系，统一建筑的形式。古典时期和文艺复兴时期，建筑的基本尺度（如柱距、柱高、檐口等）都是以柱子的直径（分柱法）为参考的。中国的传统建造活动中，也采用了模数协调的方法。宋《营造法式》中关于中国古代建筑构造系统总结中最为关键的部分即"以材为祖的木结构模数制度"——"凡构屋之制，皆以材为祖，材有八等，'度屋之大小，因而用之'"。材、分制度的产生与中国独特的木结构构造方式是密不可分的：中国的官式木构建筑长期采用构架式体系，由柱、梁、槫、椽以及斗拱若干构件进行组合，斗拱作为重要的承上启下的结构构件，发展至唐宋已经成为由几十甚至上百个构件组装的组合构件，标准化和定型化的发展是大量的单元构件能够快速制作、安装的重要保证。"材分"制度以建造的标准单元——斗拱为参照，这里的"材"便是建筑中斗拱构件中的"拱"的断面，拱的高宽比为3∶2，以此为基础，将高再分为15份，将宽再分为10分，每一份成为分。由最小构件单元的尺寸为基础确定单位模数，进而控制柱、梁等其他大构件的尺寸，最终形成一套完整的产品构造系统。材分等级的模数变化，确保工匠在不同等级的构件连接中能迅速掌握构件尺寸变化的规律，完成精确的装配建造（图4-48）。

由于建造系统越来越复杂，以一种材料或构件的尺寸去协调整个建筑的构造系统变得不再现实，新的模数体系也应运而生。整数模数是一种易于计算和方便生产的模数，即使在以特殊"材分制"为模数的中国传统木构建筑中，发展到后期，也摈弃了一开始繁复的、非等差、等比的尺寸，而采用了更易估算的整数尺寸，比如宋代足材的宽高比为2∶3，而到了清代已经改为1∶2，化整为零的构件尺寸更易计算，避免了反复折算出

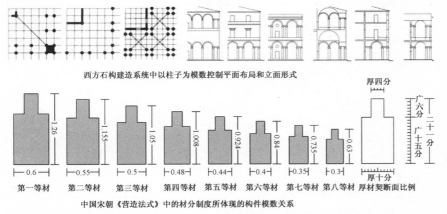

西方石构建造系统中以柱子为模数控制平面布局和立面形式

中国宋朝《营造法式》中的材分制度所体现的构件模数关系

图4-48 传统建造中构件的模数协调
资料来源:自绘 & [德]赫尔佐格,克里普纳,朗. 立面构造手册[M]. 袁海贝贝,译. 大连:大连理工大学出版社,2006:47

现尾数过多而造成差错。目前通用的建筑单元模数是以欧洲标准确定的一套模数:建筑模数协调统一标准,采用基础模数的数值为100 mm,以此为基本导出的模数分为扩大模数和分模数。扩大模数一般用于建筑局部尺寸以及建筑组合件模数尺寸(3M、6M、12M……),分模数则可用于细部的构件尺寸(1/10 M、1/5M、1/2M……)。每一模数的技术展开的数列都有一定幅度的限制,如1M按照100 mm进级,3M按照300 mm进级,1/10M按照10 mm进级,确保各范围模数的可控调整。模数的增加或减少可以导致部分或成倍的模数,为了方便应用,这些增量通常被限制在某些固定的倍数上,尤其是日常应用频率较高的常用增量应该保证可以被整除(图4-49)。根据这些常用增量和扩大模数,进而可以定义不同人体活动的功能模数尺寸,比如站、坐、躺、行走等(图4-49)。

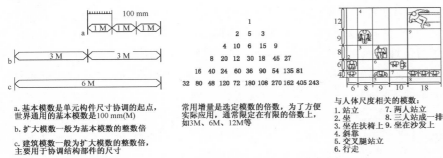

a.基本模数是单元构件尺寸协调的起点,世界通用的基本模数为100 mm(M)

b.扩大模数一般为基本模数的整数倍

c.建筑模数一般为扩大模数的整数倍,主要用于协调结构部件的尺寸

常用增量是选定模数的倍数,为了方便实际应用,通常限定在有限的倍数上,如3M、6M、12M等

与人体尺度相关的模数:
1.站立
2.坐
3.坐在扶椅上
4.斜靠
5.交叉腿站立
6.行走
7.两人站立
8.三人站立一排
9.坐在沙发上

图4-49 现代模数在建筑工程中的应用
资料来源:自绘

模数的设置不仅需要考虑构件的生产制造的便利,还要结合施工工艺进行综合考量。标准砌块源于"单手抓"的原则,即一只手可以很轻松地抓住一个砌块;结合砌筑的面积丈量,长250 mm,宽120 mm,高60 mm的400个砌块恰好是1 m²。但是在实际砌筑中需要有10 mm的砌缝,这样通常会导致最后一块砖需要砍去一块,费时又费力,并且加上砌缝后130 mm的尺寸在实际建造中会产生很多不方便的模数。为了使砌块能适应墙体的长度,德国在1955年建立的基于"八分制"的尺寸协调体系,即1/8 m=125 mm,薄型DF(240 mm×115 mm×52 mm)和普通NF(240 mm×115 mm×71mm),形成了符合实际建造情况的基本模数[15]。除了由普通砌块定义的一些标准尺寸外,通过将一个整砖分为3/4砖、半砖、1/4砖还可以得到一些分尺寸,用来弥补标准砌块尺寸上的不足,同时提高建筑物在特殊尺寸上的适应能力,从而减少施工中砌块的损失。

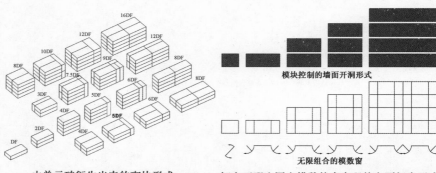

模块控制的墙面开洞形式

无限组合的模数窗

由单元砖衍生出来的砌块形式　　柯布西耶由固定模数的窗实现的立面衍生形式

图4-50　模数协调在建筑产品单元构件尺寸控制中的作用
资料来源：自绘

除了结构单元，围护体部件也可以通过模数实现对建筑形式的整体控制。柯布西耶作为新技术的坚决拥护者，在设计生涯早期进行了一系列标准化的建造实验。在其一系列批量生产的住宅设计实践中，柯布西耶不仅发展了标准的骨架体系，还利用模数设计了一套既标准又能灵活组合的窗户产品，用以控制建筑的立面韵律。柯布西耶以单元窗尺寸为基本模数，以1/2窗尺寸为分模数，通过在水平与垂直方向的组合，实现了从单个窗到连续横窗再到大面积矩形窗的系列产品。由于基本模数的控制，使得产品的生产制造经济性得到保证的同时，立面的开窗形式也可以多样化（图4-50）。柯布西耶的这种简洁有效的产品设计方法使得构件生产在无需大规模调整的情况下就可以实现建筑形式的多样化，对客户的选择、生产制造部门及建造的经济控制都是有益的。

随着装配对象不断增加，模数系统开始转向自上而下的整体控制——以几何方格网定位为核心的，以构件的中心或边界参考线的间距为模数的尺寸协调。让-尼古拉斯-路易斯·杜兰德（Jean-Nicolas-Louis Durand）实现了结构（模数）概念的重大转变，他在1800年放弃了人测量学和分层的建筑原理，而将所有的建筑构件建立在相同的网格基础之上，作为合理的模数比例关系。系统以柱距为起点，决定了"建造方法、承重梁、楼板等材料的相关尺寸"，杜兰德的工作对现代模数系统的发展起到了重要的影响。从人工决定的现场施工到工厂制造、现场装配的工业化建造的转变过程中，需要协调好精确定义的各独立构件的尺寸和位置关系，以机器生产为基础的构件制造能够保证极高的精确度，单元定义和偏差的控制成为几何模数协调系统的关键要素[16]。

为了确定模数构件的位置和基本尺寸以及它们与相邻组件的关系，需要设定参考点、参考线和参考面。网格是一系列规则的等距参考线组成的三维几何协调系统。网格尺度一般根据模数或扩大模数确定，每个构件（柱、梁、楼板、墙板等）位置及与其他组件的关系都可以在网络的协助下得到协调。轴线控制是最常用的一种，它以构件中心距离为模数协调系统。通过轴线可以确定构件位置，但无法确定构件的尺寸及与相邻组件之间的距离。于是，界面控制被引入用来定义组件的尺寸。当平行坐标线的间距产生多个模数的变化的时候，模数系统就建立起来了。模数网格也可能建立在三维空间中任一维度的一种或几种模数之上（图4-51）。

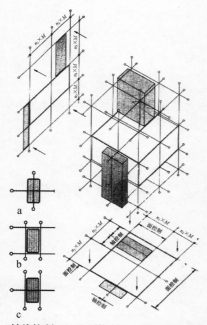

a. 轴线控制　b. 界面控制　c. 两者综合方式
图4-51　构件定位的基本方法
资料来源：［德］赫尔佐格，克里普纳，朗. 立面构造手册［M］. 袁海贝贝，译. 大连：大连理工大学出版社，2006：50

在现代建筑中，混合构造已经成为一种常态。因此，灵活的模数协调显得尤为重要。基于支撑体（support or skeleton）和填充体（infill）的模数协调系统在量大面广的住宅领域率先得以实现，并逐步开始向其他公共建筑领域渗透。SI 理论源于 20 世纪 60 年代在荷兰形成的开放建筑理论,随后在日本得到了大力的发展,近年来已经在众多国家得到了相继发展。目前,在国内建筑产业化大发展的背景下,万科、远大等住宅生产研发企业也投入了大量的人力和物力研究和开发基于 SI 体系的工业化住宅。SI 体系的工业化住宅模数系统通过不同的模数网格协调支撑体(结构体)和填充体系统的相互关系来达到产品构造系统的合理组织。SI 体系在早期预制混凝土大板结构的模数基础上,在结构空间以外将公用管道井和设备也纳入了支撑体的组成[17],实现了结构空间部件的"大标准化"的同时兼顾共用管道井和设备空间部件的"小标准化"需求,采用以 3M、6M 和 12M 等扩大模数为主,基本模数 1M 为辅的模数体系[18]。

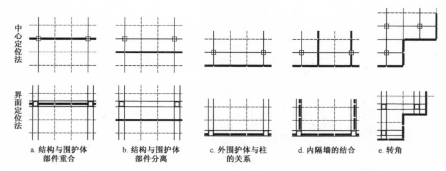

图 4-52 支撑体结构体系中结构与围护体部件定位的方法和可能的位置关系
资料来源:自绘

中心线定位法和界面定位法是 SI 体系部件定位的两种基本定位方法[19](图 4-52)。支撑体构件(柱、梁、楼板、管道、设备等)一般采用中心线定位法,利于主体结构部件的预制尺寸的标准化以及定位和安装的便利。但中心线定位法不利于结构空间内的模数化,也不利于外部、内装围护体部件的定位与安装;界面定位法则解决了这些问题,不过界面定位法会对支撑体部件尺寸的标准化、定位和安装带来诸多不便。因此,如果将两种定位方法定位叠加成同一模数网格,就可以突破两者各自的局限性(图 4-53),但前提是所有的柱、梁和板状部件[20]都要实现模数化。

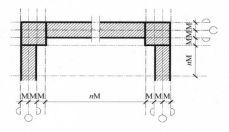

图 4-53 中心定位与界面定位的叠加
资料来源:刘长春. 基于 SI 体系的工业化住宅模数协调应用研究[J]. 建筑科学,2011(7)

除了支撑体以外的构件,都属于填充体部件,包括了外部和内装两部分,如饰面板、非承重墙体、吊顶、地板等。填充体构件的定位方法和支撑体的并无区别,不过由于填充体部件种类较多,定位的方法选择比较灵活。如隔墙一般采用中心定位法,但如果隔墙一侧或两侧需要模数空间,或者需要多个装修部件位于同一水平面上就需要应用界面定位法。作为填充体的砖、基层板、面板等板材部件[21]的定位需要根据模数空间的要求和部件之间具体接合要求进行选择。当板材部件的厚度方向和其他部件不接合或无模数空间要求时,采用中心线定位法;当一组板材部件汇集在一起安装时,考虑到构件的互换性和安装后的平直,应采用界面定位法(图 4-54)。

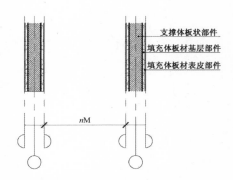

图 4-54 板状部件和板材部件
资料来源:刘长春. 基于 SI 体系的工业化住宅模数协调应用研究[J]. 建筑科学,2011(7)

模数协调不仅是确定标准构件合适的尺寸、协调零部件组合、提高装配效率的重要保证,也是建筑师在经济性前提下灵活定制、组合产品,获得丰富的建造形式的有效工具。巴黎十九区(Rue de Meaux)住宅是由皮亚诺设计完成的法国一个严格受经济控制的集合住宅,尽管遵守了限制条件,建筑采用了标准化设计,为了在简洁的整体造型下获得丰富的立面韵律,建筑师充分应用了模数控制不同类型填充围护体部件组合的方式,实现了富于变化的建筑形式。该建筑是 SI 体系的典型形式,填充体部件围绕标准的钢结构框架展开,在单元框架确定的整体结构模数内,建筑师选择了三种填充体部件:陶土饰面、玻璃窗、金属格栅和栏杆。

标准的钢结构模数柱距分为 2 种,以标准单元窗户宽度作为基本模数 1M(90 cm×90 cm),框架形成的模块单元分别为 3M×3M 和 3M×4M。在这套立面系统内,建筑师定制了 5 种标准产品部件:1M×3M 窗(包含了固定和可开启部分);1M×3M 的金属格栅;1M×1M 的金属栏杆;1M×1M 的陶土填充单元,而最终细化到每块陶土砖尺寸的分模数是 1/2M×1/4M。在整体模数的控制下,这个受经济控制的建筑并未显得廉价,配合精致的钢框架和"自然"的陶土材料使得建筑整体充满律动的活力(图 4-55)。

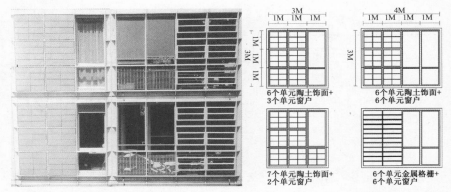

图 4-55 巴黎十九区住宅设计利用模数协调填充体部件形成富于变化的立面形式

资料来源:[美]彼得·布坎南.伦佐·皮亚诺建筑工作室作品集[M].张华,译.北京:机械工业出版社,2002:219;自绘

虽然模数协调实现了合适的组件尺寸以及它们之间的和谐组织,提高了建造的效率以及精度,但无论多么精确的制造工艺都不能保证每一个构件都是精确无误的,即使将构件的工艺误差降到最低,也不能保证不同构件之间的组合完全没有误差。因此,面对各种无法避免的误差,为了保证建造的连贯性,减少因为误差而产生的频繁的调整工作,在构造设计中就要将这些可能的误差作为必要因素加以考虑。

二、公差控制

古代工匠在发展标准化与模数协调建造方法的同时就考虑到现场建造的安装误差问题,为此设计了灵活可变的误差控制方法,用以解决建造中遇到的特殊问题。《营造法式》中总结的中国古代木结构建筑实践的一个重要成功经验就是"有定法而无定式",李诫称之为"变造用材制度"。"变造用材制度"和标准化并没有矛盾,是工匠们在长期的施工中摸索总结出来的一套行之有效的定制技术,也是工程做法和技术变化的规律所在。材、分的制度并没有局限构件的具体尺寸,只是提供了用材的等级,在具体操作中,都留给工匠"随宜加减"的自由度。如书中首先介绍了斗拱的基本类型、共同的断面做法、卷杀构造、拱眼深浅等,随后又介绍了变造的可能:在转角铺作中会出现拱和其他构件(补间铺作的拱)相碰撞的情况,这时可以将两个构件处理成一个通长的构件,在其中刻出两个拱的形状,形成了一种新的斗拱构件形式——鸳鸯交手拱(图 4-56)。又如门窗构件也没有绝对的尺寸,只有总体尺寸的变化范围:板门高 7~24 之间,细部尺寸则"取门每尺之高积而为法",即使门的大小不一,基本的比例关系也不会变化[22]。

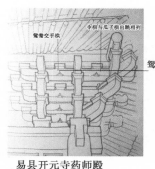

令栱与瓜子栱出跳相列

鸳鸯交手栱

鸳鸯交手栱

易县开元寺药师殿

武义延福寺大殿，元延祐四年（1317年）

图 4-56 中国传统木构建筑中基于"变造制度"的特定构造设计

资料来源：中国科学院自然科学史研究所. 中国古代建筑技术史[M]. 北京：科学出版社，2000：529；http://www.baidu.com，作者编辑

虽然工厂化的预制增加了构件的精确性，但对体量巨大的建筑来说，安装误差在所难免，因此现代建造过程的公差控制更是必不可少。在预制装配的过程中，公差通常来自两个方面：局部或者组件的制造误差和装配误差。局部组件误差主要来自构成组件本身的元素如面板、连接构件本身的生产工艺误差以及在组合的过程中可能产生的误差：由于不同构造工艺的差异，部件并不总能精确地实现预设的连接，如装修部件通常由基层、功能层、面层、连接层等不同部件组成，在三维的空间内进行的连接操作总会出现一定的误差。尤其是在使用涂抹、粘贴等手工方式的构造技术下，如涂层或卷材粘贴内装修面的定位应考虑涂层或黏结层技术尺寸[23]的影响，包括构件在使用过程中可能出现的变形因素。所以在生产中需要设定构件的最小和最大允许误差的范围。

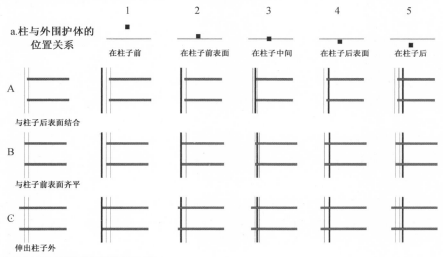

a. 柱与外围护体的位置关系

1 2 3 4 5

在柱子前 在柱子前表面 在柱子中间 在柱子后表面 在柱子后

A

与柱子后表面结合

B

与柱子前表面齐平

C

伸出柱子外

b. 柱与承重结构的几何位置关系

图 4-57 组件安装过程中多元的位置关系（以承重结构与外围护体为例）

资料来源：自绘

装配误差则是在现场组装组件或模块的过程中可能出现的误差，这些误差是由这些组件是在何地以及通过何种方式在现场安装来决定的。举例说明，这些几何关系在立面构造体系中通常表现为立面平面与柱子的位置关系，通常有以下几种：① 在柱子前；② 在柱子前表面上；③ 在柱子之间；④ 在柱子后表面上；⑤ 在柱子后面（图 4-57）。这些几何关系决定了承重构件的作用、立面维护构件是否受承重结构的影响、隔墙的连接细部等，从而也会产生不同程度的安装误差。

如果只考虑生产工艺，总体误差是很小的，并且可以精确计算。后工业时代的工厂在信息化技术的控制下，制造工艺有了明显的提高。现代机器设备可以将产品的误差控制在微米的级别，这种技术在医药和机械制造领域已经得到了广泛应用，但是对于绝大多数建筑产品来说并不需要这么高的精度控制。即使没有达到微米级别，达到毫米级别的制造工艺已经很普及了，比如在一个结构开间内采用了6块面板产品（图4-58），每个面板的制造误差以±1/16in，那么整个单元开间内的面板理想安装总误差就是±0.153in。

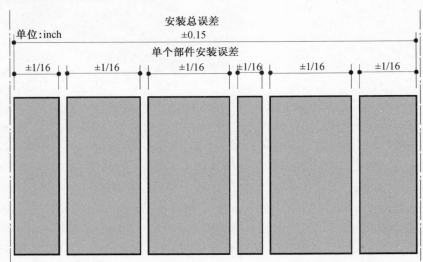

图4-58　根据制造工艺所推导的面板组件理想安装误差
资料来源：自绘

如果仅仅按照构件的生产工艺来计算误差，那么建筑构件的安装可以达到一个很高的精度。但由于现场人工装配的不确定性，在实际装配的过程中，安装误差远远大于理想的计算误差。比如DA事务所设计的Arco加油站，在CNC机床上切割的构件误差为±1/64in，但是现场安装的实际误差是1/4in[24]，整整高了8倍。因为人工操作导致了安装公差的增加，于是有了通过各种特定的构造设计来协调公差的方法。安装误差的大小取决于构件的尺寸和安装工艺，通常情况下，构件尺寸越大，误差越大；同时，安装误差与预制装配率有直接关系，预制装配率越高，误差就越少。

容许误差是公差控制的关键技术，包括了零部件在生产以及安装过程中预先考虑的尺寸误差和调节误差设计。一个通常的误解会认为严格要求零配件的公差就可以提高产品质量，事实上，严格的零件公差只能表示单个零件生产质量水平高，并不意味着整个产品的质量高，产品质量必须通过装配才能体现出来。零件公差越严格，制造成本越高，装配效率随之下降。因此装配节点设计中应避免提出过高的精度要求。构件在安装时出现的误差可能是线性，可能是平面的，也可能是三维的。因此，在设计阶段为生产和安装误差留有一定的余地是非常必要的。装配误差可以通过以下构造设计实现：

① 滑动设计：一个构件覆盖另一个构件上，通过滑动来定位。一旦存在尺寸偏差，该差距由滑动元素填补。

② 可调节设计：建筑元素必须准确定位，因此在设计过程中务必保证安装现场的可调整。超大洞口和水平或垂直开槽锚允许不同系统（比如箱体面板与结构层）的相互连接。一旦出现同轴连接，通常采用焊接或栓接，相比较焊接和胶结，构件的拆卸分解更倾向于螺栓连接或滑动连接，如构件上的长孔、柔性垫圈、弹性连接。

③ 预留设计：预留可产生光影以掩盖细节精度的缺失，刻意留下的接缝在带来视觉效果变化的同时也为误差预留了余地。

④ 对接设计：即斜面接合处相交元素的取舍。在节点处以抛光的 A 面覆盖垂直于 A 面的 B 面，同时隐藏有缺陷的细节。它的优点是可以减少安装误差，同时规避可能由斜接带来的相接构件的破坏（图 4-59）[25]。

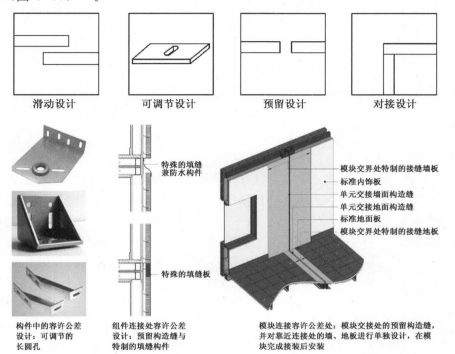

滑动设计　可调节设计　预留设计　对接设计

图 4-59-a　4 种基本的装配误差构造设计原理

构件中的容许公差　组件连接处容许公差　模块连接容许公差处：模块交接处的预留构造缝，
设计的　设计：预留构造缝与　并对靠近连接处的墙、地板进行单独设计，在模
长圆孔　特制的填缝构件　块完成接装后安装

图 4-59-b　构件、组件、模块中的容许误差设计的具体应用

资料来源：作者自绘；Ryan E Smith. Prefab Architecture: A Guide to Modular Design and Construction[M]. John Wiley & Sons, Inc, 2010:213,214;http://www.baidu.com,作者编辑

除了在构造节点上的特殊设计，我们也需要根据安装误差重新设计组件的加工尺寸，从而让装配活动更加流畅。通常模数只能确定组件的大概尺寸，对于组件的具体加工尺寸必须考虑组件特定的安装方式。比如基本的协调尺寸（R）是用来确定组件位置和尺寸的参考平面的间距，通常是一个模数尺寸（$R = n \times M$）。加工尺寸（H）则是通过协调尺寸加上连接件、构件的组合面以及尺寸误差而确定的[26]（图 4-60）。

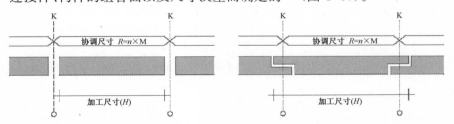

协调尺寸 $R=n \times M$　　　　协调尺寸 $R=n \times M$

加工尺寸（H）　　　　加工尺寸（H）

图 4-60　构件的加工尺寸由协调尺寸、连接件以及容许误差共同决定

资料来源：自绘

作为对模数协调的补充，公差控制的发展纠正了以往对标准化的一些误解。早期的建筑工业化运动的倡导者将标准化和模数协调作为工业化生产的目的而不是手段来控制构件的尺度，这使得标准化和模数协调陷入一种固有的、肤浅的数字组合，而无视材料与工艺的多样性，造成了建筑千篇一律、简单粗陋等诸多问题。对此艾顿（J. F. Eden）指出，建筑工业化运动所倡导的以尺寸协调为目的的标准化是在远离工程学，也可以理解为"少跟工程打交道"[27]。他进一步指出，尺寸控制发展中，公差控制才是使得一套组件可以被替换的基础，这种控制并不需要尺寸上的标准化，"可替换性在机械工程中并不通过模数就得到了实现"[28]。

艾顿从工程学的角度来强调公差控制并非是对"模数"的全盘否

认,而是提醒建筑师正视模数协调的作用。模数协调作为一种基本的尺寸调节手段在空间结构网格布局基础上实现了不同组件与模块之间的组合上有着重要作用,但模数协调并不是工业制造的根本目的,构造技术的创新才是建筑可持续发展的根本。那么,在不同的时代,不同的生产力条件下,建筑师和工程师们创新构造工艺的方法有哪些变化和发展呢?

第四节　构造技术创新方法的变革

"建筑师分为改进者、发明者以及抄袭者。发明者进行的是建造中最基础的工作,并且他们所做出的贡献通常需要经过很长的时间才能被大家发现。而且,他们之中可能只有极少数的人可以使得他们的研究成果在工程设计中得到充分的应用,也只有极个别的人能够与那些具有很强的洞察力的改进者成功合作。但一旦他们合作成功,那对于建筑的进步来说就是一个美妙的时刻。"[29]弗雷·奥托给予了建造技术的创新者极高的评价,他认为:"对建筑形式的迫切追求是由于形式的无穷性以及原创性的缺乏"[30]

正如奥托所言,建造技术的进步才是真正推动建筑业进步的根本。但同时,由于资源的有限性,我们所发现的材料也会越来越少,所以,建筑师已经越来越注重把已知的材料组合到一起形成新的工艺,借助这种方法产生更多可选的组合形式。虽然这些看似是新的技术或者新的用途大部分都是新瓶装老酒,但由于建筑始终要面对场地的特殊性,将这些技术应用到新的地方,在新的环境中加以不同的诠释就会带来新的可能性和机遇,这就是建筑构造技术创新的潜力。未来,我们所面对的问题将愈加复杂,但只要掌握研发的过程,就可以把好的理念转化为成熟的技术。在这个过程中,我们会依靠材料研究、模型研究、计算机辅助设计以及实验研究等多种科学方法的综合运用去激发创造力。

一、材料创新——工艺革新的起点

若干年来,我们见证了设计师对于表面和新材料的无尽幻想,这不仅体现在无数的出版物、贸易展会、相关研究和咨询提案上,还体现在新一代建筑师的设计中。无论是立面的外表覆层,还是内部的垫层,建筑的表面材质设计通常会成为一个设计重要的开端,人们对于这一主题的处理已经愈发世界化,也更具实验性。材料创新对于构造技术发展的重要性是不言而喻的,建筑的结构、性能、形式以及经济的需求都需要材料技术的创新。

现在,作为发展新型材料的领军力量——汽车工业与航空工业的实验室和智囊团,这些拥有杰出人才的研究中心开发出来的轻质高强、性能高效、耐磨绝缘的材料与涂层也为错综复杂的建造设计提供了更多新的机遇。尽管如此,建筑材料与工艺的创新相比较其他制造领域的发展却依然滞后,其显著的特征就是那些在其他高科技产业中高度专业化的材料转化为可用的建筑产品以及建造工艺通常要耗费很长的时间。不过这也是正常的,因为建筑本身就非高尖端的技术,并不是所有的建筑师或者产品工程师会立即认识到创新转化的可能性，即便开始了转化，也可能因为资金的巨大耗费或者研究、核准程序漫长的时间而中途产生变故，比如在研究的过程中已经有了更好的解决方法，这会导致研究落入进退两难的困境。

当然，如果确实有助于提高建筑品质的材料，即使时间再长，也还是会得到应用的。纳米材料气凝胶就是一个例证，这是由美国航天局早在20世纪50年代就开发出的一种绝缘材料，又称为"固态烟雾"，是迄今人类发现或者合成的固态材料中密度最低的一种，它具有极佳的绝缘性能。气凝胶含有99.98%的空气，其余0.2%超细微的硅泡沫，气孔的直径比太阳辐射的波长还要小，因此气凝胶的导热性比静态空气还要低。这种材料直到其发明50年之后，才被正式应用于建筑产品，现在，第一批由气凝胶制成的半透明保温板已经投入市场了（图4-61）。

图4-61 气凝胶经过工艺改进形成了透明纳米水凝胶透光保温板

资料来源：[德]黑格. 构造材料手册[M]. 张雪晖，译. 大连：大连理工大学出版社，2007：14

保温材料一直都是建筑产品中的重要组成，在气凝胶之前，科学家已经研发了众多有机和无机的保温材料，如聚氨酯、聚苯乙烯、泡沫混凝土等（图4-63）。在保温材料的研究中，人们逐渐认识到气体空腔对导热性的重要辅助作用，进而研究出了真空保温板技术和纳米孔泡沫加强保温效果。真空保温板由带密闭的覆层的开孔式核心（如硅酸粉末或聚氨酯泡沫）构成，得益于细胞状的结构，真空保温板可以获得比传统保温材料低得多的导热值。纳米孔泡沫可以产生和真空保温板一样的保温效果，并且不像前者那样容易受到机械损坏，然而该项技术尚未实现批量化的工业生产，依然需要实验验证。

玻璃棉	岩棉	发泡玻璃	膨胀聚苯乙烯泡沫
挤压聚苯乙烯泡沫	膨胀聚氨酯泡沫	多层刨花板	本纤维保温隔热板
棉花	纤维素纤维	红外线吸收改性聚苯乙烯泡沫	真空保温隔热板

图4-62 保温材料的发展

资料来源：[德]黑格. 构造材料手册[M]. 张雪晖，译. 大连：大连理工大学出版社，2007：16，17

除了带孔类的材料，最近，另一种具有被动制冷的材料——相变材料的研究也获得了突破。相变材料（PCM）是一种通过相位的转换（如从固态到液态）储存热量的物质，在相位转换完成以前，材料的温度都不会发生改变。这种原理很早就被应用了,比如通过冰块保持食物的新鲜,只要冰块还未融化,温度就不会发生改变。但在建筑产品中,这种应用并不容易,首先要找到一些能在期望温度范围内发生相位变化的物质,其次要有相应的容器,这种容器本身要与建筑的组成要素有一定的关系。早期,建筑师尝试了使用水槽来储存注满盐水化合物以保存太阳能,但这种工艺比较复杂,在实际应用中的灵活性较差。之后,人们开始使用石蜡作为水的替代物。在迪特里希·舒瓦茨(Dietrich Schwarz)设计的位于瑞士埃布纳特(Ebnat-Kappel)的太阳能住宅(Solarhaus)中,建筑师设计了一种蓄热元件,该元件是通过在玻璃墙体内嵌入注满石蜡的塑料箱子形成的,这种元件可以有效地缓解夏季的高温并为冬季储存能量[31](图4-63)。

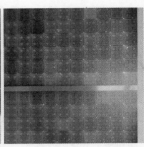

图4-63 迪特里希·舒瓦茨利用石蜡作为蓄热元件,既实现了墙体高效的热工性能,又获得了富于变化的形式
资料来源:http://www.flick.com

技术的进步已经将相变材料的密封技术向微观水平继续发展。借助微型密封石蜡,科学家已经可以将相变材料融合到如石膏、石膏板和碎料板这样的建筑材料中,这些材料的使用可以有效地实现被动式制冷。不过由于尚处于市场研发阶段,材料合成工艺较为昂贵,如何在市场上进一步推广还有赖于工艺的成熟。可以肯定的是,相变材料的制冷机制将为日后的建筑节能发展做出重要贡献。

上述这些完全由技术革新所引发的材料研发改善了建筑特定的性能,这些材料都有各自的功能,在建筑中悄然无声地履行自己的职责。它们的美观或者触觉特性并不是预先设计的结果,而是材料本身的特性使然,比如舒瓦茨在太阳能住宅中采用的蓄热元件(石蜡)在凝固时和吸收太阳辐射热融化后所呈现出的不同透明度。如果只是凭借产品的技术性能,进一步拓展市场的可能性是有限的,毕竟建筑师才是市场的主导。如果作为应用者的建筑师未参与研究,那么将大大减少材料研究中可被挖掘的潜能,以致研究的成果不能达到预期效果;如果在价值创造的初始阶段就让建筑师参与进来,产品的技术性能就有可能更好地与专业人士所期望的独树一帜的艺术表现力达成一致,并转化为可以大量应用的工业技术。

从20世纪70年代开始,以弗兰克·盖里、德梅隆和赫尔佐格、扎哈·哈迪德等为代表的众多建筑师就将改变材料以适应新的用途作为建筑设计研究的重要主题。将新的材料转化为一种非比寻常的、可以塑造特殊意义的环境对当代建筑师是极具吸引力的,这是一种继艺术风格之后新的审美自由。20世纪90年代之后,新型的计算机信息技术与工业化制造技术的结合将传统的材料开发转化为复杂外形的过程变得简单,建筑师也可以像材料制造商那样成为"建筑材料的发现者"。例如在OMA位于鹿特丹的事务所中就设置了"材料经理"一职,负责处理所有的材料开发项目并与制造商接洽。在1992年OMA设计的鹿特丹艺术馆中,采用了市场上出售的聚碳酸酯双面和多面墙板以及霓虹灯管。

之后,OMA 和普拉达(Prada)合作共同开发了一种绿色半透明聚氨酯化合物——"普拉达泡沫"。这种特殊的泡沫材料——一种含有开气孔的米黄色材料——最早因为其迷人的表面被用在 1∶50 的模型中作为城市规划模型中的植物造型。之后,诸多相关其表面特质的实验研究:软硅胶树脂、镀铬金属、橡胶、抛光、亚光、不透明、半透明等相继开展。OMA位于鹿特丹的事务所最终在办公现场通过手工完成了符合审美标准的材料孔洞位置布局与形状安排,这个工作直到完成了合适的光线渗透性与外观表现为止。随后,设计师以 3.0 m×1.5 m 的尺寸为单元,并将其 3D结构输入电脑,最终通过 CNC 打磨出所需要的凹模。经过近两年的实验,这种材料最终在 2004 年建成的洛杉矶罗迪欧大道的普拉达专卖店中与世人相见,而这种材料也成为 OMA 与普拉达共享的开发成果,只有两者共同允许,这种特殊的材料才能得到使用,由此,该材料的独特性获得了保证(图 4-64)。

"普拉达泡沫"的研发过程:石膏测试

"普拉达泡沫"1∶1样品

美国洛杉矶普拉达专卖店,OMA,2004

图 4-64 OMA 与普拉达合作研发的半透明聚氨酯合成材料
资料来源:[德]黑格.构造材料手册[M].张雪晖,译.大连:大连理工大学出版社,2007:13;http://www.flick.com

在同一年,由一位瑞士研究生发明的"透明混凝土"新型材料也获得了成功,这个发明被《时代周刊》评为了'2004 年创新成果'之一。所不同的是,这个材料的发明并未像之前的"普拉达泡沫"那样获得大集团的经济支持,而研究的成果也并非为了独特性,而是为了实现向市场全面推广。阿伦·洛孔齐(Aron Losonczi)这位来自匈牙利的年轻建筑师,完全凭借自己的灵感和对半透明混凝土设想的热情,在奖学金的资助下开始了独立研究。从石膏和玻璃纤维制成的第一批标准砖一样大的样品,洛孔齐花了 2 年逐渐完成了透光混凝土的制作工艺。在匈牙利,第一块成功的样品是由手工完成的:透光混凝土板的尺寸为 1 500 mm×800 mm×200 mm,重 600 kg,纤维结构被一层一层地通过手工放置到细骨料混凝土中。尽管只有 4% 的混凝土被玻璃所替代,但墙体却获得了精致的通透性,也正因为如此,混凝土本身的荷载承受力也未受到明显影响。这种神奇的材料改变了以往混凝土粗糙的形象,提升了混凝土的审美品质,很快就得到了生产制造商的青睐,经过工业化生产的这种新材料并命名为"LiTraCon"(透光混凝土),并逐渐开始在建筑中得到实际应用(图 4-66)。

当下,对材料表观特征的发掘已经成为建筑师研究材料的主要目的;而有的建筑师则更进了一步,充分挖掘材料的结构特性,形成全新的结构形式。2003 年由莫里斯·尼奥(Maurice Nio)设计的荷兰霍夫多普

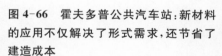

图 4-65　透光混凝土的研制与应用

资料来源：http://www.flick.com

透光混凝土的实验样品　　　　　　上海世博会加拿大国家馆，2010

（Hoofdrorp）公共汽车站是有史以来最大的完全由塑料建成的建筑。为了创造一种坚固且富有动感的形象，在项目的一开始，设计就被一种象征性的形式推动着向前发展，而何种材料适合这一形式，也是在多次研究后才被决定的。一开始设计打算使用混凝土，但复杂的模板制造所需要的费用远远超过了预算，建筑师在寻找替代材料的过程中受到了造船技术的启发。最终看似厚重如同实心混凝土的建筑实际上是由质量很轻的聚氨酯泡沫组成的：通过和一家游泳产品制造商与造船厂合作，在电脑中被分解的建筑单元直接输送到铣床内，承重的塑料泡沫由五轴 CNC 铣床进行预制，然后涂上半透明聚酯纤维树脂，最后运输至现场黏结，2 m 深的混凝土基础将这个轻质的建筑锚固在地基上。只用了 100 万欧元，特殊的材料与构造设计不仅完成一个极具创造力的方案，还创造了世界上尺寸最大（50 m×10 m×5 m）的聚苯乙烯泡沫建筑（图 4-66）。

浑然一体的流线形建筑形象　　　　CNC机器切割多孔泡沫单元　　　墙身构造

图 4-66　霍夫多普公共汽车站：新材料的应用不仅解决了形式需求，还节省了建造成本

资料来源：[西]迪米切斯·考斯特.建筑师材料语言：塑料[M].孙殿明，译.北京：电子工业出版社，2012:157

在这个信息泛滥的世界，各种计算机化的无定形、任意的材料虽然赋予我们更丰富的视觉与触觉体验，但也存在一个潜在的危险：表面变得越来越肤浅，最终演变成为哗众取宠的噱头，让建筑师忽略了建筑功能、空间、结构等重要的创作要素。因此，霍夫多普公共汽车站之所以卓尔不群，不仅是因为建筑师敏锐地发现了一种新材料，还在于建筑师通过综合建筑空间、结构、功能与建造成本需求，合理地改良了这种材料的构造技术，使其适用于这个特殊的工程。

新的材料并不一定适用于建造，即便是通过无限制的经济手段在特定的工程中实现了新材料的应用，脱离现实的创造也只能是昙花一现。建筑毕竟不是艺术品，无论关于材料的理念是多么让建筑师着迷，建材工

业都只会依照经济标准运行,其中包括了产品批量的大小、销售情况和收益情况的制约。即使这一产业暂时不考虑眼前的投入与产出的比例,也需要从长远的角度考虑这些实验可能带来的影响。所以,材料的研究与创新需要建立不同部门之间的战略合作关系,这样大家可以共同获利:建筑师可以借助生产部门的专业设备更好地进行可行性研究,生产部门则可以利用建筑师的理念开辟新的市场。

二、物理模型研究——结构找形的基础

不论是材料的创新还是工艺的改进,都需要借助科学的手段,在缺少检验方法的古代,工匠除了依靠长期的实践经验累积,还学会了制作不同比例的物理模型对建造之中可能出现的问题进行推敲。建筑是立体的,用平面图表达难免顾此失彼,尤其在没有计算机辅助建模的过去,为了弥补图纸不能实现多角度、全方位的对设计整体的观察以及建造可行性判断的缺陷,工匠需要靠物理模型来辅助推敲和检查。

中国最早的模型设计可以追溯到隋代宇文恺的明堂木样。他设计的明堂图为"以寸准丈",即现代的 1/100 的比例模型。古代最复杂的木构建筑莫过于木塔,多边形的平面,构架逐层收分,柱脚有侧脚,加上是高层建筑,构件尺寸变化复杂,用一般的图纸很难进行精确的构造表达,因此在施工之前经常采用模型研究。在隋代仁寿元年(601),隋文帝在全国十三个州同时建造"仁寿舍利塔",大规模地采用了木模型作为施工的依据,"有司造样,送往当州建造"。同样的五层木塔,在不同的地方共建了 111 处,成为我国历史上大规模用模型直接指导施工的著名案例[32]。除了用木样来衡量计算构件的尺寸用料,我国古代匠师还开拓创立了另一种模型——纸硬样,学名"烫样"。清代样房掌尺的雷氏家族为"烫样"的世袭专家,他们熟练地掌握了"图样"和"烫样"的设计工作。"烫样"一般以硬纸板做成,外表覆以色彩,用以区别材质。"烫样"按照一定的比例制作,通常它们的外壳(屋顶、穹隆等)可以揭开,内部的构造表达清晰准确(图 4-67)。

园林

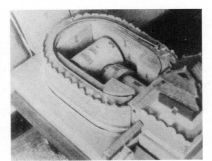

住宅

陵墓

图 4-67 中国传统建筑的"烫样"
资料来源:中国科学院自然科学史研究所. 中国古代建筑技术史[M]. 北京:科学出版社,2000:513;http://www.baidu.com

模型研究不仅可以用以指导施工,在高难度的工程中也是创新构造技术的重要手段。倒置法是人类的一项发明,拱结构、穹顶结构都是通过悬链结构模型倒置得到的结果,而不是直接的找形结果。在自然界中还没有发现通过将悬挂结构进行倒置得到直立状态的结构从而避免弯矩的产生的自然现象[33]。最早采用这种设计方法的是罗伯特·胡可(Robert Hooke),之后在克里斯托弗·雷恩设计的圣保罗大教堂的草图中可以看出建筑师采用倒置法推衍建筑穹顶的过程。西班牙建筑奇才安东尼奥·高迪(Antoni Gaudi)在其毕生的建筑设计中将倒置法演绎到极致,他也是坚持采用模型法进行结构找形和构造创新的建筑师。

在高迪的绘图室中到处可见三维的悬挂模型。高迪一直采用线性受拉构件,在对悬链结构的构造形式的找形中,他采用了石膏浸染的布料、细链、橡胶膜等不同的材料进行实验(图4-68)。医用石膏绷带在早期是一种常用的实验材料,喷水后倒置的绷带在边缘和悬挂点处的褶皱显示了这种结构中的典型受力特征,但这种材料模型的形成过程缺乏精确性,随后一种由方形或六边形构成的更为精确的链网悬挂模型取代了前者。六边形的悬链悬挂结构不仅可以模拟双曲率曲面,还能直观地表达结构中的应力分布,悬链的角度反映了结构的受力特征(图4-68)。

图4-68 摆满模型的高迪工作室
资料来源:Mark Burry. Gaudi Unseen: Completing the Sagrada Familia [M]. Jovis Verlag,2008:68,95

倒置法只是高迪用于研究悬链结构所采取的一种模型研究方法,多元的模型研究方法在其最具代表性的作品圣家族大教堂的设计与建造过程中得到了充分体现。圣家族大教堂,从基础的石块落地以后,持续建造了125年,这样的建造从高迪去世后延续了81年。如果不是通过揭示现存的高迪的模型中的秘密,高迪在如此庞大复杂设计中的策略也许不会被继承者们发现,大教堂的建造也无法得以顺利地延续。通过仔细检查他的模型,我们发现在他生涯中期从米拉公寓的设计中已经成熟地使用了精良的几何学作为中介———一套基于直纹面的基本几何控制方法。这套控制方法不但控制着设计出来的形体,也控制着建造的过程。高迪预料到自己不可能完成圣家族大教堂的建造,因而才发展出这样的一套控制方法来指导以后的建造者。只要以后的建造者遵循着这套几何控制方法来建造,就不会偏离他最初设计的建筑形态(图4-69)。

高迪在10多年的时间里,采用1:25和1:10的石膏模型进行反复实验(图4-71)。为什么采用石膏模型来研究构造形式?是因为石膏的结构特性与高迪设计的建筑构造的几何原理非常接近。基于直纹面的生成方式和组合方式(相交、相减、相切),需要选用一种容易被切割打磨,却塑性较好的材料来制作,石膏就是这样一种合适的材料。在石膏模型的制

母线与轨迹线形成的基本直纹面　　以直线为母线旋转形成　　模型制作
　　　　　　　　　　　　　　　的正圆双曲面

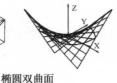

以双曲线为母线旋转　　　椭圆双曲面　　　模型制作
形成的正圆双曲面

图4-69　高迪利用几何原理生成的基本直纹曲面以及模型制作

资料来源：曹婷.浅析早期复杂形体建筑的设计与建造：以巴塞罗那家族大教堂为例[M].南京：东南大学，2012：20，23，作者编辑

作中，需要的所有几何数据信息，如母线的长度、位置、数量、倾斜角度等都来源于由绳索、铁丝编成的网状模型。石膏的可塑性与绳索的可变性完美地结合，准确地表示出面与面、面与体、体与体之间的交接关系。为了及时将模型研究的成果应用在建造中，在圣家族大教堂的建造过程中高迪特意在工地上设立了一个专门制作石膏模型的工作室，用以现场制作石膏模型，并指导施工。他和工匠们还开发出了一种专门用来制作石膏模型的机器。三维的石膏模型为复杂的建造找形提供了充分的参照，如某些异常复杂的石构件都是依据1∶1的石膏模型来制造模板的。

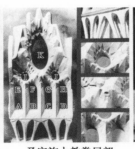

过程模型　　　　圣家族大教堂　　　圣家族大教堂局部　　圣家族大教堂柱
　　　　　　　　整体模型1∶25　　立面模型1∶25　　　节点模型1∶10

图4-70　高迪在建造过程中通过不同比例的模型来验证设计和推进施工

资料来源：Mark Burry. Gaudi Unseen: Completing the Sagrada Familia [M]. Jovis Verlag, 2008：48，125，127

　　在没有计算机辅助设计的当时，模型研究为高迪极具创造力的几何形式的建造实践奠定了基础。高迪将高超的几何知识运用在模型研究中，并借此创造出以双曲面抛物线为基础的连续构造形式，这样，就能克服柱子与梁连接的不连续问题。理性和系统的模型研究为后续建造工作的开展提供了可靠的参照，当把艺术方面的工作留给其他人完成时[雕刻家约瑟·马利亚·苏比拉克(Josep Maria Subirachs)，从1978年之后]，他遗留下的以悬链线为基础的结构工程和采用一种规则表面生成形式的综合方法帮助继任者继续推动工程前进。

　　虽然弗雷·奥托并未考察过高迪的房子，但奥托在应用模型研究建筑结构构造的方法上却和高迪如出一辙。"当我还在夏特伊的时候，我就开始采用倒置的方法进行实验——也就是通过悬挂来设计拱结构，当我回到故乡的时候，我把这个方法延续下来。这个操作并不复杂，只需先将布块浸润到石膏中，然后将它悬挂起来，当石膏晾干后将其倒置过来就可以了。这种方法最初是从我父亲那学到的，那时我并未听说过高迪……"[34]作为一名建筑师、工程师还是一名科学家，弗雷·奥托毕生的研究集中在自然界的找形过程中，弗雷·奥托反对建筑和工程师在找形过程之前就对建筑设计、结构形式和重要构件进行技术分析的做法。奥托的模型清晰地反映了其创作的过程:在指定的条件下,遵循自然界的主要规律,通过实验的方法找出结构形式和构造方法。奥托所采用的模型研究方法开始于 20 世纪 40 年代,从其第一座帐篷结构开始到斯图加特新站的设计一共完成了超过 100 件的模型。

奥托所用模型材料来源广泛,皂膜、橡胶膜、纱线、金属线、金属弹簧等被用于模型研究中,模型本身的制作就囊括了众多新的技术创新,精密的微观世界加深了建筑师和工程师对结构形式和构造连接的理解。奥托通过大量的模型寻找帐篷结构最小曲面、结构的传力途径、构件中的应力状态以及自主构型过程,从而对帐篷构造边界条件进行修改以寻求最优解;通过采用橡胶膜或皂膜完成对压力量测结构、张拉膜结构以及索网结构找形过程和最小曲面的求解;采用悬链模型或者链网模型完成悬挂结构的找形工作,而后将结构倒置之后得到承压网壳结构模型;采用弹簧和重物构成的模型用于结构中索的张力,倾斜面以及旋转面用来研究砌体结构的稳定性等等(图 4-72)。

奥托在帐篷构造的设计中,面临确定帐膜形式及支撑构造的问题。帐膜必须具有足够的互反曲率以保证抵抗变形能力,否则在承受外部荷载(雪荷载、风荷载)时表面膜会产生过大变形;帐篷的支撑结构与边缘结构之间的连接需要保证符合帐膜受力特点,否则,局部拉应力过大会导致表面膜的撕裂,如何形成合力的表面膜的形状成为所有构造的核心问题,它将决定膜如何发挥作用力以及外力的传递路径。为了达到找形的目的,奥托进行了一系列的实验,并最终在皂膜的实验中发现了成膜的方法。为了测量并记录皂膜模型的尺寸,奥托和他所在的轻型建筑研究所发明并制造了一座"皂膜测量仪",可以通过平行光线将皂膜的真实尺寸投影到底片或屏幕上进行测量,然后通过计算机进行数值分析,实现"最小曲面"的可能(图 4-71)[35]。

图 4-71 奥托通过不同材料的模型试验实现结构自主找形过程

资料来源:[德]温菲德尔·奈丁格,艾琳·梅森那,爱伯哈德·莫勒,等.轻型建筑与自然设计:弗雷·奥托作品全集[M].柳美玉,杨璐,译.北京:中国建筑工业出版社,2010:22-24,31-35,作者编辑

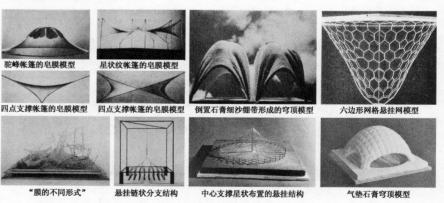

驼峰帐篷的皂膜模型　星状纹帐篷的皂膜模型　倒置石膏细沙绷带形成的穹顶模型　六边形网格悬挂网模型

四点支撑帐篷的皂膜模型　四点支撑帐篷的皂膜模型

"膜的不同形式"　悬挂链状分支结构　中心支撑星状布置的悬挂结构　气垫石膏穹顶模型

根据膜材的受力特性,膜材的边缘需要安装在直线形边缘上,同时设置边索或圈来确保膜材在边缘部位承受连续平稳的外力。单点的支撑不可以用在膜材中,强烈的集中应力会容易穿透膜材。在皂膜实验中通过细线逐步找形,最终得到应用的桅杆支撑构造实现了尖顶帐篷的形式。鉴于膜材不可以单点受力的特性,脊索、谷索、索圈(也称"索眼")的构造被用来将膜材应力聚集到指定的线上并最终传递到桅杆顶部。新的构造方式包括不同支撑节点的形式和安装方法:斜拉体系、边缘构件、角部构件、高低点的做法、桅杆顶部做法、锚固方法、支撑结构、分支结构以及拱结构都在模型研究中一一得到检验(图 4-73)。

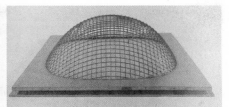

德国埃森市建筑展览网壳结构

慕尼黑运动馆屋顶模型以及测量仪

慕尼黑运动馆结构与细部构造模型

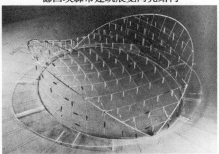

圣卢卡斯教堂屋顶结构模型

图4-72 奥托在实践中应用模型进行结构的自主找形,通过仪器检测再调整,最终得到合理的形式

资料来源:[德]温菲德尔·奈丁格,艾琳·梅森那,爱伯哈德·莫勒,等.轻型建筑与自然设计:弗雷·奥托作品全集[M].柳美玉,杨璐,译.北京:中国建筑工业出版社,2010:181,182,256,257,作者编辑

　　自主构型过程贯穿于奥托几乎所有的设计过程中,从模型中得到的找形结果貌似与设计者并没有太大的关系。但正如计算机脚本语言的自动运算的程序由设计者控制一样,在模型的找形过程中,设计者的目的和意图贯穿始终。而在实际的建造过程中,设计者需要针对具体的材料重新考虑构造连接中的各种因素相互的影响,并做出正确的调整。

　　虽然高迪和奥托毕生实践的建筑类型风格迥异,但两位出色的建筑师都通过相类似的模型研究法在各自的领域取得了巨大的成功,并为后人继续开展相关研究提供了宝贵的经验,因为他们的方法是有迹可寻的科学研究,而不是灵光一现的艺术创作。在越来越复杂的建造实践中,模型研究仍将继续在建造技术的创新过程中发挥重要作用。不过,随着信息化技术的发展,在物理模型研究的基础上,一种更快、更智能的构造技术创新方法产生了——计算机辅助设计。

三、计算机辅助设计与制造——复杂形体的"智能生成"

　　瓦特发明的蒸汽机使得人类迈入机器时代,而计算机的发明则让机器变得"智能"。1949年第一台计算机的发明标志着一种新的通用机器的诞生,这种机器并非服务于某个特殊的任务而被设计,而是可以根据操作者的意志,通过不同的软件实现不同的功能需求:绘图、计算、图像处理、游戏……当计算机介入建筑设计,其带来的变化是翻天覆地的。AutoCAD作为最早的工业设计软件大大提高了建筑设计效率。在随后的发展中,可视化的3D建模技术使得建筑设计在前期可以更直观地得到展示,从而减少了传统手工模型制作的工作。

　　虽然绘图效率得到了显著提升,但计算机对建造技术创造性的推动作用直到近20年才逐渐被开发出来。长久以来,CAD+3Dmax(Sketch)组合形成了建筑设计前期及施工图绘制的辅助工具,但是这三种软件除了在图形共享之外,并没有紧密的联系,是各自独立的静态平台。以CAD为主的设计与施工图绘制软件都是基于二维图形的信息;3Dmax模型是表现工具,缺乏真实的建造和设计信息,两者的脱离使得建造过程不能得到直观显示。随着信息化技术的进步,虚拟建造成为计算机辅助设计的一个新方向,它不仅能将原先二维的平面设计在计算机中转化为真实的建造信息,还可以通过设定的程序将设计的过程实现计算机化的智能生成。虚拟的模型信息可以涵盖所有的建造细节(从建筑整体到每一个螺丝钉),这大大提高了在设计过程中发现、改进问题的效率,也降低了技术创新的风险。

尽管物理模型研究可以让建筑师找到复杂构造形式实现的方法,但毕竟实体模型的制作过程耗时耗力。高迪从1882年开始接手圣家族大教堂的设计与建造,直到其去世也只完成了一小部分的建造。虽然他留下了科学的实验与建造方法,但通过手工模型逐步推进的方法效率低下,以至于在之后很长的一段时间内,后继的建造工作依然缓慢。直到计算机辅助设计技术的成熟,由数字化实现的虚拟模型研究代替了物理模型,结合CNC机器加工技术,建造的效率才得到了显著提高。

1988年,圣家族大教堂的建造开始引入数字化技术。由于高迪的设计中采用了大量基于直纹面的几何控制,算法是有规律可循的,可以快速准确地在计算机中建立虚拟模型。虚拟模型中提供的直纹面母线的几何信息,如母线的数量、旋转角度、长度、排布方式等等,都能作为建造中设置施工控制线的依据。基于规则的计算信息,重现计算机中的虚拟模型,就可以代替石膏模型实现衔接设计与建造的效果。此外,虚拟模型的建造信息还可衔接输出端,在建模的过程中模型就已经被处理成了可以输出的数据,三维打印机根据信息直接打磨石材,生成复杂的建筑构件以及1∶1的石膏模型,用于辅助施工模板的制作(如拱顶模板)。

计算机不仅可以按正方向进行计算和输出,还可以倒过来反推过程。在圣家族大教堂的后续建造中,由于大部分图纸毁于火灾,建造只能依照1∶10的模型开展,但模型的有些局部因为损坏或者采用了不常见的直纹曲面,无法得知其几何生成原理。于是,人们使用三维扫描仪将实体模型的信息输入计算机,利用计算机强大的计算能力对虚拟的模型进行分析,从而推导出这些构件的几何生成原理(图4-73)。

20世纪90年代之后,建筑师不仅在输出端用虚拟建造来提高设计与建造效率,还开始使用基于数字技术的参数化设计,让计算机成为具有自主创造能力的"设计者"。参数化设计的核心在于脚本的编写,这种脚本是具有某一特定需求的建筑设计目标,如结构找形、优化、节点细化等。建筑师需要在合理的范围内提供计算机运算的基本准则,然后利用计算机强大的运算能力在一定范围内生成尽可能多地可供选择的结果,然后由建筑师根据需求优化并决定最终的选择。对于原来需要通过手工模型不断调整的复杂构造形式,参数化可以实现更快、更精确的调整。

尼古拉斯·格雷姆肖((Nicholas Grimshaw)于1993年设计的伦敦滑铁卢火车新站是最应用参数化设计的案例之一。铁轨的自由曲线导致了火车站顶棚的不规则性,继而使得支撑顶棚的桁架梁的尺寸产生了众多的变化。不等宽的站台、建筑15 m的限高加上拱桁架侧推力等限制条件促成了每品桁架由2个相反弧度的拱组成的构造形式。为了满足东侧较大站台的高度要求,此处的拱点上移了2 915 mm,从而确定了最终三铰拱的基本形式(图4-74)。渐变的平面导致桁架的尺寸也在不断变化中,如果逐一计算会耗费很长的时间,并且不规则的形式会增加施工图的绘制难度。为了更好地完成复杂形体的精确建造信息,参数化被引用进来完成非标准三铰拱的信息模型建造。设计首先确立了一个跨度为 H

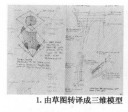

1. 由草图转译成三维模型

2. 直接扫描实体模型转化成虚拟的三维模型

3. 在高迪的几何原理控制下生成的虚拟三维模型

4. 虚拟模型由数字公式向实体转化

图 4-73-a　圣家族大教堂后续的数字化设计

灵活的构件加工机器　　分块预制的构件　　现场安装

图 4-73-b　圣家族大教堂后期应用数字化技术进行复杂构件的生产加工，不仅提高了建造效率，也节省省了成本

资料来源：Mark Burry. Gaudi Unseen：Completing the Sagrada Familia［M］. Jovis Verlag，2008：105，106，125，142，作者编辑

的标准的三铰拱参数模型，其余拱的跨度为 hx，它们可以按照 hx/H 的比例关系对上述的参数化模型进行缩放获得（图 4-75）。H 和 hx 的值通过如下的参数表达式获得：$hx = [(29152 + (B+C)2]1/2$[36]，其中 B 和 C 分别代表三铰拱中较大和较小的水平跨度。在上述参数模型建立之后，只需要提供每品桁架的 B、C 的数值，通过 hx/H 的比例关系就可以确定不同桁架各部分的尺寸。在该火车站的设计中，参数化的设计方法解决了具有拓扑关系的一系列尺寸不同桁架的复杂计算，与传统 CAD 的人工绘制对比之下优势清楚可见，交互式计算机建模技术将验证的过程从物理建模过程中解放出来[37]。

图 4-74　伦敦滑铁卢火车新站顺应地形产生自然的形体变化

资料来源：http:// www. lookingatbuildings. org. uk

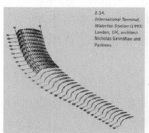
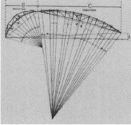
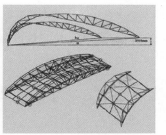

36个类似但尺寸不等的三角拱　　标准三角拱大小部分的参数关系　　第N个拱与标准三角拱的拓扑关系

图 4-75　伦敦滑铁卢火车新站由参数控制自动生成的具有拓扑关系的桁架构件

资料来源：大师系列丛书编辑部. 大师尼古拉斯·格林姆肖的作品与思想［M］. 北京：中国电力出版社，2006：55

盖里为了其设计的新奇的建筑形式能够实现而成立了盖里科技（Gehry Technologies）公司,并寻找合适的数字工具来描述和构建盖里事务所设计的诸多复杂形式的工程。盖里是第一位将航空设计软件引入建筑设计的建筑师,DP是盖里科技公司2004年发布的以CatiaV5为平台开发的面向建筑的专用设计软件。CatiaV5是一款强大的用于众多工业设计平台的软件,如航空航天、造船、机械、电子产品等领域。盖里将Catia中多余的功能去除,针对建筑设计的特点进行优化,为建筑师建立一个建筑全生命周期的工作环境:包括了方案设计、施工图设计、性能分析、施工控制等各阶段的模拟,实现各建筑工种之间的默契配合,为其完成了众多复杂的建筑项目。毕尔巴鄂古根海姆博物馆作为其第一个成功的"非线性"复杂形体建筑,在设计中不仅使用了DP的复杂形体的设计功能,在建造阶段还配合使用了数控机床完成不规则曲面构件的生成(图4-76)。

图4-76 盖里的草图和参数化模型
资料来源:ELcroquis 117

盖里的复杂形体建筑实践吸引了更多建筑师投入到数字化技术应用的行列中来。扎哈·哈迪德、赫尔佐格等著名的建筑师在设计中都使用了DP这类新的参数化建模软件。赫尔佐格设计的北京鸟巢体育馆,由于有过多交错复杂、尺寸各异、毫无规律可循的钢构件,通过实体模型和绘图软件都无法完成合理的结构布置与受力分析。依靠DP强大的分析能力,计算机为建筑师提供了合理的钢结构组合,实现了鸟巢复杂的构造形式并提供了可行的施工方案(图4-77)。复杂的钢结构形式使得几乎所有的构件都是非标准的,为了让这些非标准化的构件的组装能够更加准确和效率,在完成合理的结构计算之后,工程师又通过参数化实现了合理的整体结构的"模块化"分解,使得大部分的构件可以在工厂预先制成整体的模块,大大减少了现场的工作量。作为"鸟巢"奥林匹克体育馆设计的顾问公司,盖里科技公司使用一套极为精密的数字工具解决了"鸟巢"的复杂建造问题,其服务证明了参数化设计拥有创新构造技术的巨大潜力。

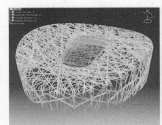

图4-77 鸟巢的数字化设计保证了结构受力的合理性与施工的可行性
资料来源: http://ncf. 5d6d. com/thread - 1703-1-1. html;http://www. baidu. com

借助DP建立的"鸟巢"模型　　　　　　"鸟巢"复杂钢结构的分模块预制装置

如今,计算机中的非物质世界已经被证明在解决建筑的物质构造问题方面是如此的不可或缺。

计算机辅助设计的发展代表了一个新的方向。在传统的建筑设计中,所有的建造结果是由设计师直接完成的,计算机只是一个输出的终端,而现在,计算机已经成为设计的一部分,建筑师控制设计的过程,设计的逻辑由人脑变为电脑(脚本)。也许会有人认为脚本的使用违背了设计的逻辑,因为这样意味着建筑师放弃了对设计过程的控制。这种担忧显然是大可不必的,正像我们将传统的手工艺看做艺术和技术的结合的结果一样,我们也同样可以视计算机辅助设计和制造的发展为人类对最终产品控制能力的延伸[38]。

参数化设计的过程是一个由设计者进行逻辑关系编辑而由计算机负责执行的合作机制,设计者负责制定设计的逻辑关系即规则,并利用规则指令计算机,而计算机按照指令自动实施绘图。这种合作模式保证了建筑师在原则性问题上的主导地位,同时又借助计算机善于运算的优势,诱发了许多模糊不清但颇具诱惑的可能性,是一种集二者之长的高效合作机制。在这种机制下,一方面,建筑师的设计意图能够通过程序编辑快速、准确地呈现出来,增加了方案的多样性;另一方面,计算机能够忠实地实施设计者的指令,完成一些手工难以完成的复杂的绘图工作,甚至能按照一些算法规则取得人脑难以想象的成果,这使得计算机真正地参与到设计中来成为人工智能的一部分。

事实上,计算机科学与建筑学的交叉,正如同 20 世纪后期环境学、符号学、现象学与建筑学的交叉一样,给建筑设计的多元化带来了新的发展契机。建筑师的角色从过去自上而下的结果控制(将形式强加于世界)转变为自下而上的过程控制者,建筑师的想象力非但没有削弱,反而加强了:连续性是参数化过程控制的显著特征,具有这一相似特征的拓扑学和分形几何学等数学规则在与参数化设计结合后,激发了新的建筑构造形式创造途径。

自然界的河流、山川、树木都具有难以描述的复杂形态,如果用传统的欧式几何来描述,就会让人感到束手无策。虽然看似毫无规律可循,但它们具有内在的相似性。20 世纪 70 年代,法国数学家贝诺伊特·B. 曼德尔勃罗(Benoit B. Mandelbrot)出版了《英国的海岸线有多长》《分形——形、机遇和维数》以及《自然界中的分形几何学》为世界打开了一扇新的大门,这门新兴学科迅速成为重要的数学分支,被称为描述大自然的几何学。分形几何发现了空间中除了整数维度外还存在分数维度,空间在不同维度上具有的相似层次结构,整体与局部之间在形态、功能、结构方面也具有相似性,复杂的图案可以有最基本的图案不断衍生而成。运用计算机运行迭代(iterative)算法程序,一遍遍重复计算相同的结果,转换成几何形态,可以产生惊人的自我衍生图案(图 4-78)。

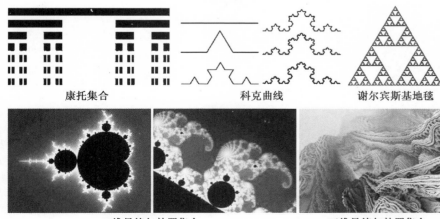

康托集合　　　　　科克曲线　　　　谢尔宾斯基地毯

二维曼德尔勃罗集合　　　　　三维曼德尔勃罗集合

图 4-78　自然科学领域的分形几何
资料来源:邵如意. 浅析参数化设计在建筑中的应用[D]. 南京:东南大学,2011:59

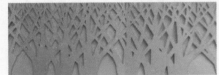

建筑师也逐渐在设计中引入分形几何学用以生成复杂的几何形式。在TOD'S表参道旗舰店的设计当中（图4-79），建筑师伊东丰雄用树枝的分形图案形成了建筑的结构形式。基于分形原理的参数化设计突破了传统的框架承重形式，但这种突破并不只是为了单纯地形成优美的造型，而是综合了合理的受力机制上的结构与造型的综合优化结果。如果依靠传统的受力分析，结构找形的过程不仅会耗费大量的时间，而且产生的结果往往不一定是最好的，甚至会因为对造型艺术性的极致追求最终将结构与表现分离成两个构造系统。但参数化设计让这一切变得简单，根据分形的数学计算产生的形式可以在结构力学的限定条件下不断优化，最终形成建筑师心中理想的造型。

与分形学类似的数学规则还在不断被建筑师发现并应用到相关领域的研究中。沃罗诺伊（Voronoi）图形是数学中一种奇妙的图形，狄利克雷（Dirichlet）于1850年首先提出狄利克雷镶嵌概念，1907年俄国数学家沃罗诺伊对其方程进一步简化后更名为沃罗诺伊，在二维空间也被称为泰森（Thiessen）多边形。这一数学规则和很多自然形象不谋而合，如蜻蜓翅膀的纹理、长颈鹿的肌肤纹理、肥皂泡以及土地的裂纹等（图4-80）。沃罗诺伊图形是计算几何中一种基本的通用几何结构，被广泛地用于地理、物理、天文学、计算机辅助设计、生态学等领域。在计算机参数化的辅助下，该图形也被建筑师应用到建筑构造的创新研究中。

中国国家游泳中心（水立方）就是沃罗诺伊图形在建筑中应用的典型案例。水立方表面看似随机的多面体构造形式正是应用了三维沃罗诺伊空间结构中的一种特殊类型。水立方的立面由ETFE形成的膜结构组成，而设计的关键就在于如何划分和组织这些随机的空间多面体。水立方巧妙地利用了1993年科学家威阿尔（Weaire）和菲兰（Phelan）给出的"在一个空间分割若干体积相等的单元，如何分割才能使单元间交界面的面积最小"命题的高效组织形式：它由两个体积相等但形式不同的单元组成，一个是12面体，另一个是14面体（2个面是六边形，12个面是五边形）（图4-81）[39]。水立方在一个方盒子范围内对WP单元组合进行了剖切，剖切的角度做了一定倾斜，保证了剖切后的多面体不会产生过于平整的表面。由于大量异性构造的不规则性，设计人员使用了MicroStation TriForma和Bentley Structural，并编写了一个MicroStation VBA脚本程序来自动生成模型，数字化技术使得设计效率大大提高，构件的形式控制也更为精确（图4-81）[40]。

图4-79　TOD'S表参道旗舰店的分形结构
资料来源：http://tomastran.files.wordpress.com

图4-80　自然界中的沃罗诺伊图形
资料来源：自摄；http://www.etereaestudios.com/docs_html/nbyn_htm/about_index.htm；http://www.Atmospherical.Blogspot.Com

图4-81　沃罗诺伊图形在建筑表皮构造创新中的应用
资料来源：沈源，罗杰威，常清华.无限关联结构在建筑设计中的应用：从镶嵌图形到空间网格结构[J].新建筑，2010(6)；自摄

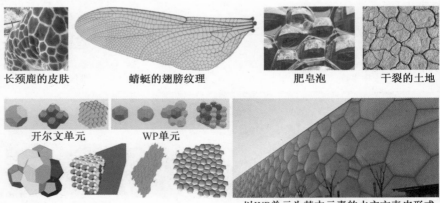

长颈鹿的皮肤　　蜻蜓的翅膀纹理　　肥皂泡　　干裂的土地

开尔文单元　　WP单元　　以WP单元为基本元素的水立方表皮形式

以上诸多的案例都证明在参数化控制下,建筑构造的创新设计不仅更加理性,设计、生产、建造的过程也更易控制。同时,数字设计与数字生产工具的无缝接口保证了从设计到制造的连续性。用来批量定制的灵巧机器——计算机数控机床(CNC)——就是已经被建筑行业广泛使用的针对数字化设计输出的建造工具,它可以直接将设计端的指令集成,以指令的方式规定加工过程的各种操作和运动参数,可以对金属、木材、工程塑料等天然或人工的材料进行切割、打磨、铣削等加工,最终形成各种复杂形体的构件。

尽管代表了一种新的方向,当我们仔细审视这些新奇的由参数化设计完成的建筑时,我们会发现在通常的情况下,参数化技术主要都集中在复杂的表皮造型设计中。显然,作为建筑设计与建造领域的新生事物,参数化设计在展现先进的生产制造技术的同时,也暴露了经济性、适用性等诸多方面的问题。这也提醒了建筑师需要正视建筑构造技术创新的积极意义:它并不只是为了解决某一个工程的特殊问题,也不是为了昙花一现的哗众取宠,我们创新建造技术最终是为了成为奥托所说的推动整个建筑行业发展的改进者,甚至是发明者。

所以,计算机辅助设计只是为创新提供了一个先进的平台,建筑师不能只是停留在表面形式上的浅尝辄止,我们需要持之以恒地改进完善每一个新的发现。在安全、功能、性能等复杂因素的综合考量下,任何一种应用于建造的新技术都需要通过严格的审查,如材料的耐久性、环保性,结构的安全性,连接的可靠性等等。为了减小新技术的应用风险,确保建造的品质,从古代"全能工匠"的运筹帷幄到现代紧密的团队配合,建筑师和工程师们都会在建造之前增加一个必要的环节——建造实验。

四、建造实验——性能提升

实验,是科学研究的基本方法之一。根据科学研究的目的,尽可能地排除外界的影响,突出主要因素并利用一些专门的仪器设备,而人为地变革、控制或模拟研究对象,使某一些事物(或过程)发生或再现,从而去认识自然现象、自然性质、自然规律。在科学研究手段落后的古代,实际的经验就是"实验"的。虽然无法通过仪器准确获取材料的各项性能参数,工匠通过长期的实践积累中形成了众多实用的构造技术。例如,不论是东方还是西方,都发展了在空心墙内填充草、土等来增加墙体的隔热保温性能构造技术。19世纪后,随着实验科学的发展,人们对材料的属性有了更科学的认知,热工学、声学、力学、光学等实验手段的丰富为建筑师创新构造工艺提供了必要的科学依据。借助实验室中的各种先进的仪器,建筑师与工程师可以预先测试建筑构造的各项性能,如结构体的抗震性、耐久性,围护体的热工性、密封性、隔声性、环保性等,以获得更优秀的性能设计(图4-82)。

通过先进的设备仪器,建筑师对材料与工艺的选择更加直观、准确,大大减少了建造的风险,提高了建造的品质。此外,多样的科学实验技术还为更多的工艺组合提供了快速的样本测试,提高了工艺改良与创新的效率。建筑是一种需要长期面对复杂环境的长效性产品,因此在诸多围护体构造技术实验中,对自然环境的模拟是重要的环节。通常单项实验

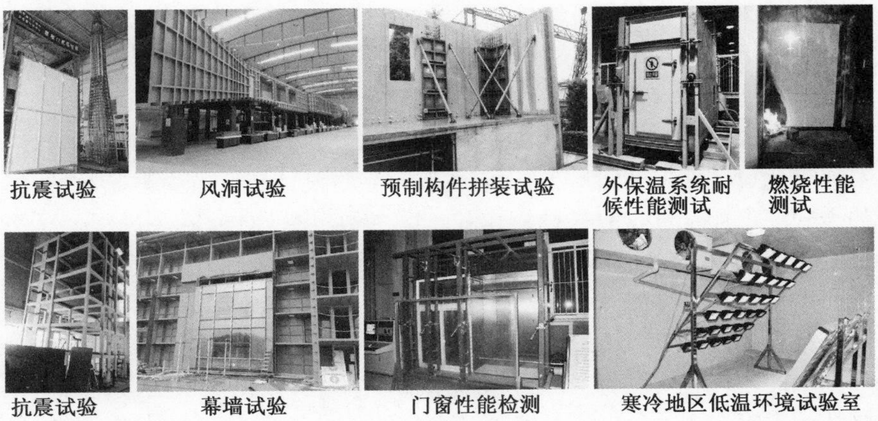

抗震试验	风洞试验	预制构件拼装试验	外保温系统耐候性能测试	燃烧性能测试

抗震试验	幕墙试验	门窗性能检测	寒冷地区低温环境试验室

图 4-82 现代丰富多样的建造实验技术
资料来源：自摄

设备只能用于单一模拟环境下的有限产品类型的测试，为了扩展试验模拟环境和产品适用的多样性，在单项实验的检测设备基础上，一种可以模拟各种气候条件的设备集合体——环境舱被发明出来用以检测不同构造工艺在真实环境下的性能表现(图 4-83)。

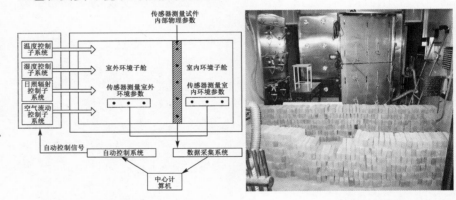

图 4-83 环境舱的工作原理以及设备构成
资料来源：陈蕾. 大型建筑环境舱动态实验平台的数据采集及自动控制软件开发[D]. 南京：东南大学，2009

东南大学建筑技术系于 2012 年完成的"十一五"国家科技支撑计划课题——安徽传统民居住宅保温隔热墙体材料技术开发中，就利用环境舱作为工艺改良实验的重要技术手段，实现了对安徽传统民居墙体的节能构造技术创新应用研究。研究选取了安徽黟县宏村、西递等具有代表性的皖南民居作为对象，在对传统民居墙体的材料、构造工艺及热工性能分析的基础上，结合当地地域特征，进行了传统砌体工艺的改良创新。

传统皖南民居墙体主要采用青砖、石灰、黄泥和石材，运用实砌或空斗砌筑(灌注黄泥)的构造方式。大部分的新建住宅也沿用了传统的空斗砌法，只是将青砖换成了水泥砖、空心砖、空心砌块等砌体材料。测试的结果证明传统的青砖空斗砌法配合黄泥灌注的方式，既能节省材料，也具有一定的隔热性能，但在较冷的冬季，保温效果并不佳。根据徽州新建农民住宅的构造特点，课题组提出了改良的施工工艺——采用传统的空斗砌法结合泡沫混凝土填充的新的构造技术。泡沫混凝土是一种轻质多孔材料，通过机械搅拌方法或用压缩空气方法将泡沫剂、水混合溶液制成均匀封闭的泡沫，然后将泡沫注入由水泥、细集料、废渣、水及各种外加剂等制成的浆料中，再经混合搅拌而成(图 4-84)，相比较黄泥，具有轻质高强、抗震性强、整体性好、耐久性高、防水效果好的优势。

斗砖 眠砖 斗砖 眠砖

徽州新建建筑依然在
采用的空半墙砌法

现场制作的泡沫混凝土工艺

图4-84 传统砌筑方法与新材料结合的可能
资料来源:自摄、自绘

通过在环境舱中进行不同构造方式的分组测试,课题组不仅验证了该工艺对传统墙体热工性能的提升效果(表4-4),还确定了改良工艺的施工流程。为保证测试的真实性,在墙体砌筑方式上采用了当地普遍的有眠空斗墙的砌法,用黄泥作为胶结材料,墙顶部分圈梁的位置采用水泥浆实砌的方法,墙体顶部则用立砖斜砌将墙体与环境舱固定(图4-85)。实验不仅验证了采用泡沫混凝土后墙体热工性能的提高,还确定了新构造技术的施工工艺。实验的开始采用的是整体墙体砌筑后一次性灌注泡沫混凝土的方式,经过实验发现,一次性灌注会对墙基造成较大的压力,容易造成墙体底部开裂,同时泡沫混凝土在墙体中也不易分布均匀,造成墙体热工性能不稳定。经过多次实验总结,最终确定了分层流水作业灌注泡沫混凝土的工艺,以2~3 m为一层,终凝后浇筑下一层,可以有效防止泡沫混凝土沉降造成墙体空鼓(图4-86)。

表4-4 不同构造形式的墙体热工性能的软件模拟结果

墙体类型	空斗砖墙			实砌砖墙	
墙体编号	墙体 I	墙体 II	墙体 III	墙体 IV	墙体 V
热阻(m²·K/W)	0.271	0.416	0.409	0.203	0.378
传热系数[W/(m²·K)]	2.373	1.767	1.789	2.831	1.895

注:墙体 I 为空斗砖墙;墙体 II 为填充过泡沫混凝土的空斗砖墙;墙体 III 为做无机内保温的空斗砖墙;墙体 IV 为实砌砖墙;墙体 V 为做无机内保温的实砌砖墙
资料来源:周海龙.徽州民居砌体外墙热工性能与改进技术研究[D].南京:东南大学,2009:64

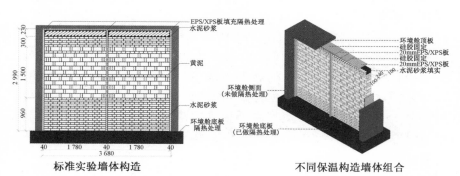

标准实验墙体构造

不同保温构造墙体组合

图4-85 环境舱内不同保温做法的墙体构造
资料来源:周海龙.徽州民居砌体外墙热工性能与改进技术研究[D].南京:东南大学,2011:63

A. 环境舱内的测试　　环境舱内砌筑实验的墙体　　　　　在空斗墙内灌注泡沫混凝土

B. 示范工程　　现场制作泡沫混凝土　　　　在空斗墙内逐层灌注泡沫混凝土

图 4-86　经过实验验证的空斗墙砌法填充泡沫混凝土保温构造技术的示范应用
资料来源:自摄

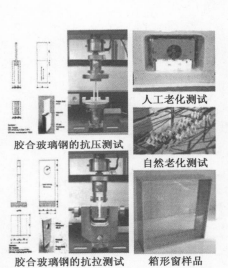

胶合玻璃钢的抗压测试　　人工老化测试

自然老化测试

胶合玻璃钢的抗拉测试　　箱形窗样品

图 4-87　玻璃钢在不同胶合方式下的受力与耐久性测试
资料来源:张慧. 玻璃钢(玻璃纤维增强塑料)的建筑应用与探索性研究[M]. 南京:东南大学. 2009:66

　　除了材料组合性能改良,构件连接的工艺改进也是构造技术创新的重要内容。每一种材料都有不同的连接可能性,标准连接技术可以解决大部分的建造需求,但不排除由特殊需求所产生的对连接工艺的特殊要求,这就产生对原有的连接技术改进的愿望,进而转化成实验室的样本测试。一旦获得成功,不仅可以解决急需的现实问题,甚至可以会产生一种全新的乃至可以推广应用的构造技术。新的连接方式在实验室接受承载力、破坏性以及耐久性等实验,可以不断调整并完善,以获得最佳的性能保证。

　　螺栓连接是玻璃钢幕墙安装中最常用的连接方式之一,但由于玻璃(玻璃钢)是脆性材料,点式集中荷载会产生内部薄弱点导致应力集中,导致玻璃的规格尺寸受到限制,并且玻璃的通透效果也不能充分发挥。因此,与玻璃连接的最合理的荷载传递方式应该是平面性的,胶合就是这样一种平面性的连接构造。不过,虽然应用于玻璃和玻璃钢在内的胶合剂有很多种,但由于大部分胶合剂的工作温度范围较低,因此胶层剥离强度低,黏结效果也不佳。为了研制出黏结效果更好的新型胶合剂,斯图加特大学建筑结构和结构设计学院(ITKE)的斯蒂芬·皮特(Stefan Peters)博士开始了以玻璃和玻璃钢组合围护结构的胶合连接为研究导向的实验。

　　研究提取了市面上常见的四种(硅酮、聚氨酯、丙烯酸盐和环氧树脂)胶合剂,在实验室中对采用不同胶合剂连接的玻璃钢进行了抗压、抗拉以及抗老化实验。通过实验的结果发现,采用环氧树脂黏结的玻璃-玻璃钢组件具有更高的抗拉强度、黏结面小、透明度高、硬化时间短等优点(图 4-87、表 4-5)。皮特博士综合了环氧树脂的优点,研发出了一种含有两种结构胶成分的环氧树脂胶合剂,这种新型结构胶不仅黏结力强、强度高,而且能满足防潮、耐老化、温度应变等多种要求。这种胶合方式易于现场操作,具有较高的透明度,接缝不会影响视觉美观。借助这种新型胶合技术,斯图加特大学建筑结构和结构设计学院研制了一系列新型节能窗,这些窗玻璃与窗框直接黏结,构造简化,但又不会产生冷桥,窗户的透光率也得到了提升[41]。虽然胶合连接对操作环境有着严格的要求,但随着场外模块预制技术的成熟,这种新型的玻璃胶合构造技术在未来有着广泛的应用前景。

表 4-5　经试验检测玻璃与玻璃钢通过不同胶合剂黏合后在拉力负荷下出现断裂的位置

拉力负荷下断裂的位置　　　　胶合剂类型	玻璃	玻璃与黏合剂交界处	黏合剂	玻璃钢与黏合剂交界处	玻璃钢表面
双组分硅酮			• + −		
双组分聚氨酯	−	+			• −
双组分丙烯酸盐	−			+ −	• −
光固化丙烯酸盐					• + −
双组分环氧树脂		+			• + −
• 在 20℃时；　　　 + 在 80℃时；　　　 − 在 −20℃时					

资料来源：张慧.玻璃钢(玻璃纤维增强塑料)的建筑应用与探索性研究[D].南京：东南大学,2009:66

　　为了获得更大强度的整体构件，一种最大限度发挥玻璃纤维结构性能的构造技术——层压连接被高校的研究人员开发出来并应用在一些特殊的工程中。层压连接的基本原理类似胶合木的制造过程，利用纤维增强塑料的材料生成原理，用层压、浸渍等方法连接玻璃钢构件，使得玻璃钢构件之间的荷载传递直接有效、更加稳定，从而形成强度更大的整体结构。瑞士巴塞尔诺华(Novartis)工业园区入口巨大的全玻璃钢屋顶的设想促使了这项新的构造技术的研发。在该设计中，由无柱的玻璃墙体支撑的巨型翼状屋顶为了满足空间通透、轻盈的效果最终选择了玻璃钢夹芯板材料，但如何建造面积如此之大的全玻璃屋顶成为一个难题，现有的玻璃钢胶合构造技术并不能实现该设计中的屋顶建造。最终，诺华工业园区入口的玻璃钢屋顶建造开创了"化整为零"和层压连接的新技术(图4-88)。

诺华工业园区入口自承重玻璃钢屋顶　　　　单块屋顶　　　现场吊装

图 4-88　经过系统的实验，玻璃钢的层压构造连接技术在诺华工业园区入口屋顶建造中得到成功应用

资料来源：http://www.flick.com；张慧.玻璃钢(玻璃纤维增强塑料)的建筑应用与探索性研究[D].南京：东南大学.2009:68

　　由于层压构造连接在当时还是首创，没有现成的工程经验可以参考，测试整合结构的强度和连接可靠性成为实验的重点。在凯勒(Keller)教授的带领下，工程人员在卢珊娜(Lusanna)技术学院的实验室内对组合构件进行了承载力测试和破坏实验(图 4-88)。通过对构件变形过程和破坏特征的分析，找出结构连接的薄弱点，总结出增加玻璃毡层数、错开敷设角度等方法对荷载集中的区域进行加强。通过缜密的实验，团队最终确定了构件生产制造的流程与细节：计算机程序控制切割聚氨酯泡沫塑料芯材以保证构件的精确性，之后在外侧铺设、层压浸渍有聚氨酯的玻璃纤维毡，制作单块玻璃钢夹芯板；在单块夹芯板完全硬化之前，用玻璃纤维网格布和聚酯树脂将五个基本组块组合成条状构件，再将条形构件整合为约 4.6～6 m 宽、18.5 m 长的单块屋顶[42]。层压技术作为一种新型

的玻璃钢之间的直接连接工艺,可以提供尺寸更大、强度更高、整体性更强的预制构件。

　　在上述诸多的构造创新技术过程中,我们看到了建筑师、工程师以及材料学家综合应用各种先进的实验设备以及科学的实验方法来测试和推进研发的进程。由于目前最高端的研究机构都集中在汽车、航空、电子等工业领军的制造领域中,为了激发创造的潜力,一些前沿建筑师在实践过程中开始在这些先进的制造领域联合其他工程师通过更广泛的实验来推进可用于大量性应用的新技术研究。伦佐·皮亚诺就是一位在交叉领域不断实验以实现构造技术创新的建筑师,他的建筑是那么的与众不同,但绝非那些表面的、哗众取宠的形式主义。皮亚诺在热那亚和其在蓬皮杜艺术中心合作的工程师赖斯成立了联合工作室,一起进行各种项目的实验,这些实验能够为以后工作中的思想和方法提供广阔的开拓空间,在实验中皮亚诺不断地尝试着具有原创性的构造技术的突破,就像他所说的那样:"从我的工作生涯开始,工作态度的一点点积累给了我研究、实验和理解原材料逻辑性的机会。"[43]

　　皮亚诺将实验性的汽车研究作为其重要的实验之一(图 4-89),在开发汽车的过程中,皮亚诺和他的合作者学会了工业生产和建筑原型的制作,并且发现了日后可以在建筑中使用的新材料、制作工具。皮亚诺在实验中不断寻找实验汽车制造与建筑建造技术之间可相互转换的技术。皮亚诺和赖斯为菲亚特汽车公司建造了一种具有塑料实体护板的分离的漩涡方向盘结构框架,这种框架可以为风格变化提供精确的计算,并减轻20%的车重,这实质上是从建筑设计中汲取的框架和护板相互隔离的技术。

图 4-89　皮亚诺在和赖斯成立的联合工作室内进行了大量的汽车结构框架实验
资料来源:[美]彼得·布坎南.伦佐·皮亚诺建筑工作室作品集[M].张华,译.北京:机械工业出版社,2002:64,65

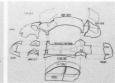

　　在掌握了汽车底盘的球墨铸铁及聚碳酸酯材料运用知识后,皮亚诺将球墨铸铁用于梅尼尔博物馆(Menil Collection)的桁架结构设计中,将聚碳酸酯塑料和黏结剂用到了 IBM 旅行帐篷上。从造船业中,皮亚诺熟悉了钢筋水泥板的厚度可以从 1~4~5 cm 的制作工艺,这个发现被皮亚诺带到了梅尼尔博物馆中的顶棚构造设计中(图 4-90)。皮亚诺甚至和国家电视网络合作制作了系列电视节目以展示工具、建造方法和建筑材料等技术发明。他们用模型和人工模拟的方法分析了哥特式教堂、移动式蒙古包等经典建筑构造形式,并寻找可用于创新的激发点(图 4-91)。

图 4-90　皮亚诺将在汽车制造实验中获得的经验用于建筑构造技术的创新实践中
资料来源:[美]彼得·布坎南.伦佐·皮亚诺建筑工作室作品集[M].张华,译.北京:机械工业出版社,2002:119,152

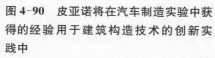
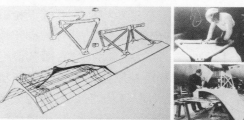

从汽车制造实验中获得的球墨铸铁与钢筋水泥板的制造经验用于梅尼尔博物馆的顶棚构造设计中　　聚碳酸酯材料工艺的研究被应用在 IBM旅行帐篷的面板设计中

图4-91　皮亚诺将向公众展示工具、建筑材料和建造技术等发明创造
资料来源：[美]彼得·布坎南.伦佐·皮亚诺建筑工作室作品集[M].张华,译.北京:机械工业出版社,2002:66,67

在系统的实验中,以皮亚诺为代表的一批建筑师不仅综合运用各种技术和研究手段,还在交叉领域寻求广泛合作以实现技术创新。这种新的研发机制不仅为未来建筑技术的持续发展提供了新的动力,还重新整合了建筑设计、生产、建造的流程,为建筑产品构造系统的组合方式带来了新的变化。

注释

[1]　[德]克里斯蒂安·史蒂西.玻璃结构手册[M].白宝鲲,译.大连:大连理工大学出版社,2004:276

[2]　不同于不需要附件、材料或工具就可以完成连接功能的化学连接方法

[3][4]　[美]保罗·R博登伯杰.塑料卡扣连接技术[M].冯连勋,译.北京:化学工业出版社,2004:6,7

[5]～[10]　Stephen Kieran,James Timberlake. Refabricating Architecture[M]. New York:McGraw-Hill Press,2004:41,96-98,100,102,106,117

[11]　参见 Ryan E Smith. Prefab Architecture:A Guide to Modular Design and Construction[M]. John Wiley & Sons, Inc,2010:32

[12]　2013SD 是 2013 年在中国山西太原举办的中国国际太阳能十项全能竞赛(Solar Decathlon,SD),由来自世界各地的 20 多个知名高校参加,在规定时间内,将太阳能、节能与建筑设计以一体化的新方式紧密结合,设计、建造并运行一座功能完善、舒适、宜居、具有可持续性的太阳能住宅。

[13]　参见 Ryan E Smith. Prefab Architecture:A Guide to Modular Design and Construction[M]. John Wiley & Sons, Inc,2010:161

[14]　转引自刘松茯,程世卓.理查德·罗杰斯[M].北京,中国建筑工业出版社,2008:70

[15]　参见[德]普法伊费尔.砌体结构手册[M].张慧敏,译.大连:大连理工大学出版社,2004:72

[16]　参见[德]赫尔佐格,克里普纳,朗.立面构造手册[M].袁海贝贝,译.大连:大连理工大学出版社,2006

[17]　郝飞,范悦,秦培亮,等.日本 SI 住宅的绿色建筑理念[J].住宅产业,2008(2/3):97-90

[18]　刘长春,张宏,淳庆.基于 SI 体系的工业化住宅模数协调应用研究[J].建筑科学,2011(7):60

[19]　中华人民共和国建设部.住宅建筑模数协调标准　GB/T 50100—2001[S].北京:中国建筑工业出版社,2001

[20]　"板状部件"是指支撑体中的楼屋面板、承重墙体等板片状构件,属于大标准化的范畴。

[21]　"板材部件"属于支撑体部件,属于小标准化的范畴。

[22]　中国科学院自然科学史研究所.中国古代建筑技术史[M].北京:科学出版社,2000:535

[23]　技术尺寸指主体结构部件表面和基准面之间的距离,其需要用技术手段处理。主体结构厚度应包括施工的误差和装修面层的厚度,此部分的厚度可做技术尺寸处理。主体结构基准面一般按照装修面的基准面定位,也可按修正误差后的部件的制作面定位。参见:中华人民共和国建设部.住宅建筑模数协调标准条文说明[GB/T 50100—2001]第 6.3.3 条。

[24][25]　参见 Ryan E Smith. Prefab Architecture:A Guide to Modular Design and Construction[M]. John Wiley & Sons, Inc,2010:211,216

[26]　[德]赫尔佐格,克里普纳,朗.立面构造手册[M].袁海贝贝,译.大连:大连理工大学出版社,2006:50

[27][28]　Eden J F. Metrology and the Module[J]. Architectural Design, 1967,XXVII(3):149,150

[29]　转引自[德]温菲德尔·奈丁格,艾琳·梅森那,爱伯哈德·莫勒,等.轻型建筑与自然设计:弗雷·奥托作品全集[M].柳美玉,杨璐,译.北京:中国建筑工业出版社,2010:59

[30]　Frei Otto. Stuttgarter Architektur—Gesterm, Heute und Morgen. quoted from Burknhardt,1979:161

[31]　[德]黑格.构造材料手册[M].张雪晖,译.大连:大连理工大学出版社,2007:30

[32]　参见中国科学院自然科学史研究所.中国古代建筑技术史[M].北京:科学出版社,2000:512

[33]　[德]温菲德尔·奈丁格,艾琳·梅森那,爱伯哈德·莫勒,等.轻型建筑与自然设计:弗雷·奥托作品全集[M].柳美玉,杨璐,译.北京:中国建筑工业出版社,2010:23

［34］ Karin Wilhelm. Architecten Heute[M]. Berlin：Portait Frei Otto, 1983：137

［35］ ［德］温菲德尔·奈丁格，艾琳·梅森那，爱伯哈德·莫勒，等.轻型建筑与自然设计：弗雷·奥托作品全集[M].柳美玉，杨璐，译.北京：中国建筑工业出版社，2010：21

［36］ http：//www. architectureweek. com/2001/0919/tools_1-2. html

［37］ 参见邵如意.浅析参数化设计在建筑中的应用[D].南京：东南大学，2012：23-24

［38］ ［美］克里斯·亚伯.建筑与个性：对文化和技术变化的回应[M].张磊，司玲，侯正华，等，译.北京：中国建筑工业出版社，2003：47

［39］ 沈源，罗杰威，常清华.无限关联结构在建筑设计中的应用：从镶嵌图形到空间网格结构[J].新建筑，2010(6)

［40］ 邵如意.浅析参数化设计在建筑中的应用[J].南京：东南大学，2012：65

［41］［42］ 参见张慧.玻璃钢(玻璃纤维增强塑料)的建筑应用与探索性研究[D].南京：东南大学，2009：66，67

［43］ ［美］彼得·布坎南.伦佐·皮亚诺建筑工作室作品集[M].张华，译.北京：机械工业出版社，2003：47

第五章　建筑构造系统组合方式的演变

　　当汽车第一次出现的时候，很少有人能把汽车与建筑联系在一起，因为两者的差异是那么显著。汽车功能相对单一，可以在一个完整的流水线上组装完成，建筑则要应对各种不同的场所和环境，在大部分情况下都必须现场完成建造；汽车是新兴的工业设计的产物，不仅设计与生产制造的平台是世界共享的，乃至设计理念都是一脉相承的，因此具有高度的同质性。建筑却承载着几千年的意识形态，建筑在作为实用品之外还承载了更多的社会功能，差异性是建筑的基本特征。但当工厂化生产随着工业化时代的到来成为建造过程中不可缺少的必要环节时，众多建筑师逐渐意识到建筑业与其他制造业的密切关系。

　　构造系统的组合方式即建筑构成要素的设计、研发、生产以及建造流程。当我们抛开意识形态层面的影响，还原建筑的生成过程，建筑和汽车乃至其他制造业产物的制造流程没有本质区别：它们需要经历设计（远景规划、概念设计、详细设计等）、生产（材料选择、零部件试制、检验、制造等）、组装（工厂组装、现场建造）的流程。不过从手工到机器，从早期工业化到现代信息化，这个流程的内容、组织方式和依靠的技术手段始终在变化。虽然这种改变大多时候并不显著，但一旦积累到一定程度，就会引起行业的重大变革。这种变革通常以材料革新和建造技术的进步为"引信"，进而扩散到整个建造系统中。这些变化不仅直接体现在建筑业的各个环节（如设计部门、产品生产商、施工承包商等）中，还对建筑构造系统的组合方式产生了重要影响。

　　构造系统组合方式的变化相比较直观可见的产品构件生产模式和构造工艺是隐蔽的。虽然是隐形的，但其对建筑未来发展趋势的导向作用却愈加明显。如果要给这个内涵找到一个合适的描述，那么"开放"和"封闭"这两个在众多专业中具有普遍适用性的定义也同样适合于建筑构造系统的组合方式。那么建筑构造系统的"开放性"以及"封闭性"是如何在复杂的建造活动中体现的呢？它们的发展是顺承关系还是并行关系？两者是对立的抑或可以共存呢？

第一节　封闭的传统系统：区域标准与全能的建筑师

一、两种基本建造方式

　　在手工业时代，建筑的建造主要有两种基本模式：

作为一种生活必需品,大量性的民间建筑,通常采用的是没有"建筑师"的"自发建造"的方式,这种方式至今依然在很多地区得以延续。简单的功能和轻巧的体量使得就地取材和世代相传的地方工艺成为自发建造活动的基本特征;构件通常都由熟练的工匠在现场加工制作;在遵循固有形式的建造过程中,雇主本身或者1个有经验的匠人就可以指挥工人完成所有的建造活动(图5-1)。

传统的木构自建房

传统的砌体自建房

图5-1 延续地方传统、灵活的"自发建造"依然是众多地区主要的建造方式
资料来源:自摄;http://www.flick.com

对于少量特殊的公共建筑或者说等级建筑(宫殿、寺庙、神庙、浴场等),则通常由经验丰富的"主持建筑师"设计并组织众多工匠协同建造。在这个过程中,官方的工程规范和"主持建筑师"个人的才能会成为主导工程设计与建造的主要因素。尽管官方标准是高于地方的,但一定的地域范围内,建造的方法依然是一脉相承的。只是,对于特定的建筑,构造设计和施工工艺更为复杂。

在以地域环境以及等级权威为主要特征的手工业时代,不管是大量性的民间建筑还是少量特殊(官式、公共)建筑,固有的结构形式和建造方法都会成为先入为主的设计导向,并最终达成建筑整体形式的"风格的统一"。总体而言,手工业时代世代相传的继承机制既赋予了建筑鲜明的整体个性,也体现了传统建筑构造系统显著的"封闭"特性:不论是设计、建造的流程,还是建造技术的适用范围都是特定的。

二、限定:区域标准

由于手工业时代材料与生产工具的局限,在长期实践中慢慢累积的成熟经验会成为建筑构造系统设计的重要指导,如中国的《营造法式》、西方的《建筑十书》都是不同的地域条件下产生的建造技术经验总结的典范。但这些官方的文献并不能包罗万象,在大量的民间建筑中,还存在更丰富的工艺技术,其中有的通过民间记载(如《木经》《鲁班经》)得以流传,有的只是通过"传帮带"的方式代代相传。不论是官方还是民间的标准,它们所适用的范围都是有限的,区域标准既形成了传统建筑多样化的表现,也成就了传统建筑产品构造系统组合的"封闭性"。

区域标准最小可以是一个村落,最大则可以扩展到一个国家。构件的标准形式首先来自建筑受力机制的稳定性要求,在此基础上,为了进一步满足功能与形式的需求,构件的标准化制作工艺才会进一步成型。在不同的环境中,这种标准并不一致,或者说构件的通用化程度是有限的。

以中国为例,虽然木构是最为普遍的一种建筑结构形式,但在不同的地域,木构的结构形式是各异的。如北方的官式建筑多采用抬梁式的整体木构架,南方的民间建筑多采用穿斗式的木构架,两种不同的构造体系反映了应对不同环境和空间需求的策略[1]。而在细节上,如艺术风格,地域的差异就会更加明显(图5-2)。

安徽黟县宏村　　　浙江永嘉芙蓉村　　　浙江永嘉县林坑　　　山东省章丘市官庄镇朱家峪

图5-2　中国不同地域民间木构技术的差异
资料来源:自摄

当用于特定的公共(等级)建筑时,工程的复杂性就会使得地方的区域标准在特殊需求下"升级"为官方标准,在更加规范的建造活动中,不仅组织更加严密,构造系统的封闭性也得到了进一步加强。中国传统的官式建筑就是一个显著的案例。在官式建筑中,斗拱不仅是必不可少的结构构件,还是建筑等级的重要象征。斗拱的结构机制在宋代已经发展成熟,清朝时期斗拱的结构受力作用虽然已经减弱,但依然作为重要的装饰和等级象征构件应用在官式建筑中(图5-3)。

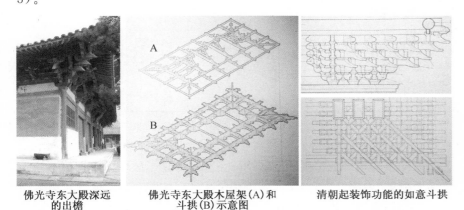

佛光寺东大殿深远的出檐　　　佛光寺东大殿木屋架(A)和斗拱(B)示意图　　　清朝起装饰功能的如意斗拱

图5-3　斗拱在中国传统官式建筑中不同的作用
资料来源:宿新宝提供;中国科学院自然科学史研究所.中国古代建筑技术史[M].北京:科学出版社,2000:71,255

斗拱不仅在结构与等级象征性上有重要作用,它还是整个木构建造系统模数协调的核心要素。《营造法式》中关于中国古代建筑构造系统总结中最为关键的部分即"凡构屋之制,皆以材为祖,材有八等,'度屋之大小,因而用之'"的材分制度。在这里,材、分并不是现代模数中的等差或等比数列,而是以木构件中的基本构件"拱"的断面尺寸为基础的模数[2]。材、分制度在技术上实现了由庞大而复杂的构件组成的木构建筑的有序组织和合理安排;在经济上对不同类型的建筑实现了不同强度构件的合理利用,减少了浪费;在等级上区分了主次建筑,使得群体建筑大小得体,相得益彰,获得了完美的艺术效果(表5-1)。

表5-1　宋、清建筑大木作材分制度表

材　分		材分规格尺寸			
		宋材分制(宋尺)		清材分制(营造尺)	
		材(单材)断面宽高比例:10:15分	足材 材加上契 通高21分	材(单材)断面宽高比例:1:1.4斗口	足材 断面宽高比例:1:2斗口
大木作制度	第一等材	每分0.06尺 0.6×0.9	1.26	斗口0.6尺 0.6×0.84	0.6×1.2
	第二等材	每分0.55尺 0.55×0.825	1.55	斗口0.55尺 0.55×0.77	0.55×1.1
	第三等材	每分0.05尺 0.05×0.75	1.05	斗口0.5尺 0.5×0.7	0.5×1.0
	第四等材	每分0.048尺 0.48×0.27	1.008	斗口0.45尺 0.45×0.63	0.45×0.9
	第五等材	每分0.44尺 0.44×0.66	0.924	斗口0.4尺 0.4×0.56	0.4×0.8
	第六等材	每分0.04尺 0.4×0.6	0.84	斗口0.35尺 0.35×0.49	0.35×0.7
	第七等材	每分0.35尺 0.35×0.525	0.735	斗口0.3尺 0.3×0.42	0.3×0.6
	第八等材	每分0.03尺 0.3×0.45	0.63	斗口0.25尺 0.25×0.35	0.25×0.5
	第九等材			斗口0.2尺 0.2×0.28	0.2×0.4
	第十等材			斗口0.15尺 0.15×0.21	0.15×0.3
	第十一等材			斗口0.1尺 0.1×0.14	0.1×0.2

资料来源:中国科学院自然科学史研究所.中国古代建筑技术史[M].北京:科学出版社,2000:551

　　以斗拱为核心的中国传统木构体系充分体现了区域标准控制下建筑构造系统的"封闭性"。与中国传统建筑相类似的组织方式同样可以在西方的石构系统中发现。公元前1世纪,维特鲁威就发明了一种数学计算方法作为模数来设计建筑。这个方法以柱径为一个基本尺度,以此创造了一种协调的体系,将建筑统一为一体。古典时期和文艺复兴时期,建筑的基本尺度(如柱距、柱高、檐口等)都是以柱子的直径(分柱法)为参考。虽然不如中国的"以材为祖"的模数那么精确,但以柱式规范建筑形式设计的方法就如同斗拱于中国古典建筑的作用一样,对西方古典建筑的发展起到了至关重要的作用。

　　在上述案例中,我们可以发现形成传统的建筑构造系统组合方式体现了高度封闭性的原因:客观原因是,在有限的生产力条件和特定的地域环境限制下,建筑的各组成部分必须以最合理的组织形式来满足整体的性能标准,在这个原则下,建筑的空间形式和建造工艺是密切相关的,建筑自成一体,有着较强的排他性;主观原因是,建筑师是建造的全权控制者,无论是风格内敛而朴素还是张扬且华丽的建筑,都由主持建筑师一个人独立完成设计和建造。

三、整合:全能建筑师

在有限的技术条件下,特殊工程建造的复杂性要求每一个"主持建筑师"必须是全能的,不仅要是建筑师,还得是工程师、艺术家乃至科学家。在中国宋代颁布《营造法式》之后,主持重大工程的都料匠(掌握尺寸的大木匠)都具备总领工程的主要做法和规格的能力。由于经验丰富,施工时都料匠可以不依靠施工图纸,统筹指挥不同工种的匠人,在现场按规定要求对工匠分派任务,如难度不一的梁柱、斗拱构件制作工作,砖石墙体砌筑工作、雕刻彩绘工作等等。对总体工程的全面把控不仅需要主持建筑师具有丰富的实践经验、广博的科学知识,还要具备一定的创新能力,以应付建造中可能出现的各种问题。

在建造佛罗伦萨圣母百花大教堂的穹顶过程中,伯鲁乃列斯基几乎以一己之力承担了设计任务并负责整个建造过程。圣母百花大教堂的复杂历史无须赘述,需要提到是直到1418年教堂的下穹顶还没有开工。当时的难题在于14世纪教堂设计出来后,在很长的一段时间内都没人知道怎样建造这个穹顶。伯鲁乃列斯基的成功毋庸置疑归因于他的技术和数学才能,他不仅是建筑师,还是工程师,甚至是科研人员。在完成穹顶的建造期间,他的创造发明横跨了多个领域:作为建筑师,穹顶的空间分割、协调的尺寸以及巧妙的光线调节创造了令人身心愉悦的氛围;作为工程师和科研人员,伯鲁乃列斯基受到维特鲁威在《建筑十书》中的描述的启发,发明了新的起重升降设备,用以运送包括400多万块砖在内的诸多建筑材料;此外他还发明了巧妙、无先例可循的螺旋千金顶用于穹顶的整体性建造[3](图5-4)。

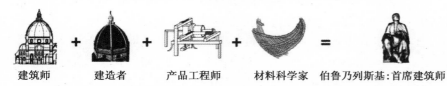

建筑师 ＋ 建造者 ＋ 产品工程师 ＋ 材料科学家 ＝ 伯鲁乃列斯基:首席建筑师

图5-4　手工业时代主持重大建筑工程的建筑师多集各种才能于一身,掌控着建造的所有环节

资料来源:Stephen Kieran,James Timberlake. Refabricating Architecture [M]. New York: McGraw-Hill Press,2004:40

像伯鲁乃列斯基这样集各项才能于一身的首席建筑师还有很多,如西方的维特鲁威、阿尔伯蒂、帕拉蒂奥等;中国的鲁班、李春、李诚、喻皓等,他们不仅在众多著名工程中展现了高超的技术创新和艺术表达能力,还在建筑产品、工具研发以及建造经验整理中做出了杰出的贡献。

在技术发展相对稳定的状态下,建筑构造系统的封闭性一直持续到18世纪末。19世纪,随着工业化的生产制造技术的普及,机器制造逐渐取代了手工艺,这个发展过程不仅伴随着大量新材料、新工艺的迅速推广,还产生了新的建筑类型。功能的日益复杂和体量的日益增长使得原先固有的、封闭的产品系统逐渐发生了变化:一方面,工厂化生产的介入使得传统的从设计到现场建造的过程增加了新的环节,建造的流程开始分离、分层;另一方面,日益精细化的劳动分工使得建筑师的绝对核心作用被分化,结构、设备、电气等工程师开始在设计中占有越来越重要的地位。这个变化在19世纪末至20世纪初的现代主义运动中达到了高峰,并使得建筑构造系统的组合方式逐渐走向开放。

第二节　开放的现代建筑构造系统：从"通用产品"到"形式制造"

一、"开放"的起点："多米诺"原型实验——手工艺与工业化的结合

19世纪后半叶，工业化革命和资本主义的迅速发展刺激了现代城市化运动，人口的扩张、新的交通方式、建筑的集中化使得现代城市产生了日益激进的变革，而这个变革也和建筑工业技术革新的发展和应用密不可分。在城市化过程中产生的商业建筑和工业建筑从根本上颠覆了传统建筑的结构模式和建造模式[4]。虽然19世纪末钢筋混凝土与钢结构技术的发展在"芝加哥学派"的高层商业住宅实践中得到了充分施展，但真正道出"标准框架"和"批量生产"实质的确是1914年由柯布西耶提出的被寇蒂斯形容为工业化的"原始棚屋"（primitive hut）的"多米诺"标准结构原型。

1914年，柯布西耶提出了多米诺（masion domino）标准结构（图5-5），一种既可以独立又能相互联系组合的自由框架系统，这也成为建筑构造系统走向开放的起点。虽然，"芝加哥学派"在更早的商业建筑中已经展示了标准框架结构的力量与形式，但并未像柯布西耶这样将其作为一个纯粹的"原型"重点强调。作为针对战后快速重建需求所提出的设想，这个概念不仅为现代主义早期自由、离散的空间组织奠定了基础，还提出了工厂化的批量生产模式，进一步促进了建筑工业化发展的进程。

多米诺框架系统使得空间不再受固有的"墙体"限定，并且可以实现骨架结构的标准化生产。"多米诺"骨架的构想"完全独立于住宅的功能平面：它只承载楼板和楼梯。它由标准构件组装而成，彼此可以相互联系，住宅的组合于是具有了丰富的多样性。同时，钢筋混凝土的浇筑不需要模板……技术公司将骨架销售到全国各地，其组织与定位取决于规划建筑师，或更简便地，由顾客来决定。"[5]部品通用化的理念在"多米诺"构造系统中已经有所体现，在柯布西耶的理想中，结构骨架是可以标准化生产的通用部件，而其他的如窗户、分隔墙体、家具等也可以根据需求批量生产。

柯布西耶的"多米诺"原型为建筑的开放系统展示了一个理想的愿景：如果将一个建筑的各组成部分拆成零部件，分别作为通用的产品在市场出售，那么即使没有建筑师，客户也可以自由地选择产品并由承包商建造，这就是部品通用化的最终理想。柯布西耶的设想在当时无疑是超前的、先进的。他对标准框架结构便于空间灵活组织和多元产品的批量化生产制造前景的判断在多年以后被证明是基本正确的，只不过这个过程并非一帆风顺。即使柯布西耶自己，在"多米诺"的结构原则提出之后，也花了近15年的时间才得以完整地使用它。在这个过程中，柯布西耶进行了大量的住宅实验。

当我们回顾柯布西耶从1914—1930年间15年的住宅方案以及建造实践，我们不得不惊讶于在"多米诺"原型的基础上，建筑师通过工业化生产技术形成如此丰富的建筑形式。柯布西耶在一系列工业化住宅设计中

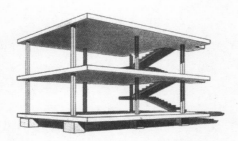

图5-5　柯布西耶的"多米诺标准结构原型"为建筑产品场外预制和批量生产的发展奠定了基础
资料来源：［瑞士］W 博奥席耶，O 斯通诺霍勒·柯布西耶全集（第1卷）［M］. 牛燕芳，程超，译. 北京：中国建筑工业出版社，2005：18

展示了通过模数控制来实现空间、产品多样组合的方法,并且这种多样性的演绎并不影响建造的经济性。由此可见,虽然柯布西耶提倡通过部品通用化实现产品大批量的工厂生产,而同时他也意识到了"定制"对于建筑的重要意义,这一点从传统的手工业时代到机器生产的工业化时代始终都是成立的(图5-6)。

范斯沃斯住宅, 1922　画家方赞住宅, 1922　拉罗歇住宅, 1923—1924　配萨克住宅单元, 1925

图5-6　柯布西耶"批量定制"的工业化住宅实验

资料来源:[瑞士]W 博奥席耶,O 斯通诺霍.勒·柯布西耶全集(第 1 卷)[M].牛燕芳,程超,译.北京:中国建筑工业出版社,2005:44,51,59

不过在早期工厂生产技术相对简单的时期,柯布西耶的实验距离理想化的工厂批量生产还有一定的距离,尤其是定制产品的复杂性在机器加工技术条件不能满足的情况下,加入手工的方法是不可避免的(图5-7)。首先,结构骨架的标准化预制并非柯布西耶想象得那样简单,因为结构是建筑构造系统中最重要的部分,结构的设计不仅需要考虑场地环境、建筑的高度和跨度乃至空间组合等多方面复杂的因素,还关系到预制技术本身的成熟度。因此,从理论上来说,在工厂生产一种在大范围内通用的建筑标准框架结构是非常困难的,即使以目前的技术水平,这个目标依然未能实现。事实上,在柯布西耶大部分的住宅实验中,结构部分都是在现场通过模板和现浇工艺完成的。那么对于比较简单的窗户等零部件的工厂批量化生产实现起来是否要容易很多呢?

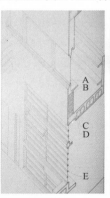

德蒙奇住宅中独立的框架结构　与结构分离的围护体:A:滑动木窗;B:空心混凝土砌块;C、D:现浇混凝土空心楼板;E:钢窗　萨夫伊住宅中现浇混凝土框架柱　与结构分离的围护体:A、E:现浇混凝土空心楼板;B:混凝土空心砌块;C:混凝土过梁;D:滑动木窗

图5-7　柯布西耶实现了结构与围护体的分离,可以自由选择产品组合,但大部分的建造依然依靠现场的手工作业

资料来源:Edward R Ford. The Details of Modern Architecture [M]. Cambridge, Mass: MIT Press, 1990:244,245,248,249

从当下的建筑制造业发展水平来看,答案是肯定的。但在 20 世纪初,批量生产特制的零部件并不容易,尤其是建筑师对这些构件有着诸多复杂功能设计的时候。柯布西耶在对建筑功能与形式有着重要意义的部件——窗的设计中投入了的热情是超乎寻常的。在 1925 年的《呼吁工业家》一文中,他这样写道:"我们现在能够以一种新的尺度生产一种新型的可以无限组合的窗。"[6]对于柯布西耶而言,窗户作为采光和获得视野的功能是首要的,但不是唯一的。本顿(Benton)对库克住宅(villa Cook)的水平窗(图5-8)这样评价道:"事实上,它远非标准的滑动式推拉窗,它们有四种类型:固定式、滑动式、平开式和中悬式。"[7]由于构造复杂,这些看

起来像是批量生产的窗户事实上只能手工制作,而柯布西耶显然也意识到了这点,"我做了很多这样的'带型窗',我注意到这些窗台还不够简洁,这些过梁也过于昂贵……由此,窗户成了房屋中最贵的部件。不仅是窗框,窗洞也必须现场加工处理,更增加了成本"[8]。为此,柯布西耶付出了很多努力来改进窗户,降低其复杂性,提高生产的简易性[9]。

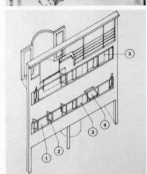

1:固定木窗
2:内开金属窗
3:滑动木窗
4:中悬窗

库克住宅水平窗多样的组合

A:木制窗格
B:可动的金属窗框
C:固定玻璃的木制竖框
D:木制的窗户中框
E:金属挡水板
F:固定窗户的木制底框

库克住宅窗户构造造细部

图5-8 柯布西耶复杂的定制窗户不能完全实现工业化批量生产,必须与现场手工作业结合
资料来源:Edward R Ford. The Details of Modern Architecture [M]. Cambridge, Mass: MIT Press, 1990:238,240

图5-9 乌尔姆艺术大学的"Z"形结构样品测试
资料来源:Chris Abel. Architecture and Identity-Responses to Cultural and Technological Change [M]. 2nd ed. New York: Architectural Press, 2000:38

当然,在现代主义发展初期,意识到工业化批量生产与建筑特殊需求定制之间矛盾的并不只有柯布西耶一人。在包豪斯学校(Bauhaus School)的教学实践中,格罗皮乌斯开始探索手工与工业化结合的可能性,为了缩小两者之间的差距,格罗皮乌斯坚持在教学中加入不间断的手工艺训练,他认为"手工艺的训练是为了给大量的生产设计做准备。从简单的工具和制作开始,学生可以慢慢掌握更复杂的机器使用方法和解决复杂的问题,同时在这个过程中,学生可以从始至终接触到完整的生产过程"[10]在包豪斯之后,格罗皮乌斯又继续将之前教学的精髓延伸至德国南部乌尔姆(UIM)艺术大学的教育中,在那里鼓励学生们研究适合大规模生产的产品设计样品[11](图5-9)。

不过尽管现代主义初期,诸多建筑师围绕标准化、大规模生产进行了大量工业化建筑实验,在第二次世界大战后开始的城市大规模的重建工程中,这些实验却几乎没有一个影响了商业市场。"最终占领市场的集合住宅所涉及的相对原始、粗笨的技术,与曾经激励格罗皮乌斯和其他现代主义幻想家的复杂的工业化制造方法完全不着边际"[12]。

开放系统的发展出现了什么问题?为什么建筑师们手工艺与工业化生产技术结合的实验不能推广应用?在克里斯·亚伯看来,格罗皮乌斯(包括勒·柯布西耶等)关于手工与工业化结合的折中方法的积极意义在于他们看到了从简单到复杂的生产工具手工制作和工业化生产的衡量尺度是相同的。但另一方面,他们并未注意到手工与工业化之间的一些重要区别,不仅在产品的生产尺度上,在设计师对大规模生产过程的人为控制程度上,以及在最终产品可能实现的个性化程度上,两者都有着很大的差异。这种差异在小规模的实验到大规模的生产实践转变中被迅速放大,这个时候建筑师必须面临一个选择:是适应机器生产的批量制造方式,还是继续传统的手工建造方式。对于开放系统的倡导者来说,选择前者是自然而然的,因为工厂化的生产效率带来的经济效益是显而易见的,同时,部品通用化还可以保证整个建筑产业中一种严格的统一性。

二、"开放"的误区:"通用标准"的虚构与误解

第二次世界大战战后以伊兹拉·伊汉克朗茨(Ezra Ehrenkrantz)为代表的众多早期建筑工业化运动倡导者坚持将标准化和模数协调作为实现开放系统的部品通用化理想的手段。在伊汉克朗茨的《模数模式》(Modular Number Pattern,1956)中,作者提出了工业化建筑的若干规则:标准化和模数协调是其中的重点,前者针对构件类型的有限控制,后者则为这些标准化尺寸的构件提供一个可变的数字量度标准。伊汉克朗茨认为只有通过这种方式才能在保证大量生产的同时实现产品的多样化,这种观点在早期建筑工业化运动中得到了普遍的认同。

虽然标准化和模数协调并非工业化的产物,在传统的手工业时代就已经产生了,但建筑工业化运动的倡导者将标准化抬高到了前所未有的高度,并期望以此统一整个建筑市场。这种试图在全行业中推行标准化的意图走向了部品通用化的极端,放弃了"定制"对于建筑独特的重要性,最终产生了"通用标准"的虚构与误解。在早期工业化"批量生产"与"批次生产"的方式下,一种简单的观点产生了:一种组件生产得越多,对于大量生产就越经济。因此就形成了将各种建筑类型加以归纳整理,来保证建筑部件市场最大化的想法。这种概念在第二次世界大战后大量的城市重建项目中,被加以政策性的引导,在诸多行政性的建筑项目(学校、住宅)中推广(图5-10)。

工厂流水线　　　　批量生产的标准构件　　平庸、固有的工业化建筑产品

图5-10　早期建筑工业化运动在"通用标准"思想的影响下将建筑工业化等同于经济效益最大化的无差别生产
资料来源:Stephen Kieran,James Timberlake. Refabricating Architecture [M]. New York:McGraw-Hill Press,2004:120,123;自摄

"通用标准"成为建筑工业化运动倡导者为在最大范围内实现建筑部件生产化愿望而推行的固有设计方法,他们认为"通用标准"可以促进高效的设计,并和大规模的工厂化生产紧密结合,实现建造的经济性。事实上,产量增长与成本下降的关系在建筑产品中并非建筑工业化运动倡导者所设想的那么简单。由于早期机器生产多依靠单一的流水线作业,因此,一旦为特定目的建造机械而投入的资金在第一次的批量生产收到回报后,成本继续降低的水平就严格决定于设计方案的经济性。为了提高对材料更有效的利用和满足现有工艺的技术条件,执行教条的规范和标准就成为维持产品经济性的决定性因素,而不是依靠产量的增加。

显然,建筑工业化的鼓吹者们在沉醉于开放系统的时候,忽略了建筑作为一种"定制"的产品的特殊性。建筑在应对不同环境、场地、功能要求

等条件下所必须实现的特定结构、性能需求与"通用标准"的目标是冲突的，即使是同一种类型的建筑，客户的需求、环境、场地的差异对建筑的整体性能标准要求也是不同的。虽然获得了短期的经济效益，但是固有的、教条的工业化生产的弊端很快就在多样化市场的需求下暴露无遗，建筑的品质和城市的景观都受到了僵化、粗陋的工业化生产和建造技术的影响。

对于开放系统倡导者对"通用标准"的虚构与误解，克里斯·亚伯的评论是一针见血的："如果坚持了建筑师们想要的通用标准，那就不可能对标准内的任何零部件进行大的改动，因为它将背离标准。随之可以推出的结论就是，除非整个行业中所有相关的零部件同时被调整，否则任何一个零件都不能被修改。这并不是夸大其辞，事实上，正统的现代主义者的目标就是通过这种清晰的设计，来确保整个建筑产业中的一种严格的统一性，将整个欧洲市场统一于其中。但是这种涅槃的实现将意味着技术始终停留在最原始的标准范围内，因为进行全局改革所需要付出的巨大努力会使任何一个试图变革的人望而却步，无论是技术还是其他方面。这种标准化的概念最终会将建筑产业变成一种非常原始粗陋的技术产业。"[13]

建筑工业化运动的倡导者对产品标准化和模数协调适用范围的误解导致了将建筑设计变成了对工厂化的标准生产工艺的依赖和构件尺寸的模数协调设计，这个观念是对制造过程的根本性误解。即使是其他产品，在这一点上也和建筑无异，那就是生产制造的基本原则之一，如果一个产品是为效率最大化设计，那么它的各个组成部分就必须以最接近所需求的整体性能标准的方式整合起来，标准化与模数协调只是手段而不是目的。

三、"折中"的开放："表皮定制"与线性的流程

从开放系统早期的手工艺与工业化生产的结合到完全依赖工厂化生产的"通用标准"，建筑工业都在努力实现部品通用化的理念。那么部品通用化适当的条件是在什么情况下产生的呢？或者说部品通用化的理想真的可以实现么？其实在柯布西耶刚开始"多米诺"实验的时候，这个问题就已经有了答案，对于复杂的建筑构造系统而言，实现所有部品的通用化只能是遥不可及的"乌托邦"。

因为"定制"对于建筑产品来说是不可或缺的，即便所有的产品零部件都可以在工厂预制，但在特定的需求产生之前，绝大部分产品并不能摆上货架。我们可以在建筑厂商的产品目录中找到众多产品，但这些产品中的大部分在具体的项目中是需要根据特定需求重新生产的，建筑产品的制造模式基本上采用的是 ATO、ETO 和 MTO 模式[14]。我们可以直接从商店购买汽车、电脑、手机等终端产品，而从商店可以直接购买的终端建筑产品几乎没有。

虽然绝对意义上的通用化对于建筑产品是不现实的，但不可否认的是随着建筑系统构成复杂性的增加，通用产品的种类越多，对大量的建筑产业运动中建造的成本控制、快速的设计都是有利的。因此，对于建筑而言，一种综合平衡"通用"与"定制"的"折中"的开放系统才是更合适的。"折中"的开放系统在"信息化控制的工厂"[15]的可变性生产与密斯的"分离原则"相结合之后得到了迅速发展。

当由计算机控制的分层系统组成的一种适应性更广泛，反映更迅速的"信息化控制的工厂"被引入建筑制造业后，"批量生产"和"特定制造"

的矛盾得以解决。一方面,之前柯布西耶、格罗皮乌斯等建筑师所实验的手工艺与工业化结合的不合理之处消失了,手工艺到自动化工具的尺度变化反映了一种真正的连续性;另一方面,通过"尺寸控制来协调零部件"的教条的工业化生产方式被灵活的可变性生产取代,零部件的可替换性真正实现了产品的多样性,工厂可以根据特定的需求制造特殊的零部件,搭配特别的建筑。

　　如果说"批量定制"为开放系统提供了理想的生产模式,那么密斯的"分离原则"则为越来越多元的产品自由地组合提供了具有普遍兼容性的"结构内核"。虽然柯布西耶的"多米诺"骨架已经体现了结构与围护体分离的概念,但真正将其在大尺度的现代建筑中灵活应用的是密斯。密斯经过一系列的钢结构建筑实践,最终在1951年的芝加哥湖滨公寓的设计中,将通透的玻璃幕墙与钢结构彻底地分离。分离原则为密斯的建构形式表达带来了自由,在之后多个类似项目中,建筑表面的钢竖框已经成为其个人风格(对钢建构形式的偏爱)的象征,而在钢竖框之后的真正结构构件是钢还是混凝土都无关紧要了(图5-11)。

芝加哥湖滨公寓86号,1948—1951　　　西格曼大厦,1954—1958　　　Promenade公寓,1953—1956

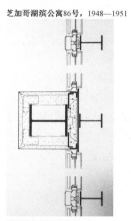 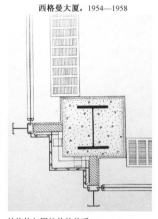 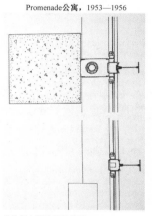

结构柱与围护体的关系:　　　结构柱与围护体的关系:　　　结构柱与围护体的关系:
　玻璃幕墙与结构柱外表面平齐;　　玻璃幕墙位于结构柱之外;　　　玻璃幕墙位于结构柱之外;
　采用钢竖框分隔立面。　　　　采用钢竖框分隔立面。　　　　采用钢竖框分隔立面。
结构柱:钢结构　　　　　　　结构柱:钢结构　　　　　　　结构柱:钢筋混凝土

图5-11 密斯在高层建筑实践中确立的"分离原则"是现代建筑构造开放系统进一步演变的重要基础

资料来源:Werner Blaster. Mies van der Rohe: The Art of Structure[M]. Basel: Birkhäuser Verlag, 1993:138,142,150

　　虽然密斯言不由衷的建构形式并不被一些建筑师认同[16],但基于分离原则的构造逻辑还是被广大的建筑师所接受,很快,"标准框架结构+自由产品"的组合方式成为现代建筑一种通用的建造方式。作为早期开放系统的变体,虽然它并未实现全面的部品通用化,但它的兼容性为灵活地使用通用部品以及借助自由"表皮"的定制实现建筑形式的多样化提供了一条切实可行的设计、建造模式。在保持经济效益的前提下,显然,标准的框架结构能够提供一个坚固、经济并且灵活的空间,尽管这个结构系统依然需要根据具体的工程需求特定制造(现场的或是预制装配的),但是在多数情况下建筑师或者结构工程师都可以遵循一套成熟的规范,尤其在高层建筑领域,它是通用的。在这个灵活的空间内,空调、暖通、机电设备、轻质墙体、家具等通用的产品可以根据客户需求自由选择,而最终由建筑师设计的"特制"的表皮系统将为这个复杂的终端产品覆上一层精致的"饰面"。这种通用的构造系统组合方法,在格里高利·特纳看来,就是"由建筑师设计一个外壳,然后在外壳中填充各种内容,最后将结构、设备、电气和管线工程师的工作全部掩盖起来"[17](图5-12)。

混凝土楼板
钢梁
铝板吊顶

幕墙框架

双层中空玻璃
硅酸钙防火涂层
180×250钢结构
支撑

铝合金窗框
玻璃幕墙铝合金
夹固件

混凝土压型钢板
楼面
钢结构梁

固定石材幕墙金属
支撑框架的石墙
支撑石材幕墙的铝
合金结构
批量定制的石材幕
墙板

图 5-12 "定制表皮"成为现代建筑开放系统的典型构造特征
资料来源：Edward R Ford. The Details of Modern Architecture [M]. Cambridge, Mass: MIT Press, 1990:78-79,166-167

沃特·迪斯尼艺术中心扩建工程石材幕墙构造细部，赫尔佐格&德梅隆，明尼阿波里市，2005

普拉达商店的玻璃幕墙构造细部，赫尔佐格&德梅隆，日本东京，2003

特纳的观点不仅指明了当下流行的基于开放系统的建筑构造组合方式的特征，还更深层次地点出了导致开放建筑构造系统演变的一个重要因素——劳动分工的日益加剧。随着建筑构造系统的复杂化与日俱增，为了提高设计、生产与建造的效率，团队合作逐渐成为一种必然的趋势。阿尔伯特·康在 20 世纪 30—40 年代的工业化建筑设计中，就提出了一种新型的建筑设计组织（图 5-13），为了使设计、建造流程像工厂生产线一样流畅，各个专业必须分工明确并紧密联系，有组织的、效率的设计是团队工作的基本原则。对此，阿尔伯特·康宣称："（工业化）建筑 90% 是关于业务，10% 是关于艺术。"[18]这种"流水线"式的流程在 20 世纪中后期成为建筑设计的标准模式，至今依然是众多设计事务所运行的基本模式。现代通用的建筑设计、建造的流程就像早期工业化的"流水线"一样分工明确；同时，也造成了设计、生产、建造流程的分层、分离。

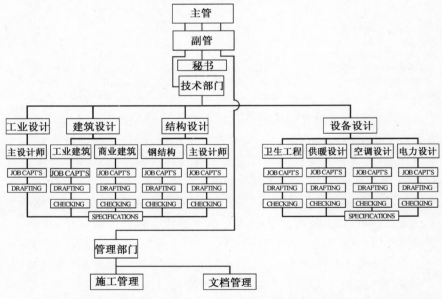

图 5-13 阿尔伯特·康提出的现代建筑设计的"流水线"
资料来源：David Leatherbarrow, Mohsen Mostafavi. Surface Architecture [M]. Cambridge, Mass: MIT Press, 2002:122，作者编辑

对于开放系统来说，这样的设计与建造流程是顺畅的，因为所有的工作都可以得到精细化的分配，在标准框架兼容的空间模式下，随着部品通用化程度不断提高，建筑师的工作也越集中——基于功能与场地的建筑构思以及最终建筑形式的控制。但一个问题也随之而来了：当原本属于建筑师整体控制的建造流程被分割之后，建筑师还能做到统筹全局么？

四、"开放"的局限：滞后的创新研发

从 20 世纪大部分基于开放系统的建筑设计、生产、建造流程来看，从现成的产品目录上选择零部件是大多数建筑师与建筑工业联系的全部内容，具体来说，就是大部分建筑产品的批量定制只局限于定制程度较低的 ATO、STO 与 MTO 阶段，按照 ETO 进行定制生产的建筑并不多见。由此可见，从早期工业化过程中对机器的适应，到后期对机器的依赖，大部分的建筑师都未深入生产制造端，或者说都远离产品工程。尽管为了缩减建造成本和周期，选择现有的建筑产品零部件是建筑市场细分原则的自然结果，但建造承包商的出现使得建筑师与生产部门的关系变得更加薄弱，设计与生产、建造的分离，导致设计部门和生产部门除了顾客的关系有所接触不再紧密联系。建筑市场已经被各种专业高度分散的从业者所占据：建筑师、建造师、工程师、科学家等，这些从业者各自从属不同的机构，这些机构的计划与期望也不尽相同（图 5-14）。在过去一个多世纪的发展中，这些分离的要素已经被制度化，它们包括了各自分离的体系培养、独立的教学计划、各自的职业资格认证和职业保险要求，以及各自独立的专业机构[19]。

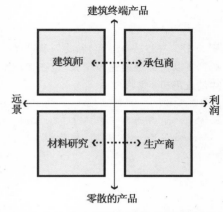

图 5-14-a　分离的建筑产品设计、生产流程

当大多数的建筑材料生产已经工业化，并且成为专业的产品工程师的专长，集成的环境控制系统将只有单一用途的骨架与外壳的建筑变成庞大复杂的机器时，建筑师从主持建筑师变为系统中的一员似乎是理所应当的。不过问题是，当建筑师的任务被分割的只剩下"形式制造"之后，建筑学反而逐渐在失去这个唯一的领地。

随着生产部门的独立，事实上，建筑师在最上端围绕场地与功能进行的设计构思与末端材料选择、产品的生产、现场的建造产生了严重的分离，不仅建筑产品的材料选择、产品研发和组装已经被分给了其他专业部门，乃至最终的建造手段和建造方法也被分离出去。现在，建造的方法、流程由建造师决定，产品的研发由工程师决定，新产品的组成和物理性能由材料科学家决定。过去主持建筑师同时控制建筑材料、产品和建造的方法，协调不同元素的组合和搭配，使得整个建造的过程完整流畅。而现在，各个学科之间的交流与沟通甚微，尤其是建筑师与产品工程师和材料科学家之间几乎没有沟通，在建筑的外观越来越依靠材料和工艺实现的当下，建筑师与产品设计分离的后果是可想而知的。

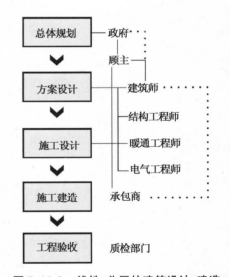

图 5-14-b　线性、分层的建筑设计、建造流程

资料来源：参照《Refabricating Architecture》自绘

当建筑师在越来越广泛的专业化领域中话语权不断降低的同时，也意味着建筑师逐渐失去了对建造系统控制的能力；另一方面，当建筑师被动选择产品的同时又想努力创新时，只能在"形式制造者"的困境中越陷越深。虽然在 19 世纪末，新材料的研发有了爆发式的发展，并且对建筑的建造方式及的变革产生了重要推动，不过 100 多年过去后，在建筑中应用的新材料和新工艺与其他制造领域相比依然是捉襟见肘的（图 5-15）。瑞士公司于 1999 年进行的一次调查表明，建筑行业的新产品销售率仅为 10.7%，而在其他所有工业部门的平均数值为 37.1%，建筑行业明显处于劣势。而同时，在接受调查的所有公司当中，只有 24% 的公司实施了研究与开发（R&D）工作，明显低于整个产业 49% 的平均水平[20]。

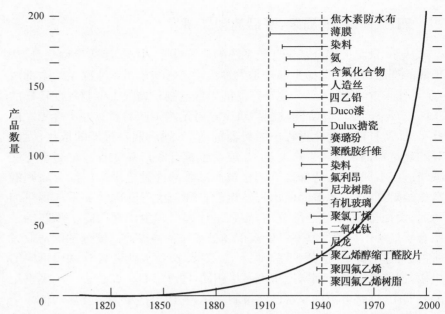

図表内の文字:
200 —

焦木素防水布
薄膜
染料
氨
含氟化合物

150
人造丝
四乙铅
Duco漆
Dulux搪瓷
赛璐玢
聚酰胺纤维
染料

产品数量

100
氟利昂
尼龙树脂
有机玻璃
聚氯丁烯
二氧化钛
尼龙

50
聚乙烯醇缩丁醛胶片
聚四氟乙烯
聚四氟乙烯树脂

0
1820 1850 1880 1910 1940 1970 2000

图 5-15　在过去 150 年，新材料和产品的开发以指数级的速度增长，但在建筑中的应用却要慢很多

资料来源：Stephen Kieran, James Timberlake. Refabricating Architecture［M］. New York：McGraw-Hill Press, 2004：132，作者编辑

进行材料创新的主力军依然是原材料和建筑材料工业实验室的研发人员。建筑师在大部分的时候都是这些工业材料的直接享用者，即使为了使其满足自己的设计理念，设计师会与供应商联系，对材料进行改良，但由于建造活动不像汽车和航空制造业可以直接产生效益，供应商并不会积极地改变材料的基本结构，除非这个改动可以产生一种值得推广并可能获得巨大效益的新型产品。虽然我们也看到了大量的材料如塑料、玻璃纤维聚合物、陶瓷、钛合金等在建筑形式创作中的应用，但大多数建筑师选择这些材料的原因多数出于对新奇事物的追求，而在其他制造领域，众多开发和应用新材料与工艺的理由都与新奇毫不相干，从造型出发而不是从目的出发是建筑师与产品工程师应用新技术的本质差异。

尽管 20 世纪后，现代主义运动试图创新建筑的时代风格，但大多数建筑师的实践只限于建筑的外形，而并未涉及新的工业化生产制造方式。20 世纪 50 年代，"新粗野主义"试图通过直观地在建筑中表现材料与构造工艺来表达他们对"现代"的看法，并以此反抗对传统主题和材料的滥用。他们中的代表人物，史密斯夫妇（Smithons）希望自己的建筑能够更直接地反映真实的构造，而不是看上去像，而事实上却是另外的事物。在英国诺福克的亨斯坦顿学校（Hunstanton School, Norfolk, England, 1954）中（图 5-16），我们看到了一个真实的"构筑物"——钢柱框架与填充体的组合。其中，钢柱框架完整地暴露在外面，与玻璃和砖墙形成的填充部分共面，清楚地表达了作为承重的作用，而玻璃和砖则表达了两种不同工艺的差异——"轻"的与"重"的、"实"的与"透明"的。

尽管摆脱了传统材料和母题的固有表现形式，但这个"真实"的构造系统未脱离基于"形式制造"的设计，只不过换了一种方式。首先，对称的网格与相同的填充材质形成了均衡统一的建筑整体立面形式，这种基于图面完整表达式的设计语言在创建了一个完整形式的同时也隔断了功能与环境之间真实的对应关系，比如开窗的位置和大小是应该由内部的采光、通风需求决定，而不是由构图决定。其次，虽然采用了工业化的产品，但这些产品之间并没有必然的内在联系，它们之间的组合完全是由建筑师凭借个人感觉而形成的：框架中的填充体是自由的，史密斯选择了玻璃

图 5-16　史密斯夫妇设计的亨斯坦顿学校展示了一种开放系统下产品组合的无限可能,但都是基于材料形式表现的,并未深入生产制造的本质

资料来源:David Leatherbarrow, Mohsen Mostafavi. Surface Architecture ［M］. Cambridge, Mass:MIT Press, c2002:167

和砖,那么其他建筑师或许可以选择玻璃和石材或者玻璃和金属板等等。尤其重要的是,由暴露的钢框架和填充体形成的围护体构造的热工性能是极差的,当建筑师专注于表现材料本身的建构特征时,建筑性能和其相关的用户使用舒适性已然被忽视了。显然,"开放系统"赋予建筑师在材料和工艺选择上的自由度让建筑师在不知不觉中陷入了另一种"表现工艺技术的形式制造"的窠臼,这一点和传统的母题形式应用在本质上没有区别。

　　长久以来对建筑形式的关注已经成为建筑师实践中不可避免的强大惯性,无形中推动着大多数建筑师围绕着"开放系统"进行建筑实践,因为开放的过程更现实,这种现实主义具有实用和人文的双重维度在一定程度上满足了多变的市场需求。即使不通过工业化生产技术,建筑师也可以利用手工艺来实现建筑的个性需求。但无论是之前以古典艺术风格来强度调人文关怀的装饰艺术,还是之后直接展示材料与建造工艺的"图像再现",都无法真正摆脱"形式制造"的桎梏。当对新材料和工艺表现为目的的创作成为建筑师与工业制造领域结合的方式时,它们的持久性通常都是短暂的,比如早期建筑师对暴露的钢结构形式的推崇,随着能源危机的出现,很快就成为突出的反面教材,而那些过于专注复杂形式表现而影响建筑基本性能的案例也同样被后人诟病。

　　从推动生产力发展的角度而言,建筑业的发展需要有价值的材料和建造技术的原创性进步,而当应用新材料变成昂贵的"炫技"表演,对于大量性的生产而言,并没有普及和推广的意义。这就造成了有实力的建筑事务所通过加大建造的成本形成标新立异的建筑以博取眼球、扩大知名度来获得更多的"订单",而更多的事务所在激烈的竞争中只能退而求其次,通过扩大设计的产量来维持经济效益。对于前者,满足新奇刺激的产品研发对建筑业整体发展的提升并不显著,后者为获得短期的经济利益而在产品研发端的惰性影响了整个行业的技术发展前景。在开放性已经成为市场不可改变的运行规则之后,建筑构造系统的组合方式呈现明显的开放性是不可避免的,但没有控制的开放对建筑发展所造成的不良影响已经日益明显,改变势在必行。

第三节　当代建筑构造系统"开放的闭环":"垂直整合"的定制设计

　　分离、分层的建筑构造系统使得建筑师的整体控制力不断下降,这种潜在的危险在于对生产和建造的"放任",不仅会影响建筑的整体性能标准,还会影响我们赖以生存的环境,比如资源的浪费、环境污染、更多的碳排放都有可能在松散的生产与建造过程中出现。在环境问题日益突出的当下,发达国家不仅已经开始放慢建造的节奏,更开始反思一成不变的建筑产品的设计、生产、建造流程。从一些隐蔽的变化,到更多显著的实践,建筑师逐渐意识到"形式制造"对于建筑可持续发展的危险性,并开始和生产制造端密切地结合,以满足建筑整体性能标准需求重新整合设计、生产、建造的流程。

在"开放性"占主导的整个 20 世纪,传统的"封闭性"并未消失,它经过新的生产力转换后依然潜行于一些专注于工业制造领域的建筑师的研究与实践中。20 世纪后期,随着信息化技术的发展,建筑产品系统中新的"封闭性"越来越明显,并和"开放性"一起成为推动建筑发展的"双轮"。随着信息化工具的发展,这种新的关系也越来越明晰,它和传统的封闭系统有着相似的基因,那就是要整合,不要分离。但在系统构成和技术手段上又有了质的飞跃,一种面向制造业的针对建筑产品设计、生产、建造、使用、管理等全流程控制的闭环设计。

一、建筑产品流程设计的"闭环":自我革新的工业化住宅产业

住宅作为功能单一、体型相对简单、建造规模又最大的建筑类型,最早与工业化生产技术结合,并形成了系统的产品设计建造流程。柯布西耶关于"建筑批量制造"的概念就是基于工业化住宅提出的。不过,现实的发展并没有像柯布西耶所想象的那样,工业化住宅在早期以"产品通用化"为目标的发展之路并未走通,即使不像公共建筑那样有着明确的定制需求,市场的变化无常也需要批量生产的工业化住宅具有多样性。于是,有远见的住宅生产企业积极地借鉴汽车、飞机、轮船先进的研发、生产制造流程,在系统的流程整合下批量定制了种类丰富的工业化住宅产品。相比较只占整个建造流程中一部分的建筑设计部门,作为掌握第一线生产力的住宅制造企业,在整合资源方面有着更大的优势,这也成为封闭的流程整合得以在住宅产品领域率先实现的原因。工业化住宅产品从结构类型上可以分为预制混凝土、轻钢和木结构。

从适用性来说,预制混凝土装配(PC)技术是最为广泛的。先进的预制混凝土产品制造企业通过集成化的墙板、梁柱构件生产技术,在工厂预先制造特定建筑的结构以及围护体部件,形成不同类型的住宅产品。20 世纪后期,国内诸多工业化住宅生产企业都开始引入预制混凝土装配技术,著名的如万科、远大等。这些公司不仅有完整的建筑结构、围护体产品生产线,还有齐全的配套设施、装修产品,通过资源的高度整合以及高质量的场外预制技术,实现了节地、节材、节能、低碳环保的可持续建造(图 5-17)。同时,场外预制并没有限制建筑师在形式创作上的自由,如在卡拉特瓦设计的布亨小区(瑞士)的连排住宅中,就采用了非规则形状的预制混凝土板,塑造了轻巧灵动的建筑形象,与环境取得了协调的互动关系。虽然构件的形式不是规则的,但批量定制的技术并没有增加额外的建造成本,建筑同时获得了艺术性与实用性(图 5-18)。

不规则的建筑外形

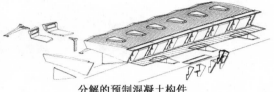

分解的预制混凝土构件

图5-18 布亨小区:兼具实用性与艺术性的工业化住宅
资料来源:http://www.flick.com

相比较重型结构领域,闭环的整合设计在轻型工业化住宅中获得的成果同样显著。轻型结构装配技术的发展潜力在庞大的市场需求下迅速地被住宅生产企业转化为现实的产品,在投入大量的资金和人力进行研发后,众多发达国家的住宅制造企业形成了特有的轻型住宅产品系统,并迅速占领了市场。在北美有85%的多层住宅和95%的低层住宅采用轻型木结构体系,如加拿大木业有着完整的木材采集、挑选、加工流程,所有的构件都在工厂制造完成并快速地在现场装配,德国的"HUF"木结构住宅产品从木构的材料加工到外围护结构、遮阳保温设备、隔声系统,形成了完整的生态节能技术。除了木结构,轻型钢结构也在住宅制造领域得到了广泛发展,著名的如意大利的 BASIS 工业化建筑体系、加拿大的"无比钢"(Web steel)住宅体系、美国的错列桁架结构体系等。

不论这些工业化住宅产品有着多大的相似性,它们的设计、生产与建造都与早期现代主义建筑师基于"多米诺"体系的形式发展没有本质关联,所有的不同类型的产品零部件都是整体设计出来的,而不是从市场各处挑选出来的,它们都是成熟工业产品经过重新整合后形成的相对独立的建造系统。显然,在没有"对新奇的形式追求"干扰下的建筑产品设计,可以从更单纯的目的出发,对产品的性能、应用进行更深入的研究,并且这个研究的过程可以在更整体的控制下面向先进的制造业,"信息化工厂"的制造潜力在产品流程设计师的挖掘下得到了充分的展现。

以日本最著名的住宅生产企业积水公司为例,它们的工厂可以以平均每 48 min 的速度生产制造出一栋低层独立住宅的所有构件,并在一天之内在现场完成安装[21]。高度整合的设计、生产与建造不仅实现了批量生产,还可以在一定程度上满足客户特殊的需求——定制。德国 HUF 住宅产品系列的每栋住宅都是在建筑师与业主密切沟通的基础上单独设计的,体系内特定的标准构件与连接方式保证了在高效设计、建造的基础上还能体现每个建筑的个性。这样的住宅生产企业还有很多,如日本无印良品公司的木之家、窗之家等(图5-19)。这些批量定制的工业化住宅产品实现了柯布西耶提出的"像汽车一样造房子"的理想,但实现的方法并不是其一开始设想的开放的多米诺体系,而是通过和汽车制造业类似的、高度整合的闭环流程设计得以实现。柯布西耶虽然意识到了应当建造"像机器一样的建筑",但他没有意识到的是,首先需要把建筑当做机器一样来建造。

图5-19 优秀的工业化住宅企业都有自己完整的产品研发、生产和建造技术,基于闭环的设计、生产与建造流程提高了工业化建筑产品的质量,也让企业可以根据市场的变化迅速做出调整,实现对产品的总体控制

资料来源:http://wenku.baidu.com/view/8c5d820d90c69ec3d5bb75ed.html;http://www.huf-haus.com/cn/home.Html;www.flick.com

日本积水住宅公司的钢结构和木结构工业化住宅产品以及特殊的构造技术　　德国HUF完整的、高度定制化的木结构工业化住宅产品　　日本无印良品公司的木之家住宅产品以及特殊的木结构构造工艺

虽然在住宅建造领域中,封闭系统得到了成功的应用,但对于更复杂的公共建筑,推行闭环的流程设计依然有着不小的困难。首先,固有的结构形式会在产品研发端形成巨大的阻力,要使现有的建筑师和结构工程师摆脱一种简单易行而又有着较高经济效益的、成熟的结构体系并非易事,因为特殊的结构形式也意味着加大设计、生产与建造的投入成本,这是大多数顾主所不愿看到的;其次,闭环的流程整合意味着固有的"串行"的设计流程将被分解重组,建筑师、工程师、材料学家、建造承包商将重新建立一种新型的合作关系,打破原先分离、分层的界限,彼此密切地融合,为了统一的目标协调工作。这并不是一朝一夕就可以完成的,需要诸多有远见的建筑师持之以恒地研究新的合作机制与设计方法。

二、探索制造的本质:深度定制

虽然工业化早期的对"通用标准"的误解使得众多建筑师沉醉于开放系统,而对固有、教条的工业化生产失望的建筑师又远离生产制造端,并专注于建筑文化价值的重塑,但依然有一部分建筑师看到了工业化生产制造的潜力,并积极投入制造业领域寻求未来建筑更合理的发展途径。其中,理查德·诺伊特拉(Richard Neutra)、康拉德·瓦克斯曼和让·普鲁维(Jean Prouré)是少有的在建筑工业化制造领域有着杰出贡献的三位代表建筑师。

1927年,曾经作为阿道夫·路斯和马克思·法比亚尼(Max Fabiani)学生的理查德·诺伊特拉出版了《美国是怎样建造建筑的》(Wie baut Amreika)一书,该书不仅畅销于欧洲、美国,还流传到了日本。书中介绍了吉尔(Gill)、赖特、辛德勒(Schindler)等建筑师的大量实践,尤其是在芝加哥的建筑,还包括了他自己设计的预制装配式住宅。在他的预制装配住宅的实践中,建筑师针对建筑的整体性能,进行了多项特殊产品部件的发明创造。在其职业的早期,诺伊特拉就开始研究各种预制构件,如面板。在后期的发展中,诺伊特拉发明了由蒸汽加压形成的"硅藻土"(一种在加利福尼亚贮量丰富的土)制成的面板。这种由澳大利亚化学家发明并由诺伊特拉兄弟获得专利的面板产品的应用前景在于在作为一种轻质高效的保温材料的同时还可以预制。诺伊特拉将这种面板产品称为"硅藻面板",并将其用于以它命名的住宅实践中。

为了实现他的标准化住宅可以方便地"插入"不同的场地中,诺伊特拉还研发了一种新的基础构造系统,这种新型的可调节金属基础产品既可以实现在工厂的预制,也可以保证建筑在自然起伏的地形中被轻便地组装,而不需要对场地进行特殊的处理,不管是沙地还是坡地都一样(图5-20)。这种对预制装配技术研究的执着在诺伊特拉一生的建筑实践中贯彻始终,并使其一直关注和借鉴汽车制造业的设计与生产技术以及它们的产品,然后将来自于机器制造业的灵感用于基于工厂化生产的系列建筑产品的制造研究中[22]。

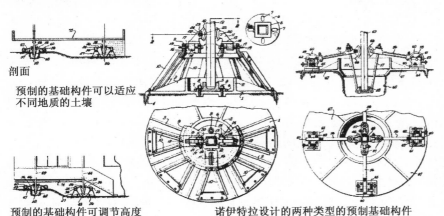

剖面

预制的基础构件可以适应
不同地质的土壤

预制的基础构件可调节高度　　　诺伊特拉设计的两种类型的预制基础构件

图 5-20　诺伊特拉为轻型建造系统设计的可调节预制基础构件,1923
资料来源:David Leatherbarrow, Mohsen Mostafavi. Surface Architecture [M]. Cambridge, Mass: MIT Press, 2002:147

虽然诺伊特拉早期的预制住宅很快就被众多追随者模仿,但他并未满足,诺伊特拉希望能设计出应用更为广泛的工业化产品。在实践中,他意识到了大量应用标准化生产与"个性"的冲突,比如同样的单元如何适应不同人群的需求? 出于对人性化的考虑,"如何设计出多元的建筑产品去适应随着时间变化而改变的喜好,并实现建筑更为持久的适应能力",成为诺伊特拉思考的重要问题。这个问题在诺伊特拉看来是建筑独有的,因为建筑为人类来提供了一种独特归属感,而汽车从来不需要面对这个问题。在将制造业的技术横向移植到建造过程中的同时,如何能保持人的情感与视觉特征和建筑的联系呢?

诺伊特拉所关心的问题其实也正是早期建筑工业化运动的倡导者所忽视的,作为建筑整体性能标准中的重要一员,"个性化"是不可以被忽视的,而这也正是建筑独特的魅力所在,当然这里的"个性"所包含的内容远非过去"新奇的形式"那么单一。作为一个典型的案例,比尔德住宅(The Beard House)不仅展现了诺伊特拉在面临机遇与困难时对工业化要素的充分应用,还体现了对现代生活模式以及特定场地与环境条件的回应。比尔德住宅没有采用通常的木结构或者钢结构柱,而采用了压型波纹钢(rolled sections of corrugated steel)来支撑屋顶。建筑师对这种材料的使用是不同寻常的,甚至是颠覆性的,因为这种材料通常都被用来作为盖板,并被混凝土包裹。不过,在这个住宅中,这个材料被用做垂直支撑结构,底部被预埋在混凝土底座中,同时顶部焊接到支持屋顶面板的格栅上。波形钢板的内表面覆以石膏板,外表面则采用了钢板并覆以铝粉喷涂。这套结构系统不仅经济,还实现了对室内有效、巧妙的热环境控制:空气通过外墙底部进入房间并从屋顶排出产生对流,形成了"烟囱效应"。这样,夏天的热空气会通过"垂直管道"迅速排出建筑实现降温,而油毡和混凝土楼板下的空腔使得加热后的空气在冬天通过热辐射可以温暖上层的房间[23](图5-21)。

图 5-21 诺伊特拉为比尔德住宅设计的
特殊结构和围护体构造
资料来源：David Leatherbarrow, Mohsen
Mostafavi. Surface Architecture ［M］.
Cambridge, Mass：MIT Press, 2002:152

作为垂直支持结构的压型波纹钢　　　　　　　空心地板和墙体

　　比尔德住宅获得了 1934 年的美国美好家园（Better Homes）竞赛的金奖，评委们给予了这个设计高度评价："通过结构与机械设备严谨的研究令人信服地表达了为特定生活环境创造的舒适居住空间……并且在既有的地域性和特定场所限定下为解决美国人的生活问题做出了不懈的努力。"[24] 这个评价很好地阐述了诺伊特拉在利用工业化技术成果的同时，对场所和地区环境特殊意义应有的尊重，也由此使得建筑产品获得了较高的整体性能。诺伊特拉对工业化产品的使用是有针对性的，而不是固定和教条的，比如将波纹钢作为垂直的墙体支撑结构，是出于对通风的考虑；同时他对不同构造技术的使用是系统的，比如对现场（湿作业）和工厂预制（干作业）联系的组织与协调，新旧工艺的统一，如他将所有的面板、木构架以及钢板都喷涂了铝粉，以此将工业化和非工业化的材料与方法都统一在一起，这赋予了建筑更均质的整体性。

　　虽然格罗皮乌斯对现代建筑的影响无人不知，但却很少有人知道在其背后的另一位建筑师，他就是康拉德·瓦克斯曼。瓦克斯曼作为木匠出身，后师从现代主义大师汉斯·波尔齐格（Hans Poelizg），深根于古典主义几何传统的背景。20 世纪 40 年代，从欧洲移民到美国的瓦卡斯曼开始了与格罗皮乌斯的合作，为预制装配建造系统的发展做出了卓越的贡献。瓦克斯曼是一位对机械时代的生产技术高度重视的建筑师，从某种程度上，称其为工程师也许更合适。其著名的《建造的转折点》（The Turning Point of Building）一书将工业化时代建筑师应具备的专业领域扩展到整个制造业领域：基础研究、材料研究、生产技术、模数协调、统计学、产品研究、环境控制、设备、卫生学、组织体系、静力学、社会学、规划学等等[25]。

　　他综合应用多方面的知识，从建筑构造的原理出发，对建筑产品的工业化生产技术进行了系统的研究，并提出了极具前瞻意义的建筑模块化设计方法。他致力于建筑预制装配技术的研究，对建筑结构、设备的工厂化生产进行了一体化设计，并采用了模块化装配技术，通过分析和优化，促使同一种模块可以适应不同的建筑产品的生产与组装。在这个过程中，瓦克斯曼和其团队设计了诸多具有原创性的构件和构造连接技术。

　　瓦克斯曼在开发通用组装模块的过程中，发明了一种封闭的构造连接，和早期机械时代暴露的机器连接方式不同，这种连接方式类似电子元件的卡扣式连接，通过三个面、三个棱和一个点的预制构件和节点设计，实现了封闭的面板组合，是典型的"通过复杂的过程展现简单的结果"的工业制造的原理（图 5-22）。这种连接构造后来在瓦克斯曼与格罗皮乌斯的合作中,被应用于一种"通用板式系统",通过标准的连接构造,实现了不同形式的隔墙连接的类型化生产。在多种技术解决方案的实验中,最终选取了一种进行批量生产。尽管由于未做好有效的市场开发,而导致该产品未能实现成功的商业化运作,但该项技术的先进性是不可否认的(图5-23)。

图5-22　通用组装模块精致的封闭构造连接设计

资料来源:朱宁. 在两个机械时代中面向工业化建筑的建筑师:从康拉德·瓦克斯曼到基尔南-廷伯莱克[J]. 建筑师,2014(4),作者编辑

图5-23　"通用面板系统"的标准构造连接设计以及流水线生产

资料来源:朱宁. 在两个机械时代中面向工业化建筑的建筑师:从康拉德·瓦克斯曼到基尔南·廷伯莱克[J]. 建筑师,2014(4),作者编辑

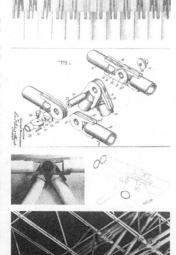

图5-24　大跨度空间网架设计以及细部构造节点

资料来源:朱宁. 在两个机械时代中面向工业化建筑的建筑师:从康拉德·瓦克斯曼到基尔南·廷伯莱克[J]. 建筑师,2014(4),作者编辑

　　不仅在面板系统领域,瓦克斯曼对大跨度空间结构的构造创新也有着重要贡献。在其为"亚特拉斯(Atlas)机场公司"设计的可移动机库(1944—1945)空间网架系统中,瓦克斯曼针对结构的临时性、经济性要求,整合了大跨度结构与设备的一体化安装技术,设计了可以预留管线安装的标准构件和连接节点,而系统化的研究也成为之后空间网架与设备管线整合的大跨度空间发展奠定了基础(图5-24)。虽然瓦克斯曼对材料技术与产品制造的专注使得其一度不被广大建筑师所认同,因为忽略了

建筑作为人的行为、使用功能和审美对象的需求，但其对工业化生产技术的深入研究方法是值得我们学习的。瓦克斯曼的研究为20世纪末建筑师在人性化原则的指导下重新掌握先进的生产技术，实现有弹性的定制产品方法提供了诸多实用的参考价值。

和前两位建筑师一样，让·普鲁维作为20世纪中期为数不多的全身心投入工业化生产制造领域的建筑师，他坚定地认为，一个试图让自己远离工业化建造的人不应该称自己为"建筑师"，那些"不投身工业化"的建筑师将很快被时代甩开。同时，他将飞机、汽车、大坝等相关领域的建造者都称为"建筑师"。他认为，现代建筑所依赖的设备都和工业产品制造密切相关。因此，系统的设计——将所有的部分整合起来——既是机器生产的特征，也是建筑建造的方法[26]。

但普鲁维并不赞同建筑工业化支持者所倡导的开放系统。他这样说道："无论如何，我也不能认同……基于开放系统的生产制造。开放系统只在个体元素嵌入整体设计和引入一种要素的多样性的时候有用……让我们以一种封闭的方法开始设计——在我看来是一种更健全的概念。"[27]普鲁维进而解释道："机器很少是用从各处挑选的部件拼装的，它们是总体设计出来的。"[28]普鲁维认识到，产品为了追求效率最大化，其各组成部分必须以最接近需求的整体性能标准的方式整合起来，这一点正是建筑工业化支持者所忽略的。

普鲁维对与平面媒体（graphic media）的设计方法完全不感兴趣，他通常采用全尺寸的没有间断的模型研究，对此，他说："我相信你必须先建立一个基本的符合想法的样板，测试它，更正它，从而获得可靠的意见，然后，如果它是有价值的，你才会在精确的绘图中确定所有的细节。"[29]得益于在金属加工车间受过的训练，普鲁维完全可以完成自己的设计以及设计的模型，他建立了自己的实验室。在实验室中，他建立了"工人参与"（worker participation）制度，在这个制度中，合作者既不是管理人员，也不是在工人之上发号施令的"设计者"。所有参与工程的人员都共享最终的利益，不论是专业上的还是经济上的。对此普鲁维这样说道："在实践之外的独立研究是应当避免甚至是被禁止的。那些不相干的研究将会对建造毫无帮助以致浪费大量的时间。建造者需要在现场做出判断，而设计者也需要及时发现并找出自己的问题。因此，设计者与建造者必须形成一个共同的工作团队以保证互相之间连贯的交流。"[30]

在福特主义中流行的，并被阿尔伯特·康等价应用到设计中的层级系统完全被普鲁维抛弃了。受过相同训练以及被委以同等重要任务的个体不分主次，为着统一的目标协同工作，他们设计了众多对建筑的未来发展有益的原型产品、结构框架，其中最显著的是建筑面板系统。大多数来自普鲁维工作室的建筑产品构件多为复合型的，即结构框架与表皮并不可剥离，整体性可见一斑。普鲁维对建筑面板系统的研究投入了大量的精力，并显示了其在这一方面卓越的发明创造才能，他是第一个在建筑中使用折叠金属板的建筑师。在其1963年为圣·埃格雷夫设计的一座学校金属面板系统中，普鲁维的设计完美地诠释了他的格言和工作方法。透明的玻璃、不透明的金属面板和可调节的百叶组成了一个整体的立面维护系统，所有的构件都经过精确的设计，而不是现成可用的产品（图5-25）。显然，普鲁维从汽车和飞机制造技术中得到了不少灵感，并用于建

图5-25 圣·埃格雷夫的一座学校的金属面板系统，普鲁维，1965

资料来源：Chris Abel：Architecture and Identity：Responses to Cultural and Technological Change［M］. 2nd ed. New York：Architectural Press，2000：7

筑的构造设计中,这一点在其面板元素的设计与制造中有显著体现。

在法国克里西的公众之家(Maison du Peuple,1939)设计中,普鲁维为建筑精心设计一套铝合金面板,使得建筑的整体形象和品质完全通过工业化产品本身来表现,而不是依靠传统的比例均衡,也非工业化之前的手工艺表现,对于传统来说这甚至不可以用"立面"来形容的来自实验室与工厂的产物被戴维·莱瑟巴罗教授称为是一种革命性的进步:"如果这个建筑是有'图像'的,那么这个'图像'就是产品本身……这些由普鲁维的样板中发展起来的面板产品不仅是新颖的还是特定的:这些面板是为满足建筑需求而不断优化的结果。为了提高建造效率,这些面板轻质、自承重并且便于装配。"[31] 在构造细部中,我们可以清楚地看到为了整体性能而进行的独特设计:双层空心的面板内覆有石棉保温层,外层金属面板在端头进行了浅浅的折弯处理,并在端头加弹簧以加强面板强度,防止金属面板产生曲翘变形;折弯的部分在背面进行了 90°的反相折弯,用以固定沥青防水带。在内层板的空隙处则通过铝制扣板盖紧,在这个精巧的面板系统中所有的设计都是针对明确的功能需求,而铝板端头的折弯所产生的建筑立面形式上的韵律变化只是附带的工艺美学效果(图 5-26)。

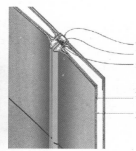

铝板接缝处的盖板
U 形卡条
沥青防水填缝

金属面板内衬弹簧
以保持弧形的曲面
石棉保温层

图 5-26 法国克里西的公众之家特殊的铝合金幕墙构造

资料来源:David Leatherbarrow, Mohsen Mostafavi. Surface Architecture [M]. Cambridge, Mass achusetts:MIT Press, c2002:162;Edward R Ford. The Details of Modern Architecture [M]. Cambridge, Mass achusetts:MIT Press, 1990:259,作者编辑

现在,这个相似的幕墙制造工艺已经得到了普及,并且种类还丰富了许多,但对于当时大部分建筑师而言,普鲁维做到了他们梦想过但却没有能力办到的事——工业化设计。从理查德·诺伊特拉、康拉德·瓦克斯曼到让·普鲁维的工业化生产技术的研究与应用来看,他们的作品并未像其他现代主义建筑师所展现的那样"标新立异",但他们的工作方法以及在工业化设计领域前沿探索的价值随着制造业以及信息化技术的发展得到了越来越重要的体现。

从 20 世纪后半期开始,随着预制装配技术的成熟、信息交互技术和学科交叉领域的持续发展,闭环的流程整合由局部领域向更大范围的建筑产业渗透的物质条件开始成熟。随着客户要求的提高、建筑业竞争激烈程度的加剧,在越来越复杂的大型公共建筑项目中,普鲁维的工作方法或者说"协同工作"的机制得到了应用和扩展,建筑师开始主动转变自身的角色,寻求更大范围的合作以寻求解决复杂建造问题的最佳方式。

三、垂直整合:并行的流程

经过一段时间的酝酿,创新的步伐在 20 世纪 70 年代又一次加快了,这次的创新借鉴了早先建筑师在工业化制造领域尝试的经验以及其他制造业的发明在建筑实践中的应用。虽然出发点各异,但加紧与制造业的合作是诸多建筑师改变的共同点,建筑师开始有意识地整合下游的生产力量为更具说服力的建筑创作提供技术支撑。

日本的新陈代谢派（metabolism）在著名建筑师丹下健三的影响下，开始与新的工业化生产技术结合，致力于城市与建筑的动态研究。丹下健三在 1959 年这样说道："在向现实的挑战中，我们必须准备要为一个正在来临的时代而斗争，这个时代必须以新型的工业革命为特征，……在不久的将来，第二次工业技术革命（即信息革命）将改变整个社会。"在信息化技术还未普及的当时，丹下健三的观点是有相当的前瞻性的。新陈代谢派对信息化社会特征的把握并不是非常准确，而诸多新陈代谢派的实践也没有对社会问题做出相应正确的对策。尽管并没有显著的成果，但强调与工业化技术应用相结合的发展方向却并无偏颇，他们的努力为日本现代建筑的发展提供了正确的思想基础和人才储备。

在这些零星的实验中，一些案例至今依然具有相当的典型性，它们为之后的建筑师在更广阔的领域内寻求与制造商合作，以及打破传统的层级限制，迈入整体的设计、生产建造流程提供了较高的参考价值。由黑川纪章设计的东京中银舱体大厦就是一个典型的案例，和普鲁维的法国公众之家一样，建筑的形式完全由产品本身的品质所决定，它与当时依然盛行的通过折中风格重塑建筑文化价值的后现代主义以及基于分离原则的"国际式"建筑毫无关系，每一个填充在整体框架中的舱体单元都立场鲜明地表明了自己的态度——它们是高度集成的工业化制造技术的产物（图 5-27）。

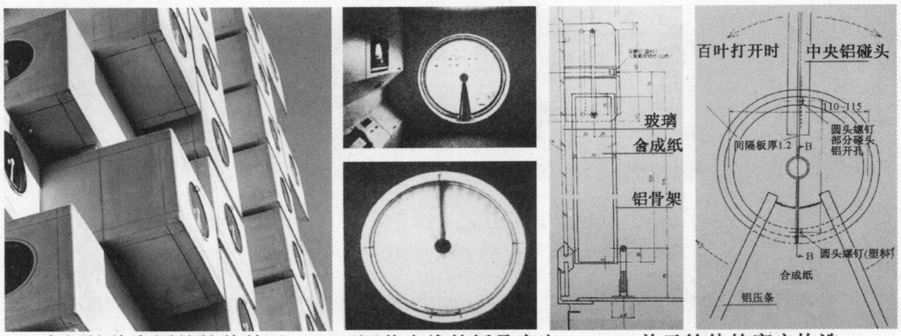

图 5-27　中银舱体大厦高度集成的舱体单元以及特殊的窗户构造设计，1972
资料来源：http://blog.sina.com.cn/s/blog_804cd99701016mym.html；现代建筑细部集成—2，p288

中银舱体大厦的舱体单元　可调节光线的折叠窗帘　单元舱体的窗户构造

建筑师在这个独特的设计中摒弃了之前通常的对预制单元的偏见，通过与集装箱制造厂商的合作赋予了每一个单元一定品质的生活空间：用高强度塑料预制而完成封闭的舱体单元，舱体内预先安装了浴室、厨房、家具等一应俱全的设施。虽然每个舱体都不大，但是建筑师还是精心设计了舱体内每一个部件。例如在圆形窗户的设计中（图 5-27），设计者为了实现室内光线的可调节性，利用合成纸材料设计了可折叠的百叶，通过固定于窗户中心玻璃上的环轴自由开闭。分散的个体被统一在牢固的框架结构之内，规整又稍有变化的堆叠让零散的局部组成了有个性的整体，充分回应了在高密度城市中心节约用地的原则和一定济经成本控制的需求。模块化的装配建造设计还赋予这个建筑额外的好处，那就是建筑的每一个组成部分都是可以更新的，这也符合新陈代谢派的设计理念。

这个看似简单像搭积木一样的建造形式充分体现了制造业深度结合的优势：将复杂的生产过程交给工厂，留出更多的时间用于创造性的建造设计。当零部件生产高度集成化之后，建筑师就不能只是作为顾问的身份而必须是以研究与开发的统筹者来控制整个设计过程，传统的设计（design）—承包（bid）—建造（build）模式就变成了设计—建造（DB）模式[32]，去除了承包商的中间环节，或者说以建筑设计团队为总领的承包商方式精简了设计与建造的流程，设计的思想亦可以更早地介入工厂生产环节，这样更有利于改进和协调施工建造，从而更好地控制建造的成本与质量（图 5-28）。这与普鲁维所倡导的"工人参与"机制有着很高的相似度，不过对于更复杂的工程而言，这种流程的组织也更为严密。中银舱体大厦的设计与建造已经初步展现了这种新型流程设计的先进性，但将这个新模式的潜力发挥到极致的要数高技派的代表人物诺曼·福斯特。

　　虽然不能确定福斯特合作事务所（Foster Associates）设计完成的香港汇丰银行项目（1986）是否为最早在复杂形体的建造实践中采用 DB 模式的案例，但可以肯定的是，这个项目是采用 DB 模式中最成功的案例之一。在福斯特早期的建筑实践中，他们与其他大多数事务所类似，也限于对现有的工业化成果的利用之中。而在香港汇丰银行的项目，事务所采用了一套全新的设计与建造的方法——几乎所有的零部件都由事务所设计，并和相关厂商的设计与生产人员密切合作，使得所有的部件都经历了从样品测试到成品制造的完整过程[33]。建筑师团队与生产部门毫无隔阂地通力合作使得工程进展中遇到的复杂问题得以迅速找到最优解决方案，而不是以通常在开放系统中建筑师向产品工程师妥协的方法去回避问题。在这个特殊的钢悬挂桁架结构工程中，结构杆件、束柱、悬挂杆、交叉桁架等不同类型的杆件都需要防火覆层和免维护表面；出于结构稳定的考虑，随着楼层升高和竖向荷载的减小，杆件的结构截面也在相应减小，由此产生了成千上万形式各异、大小不一的维护面板。数量巨大，形式复杂的铝板不仅对设计提出了苛刻的精度要求，更不要说制造的难度了。

　　为了更效率地解决上述问题，建筑设计团队迅速开始对现有的工具进行了重大改进，为此，一家专业的美国公司 Couples 被选中进行这项工作，包括了计算机控制的可变冲压机以及许多焊接机器人[34]。虽然前期耗资巨大，但工程的收益也是显著的：不仅节省了大量绘图的劳动力和传统冲压机重新调试的时间，也避免了组装中的焊接变形。在人工越来越昂贵的未来，节省绘图时间和采用机器人代替人工进行生产都将为建造节约大量成本。尽管为特殊生产的机器付出了高额成本，但由于可变性机器固有的灵活性，最初的采购成本无需通过传统的大量重复性生产来补偿，而可以通过类似项目的再生产和更广泛的应用来分期偿还（图 5-29）。

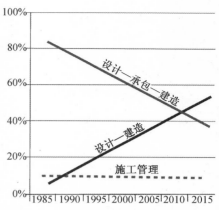

图 5-28　建筑工业发达的国家从 20 世纪 80 年代至本世纪初，设计、生产、建造模式已经发生了明显变化

资料来源：Ryan E Smith. Prefab Architecture: A Guide to Modular Design and Construction [M]. John Wiley & Sons, Inc, 2010: 54

CAD技术用于复杂的面板设计

测试预制的铝面板

香港汇丰银行复杂的结构与表面　　焊接机器人用于制造复杂的铝窗框构架　　不同面板的批量生产

图 5-29　设计、研发、测试、生产、建造的流程整合设计高质量地完成了汇丰银行复杂的零部件生产制造

资料来源：Chris Abel. Architecture and Identity: Responses to Cultural and Technological Change [M]. 2nd ed. New York: Architectural Press, 2000: 40-43, 作者编辑

灵巧的工具为这个特殊项目的零部件制造提供了高效的生产途径,更重要的是在流程得到整合后,由协同工作形成的"快速跟进"(fast track)的施工计划使得工程整体效率提升(图5-30)。克里斯·亚伯认为这个项目的重要意义不仅在于它包含了当时计算机化机器生产在单体建筑中的最大应用,更在于福斯特及其设计小组所用的设计方法和这些特殊工具之间的独特关系:"现在,我们有了格罗皮乌斯曾经提到过的只有在当今我们掌握新的技术条件后才可能实现的手工业和工业化统一的第一个实例。值得强调的是,这个案例研究的全部内容包括了建筑师和工业密切合作,设计、测试、生产以及组装不计其数的各种建筑零部件,并且这些部件只应用于这个唯一的项目中,在这个过程中,还使用了大量全自动化的、灵活的生产工具。所有这些内容的总和就是大规模的工艺技术,它完全颠覆了曾经固有现代主义运动教条的、使建筑师脱离他们所依赖的建筑工业化工具和产品的工业化发展方式。"[35]

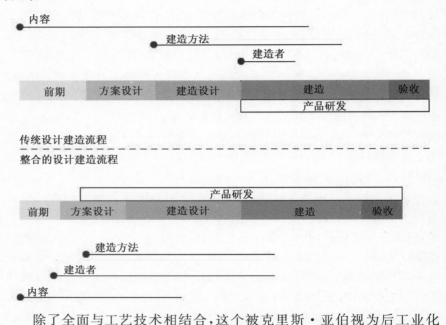

图5-30 并行的流程使得各部门间可以协同工作,快速推进关键技术的创新,提升工程整体效率

资料来源:自绘

除了全面与工艺技术相结合,这个被克里斯·亚伯视为后工业化(信息化)时代的重要代表充分展现了一种并行的流程整合设计方法。在传统线性的建筑设计流程中,设计决策的权利和责任大多是自上而下、分层划分的;而建筑产品生产制造以及建造的过程也是分层的,但顺序恰巧和设计是相反的,是自下而上的。随着设计与生产部门的无缝衔接,在计算机化的信息交互工具的帮助下,通过虚拟的、可视化的即时交互技术,一种新的流程已经建立,不管是设计还是建造都不再需要遵循固定的形式,设计不必完全是自上而下,建造也不必自下而上。设计与建造可以根据实际需要解决的问题并行交叉进行,分模块和集成化设计将取代原有的流水线作业模式[36]。相比较前者垂直的单线结构,后者更多的是一种水平的多线结构。传统的垂直串行流程限制了信息从雇主到建筑师和承包商、建筑师到工程师和承包商以及承包商到制造商之间的传递,而水平的并行流程清除了设计团队与制造团队之间的交流障碍,也使得利益相关者的信息交流更直接(图5-31)。

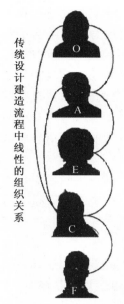

传统设计建造流程中线性的组织关系

传统模式中的自上而下的组织关系限制了雇主(O)与建筑师(A)、承包商(C),建筑师与工程师(E)、承包商以及建造者(F)之间的信息传递与交流;而闭环流程中水平的、并行的组织则取消了不同关系之间的阻隔,所有的人都可以自由地交换信息,推进工程的进行。

闭环的流程整合中并行的组织关系

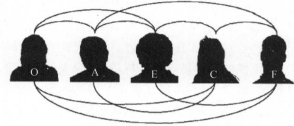

图 5-31　并行的流程促进了不同领域与专业之间更广泛的合作
资料来源:Ryan E Smith. Prefab Architecture:A Guide to Modular Design and Construction[M]. John Wiley & Sons, Inc, 2010:59

这种已经在制造业领域成熟的并行设计流程逐渐改变了建筑产业模式,建筑师将一个完整的建筑分解成连续的、具有较大体量的组件或模块,在不同的地方、不同的企业进行生产和加工,直到现场安装的末端,所有的组件才会装配成为一个整体。为了实现同步生产,设计团队与生产团队从方案的初始就汇聚在一起,研究和开发每个不同的模块。在这种方式下,每个组块都是独立设计和生产的,但是连接的接口是统一的。设计团队的合作方式不再是单一的从设计到结构再到设备的单线联系,而是结构工程师与设备工程师与建筑师从方案的可行性研究开始,一起深化方案,保证来自各方面的新颖见解能够成为设计优化的综合推进因素,并通过和材料学家、产品工程师的及时沟通迅速进入样品开发阶段,使得需要特殊定制的产品可以随着方案的进行快速跟进。当方案趋于成熟的同时,也是产品可以进入量产的阶段(图 5-32)。并行的流程解决了滞后的产品研发所造成的成本与时间的耗费问题,也提高了建筑技术创新的积极性。

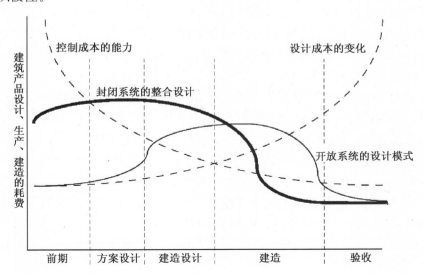

图 5-32　整合流程将更多的时间和耗费集中于更需要创新的产品设计研发阶段,并大大减少了建造阶段的耗费
资料来源:Ryan E Smith. Prefab Architecture:A Guide to Modular Design and Construction[M]. John Wiley & Sons, Inc, 2010:58,作者编辑

19 世纪末至 20 世纪初,众多成功的案例表明,当建筑的建造过程越来越靠近制造业的时候,建筑师与生产制造端的密切配合非但不会削弱建筑师对总体设计的控制,反而会促进建筑工程的质量和原创性的进步。过去,主持建筑师通过同时控制建筑材料、产品和建造方法来实现对建造过程的控制;而现在,虽然无法回到集所有职能于一身的时代,建筑师在坚守基于功能和场地条件进行的建筑构思等核心领域之外,通过在产品材料、工艺、组装等领域的延伸,依然可以推动建筑科学的几大衍生学科(施工、产品制造和材料科学)的集成。

在这方面,伦佐·皮亚诺工作室的近年来成就在同行中是出类拔萃的,这一切都与皮亚诺在工作中善于整合内部和外部的资源有着很大关系[37]。皮亚诺这样说过:"如果建筑师不能够倾听别人的意见并试图理解他们的话,那么他就只能是一个沽名钓誉和狂妄自大的创造者,这与建筑师真正应该做的工作相去甚远……建筑师必须同时也是一名工匠。当然,这名工匠的工具是多种多样的,在今天的形式下也应该包括电脑、实验性模型、数学分析等,但是真正关键的问题还是工艺,也就是一种得心应手的能力。从构思到图纸,从图纸到实验,从实验到建造,再从建造返回构思本身,这是一个循环往复的过程。在我看来,这一过程对于创造性设计是至关重要的。不幸的是,许多人往往习惯各自为政……团队工作是创造性产品的基础,它要求聆听他人的意见和参与对话的能力。"[38]

当建筑师转变为产品流程设计师,实现对建造全过程流程的整合时,每个环节都会受益匪浅,并将最终提高建筑的各方面品质。比如建筑师在材料选择、产品工艺设计方面与产品工程师的合作将使得从目的出发的产品性能与功能设计更好地融入形式设计,实现技术向艺术的转变。例如皮亚诺通过铸造技术赋予曼尼尔(Menil)艺术收藏馆 19 世纪工程中经典的结构特点和表现形式,这种技术在 20 世纪后几乎没有被应用,直到在蓬皮杜艺术中心设计中才得以复苏。这些精美雅致的顶棚铸造零件和桁架形式是标准滚动断面无法做到的,铸造零件完美的有机形式是在对展厅光线、气流等综合问题考虑基础上与汽车工业中铸铁技术相结合的产物。球墨铸铁被用来制造 12 m 长的桁架,由于是通过铸造而成,构件具有雕塑般的张力(图 5-33)。桁架被铸成一系列单独的三角形,与带螺栓的半套筒固定在一起,桁架的外形和金属板类似,整个桁架看上去像放大的骨头断面。"叶片"的原始概念是作为充当桁架的斜支座,为了获得精确的光照,构件的形式在物理模型、太阳能机械和计算机模型等方面进行了多方面的测试和修正(图 5-34)。除了光照的控制,叶片还要具有有利于保持馆内稳定温度的功能,它们的水平顶面通过玻璃把热量反射回去。同时当向下的热辐射降到最低时,叶片还在热空气下方形成一个保护层,使得空气在通过地板进入顶棚处时可以稳定下来[39]。

从上述案例中可以看出,从设计—建造—设计(DBD)到设计—建造(DB)模式的转变,虽然前期的研发时间加长了,但协同工作并没有增加总的设计时间,相反,由于之前周详的考虑,大大减少了建造期间可能出现的问题,最终节约了成本。不同专业领域的跨界合作,使得建筑师可以集各家所长,系统地将结构、性能与形式设计结合起来,全面提高了建筑的品质。

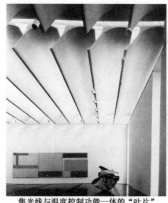
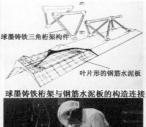

球墨铸铁三角桁架构件

叶片形的钢筋水泥板

球墨铸铁桁架与钢筋水泥板的构造连接

制造钢筋水泥板的模具

集光线与温度控制功能一体的"叶片"

球墨铸铁桁架构件的制作

钢筋水泥板工厂预制

图5-33　曼尼尔艺术收藏馆中特殊的顶棚构造设计与构件制造
资料来源：[美]彼得·布坎南. 伦佐·皮亚诺建筑工作室作品集[M]. 张华，译. 北京：机械工业出版社，2002：150，151，152，作者编辑

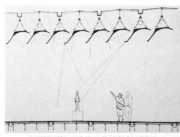

陈列馆顶棚"叶片"构造的剖面设计

检验不同光线变化下的测试结果

模拟休斯顿的光线对顶棚模拟测试

在休斯顿实地测试模型样品

图5-34　根据光线与温度控制需求设计的"叶片"构造形式以及实验修正：并行的流程保证了研发工作的快速推进
资料来源：[美]彼得·布坎南. 伦佐·皮亚诺建筑工作室作品集[M]. 张华，译. 北京：机械工业出版社，2002：150，151，152，作者编辑

对建造过程的整合不仅为建筑师提供了多元的构造技术途径，还促使产品工程师将零散的建筑材料变为集成化的组件，为降低选择困难和减少连接接口提供了便利。通常产品工程师会研发一些建筑产品，并由公司负责生产和销售。建筑构造协会（Construction Specification Institute，CSI）就是对这些新研发的产品进行分类的组织，他们一般按照方便查找的原则对信息和知识进行整理[40]。但一般的分类方法并不符合真实情况，因为分类结构将产品分为成百上千种互相独立、彼此竞争的产品，设计者为解决一个问题需要在不计其数的解决方案中搜寻，效率低下并且没有明确的针对性。而所有的创新也只是建立在单体的产品或材料上，不同产品之间的接口创新无法得到体现。于是，在统一的整合流程中，产品工程师获得一项新的、至关重要的任务，就是开发集成化的组件，这些组件将集成原来彼此分离的材料和功能类别。

承包商在长时间内仅仅扮演着产品采购代理人的角色，很少有承包商真正承担施工任务，他们采购各项分包工程的零部件，然后按照合同监督施工单位完成建设。而事实上，由不同层级的多个分包商将建筑产品的组装工艺分割得支离破碎，19世纪形成的传统的制作工艺依然占据了大量的施工进程，一个一个分散零件的组装不仅耗时、耗力，还在建造过程对环境造成了破坏，不利于建筑的可持续发展。集约型的建筑产业发展趋势，需要一种新型的承包商，它介于建筑师与产品工程师之间，作为最终的集成者与组装者，承包商应当尽可能多地采用工厂化生产的产品，开发集成化组件的装配生产线，从而减少现场组装的工作量，来达到减少生产成本和时间的目的(图 5-35)。

传统耗时耗力的逐个零件安装工艺　　　　快速、省力的集成化组件、模块装配工艺

图 5-35　从零碎的现场安装到整体的模块装配,建筑师以及产品工程师开始用更整体的思考方式进行建造设计

资料来源:Stephen Kieran,James Timberlake. Refabricating Architecture [M]. New York: McGraw-Hill Press,2004:58

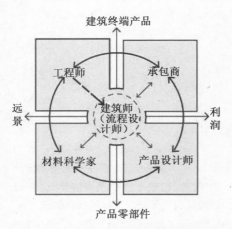

图 5-36-a　在新的封闭系统中建筑师转变为流程设计师重新控制建筑产品设计、生产和建造的全过程

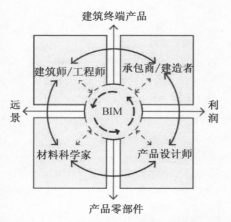

图 5-36-b　建筑信息模型是流程整合中关键的信息传递手段,它将整体的建造信息分成不同的部分单独处理再合成,有效地控制从设计到建造的所有流程

资料来源:Stephen Kieran,James Timberlake. Refabricating Architecture [M]. New York: McGraw-Hill Press,2004:29,37,作者编辑

在重新整合的、并行的协同设计中,信息的建立与传递无疑是关键的,在传统流程中通过"破碎化"的二维信息进行的交流不仅欠缺精度,发现问题和解决问题的效率也不高。比如当一个零部件被发现有问题需要修改时,所有关于这个零部件的平面、立面、剖面乃至细部大样都要修改,同时这个修改如果牵扯到其他相关专业,工作的内容就会更加繁琐。这大大增加了图纸的审阅工作量,也影响了信息交互的流畅性。如今,我们已经拥有了能够完整描述信息和瞬时传送信息的工具,通过它们,不仅团队之间的交流可以更加快捷、准确,还使得跨地域的生产协作可以顺利进行,例如在不同地方生产的零部件,大到整个单元结构,小到一个螺钉,都可以用一张完整的信息表格描述完整的零部件的属性特征和安装步骤,生产和建造环节得到了有效控制,而所有信息的基础就是建筑模型(图 5-36)。不过这个模型并不是通常作为结果呈现的物理或者效果模型,而是包含了所有建造组成的建筑信息模型(Building Information Modeling,BIM)。

四、流程整合的技术手段:建筑信息模型

为了给实体建造提供必需的信息,通过图纸、模型等进行必要的表述是建造前的重要准备,而只有这些表述完整、精确才能保证建造过程的连贯性和建造最终结果与设计的契合性。在建造方式相对单一,构造技术相对熟练的过去,主持建筑师凭借丰富的经验可以将建造的信息储存在自己的大脑中,以至可以不通过施工图就在现场指挥建造。但在建筑产品种类千变万化、建筑构成要素繁多复杂、规范严格的当下,没有任何一位建筑师可以不凭借完整的信息表述来实现建造。虽然计算机绘制代替了手工绘图,设计的效率得到了提升,但随着分工日益精细化,图纸信息的表达也开始彼此隔离,信息表达的完整性受到了影响,并且在不同的层级出现了不一致,这与长时间基于二维图形进行信息表达的模式有着很大关系。建筑设计团队最终向承包商提供的图纸通常是:建筑平面、立面、剖面以及构造大样详图,当然还包括其他结构、设备的图纸。所有的图纸都是二维信息,它们并不能给施工单位提供直观的建造流程,也不能呈现建筑三维的空间。在传统的手工建造模式下,二维图纸的弊端并不明显;但在复杂的工程和大量依靠工业化生产技术的条件下,二维图纸在信息传递中存在的问题就会暴露无遗。

① 二维信息量是有限的,但建筑是三维的,平、立、剖的表达方式只能提供局部的建造信息。比如通常一层平面只剖切一个高度的信息,而事实上,由于高度的变化,这一层的平面可能在不同的高度上出现多个不同的构造做法。尤其对于复杂工程来说,有限的剖面是无法交代清楚构

造的复杂性的,只能通过增多剖切的角度来增加信息量。但是无论怎样增加,信息依然会有缺陷,而一旦在施工中发现问题,就需要不断地进行补充信息或者通过现场的协调来解决问题,无形中增加了生产成本和建造时间。

②图纸之间缺乏关联性。施工图纸一旦有一处信息进行了修改,就意味着所有相关地方的信息都要进行调整。比如结构构件的尺寸调整,意味着平、立、剖面乃至窗洞口的所有相关尺寸都必须调整,因为所有的二维图纸都是分开绘制的,不仅每一次调整和检查都会耗费大量的时间,而且不经意的疏忽导致图纸没有及时调整而最终影响施工质量也是常有的事。

③图纸与生产、建造的不一致性。由于图纸在不同的部门由不同的设计人员绘制,因此,初始的设计与最终的结果呈现并不能保证高度的吻合性。例如在立面设计中,建筑师只能确定窗洞的尺寸,而具体的窗户产品在建筑师的图纸中只是一个大概的形式设计,具体的则需要由承包商选中的窗户生产商进行深化设计。虽然产品工程师会依据建筑师的设计进行深化,但最终的结果还是以生产工艺为准,最终的产品出现与设计的偏差并不奇怪。如果产品产生偏差达到了一定的程度,就会和理想的设计初衷产生一定的距离,甚至影响建筑的最终品质。这些问题在基于二维图形信息的传递中并非不可以解决,但付出的代价是巨大的,究其根本还是二维图形无法有效地反映真实的建造信息,它的不完整性使得设计、生产建造在发现问题、解决问题的效率上都受到了影响。显然,面对高度整合的流程设计,传统的信息交互手段已经不能满足高效、准确的协同工作需要。因此,一种仿真的、三维化的建筑信息模型以及相关的信息传递和管理模式也从汽车、飞机制造领域借鉴过来成为基于闭环流程设计全局控制的关键技术。

基于建筑信息模型的设计方法已经被建立起来,建筑信息模型不仅是将数字信息进行集成,还可以把这些数字信息应用起来,控制建筑的设计、建造、管理,使建筑工程在其整个全生命周期进程中显著提高效率。与之相关的建筑工程的工作都可以从建筑信息模型中提取各自需要的信息进行相关应用,同时又能将其相应工作的结果反馈到信息模型中改进设计,形成良性循环。建筑信息模型完全不同于用于表现建筑效果的三维模型。后者只能粗略地表示建成的效果,但就和二维图形一样,这个三维模型信息是不完整的,甚至是虚假的,它只是概念方案的美好设想,既没有实体信息,也没有建造参数,当方案进入深化阶段后,它几乎没有任何参考价值。而建筑信息模型是可以促进建造生产力提高的虚拟建造模型,它通过数字化技术建立的完整的建造信息模型可以输入数字化制造机器(数控机床,CNC)中生产建筑零部件,同时高度整合的信息模型可以在不同部门之间实现无缝共享,是并行的协同设计开展的必要技术手段(图5-37)。

相比较传统的二维图形,真实性和完整性是建筑信息模型的最大优势。在传统的CAD软件绘制的图纸中,所有的图形是没有建造信息的,只是一个图形。而在新的以Autodesk Revit为代表的建筑专业设计软件中(图5-38),所有的构件(柱、梁、墙体、门、窗、楼梯等)不再是简单的二维图形,而成为具有长、宽、高完整三维信息和材料信息的"族"。它们是

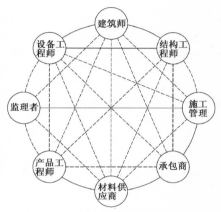

图5-37-a 传统的项目中不同部门的沟通繁琐低效

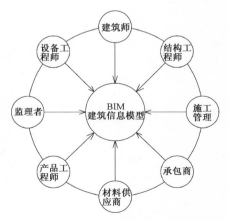

图5-37-b 建筑信息模型整合后的流程控制简洁高效
资料来源:自绘

立体的,并且随着平面的绘制,自然地生成立面和剖面。值得再次强调的是,立面和剖面是"生成"的,而不是绘制的,这得益于三维信息的仿真模型在设计中逐步完成虚拟建造的过程。由此,所有的构造连接也是真实的,每一个细部都可以单独提取,而不是重新绘制。这是一个设计与建造同步的过程,如果在设计中忽略了细节,那么建造的问题会随时得到呈现。

图 5-38　Revit Building 中所有的图和建造信息都是完全对应的,对模型任意部位的截取都可以获得准确的平、立、剖面以及构造细部
资料来源:自绘

通过系统中已经集成的大量通用的"族",建筑师可以应对一般的建造问题,而如果有特殊需求要进行特定的构造设计时,建筑师则可以根据设计的需求编辑和定义自己的构件"族",并赋予这些构件特殊的信息以区分一般的通用构件。真实的建造信息保证了"定制"的原创性可以得到切实体现而不是流于概念和形式的"假想"。最终完成的建筑信息模型可以为我们提供一个完整的建造信息,每一个零部件的层次都可以得到全方位的表达:每个零部件都是已知的,所有的转角和连接的描述都是精确的,并且可以从任何角度看到建筑的所有外部和内部,不仅零部件的约束条件都涵盖在整体模型中,它们的生产商以及在组装时的位置也都是已知的(图 5-39)。

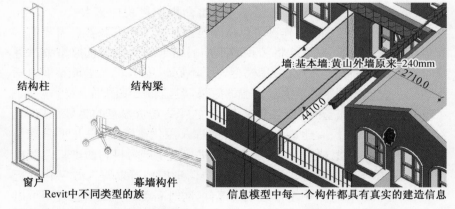

图 5-39　Revit Building 中不同类型的族以及在模型中含有具体准确建造信息的构件
资料来源:自绘

由于模型的信息是真实有效的,它为工程的快速推进提供了巨大的帮助。首先,在设计端,建筑师在初始阶段只要专注于建筑平面与功能的合理布局,建筑的立面形式会随着设计推进而自动形成。当初步方案成型之后,建筑师可以根据性能与形式需求再调整细部设计,而所有的改动都会随着信息的变化整体变动,而不需要反复的在不同的平、立、剖面之间进行协调,大大减少了设计的时间。另一方面,由于 Autodesk Revit 分别为建筑师、结构工程师和设备工程师提供了 Revit Building、Revit

Structural 和 Revit Systems 不同类型的辅助设计的系列软件,使得建筑所有的信息都得到了完整的体现。并且不同设计之间信息交互的接口是没有障碍的,不同的组件之间可以实现无缝的拼接。结构工程师可以和设备工程师在虚拟的空间中检查管线的布置,检查构件是否会发生碰撞,并及时进行调整,减少真实建造过程中可能出现的问题(图5-40)。

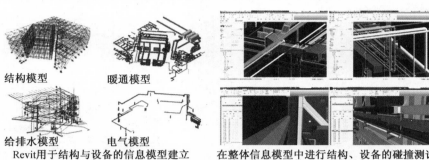

结构模型　　　　　暖通模型

给排水模型　　　　电气模型

Revit用于结构与设备的信息模型建立　　在整体信息模型中进行结构、设备的碰撞测试以检验构造设计的不合理之处

图5-40　整合的信息模型可以作为真实的"虚拟建造"来检查构造系统设计的合理性
资料来源:http://image.baidu.com/i? ct=503316480&z=0&tn=baiduimagedetail&ipn=d&word=碰撞检测

而建筑信息模型的潜力显然还不止于此。近年来,将计算机的智能运算拓展到建筑结构、性能、构造设计中已经成为计算机辅助设计的一个重要发展方向,而建筑信息模型则为这些必要的性能计算提供了扎实的基础平台。如对于建筑外围护体的采光、通风、保温、隔热等性能,在Energyplus 及 Ecotect 等性能分析软件的帮助下,建筑的开窗面积、窗户的材料、墙体的保温隔热构造、屋顶的通风构造等在传统设计中依靠经验去判断的要素都可以在设计中得到精确的验算,然后根据工程的具体要求和建筑师的设计进行合理的调整,减少了建造风险。由于信息模型的真实有效性,使得分析软件的测算结果更加精确,也为建筑构造性能设计提供了可靠的依据。

其次,在生产端,通过系统中的物料清单(bill of material,BOM)统计功能,设计的信息可以迅速地转换为生产的现实,大量冗长且不准确的人工统计工作将被废除(图5-40)。每一个零部件的物理属性,如材料、三维形状、重量、强度等以及安装位置都可以在物料清单中被快速索引。这些零件的物料清单将成为工厂生产的准确依据,同时,根据材料的分类,生产部门将会对产品进行分级管理——最小层级的零部件与最高层级的模块组件。根据加工的类型,物料清单被分为工程物料清单(EBOM)和制造物料清单(MBOM),数据管理信息使得这两部分结合的天衣无缝。工程物料清单由一系列的设计表格组成,包括每个零部件的图形,以及用数字和文字进行的描述。而制造物料清单则将工程物料清单中的相关零件组装起来,形成集成化的模块,然后以模块为单位进行管理[41]。

最后,在建造端,由于设计与虚拟建造的同步进行,完整的建筑信息模型在不同的部门之间得到了共享。因此,建造的过程可以被拆分成不同部分,最后再整合到一起,而不用担心不同组件之间的结合问题。随着建筑系统的复杂性不断提高,建筑零部件的数量也与日俱增,如果只是单纯地依靠工程物料清单来描述零部件之间的关联,那么这个树状图将是巨大的,而且很难分出彼此的关系和层级。而借助制造物料清单,施工组织者可以快速地支配组装的顺序,将不同的模块在不同的装配线上完成,最终运送到现场,进行总装。制造物料清单控制着模块拼接的顺序,确定它们到达现场的时间,从而将每个零部件和整体安装进度联系起来(图5-41)。

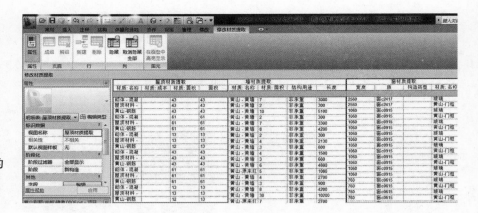

图 5-41-a　由建造信息模型直接生成的工程物料清单

图 5-41-b　相比较繁复难以迅速检索的纸质文档,电子虚拟信息可以方便、快捷地在物料清单中检索建筑的任意构件的建造信息

资料来源:自绘;Stephen Kieran,James Timberlake. Refabricating Architecture〔M〕. New York:McGraw-Hill Press,2004:74

传统的纸质文档索引　　　　　　　　　虚拟嵌入式信息

当然,建造信息模型最直接的优势还在于其与生产线与装配线的配合。因为精确的三维模型表达了完整的建筑构件的属性,这些信息可以清晰地传输到 CNC 设备中用来预制零部件。这些预制的零部件由于精确的信息传递和先进的制造设备,有着极高的工艺水准,即使被分开来在不同的地方制造组件,也不会影响最终的装配精度。不仅控制了建筑构件生产工艺的质量,所有构件的安装信息将会被集成在构件中,进而提高建造装配的质量。在产品领域广泛使用的条形码信息技术已经被用在现代化的建造过程中。现在,建筑师已经不用通过传统的几何测量学来控制建造,集成的所有关键信息的标签将指导工人在现场有条不紊地完成所有零部件的组装,条形码将成为 21 世纪管理系统中通用的一种新的模度。建筑师所需要做的就是将各种信息(场地、环境、功能、客户的需求)收集、分析、整合,然后在不同的团队之间开展协同设计,接着将完整的信息模型交给工厂并进行构件预装,最后由施工单位在现场组装已经半预制化的模块和组件,而所有的步骤都将由统一配置的条形码信息和虚拟建造可视化技术协调指挥(图 5-42)。

由此,从设计、研发、生产再到组装,我们看到了基于完整的建筑信息模型的信息传递和组织是如何作用于建造过程的全局控制的。经过近20年的发展时间,基于建造信息模型的数字化设计和信息管理在建筑工程中的应用也愈趋成熟。如弗兰克·盖里、扎哈·哈迪德、赫尔佐格和德梅隆等事务所的众多著名建筑实践都得益于建造信息模型强大的全局控制能力,在复杂功能、性能以及形式的创新过程中受益匪浅。

通过全局控制,建筑师提高了他们的生产力。在传统的设计流程中,15％用于概念设计,30％用于深化设计,剩下的 55％都要用于施工图设计,而占比例最重的却往往是最繁复却最没有创造性的工作。当使用了

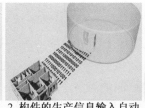
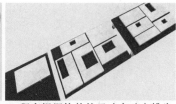

1. 建筑的信息模型的建立　2. 构件的生产信息输入自动化生产线　3. 程序根据构件的尺寸自动安排生产的布局

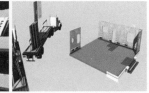

4. 全自动的预制构件生产　5. 将含有构件组装信息的条形码贴在相应构件上　6. 扫描条形码，根据安装信息进行组装

图5-42　从设计到生产，再到建造，BIM建立了建筑产品全生命周期的控制链，既协调了不同的专业与领域之间的协同工作，激发了创造的灵感，也显著提高了生产与建造的效率，是闭环流程整合的决定性因素

资料来源：江苏元大建筑科技有限公司提供，作者编辑

基于建造信息模型的设计方式后，设计与施工建造的比例将会重新分配，因为施工设计被集成在了前期设计中，从而省下的时间可以更多地分配到前端的概念、功能、形式、产品研究以及预制与施工的方法等有创造性的活动中。

通过全局控制，承包商可以减少建造时间和资源消耗，而雇主则可以更好地管理他们的工程。使用建造信息模型对于工程进展的提升效果是显著的，一些建筑工程公司已经通过应用建造信息模型成功地改进了项目交付时间。例如美国密歇根迪尔伯恩的加法里事务所（Ghafari Associates, Dearborn, Michigan)已经为通用汽车公司设计了好几个完全通过建造信息模型技术设计、生产、建造每一个建筑零部件的工程。他们设计的一个建于密歇根弗林特（Flint)、面积为442 000 ft² 的发动机制造工厂建成的时间比预计的提前了5个星期，并且整个建造过程中没有出现因为现场冲突而引起的工序调整问题[42]。未来的预制装配工艺将更依赖建造信息模型技术的应用。时间要素将被集成于三维的构件信息中，模拟建造的过程将被加入施工的每日计划，更好地安排和指导施工步骤。

现在，越来越多的建筑师、建筑事务所开始应用建造信息模型技术，在美国建筑师协会（AIA)最近一份关于"建筑业构成"（the business of architecture)的调研中，超过1/3的设计公司已经采用了建造信息模型设计软件，并且这个趋势还在不断扩大中。而在麦格劳-希尔建筑信息公司（McGraw-Hill Construction)的相关调研中，超过50%的建筑师、工程师、承包商以及雇主都采用了建造信息模型作为工程设计或者管理的工具[43]。虽然在长期以CAD为工作模式的公司中普及建造信息模型技术平台仍然需要一定的时间，但在不久的未来，建造信息模型必将成为建筑全行业开放的技术平台，通过它，建筑产品可以实现多样的数字化设计、可控的性能分析、可视化的虚拟建造、系统的信息管理等，最终建筑构造系统的组合将在开放市场内得到有效的组织，建筑师不再是被动地挑选现成的产品工艺，而是成为建筑核心产品技术研发与推动的主导者。

本章小结

新的集成化、计算机化的设计、制造和建造过程已经激发了一个极具挑战性的前景，最终，现场作业机器人将巩固前述人类智慧和手工艺技术,3D 打印技术在建筑中的应用已经展示了这个趋势的潜力[44]。不过,建筑并非只是高尖端的技术,掌握机器并使其服务于人是工业化条件下基于封闭系统的产品设计的前提。建筑师整合各种设计与制造力量,在整体性原则控制下进行建造,这个过程和任何一种最终产品的形成一样重要,但对建筑的发展则有着更深的意义。克里斯·亚伯认为"这种转变在更高的层次上则可以理解为一种新的、更加平衡的现代主义哲学的一部分,它使得建筑师对场所和地区环境的特定意义给予应有的尊重,同时充分利用当下工业化国家共享的技术文化"[45]。

克里斯·亚伯对这种新的建筑发展趋势的判断与 21 世纪之后众多显著的建筑实践基本一致,而当基于开放的闭环的建筑设计方法越来越普及之后,从应用现成部件到与工艺全面结合的整体性设计,从各自为政的独立标准到完整的产业联盟,建筑工业的发展与技术创新的脚步越来越快。

事实上,完全的开放和封闭从来都不曾独立存在于任何制造业中,尤其是建筑产业。通用部品是建筑产业的基础,没有哪个建筑产品供应商能提供所有类型的建筑产品,独立的产品研究可以更精细化、更专业化,这样也更有利于单项建筑技术的突破。同时,对于建筑终端产品,不论是企业还是建筑设计事务所,在越来越激烈的竞争中都需要将所有的产品设计进行垂直整合,这样才能定制出符合不同客户需求的多样化产品,而在垂直整合中形成的技术累积也可以成为强大自身的基础,更好地对产品进行总体控制。虽然整合的流程是封闭的、定制产品的工艺是特殊的,但每一个技术环节又是开放的,控制所有环节的信息化设计与管理技术,将各种通用部品可用的生产制造设计纳入封闭的产品定制中,从而形成"开放的闭环",这不仅是目前诸多成功的制造企业的发展之路,也将成为未来建筑构造技术继续革新的必然之路。

注释

[1] 抬梁式的木构架进深较大,适合宫殿、寺庙等大型建筑;穿斗式木构架用料经济、施工简易、维修方便,适合空间小而灵巧的传统民居。
[2] 详见第四章第三小节。
[3] Stephen Kieran,James Timberlake. Refabricating Architecture[M]. New York:McGraw-Hill Press,2004:41
[4] 详见第三章第一小节。
[5][6] [瑞士]W 博奥席耶,O 斯通诺霍. 勒·柯布西耶全集(第 1 卷)[M]. 牛燕芳,程超,译. 北京:中国建筑工业出版社,2005:18,71
[7] Benton T. The Villas of Le Corbusier[M]. London:Yale University Press,1987:158
[8] Le Corbusier. Precisions[M]. Cambridge, Mass,1991:54
[9] 转引自 Flora Samuel. Le Corbusier in Detail[M]. London:Elsevier Ltd Press,2007:77
[10] Banhan R. Theory and Design in the Machine Age. The Architecture Press,1960:281
[11] Abel C. Ulm Hfg,Department of Building[J]. Arena, 1966,82(905):88-90
[12][13] Chris Abel. Architecture and Identity:Responses to Cultural and Technological Change[M]. 2nd ed. New York:Architectural Press,2000:38,8
[14] 详见第三章第三小节。
[15] 详见第三章第三小节。
[16] 彼得·史密森(Peter Smithson)认为,采用了钢筋混凝土框架结构,但在立面上依然延续了之前的钢竖框分隔的做法只能视为一种"装饰"或者说"模仿",这种偏离了真实建造意图的象征性秩序毫无意义。Edward R Ford. The Architecture

Detail[M]. New York：Princeton Architecture Press,2011:32

[17]　R Gregory Turner. Construction Economics and Building Design：A Hsitorical Approach[M]. New York：Van Nostrand Reinhold, 1996

[18]　David Leatherbarrow, Mohsen Mostafavi. Surface Architecture[M]. Cambridge Mass：MIT Press, 2002:121

[19]　Stephen Kieran, James Timberlake. Refabricating Architecture[M]. New York：McGraw-Hill Press, 2004:43

[20]　[德]黑格.构造材料手册[M].张雪晖,译.大连：大连理工大学出版社,2007:28

[21]　详见第三章第三小节。

[22][23]　David Leatherbarrow, Mohsen Mostafavi. Surface Architecture[M]. Cambridge, Mass：MIT Press, 2002:160

[24]　Joseph Hudnut, Jury. Architectural Forum [A]//David Leatherbarrow, Mohsen Mostafavi. Surface Architecture[M]. Cambridge, Mass：MIT Press,2002:166

[25]　参见朱宁.在两个机械时代中面向工业化建筑的建筑师:从康拉德·瓦克斯曼到基尔南·廷伯莱克[J].建筑师,2014(4)：60-63

[26]　David Leatherbarrow, Mohsen Mostafavi. Surface Architecture[M]. Cambridge, Mass：MIT Press, 2002:164

[27]　Jean Prouvé. The Organization of Building Construction[A]// Jean Prouvé. Prefabrication：Structures and Elements. London，1971:24 – 25

[28]　Chris Abel. Architecture and Identity：Responses to Cultural and Technological Change [M]. 2nd ed. New York：Architectural Press，2000:7

[29]　Jean Prouvé. Une Architecture par L'industrie,1971:142

[30]　B Huber, J Steinegger, Jean Prouve. Prefabrication：Structures and Elements[M]. Zurich：Praeger Publishers,1971:11

[31]　David Leatherbarrow, Mohsen Mostafavi. Surface Architecture[M]. Cambridge, Mass：MIT Press, 2002:176

[32]　Ryan E Smith. Prefab Architecture：A Guide to Modular Design and Construction[M]. 2nd ed. John Wiley & Sons, Inc, 2010:53

[33]　Abel C. A Building for the Pacific Century[J]. The Architecture Review, 1986(1070):54-61

[34][35]　参见 Chris Abel. Architecture and Identity：Responses to Cultural and Technological Change[M]. New York：Architectural Press，2000:48,42

[36]　详见第四章第二节。

[37]　详见第四章第四节。

[38]　参见 Renzo Piano Buiding Workshop 1964/1991：In Search of a Balance[J]. Process Architecture（Tokyo），1992(700)：12,14

[39]　[美]彼得·布坎南.伦佐·皮亚诺建筑工作室作品集[M].张华,译.北京：机械工业出版社,2002:72

[40][41]　Stephen Kieran, James Timberlake. Refabricating Architecture[M]. New York：McGraw-Hill Press, 2004:51

[42][43]　Ryan E Smith. Prefab Architecture：A Guide to Modular Design and Construction[M]. John Wiley & Sons, Inc,2010：71,72

[44]　详见第三章第三节。

[45]　Chris Abel. Architecture and Identity：Responses to Cultural and Technological Change [M]. 2nd ed. New York：Architectural Press，2000:46

结　论

　　以客观的物质需求为基础,在质量、经济、生态等原则的综合作用下,建筑在漫长的人类文明发展长河中积淀了深厚的建造艺术,形成了丰富多样的类型。构造技术由建筑的空间和意义决定,并被赋予统一的特征,通过教育、提炼和专业化管理将科学、艺术和技术融为一体,并综合地运用生态原理解决广泛的建造问题。从这个角度上来说,构造技术一直在"改进",但从未产生质的"革命"。尽管我们在不同的地域、不同的时期看到了建筑风格的变化,但建筑师(工匠)加工材料的方法和建造的过程都是大同小异的:不论是手工业时期,还是工业化生产时期,成熟的建筑产品都反映出它所处时期的平均技术水准、文化背景。手工业时代,古人师从自然,以木材、石材、生土为标准材料,用切割、雕刻、绑扎、榫卯、砌筑等手工艺,逐步实现了从简单的居住建筑到复杂的宫殿、寺庙、园林、教堂等公共建筑的进化;进入工业化时代后,钢铁、混凝土、玻璃等新材料逐渐形成了现代城市化进程中办公、医院、车站、工厂等更加多元的新型建筑的标准建造工艺,并产生了新的建筑形式。

　　虽然关于材料和装配工艺的进步一直都在持续进行,但能够作为建筑产品的材料种类依然是有限的:除了自古至今依然被广泛使用的木材、石材、生土,工业化革命之后,建筑的结构材料也只增加了钢和钢筋混凝土两种。即便现在人工合成的材料越来越多,但巨大的资金耗费以及漫长的研究时间和核准程序使得寻找既有材料的新工艺组合依然是建造技术创新的主要突破口:在新的制造和装配技术发展中,不仅木材、石材等传统材料获得了新生,契合构造、连接构造、运动构造等也得到了长足的发展,为新的建筑空间与形式创造提供了条件。

　　现代建筑不论在规模上,还是在类型上都是史无前例的,在一个多世纪的时间内,建筑产业发生了翻天覆地的变化。但当我们回顾 20 世纪初至今现代主义建筑运动带动的诸多建筑理论与实践变革时,我们会发现经过了 100 多年的时间,所有的建筑尽管看起来千姿百态各不相同,但在众多所谓新建筑的外表下,本质都是一样的,依然是那个我们早已熟知的世界。外表的改变并没有引起建造流程实质性的变化,建筑仍然需要数年甚至许多年的时间来设计和建造,需要消耗各种资源,而我们从中获得的和消耗相比,却并不一定成正比。面对长期高消耗、低创新和品质提升缓慢的建筑发展状况,建筑师、建筑产品供应商都开始逐渐放慢前行的脚步,思考建筑未来的发展方向。在经济、环境、能源等诸多问题的影响下,

20世纪中后期至21世纪初，从建筑构件的生产模式到构造工艺的进步，再到构造系统组合方式的变化，构造技术开始借鉴先进的产品制造方法，产生了显著的变化。

建筑生产模式转变的契机在工业化革命之后就已经出现了，20世纪初，众多现代主义运动的建筑师已经看到了汽车、飞机、轮船等制造技术的进步，并开始将批量生产的方法引入建筑业的发展中。勒·柯布西耶、格罗皮乌斯、密斯·凡·德·罗等建筑师都是建筑工业化运动的先行者，他们发现了工业产品中新的材料和工艺，并积极地在新建筑中推广应用。不过，限于技术发展的局限，建筑产品的批量生产与定制的矛盾并没有得到解决，结果造成了在以行政性主导的建筑项目中"通用的标准"将工业化生产制造变得固有、僵化和教条，也让以"形式优先"的建筑师们开始远离基于工业化生产技术以及预制装配建造的方法。因此，虽然现代主义运动之后，建筑出现了新的外观，但建造的方式却没有改变，现场施工依然是大部分建筑重要的技术手段。

同时，随着建筑构成元素的专业化发展，建筑师的作用被不断削弱：过去，由首席建筑师负责组织和协调的建造全过程已经拆分到不同设计、生产部门中。虽然专业的细分使得不同行业内的进步更加迅速，但同时我们也看到了由于专业的分割而带来的支离破碎的设计、建造流程，建造的资源耗费不断增加，建造的过程变得唯一和不可重复。建筑师与建筑工业的唯一联系就是在庞大的产品目录上挑选合适的零部件，建筑设计已经被约减到除了基本的场地与功能协调之外缺乏原创性的表面形式演绎。我们一直都承认建筑的差异性，一直都采用客户定制的方式，但迟迟不寻求与工业化生产方式结合的定制生产技术与分离的建造流程让建筑的创新与发展变得举步维艰。显然，"形式制造"已经不再是建筑师手中无往不利的"武器"，市场的快速变化需要建筑产品全面性能的提升。为此，建筑师需要在新的技术条件下重新整合建造流程。

而与此同时，汽车、飞机、轮船等制造业已经通过信息化技术的发展和流程设计的改变取得了巨大的突破。在这些制造产业中，新的材料应用和工艺改进在新的流程设计中很快就与市场的需求取得了呼应。产品的质量得到了提升，但制造的时间和成本并没有因此而上升，批量定制的产品生产技术让大量性生产和个性的需求得到了平衡。除了生产技术的进步，流程设计的发展使得产品工程师深入到制造的本质，他们颠覆了传统的制造时间、成本与产品质量的关系，这一关系在手工业时代是由产品的生产工艺决定的，并且已经统治了制造业很长的时间。并行的流程打破了流水线一样的线性生产过程，设计师的工作范围也延伸到对流水线上的产品设计之外，囊括了整个产品的生命周期。

这些制造产业令人瞩目的发展成就纷纷涌入建筑师以及建筑产品企业的视线，新鲜的事物为建筑师再度掌握工业化生产技术指引了方向。在越来越复杂的建筑实践中，高品质的建筑不仅需要优秀的空间与场地设计思想，还需要高质量的构造设计与建造保证，细节设计的重要性作为创新规律的一部分最终成为提高建筑产品质量卓有成效的推动力。现代建造技术的特性是具有高度的复杂性，之前在开放系统下线性的流程和分离的专业进行设计的方法已经暴露出在建造质量控制和产品创新上的诸多缺陷，建筑产品的系统设计需要将科学家、设计师、各专业的技术专家,以及金融、政治、社会学的专家一起整合起来解决问题,甚至是政府和客户也应当加入进来共同探讨各种技术充分合作的可能,以避免重复劳动和大量的资源浪费。

虽然建筑师已经不能像过去的首席建筑师那样身兼不同的专业职能,但让建筑师可以整合不同部门协同工作的通用工具已经产生——信息化管理工具。这个工具不是经典的建筑学中的数学、力学概念,而是可以虚拟建造和将建筑产品拆解成不同组成部分并行推进的信息交互技术。以信息化工具为辅助的产品设计与制造流程,使得建筑师重新整合建筑学的核心技术与知识,建筑师能够再度像过去的首席建筑师那样掌握建造的主导权,成为团结集体智慧的领导核心。建筑师开始和其他专业的人员协同工作,在设计的开始阶段就对每一个细节进行构想、谈论和探索,建筑师不再因为专业和工具的限制只能对自己的设计构思做支离破碎的表述,所有的建造细节都可以在转换为实体前被充分研究。

20世纪初,众多建筑师怀有的批量生产的建筑产品梦想在21世纪变成了批量定制的现实。建筑变成了机器,虽然构成要素日益复杂,形式创新日新月异,但基于信息化控制的工厂通过自动化的生产技术,已经解决了批量生产与客户定制之间的矛盾。实用性与艺术性同等重要已经被广泛接受,建筑可以在有效的成本控制下,依然保持独特的艺术性。根据场地条件,使用功能和业主的需求,批量生产制造有所区别的产品、个性化的建筑。借助信息化工具,批量定制的场外预制技术得到了提高:工人不用在恶劣的外部环境下逐个安装建筑零部件,更多的集成化组件在工厂被精确的预先安装,模块化的设计和组装技术充分发挥了并行流程的优势。

建筑在生产制造端的进步以及由此引发的建造流程的革新最终促成了构造系统组合方式的转变。在开放系统的设计方法中,建造的因素通常只在整个流程的末端才出现,因为客户的主导要求是随着流程而不断产生变化的:先是时间,再是形态,最后是商业成本。如果设计者无法先于客户思考那些影响建造的广泛问题,设计节奏就会被客户捉摸不定的审美趣味或者商业等议题所压制。由于设计节奏的不可掌握性以及因为采用大量的现场施工技术而不得压缩设计前期的时间以保证工程的总体进度,导致了在构造细部设计阶段总是期望使用一种能直接套用、较少改动的模本,或者寻求更多现成的产品来缩短设计与生产的时间,而不是寻求符合场地与环境特殊需求的最佳解决方案。基于闭环的并行流程将繁复的专业合作变得高效,将样品试制与实验及设计同步推进,高度集成化的场外预制技术减少了现场安装的时间,提高了建造的品质。

20世纪80年代后至今,诸多成功的案例告诉我们:标准化、预制化、有控制的实验……不但没有成为扼杀建筑师细腻的艺术情感的细胞,还使得化学家、物理学家、工程师、艺术家、生产商组成一个前所未有的巨大同盟,成为人类创造美好生活的、具有巨大潜力的现代物质手段。虽然这个新的变化还只是刚刚开始,但建筑由现场施工迈向全面工厂制造的时机已经成熟,这是建造技术发展的必然趋势。因为经济规律需要建筑产品的制造过程具有更多的连贯性而不是时断时续:合理的流程提供了整体性能优越的产品设计、生产制造、高效的运输和现场组装,实现了材料的重复利用和浪费的减少,这一切又使得建造流程可以更有效地循环,最终带来一种更具可持续发展前景的未来,业主、建筑设计部门、产品供应商、科研部门、政府乃至所有被建筑所庇护的大众都将从中受益。

在国内建筑产业化发展的大趋势下,对构造技术的历史规律和未来趋势的总结对当下的建筑教育和实践都有着重要意义:从构造历史的发展规律中可以找到建筑可持续发展的准则与方法,使得传统与创新的联系更加紧密,为我们把握建造技术发展的脉动提供充分的理论基础与实践依据;对构造系统的设计方法与组合原理的研究使得建筑师可以深刻了解技术创新的核心内容,重新掌握先进的生产力,应用工业化建造技术不再局限于大量生产的效率和经济成本控制,而是通过流程设计整合不同的设计生产力量,实现成熟工业技术向不同建筑产品的转化,实现精致的生产制造与建造。

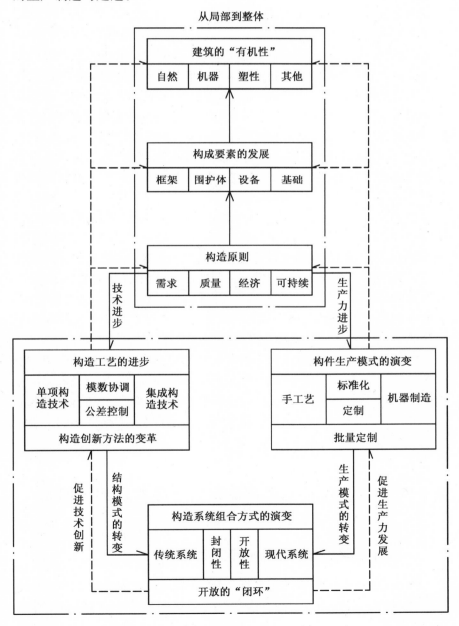

建筑构造技术发展框架表

附录　铝合金可移动建筑产品构造系统

20世纪后半叶,随着信息化技术的发展,国外先进的建筑产品制造企业和诸多事务所都开始与工业化生产制造技术紧密配合,从性能与建造质量上全面提升了建筑的品质。"形式制造"不再是建筑师关心的唯一重点,建造的流程、新产品的研发、建筑的可持续发展都成为建筑师综合考量的设计要素。反观我国建筑产业,长期以来建设管理模式粗放,设计流程为追求效率而固守僵化,注重建筑形式的争奇斗艳,忽视与工业化生产技术的结合,建筑产品质量得不到保障,与先进制造业相比有着较大差距。要实现集约化的可持续建筑产业发展,就必须改变现有的建筑设计、建造模式,借鉴学习先进制造业的产品研发方法、管理模式,垂直整合建筑产品的设计流程,将以通用部品变形应用为主的开放设计变为全面提高建筑综合性能的产品定制设计。

21世纪初,国内的一些建筑师和高校研究机构注意到了建筑产品设计、建造流程变化的趋势,开始从建筑产品的各个领域进行相关研究。其中一个显著的变化就是建筑设计不再和生产部门分离,建筑设计开始和产品研发、生产制造紧密结合,设计—建造(DB)的模式逐渐得到了推广。虽然大部分的研究实践都集中于轻型建造体系,但这是一个良好的开端,载体的内容并不是最关键的,重要的是完整的产品研发、生产流程得到了实验和验证,为以后更大范围的推广应用逐步奠定基础。

东南大学建筑学院建筑科学技术系自2011年起,以铝合金作为主要建筑材料,对可移动铝合金建筑产品展开持续研发工作:从市场需求的前期调研,到对现有产品类型的总结、优缺点分析,再到产品系列的规划、原型研究,最后到结合实际项目的建造实践,设计团队在建筑产品的定制设计中取得了一系列研究成果。

第一节　批量定制的可移动建筑产品的发展与问题

一、可移动建筑产品的市场需求

作为一种特殊的轻型建造系统,可移动建筑不仅有着悠久的发展历史,还是当下解决众多迫切的社会议题的重要技术手段。"临时性"是可移动建筑产品的显著特征:一方面,可移动建筑可以被轻松拆卸、整体搬移并反复建造;另一方面,可移动建筑产品的寿命并不比永久性建筑要低,通过经常更换零部件,可移动建筑产品依然可以获得较长的使用寿命。只是,可移动产品为了实现极致的"轻",在性能上会有所取舍,因此居住和使用的舒适性一般会有所局限,通常都作为临时性用途。随着材料科学建造技术的进步,可移动建筑的类型和性能得到了不断发展,适用性也越来越广泛。

可移动建筑最早是为了满足临时性居住而产生的。这种临时的居住方式不仅在游牧民族的生活中得到了延续,还在如野外行军、旅行等特定的活动中得到了新的发展。不仅如此,现在这种灵活的建造方式也渗透到快节奏的现代城市生活中,比如为旅行者、建造工人、无家可归者等提供的临时居住场所。此外,越来越多的临时展览、办公等功能的扩展也需要可移动建筑产品的支持。由于城市的用地紧张、资金昂贵,永久性的建筑从设计到建造周期长,风险大,可移动建筑产品具有轻巧灵便,不占用土地,使用自由的优势。

随着自然灾害的频发,可移动建筑产品还成为灾后安置的重要应急建筑。根据灾后应急救援的时间段不同,对可移动建筑产品的要求也是不同的。在灾后发生的一个月内,主要需要的是能立刻投入使用,快速安置灾民的紧急使用的可移动建筑产品,建造的速度是最重要的;在灾后发生的一年之内,则需要具有一定性能(使用空间、物理性能)的过渡性可移动建筑产品,此时建造速度和建筑性能需要均衡考虑。

正因为可移动建筑的定位明确,功能清晰,因此,这种特殊的轻型建筑可以实现对研发、生产到建造的完整流程的控制,使其成为一种可以批量定制的建筑工业产品。虽然市场上已经产生了诸多可以批量生产的可移动建筑产品,但建筑师以及产品工程师始终都在这一领域不断尝试各种新的可能,以提高产品的各方面性能,适应复杂多变的社会需求。

二、可移动建筑的历史沿革

可移动建筑产品最早可以追溯到游牧时代,为了满足游牧生活的季节性迁移需求,智慧的古人发明了最轻便的可移动建筑——帐篷。从早期木杆支撑、树叶兽皮覆盖的简单形式到后来由架木、苫毡、绳带组合的蒙古包,再到现代材料多样、形式多元的各种登山帐篷、军用帐篷、展览帐篷等,帐篷已经成为类型最丰富、生产制造技术最成熟的可移动建筑产品之一(图 F1)。

图 F1 传统蒙古包的构造:架木、绳带和苫毡

资料来源:http://image.baidu.com/i? ct＝503316480&z＝0&tn＝baiduimagedetail&ipn＝d&word＝蒙古包

帐篷是所有可移动建筑中建造效率的极致表现,通过轻质杆件形成的支撑结构和弹性的覆盖外围护材料的组合构造,帐篷可以在极短的时间内形成一个"临时庇护所"。折叠构造和轻质覆面材料是确保帐篷方便携带和快速搭建的关键技术:轻质高强的杆件,通过可动式螺栓结构实现在一定范围内的自由折叠,配合弹性布料得以在最短时间内实现空间围

合。帐篷的质量很轻,需要一定的抗风构造加强结构稳定性。早期是采用将帐篷的各角用绳索与插入地面的地钉连接的做法,之后多杆交叉的构造方式被用来进一步增加帐篷的抗风效果(图 F2)。

图 F2 现代更轻更灵活的帐篷结构构造
资料来源:自摄

可折叠的帐篷支架　　　　　塑料卡件与螺栓组成的运动构造

虽然是提供临时的居住功能,但帐篷的覆层材料依然需要有一定的物理性能,如防水、透气、防火、保温隔热等。早期的帐篷一般采用尼龙作为覆面材料,但是尼龙耐光性稍差,长时间受日照时易生黄,强度下降。针对这些缺点,产品工程师研究出各种改善措施,如加入耐光剂以改善耐旋光性,或者制成异形断面以改善外观及光泽,以拉伸变形丝(draw texturing yarn, DTY)或空气变形纱(air textured yarn, ATY)加工或与其他纤维混纺或交织,以改善手感等。除了改进材料,采用多层覆面也可以改进帐篷的性能,比如一种合适各种季节户外活动的四季帐,这种帐篷一般设有双层覆面,一层采用网布用来三季通风,一层用透气布用来冬季保暖。对于行军和紧急救灾用的帐篷,考虑到大量人群聚集的情况,对覆面材料的防火性能会有更严格的要求。为了提供更灵活的大空间用于临时储存、办公、展览等功能,在撑杆帐篷之外还出现了充气式帐篷产品(图 F3)。充气式帐篷可以在保持轻质的情况下实现尽可能大的空间,同时充气的表皮具有更好的保温性能,但充气式帐篷需要不间断地补充气体以保证结构的稳定性。

图 F3 多元的帐篷产品
资料来源:http://image.baidu.com/i? ct=503316480&z=0&tn=baiduimagedetail&ipn=d&word=帐篷

旅行帐篷　　　　　军用帐篷　　　　　临时展览

充气帐篷　　　　　临时居住　　　　　临时医疗

帐篷将可移动产品的构造系统简化到了极致:制造简单、运输方便、建造方便。因此,帐篷成为最通用的可移动建筑产品,尤其是在急需使用的情况下是最佳选择。但帐篷在物理性能和使用功能上存在的天然缺陷,使得其不足以成为一种满足一定使用品质的过渡性可移动建筑产品。为了实现更好的建筑性能和使用体验,在帐篷之外,又产生了两种可移动建筑产品——集装箱单元房和板房。集装箱房是一种利用现有的集装箱产品直接改装而成的可移动建筑产品,由于吊装方便,改造容易,反复使用率高,是一种经济实用的过渡性建筑产品。相比较帐篷,其围护结构的热工性能更好,并且可以安装空调设备,可以提高使用的舒适性;不过由于集装箱本身的材质局限,其整体热工性能不佳。虽然集装箱房建造高效,但受限于其固定的空间形式,功能较单一,并且由于其较大的体积,运输受到了一定的限制,安装的时候也必须通过吊车才能完成,不适合限制条件较多的场所使用(图 F4)。

独立的集装房　　　组合的集装箱房　　　吊装构造　　　简易的性能改造

图 F4　集装箱房是一种可循环使用的轻型建筑产品,高效是其最大的优点,舒适性是其最大的短板
资料来源:自摄

和集装箱房性能类似,但建造更灵活的活动板房是目前市场上应用广泛的一种成熟的可移动建筑产品。在 2008 年四川汶川大地震后,活动板房被大量地作为灾区的过渡性居住周转使用。活动板房是以 C 型薄壁轻钢为骨架,以夹芯泡沫板作为填充结构的一种轻型建造系统,在 1970年由日本的东海株式会发明,也被称为"K 形房"。由于板房采用了骨架和轻型墙板组合的构造方式,因此平面设计灵活,可以以标准模数为基础在水平和垂直维度上自由扩展。连接构造以螺栓为主,方便建造和拆卸后循环使用。虽然活动板房具有快速装配、经济实用、安全抗震、多次拆装、灵活使用的优势,但作为一种长期的过渡性建筑产品,它在围护体上的热工性能、建造的可持续性上依然存在不少问题。

活动板房采用了具有高热阻值的 EPS 泡沫作为绝缘层,但由于形成结构的 C 型钢龙骨与保护泡沫的钢板皆直接外露并互相接触,因此围护体周围充满了"冷桥",室内外的能量绕过绝热层可以方便地交换,绝缘构造形同虚设。另一方面,由于围护体的重量过轻(是普通砖混结构的1/6),围护结构几乎没有"蓄热"作用,室内环境温度极易受到外界环境波动的影响,在寒冷的冬季和炎热的夏季,不借助空调设备,室内的舒适性很差。此外,由于板房在建造过程中需要大量的平整场地工作,在建筑拆除后需要处理大量的场地垃圾,不然会造成对环境的破坏,由此增加了人力资源的消耗。同时由于板房围护系统的彩钢板之间、彩钢板与结构之间的连接多需借助铆接(拉铆连接)方式进行连接,在拆卸过程中难免会造成构件的损坏,从而降低了产品的回收率(图 F5)。

  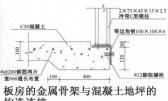

灾后大量使用的临时居住板房产品　　板房的基本构成轻型金属骨架　　作为临时办公、居住的板房产品

暴露钢骨架的活动板房　　板房的基本构成带保温层的轻质板墙　　板房的金属骨架与混凝土地坪的构造连接

图 F5　板房的应用和构造技术
资料来源:周舒. 不同社会价值观下的应急建筑[J]. 建筑技艺,2009(8);http:// www. baidu. com;作者编辑

由此可见,不论是集装箱房,还是板房,虽然在建造过程中有重型结构不可比拟的优势,但在外观、性能和空间使用上的短板,使得这些临时

建筑产品一度成为"廉价"和"低品质"的代名词。毕竟,相比较建造过程,房屋的舒适性才是用户可以直接体验到的建筑品质。那么,如何使得这些批量制造的产品可以在保持高效建造特征的同时,兼具优良的物理性能与一定的美学品质呢? 建筑师需要和产品制造商联合起来,进行深入的研发,寻找更好的材料和建造方式,来实现工艺改良和新的产品形式。

为了进一步提高集装箱单元的使用舒适度和全天候的适应性,一些建筑师与产品工程师保留了集装箱的运输尺寸以及吊装方式,改进了建筑的围护体材料,增加了内部设施以提高产品的使用舒适性。De VIJF 设计公司成立于 1998 年,该公司从 2003 年起开始研究用新的材料和全新的方式建造房屋。公司在荷兰成功地研究并实现了类似集装箱房的空间盒子(spacebox)可移动建筑产品,并将产品的形式作为公司的注册品牌。为了找到更多适合预制装配式建筑的材料,公司广泛地与不同的厂家合作,最终采用了一种柔韧的、半永久性的塑料复合材料。空间盒子采用了轻型框架结构复合轻质墙板的单元盒子形式,在工厂实现包括设备组件的完整的单元组装。空间盒子单元的上面四角预留有与吊装器械连接的构件,底面四角预留有与平台插接构件连接的接口,保证装配的高效性(图 F6)。

图 F6　De VIJF 设计公司设计的更为整体的空间盒子厢式建筑产品
资料来源:照片由张弛提供,作者编辑

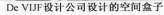
De VIJF设计公司设计的空间盒子　　　　ETH设计的self可移动建筑产品

在先进的制造技术下,这种进化还在继续。ETH 在 2012 年夏季建造了一种可移动的集装箱式微住宅"self"(图 F7)。"self"意味着建筑的完整性:在这个标准的集装箱单元内,集起居、卫浴、厨房于一体,功能齐全,可以通过独立能源供给在任何地方使用。建筑设备全部安置在建筑的一端,包括了太阳能光电光热、供水、排水以及通风等设备。建筑构造设计做到了高度集成化,基础采用了三个液压杆件为一组的独立点式可调基础,可以快速适应有起伏的地坪;墙面采用了铝合金轻型龙骨框架复合木板、岩棉、瓦楞纸等多重材料的高性能保温隔热构造;单元末端的墙板设计了可以电动折叠的运动构造,方便随时打开检修设备;入口处可折叠的太阳能光伏一体化面板(BIPV)打开时既可以吸收太阳能也可以作为遮阳板和雨篷(图 F7)。

虽然"self"在各方面性能上都达到了很高的水准,但如果作为一个投入市场批量生产的产品,它的性价比过低,更像是用于极端条件如科学考察活动中的前沿产品。要实现能够量产的通用产品,材料工艺的经济适用性是重要标准,从成熟的工业产品中寻找合适的材料和制造工艺进行改良的途径更加适用。20 世纪后期,随着制铝技术的成熟,铝合金产品制造工艺的进步已经使其具备了成为一种新的轻型建造材料的潜力;在不同国家、不同的建筑师以及研究机构的轻型建造系统的研究与实践中,铝合金得到了越来越多的应用。

图 F7-a ETH 设计的"self"可移动建筑产品

太阳能、暖通设备控制器　　室内环境智能调节设备

卫浴设备　　　高度可调节的液压基础　　多层材料复合保温墙体构造　　可变的BIPV太阳能遮阳板

图 F7-b "self"全面的设备以及高性能的构造技术

资料来源：照片由赵虎提供，作者编辑

三、可移动铝合金建筑产品实验

铝元素不仅储量丰富，根据全生命周期（life cycle assessment，LCA）的评价标准，还符合 4R 原则[1]。铝材的密度仅为铁的 1/3，具有轻质高强的优点，在大气中能够形成稳定的氧化膜，耐候性良好。另一方面，铝材易于塑性加工，经过挤压成型可以加工成自由度较高的断面形状，并且具有极高的加工精度。铝最早在 19 世纪末被用于建筑中，主要作为螺丝、螺帽、栏杆扶手等零部件，由于当时的制造工艺不成熟，应用并不广泛。军工、汽车以及航天制造业的发展促进了铝制产品的发展，尤其是在混合其他微量元素形成铝合金后，产品构件强度得到了提高。从 20 世纪 60 年代开始，铝合金作为窗框材料开始在建筑中得到了推广应用。

日本是最早将铝合金作为建筑结构材料使用的国家之一，从 20 世纪 70 年代开始，一些日本建筑师就开始致力于铝合金结构型材的研究。冲绳海洋博览会（1975）上建成的海滨市场（Seaside Bazaar）观光设施就是最早在这方面的探索，在这个项目中采用了十字形断面的铝合金柱。能源危机的产生对需要消耗大量电力的铝合金产品制造业产生了重大影响，直到 21 世纪初，关于铝合金制造工艺的研究才重新开始。2002 年，日本的《建筑基本法》正式认定铝合金为正式的建筑结构材料的修正为铝合金结构产品的发展奠定了重要基石，也导致了铝制建筑如雨后春笋般层出不穷。其中著名的有生态实验铝之宅（难波和彦，1999）、SUS 福岛公司员工宿舍（伊东丰雄，2005）、铝制村舍（伊东丰雄，2004）、格罗宁根住宅（伊东丰雄，2005）等[2]（图 F8）。

考虑到铝合金比钢结构更轻的特性，其完全具备了成为一种新的可移动建筑产品结构形式的可能。在 2008 年纽约举办的"装配住宅展"（home delivery）上，研究人员展示了以铝合金作为结构材料的两种截然不同类型的可移动建筑产品原型。"迷你居住房"（micro compact home）是一种类似集装箱单元房的临时居住产品，但空间更为紧凑。迷你居住房采

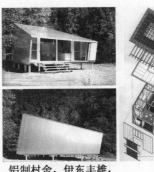
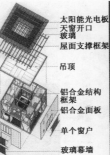

图 F8 日本的铝制建筑实践

资料来源：王海宁,张宏,唐芃,等.工业化住宅之铝制建筑发展历程：以日本铝制住宅发展现状为例[J].室内设计与装修,2010(8)

铝制村舍，伊东丰雄，2004

生态实验铝之宅的构造系统，难波和彦，1999

用了柯布西耶的人体模数，单元体量为 2.6 m×2.6 m×2.6 m 的标准立方体（图 F9）。建筑分为主体和基础平台两个模块，基础平台抬高 960 cm，下面用于安置设备管线。主体单元模块采用铝合金框架结构和铝合金复合保温材料的围护体组合。建筑内集成了完整的厨房、卧室、卫生间和客厅功能，管线和电路接口都预先集成在围护体墙板上，并使用了折叠家具，提高了空间使用的效率和灵活性。建筑的能源供给可以由外接的太阳能设备提供，使得建筑具有了一定自给自足的能力（图 F9）。虽然体量有限，但精良的工业设计赋予该产品高品质的用户体验。

图 F9 装配住宅展中展出的铝合金迷你住宅产品原型

资料来源：http://www.treehugger.com/modular-design/first-pix-of-home-delivery-prefabs-in-new-york.html

1. 活动平台
2. 入口
3. 滑动门
4. 卧室门口
5. 生活空间

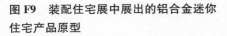
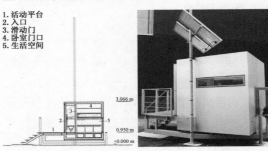

在这次展览中，另一件展示品"玻璃房"（cellophane）同样采用了铝合金结构，不过和"迷你居住房"的设计理念完全不同，后者充分展现了铝合金结构空间组合的灵活性。"玻璃房"的功能定位为城市中心地段的临时办公建筑，可以快速建造和拆除，对环境影响很小。模块化设计是该产品的核心理念，每一层都由一个完整的单元模块构成，现场按模块的划分逐层安装（图 F10）。如同这个建筑的名称一样，从外墙、内墙、屋面到楼板、楼梯乃至栏杆全部都采用了透明、半透明的材料（玻璃、树脂（PET）等），赋予"玻璃房"清澈透明的个性。但从整个建筑建造的过程中，我们看到更多的是利用工业铝合金结构型材进行模块化装配设计的灵活性，以及铝合金构件与各种不同面板组件组合的多样性。

图 F10 "铝合金玻璃房办公建筑"展示了工业铝型材高效的建造效率以及灵活的构造连接工艺

资料来源：http://www.treehugger.com/modular-design/home-delivery-wrapping-it-up-with-the-cellophane—house.html

半透明的合成树脂楼板   BIPV太阳能光电板

五层高的"玻璃房"   模块化生产装配   半透明的合成树脂内墙板   复合PV的透明树脂面板

基于铝合金的轻型建筑产品研发同铝合金工业产品的制造工艺,尤其是同工业铝型材产品的发展关系密切。工业铝合金型材相比较钢材具有自重轻、精度高、耐腐蚀、连接方便、易拆卸、可回收利用等优点。另外,工业铝型材种类丰富,从 15 系列到 100 系列,有着十几类近百种不同系列的标准型材可以用于不同空间跨度的承重结构和辅助结构构件;同时,齐全的螺栓、螺母和各种角度的连接件(90 度、45 度以及各种非标准角度)、塑料封条、异性材等配件为型材的快速连接以及与其他产品多样的连接提供了有力的支持(图 F11)。除了结构型材,铝合金还有丰富的内装和外装饰面板产品,其中包括了复合保温材料的保温装饰一体化的面饰产品。

不同的种类的工业铝型材　　连接型材的不同功能的角件　　专门用于型材与角件连接的T形螺栓

图 F11　丰富的工业铝型材产品以及配件
资料来源:http://www.aps.com.cn/

　　尽管铝合金产品系列丰富,但这些市场通用的工业零部件产品并不能直接组合成为完整的建筑系统。不论是"迷你居住房"还是"玻璃房"都是在现有的产品基础上进行了重新设计和整合才形成了各具特色的产品。这其中不仅包括了对结构构件以及围护体构件的工艺改进,还包括了对缺失的基础、屋顶、设备等方面产品的的重新设计与研发,这个过程需要建筑设计以及产品供应商组成完整的研发团队进行长期的、有针对性的研发设计。现在,不仅是直接面对市场的建筑设计研究机构,而且建筑产品制造商对铝合金可移动建筑产品的研发也产生了浓厚的兴趣,一些有实力的高校建筑院系也看到了该产品的应用前景,开展了相关方面的研究。

第二节　基于"开放的闭环"的研发流程设计

一、研发团队与技术手段

　　从 2011 年开始,东南大学建筑学院建筑技术科学系(2015 年整合发展成立建筑技术与科学研究所)以与苏黎世联邦理工学院(ETH)关于紧急建造研究的联合教学为契机,逐渐确立了以工业铝型材作为结构材料的多功能可移动建筑产品研究方向,开展了一系列研发工作,并取得了阶段性成果。从 2011 年至 2014 年,东南大学建筑技术科学系团队分阶段、分模块逐渐完成了从简单的集装箱单元铝合金房到可灵活组合的多功能铝合金房,再到功能完善、性能突出的"微排屋"等针对不同需求的可移动产品系列设计与建造实验。在研究过程中,通过基于封闭系统的产品流程设计、构造设计以工业铝合金型材产品为基础,在结构的稳定性、空间的可变性、围护体的热工性能、组件装配的高效性、产品发展的可持续性等方面进行了细致而全面的考虑,形成了一套高度定制的产品零部件和装配工艺(F12)。

铝合金集装箱单元房产品原型，　　　　"微排屋"—铝合金可移动太阳能住宅产品原型，
2011　　　　　　　　　　　　　　　　　　2013

图 F12　铝合金可移动建筑产品系列研发和建造实践
资料来源：自摄

铝合金太阳能居住产品建造实验，　　　　铝合金多功能办公建筑产品，
2012　　　　　　　　　　　　　　　　　　2013

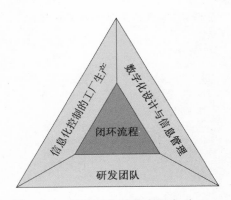

图 F13-a　闭环流程的基本组成

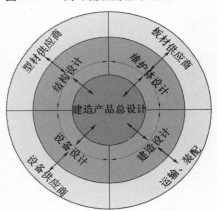

图 F13-b　整合的团队与产业联盟
图 F13-c　并行的流程结构
资料来源：自绘

为了激发产品研发的创造力，闭环的流程设计在一开始就被确立下来并贯穿整个产品研发过程。为了使产品研发工作可以被高效地推进，东南大学建筑学院的建筑技术与科学研究所不仅在内部凝聚了结构、暖通、电气设备等诸多专业的研究人员，还和外部的铝合金型材、板材生产商、家具制造企业、厨卫产品商、太阳能设备企业等建立了密切的合作关系。在并行的流程设计中，这些零散的建筑零配件供应商被整合在一起，成为铝合金可移动建筑系列产品的产业联盟，保证了产品从设计到生产制造，再到建造全过程的连续性（图 F13）。诸多有原创性的产品如可调节的基础、多样的围护体组件（保温装饰一体化面板）、可增添的设备（厨卫、太阳能光电、光热等）以及高效的装配工艺都在研发的过程中得以迅速推进。设计部门和生产部门的密切配合使得产品部件的试制、测验结果可以及时得到反馈，问题也能迅速地被改进，既保证了产品的原创性，又加快了研发进度。

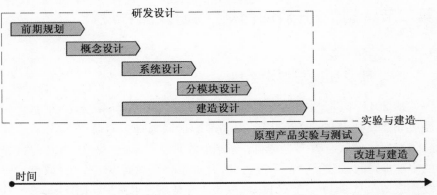

为了实现并行设计及多专业和不同生产部门之间的快捷交流，团队建立了以建筑信息模型（BIM）[3]为基础的信息管理平台（图 F14），通过统一的建筑信息模型，形成流畅的信息共享、交流、反馈渠道，同时，通过分层的信息协同相关部门，减少交流屏障，使所有的设计、生产、建造等信息的传递准确而有效。由于建筑信息模型是虚拟真实的建造模型，因此保证了建筑整体可以拆分为不同部分的组件和模块，由不同的设计部门

同时推进研发工作,所有局部问题的调整和改进也能得到迅速反馈,确保拆分后的各个模块最终组装时依然可以实现"无缝连接"。最终由建筑信息模型生产的物料清单(工程物料清单(EBOM)和制造物料清单(MBOM))(图F14),直接传输到各个不同产品的生产企业完成零部件的生产,然后在工厂组装成模块,最终在现场完成整体安装。

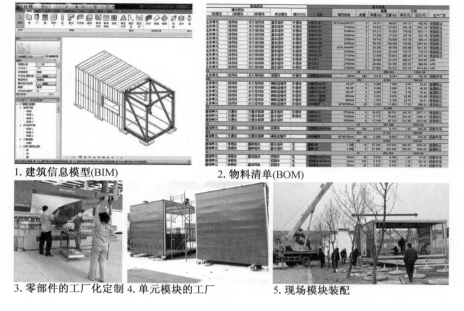

1. 建筑信息模型(BIM)　　　　　　　　2. 物料清单(BOM)

3. 零部件的工厂化定制　4. 单元模块的工厂　　　5. 现场模块装配

图 F14　由信息化技术控制的设计、生产、建造全过程

资料来源:铝合金可移动建筑设计团队提供,作者编辑;自摄

二、模块化设计与装配技术

不论是从系列产品多样的功能需求角度出发,还是从装配的高效需求来考虑,模块化都是产品设计整合的重要方法。从功能角度考虑,可移动铝合金建筑产品既可以作为集装箱单元居住产品,也可以通过单元组合成为具有灵活空间的多用途产品,因此如何设计单元模块的空间形式,使其同时具有单独使用和各种组合的多样性成为研发的重点。模块设计主要分两个部分:设计模块与装配模块、概念模块用于控制流程的并行开展;装配模块用于控制建造方法和构造技术。

设计模块包括了建筑、场地、运输和装配四个部分,在每个主要模块下再进行分级的模块划分,然后分配到相应的设计团队进行协同设计(图F15)。装配模块作为建造方法的最终形态,体现了高度集成化的构造设计方法。尺寸控制是装配模块设计的关键,作为可移动建筑产品,既需要考虑使用者的舒适的空间体验,也需要考虑运输的合适尺寸,同时还要兼顾铝合金型材的结构受力合理性。考虑到围护体构件的不确定性,通过限定单元结构框架的尺寸来控制单元模块的整体尺寸是比较合理的方法,而铝合金型材本身的高精度特点也有效控制了装配单元的尺寸误差,有利于实现多模块之间的灵活组合。在参考标准集装箱尺寸(6 058 mm×2 438 mm×2 896 mm)的基础上,综合各项因素,最终设计的单元模块结构框架尺寸确定为 5 800 mm×2 200 mm×2 700 mm(图F16)。

在装配模块的基础上,其他分模块的设计就可以协同开展了。虽然大部分的集装箱单元产品并没有独立设计基础,但考虑到以下两点因素,完善的基础系统对于可移动建筑产品是相当重要的。第一,需要应急使用的场所通常场地都是不平整的,如果单独为了找平而进行大量的平整

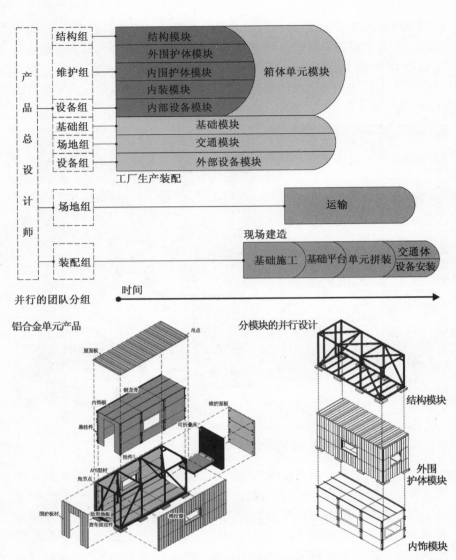

场地工作，不仅耗时耗力，还会对环境造成一定影响；第二，考虑到多模块扩展的可能性，在多个模块组合的建筑产品中，可快速搭建的基础平台是保证模块精确组合的重要前提（图 F17）。

在基础模块之外，另外一个需要重点设计的就是设备模块。虽然设备本身是由不同的厂家提供的（比如太阳能光电、光热设备，厨卫设备以及相关的电气、给排水管道等产品），但设备安装的空间、管道之间的走线、接口安排都必须由整体设计决定，而不是由厂家随意布置。这就需要在模块设计中综合考虑合理的设备安置空间、特殊的设备组装构造、管道走线的布置以及在墙板等围护体组件上预留穿线孔洞。

在主体、基础以及设备模块确定之后，就可以在不同的模块内进行细化的组件和零部件设计。比如在装配单元模块中进行框架结构、地板、外墙、屋顶、内装等设计；在基础模块中进行基础平台、支撑基角、垫层等设计；在设备模块中进行太阳能设备、厨房、卫生间等设备产品的选择以及设备在主体建筑内的布置、与结构的连接、设备之间的接口设计等。虽然各个组件是在分模块内由不同的设计部门与供应商完成设计与生产制造的，但在并行流程体的总体控制下，这些零部件是为了实现共同的性能标准而作为一个整体的系列被设计出来的，不同的零部件（组件）之间有着完整的兼容性。

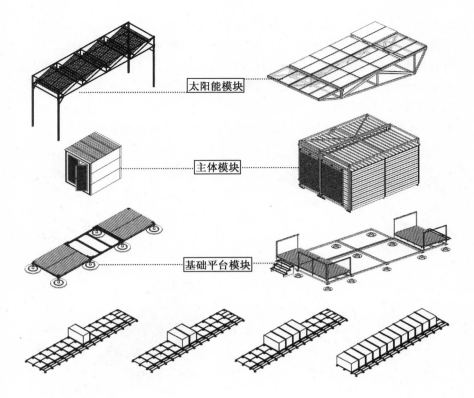

太阳能模块

主体模块

基础平台模块

图 **F17-a** 完整的模块设计

图 **F17-b** 多模块组合的大空间
资料来源:铝合金可移动建筑设计团队提供,作者编辑

第三节 基于整体性能设计的系列零部件

一、主体结构

在对比多家工业铝型材企业之后,设计团队确定了上海某工业铝型材配件有限公司作为结构型材的供应商。该企业的工业铝型材规格齐全,从 15 到 100 系列[4],有着丰富多样的产品系列,可以作为满足不同承重需求的结构构件。经过结构工程师的计算和优化,在 6 m 的极限跨度内结构设计确定了最合理的结构组合形式:主要的承重结构构件柱和柱梁采用 80 系列的工业铝型材,具体可分为 APS-8-8080 型、APS-8-8080W 型、APS-8-80120 型等。APS-8-8080W 型是普通 8080 型材的加强型,通过增加型材的截面厚度增强了抗压强度,是结构框架中最基本的构件,在跨度不大的情况下,或者中间有柱支撑的受力形式下,所有的柱梁构件都可以采用 APS-8-8080W 型号的铝型材(图 F18)。

如果需要实现无柱的大空间,APS-8-8080W 的型材作为主要柱梁构件就不再适用,这个时候可以采用 APS-8-80120 甚至 APS-8-8-80160 加宽型的构件或者双层叠合构件的方式。如在可移动临时办公建筑产品中,考虑到办公空间的灵活使用性,在 6 m 长的单元模块跨度内没有增加额外的结构柱,因此主梁和四角的支撑柱都采用了加强型的结构构件和构造技术。其中支撑柱采用了 APS-8-80120 型材,而主梁则采用了两根 APS-8-8080W 构件叠合的组合梁构造技术。这种构造方式和古代木结构构造技术中的拼合构件的原理是相同的,只不过工艺更加精致和简洁:只要在叠合梁构件凹槽中相同的位置预先打好孔,用特制的长螺栓就可以将两根梁紧密地联系在一起,这种方式可以有效地弥补铝合金在绝对强度上与钢材的差异。这也是纽约装配建筑展中的"玻璃房"可以通过工业铝型材实现五层高的结构框架的关键技术,在该案例中,主梁采用了APS-8-80160的双层加宽型叠合梁组合构造。东南大学建筑学院建筑技术与科学研究所研发中铝合金可移动建筑产品是单层的,因此采用APS-8-8080W的叠合梁构造就可以满足荷载的受力要求。

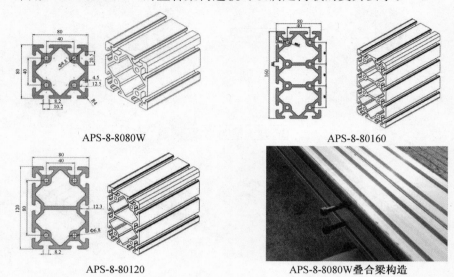

APS-8-8080W

APS-8-80160

图 F18 结构框架中使用的基本工业铝型材类型和组合构造
资料来源:http://www.aps.com.cn/;自摄

APS-8-80120

APS-8-8080W叠合梁构造

除了主要的梁柱构件,单元模块还采用了次梁、斜撑等加强构造措施。屋顶是受力较复杂部位,不仅要考虑正常使用的各种荷载,还要考虑到模块吊装时候的荷载作用,因此在柱梁之间采用斜撑构件进行加固是有必要的。除了屋顶,只要是不开窗和不影响室内空间使用的围护面,适当地增加斜撑构件可以有效地提高单元模块的整体结构强度;而对于不方便增加支撑柱的模块,在保证正常使用荷载计算的结构安排下,在吊装的过程中必须安装加强结构稳定性的临时支撑构件,以确保在额外的荷载作用下单元结构不会出现较大的变形。比如南京陶吴镇台创园的可移动铝合金办公建筑,是由12个单元模块拼装的组合建筑。为了满足大空间的办公功能需求,除了边缘的两个模块,中间的模块在6 m的跨度中间都没有加支撑柱。为了保证吊装的过程中这些单元模块的结构强度,在吊装前在中间预先增加临时支撑柱,吊装完成后再拆除(图F19)。

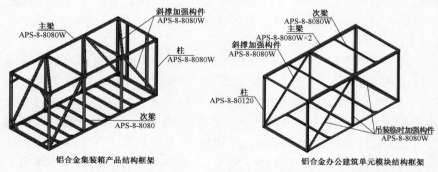

图 F19 铝合金单元结构的构造
资料来源:自绘

铝合金集装箱产品结构框架

铝合金办公建筑单元模块结构框架

基于工业铝型材的选择与组合的结构设计是可移动建筑产品构造系统的基础,在此之上,为了提高现有的可移动建筑产品在热工性能上的缺陷,围护体组件的设计更为重要。

二、围护体组件

围护体组件的设计关键主要有两个：一个是材料的选择，绝缘材料的"热阻"和"热容"是围护体热工性能的重要保障；另一个则是围护体的冷桥隔断构造处理，即使使用了高性能的绝缘材料，如果不做好构造的绝缘处理，建筑围护体的热工性能也会大受影响，活动板房就是最好的例证。由材料与构造层级形成的"阻"与"容"的热工特性也是"绝热"与"蓄热"构造措施的体现。

在重型结构领域，由于可以大量采用重质的绝缘材料，因此围护体的"蓄热"性能通常可以得到一定程度的保证，但在轻型建造系统，尤其是可移动建筑产品中，考虑到建筑整体轻质的特性，围护体材料通常不能使用普通的重质绝缘材料，如砌块，那么均衡就成为设计需要重点考虑的问题。采用什么样的绝缘材料是合适的，不仅需要考虑建筑产品的功能需求，还要综合环境要素以及特定使用工况的影响。从使用功能上来说，可移动建筑产品主要可以分为居住、办公、展览等功能，其中居住对于热工性能的要求是最高的，而临时办公与展览则略次之。从气候条件来说，要使得建筑产品具有广泛的适应性，应当综合考虑典型的冬冷夏热型气候特征，冬季对南向的采光得热需求较高，夏季则需要有良好的室内通风环境。考虑到不同类型的产品和使用工况，围护体设计团队设计了三种类型的围护体产品，其中两种是铝板复合保温材料的装饰一体化组件，另一种则是木板复合保温材料组件。

在用于灾后紧急建造的单元铝合金房的产品设计中，设计不仅考虑了围护体的热工性能，还考虑到建筑的防火性能，因此围护体组件的绝缘材料考虑了无机保温材料。在对诸多无机保温材料进行性能和工艺比较之后，并在与材料学院的配合下，团队研发了一种铝板复合泡沫混凝土[5]无机保温材料的新工艺。泡沫混凝土具有轻质高强、抗震性强、整体性好、耐久性高、防水效果好的特点，相比较有机保温材料，还具有防火的优势。在此基础上联合铝合金板材生产商研发了铝板复合泡沫混凝土集保温装饰一体化产品的工艺：在工厂内，利用现有的铝板生产技术将不同类型的面板在工厂内加工成带肋的特殊形式（加强铝板的结构强度与泡沫混凝土的结合强度），然后将泡沫混凝土灌入预制的面板中，覆以抗裂网格布，等泡沫混凝土凝结后再附上铝箔形成用于安装的最终产品组件。虽然组件的制作工艺复杂了，但高度集成的构造和工厂化预制工艺提高了最终的装配效率（图F20）。

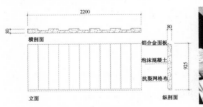
复合保温铝板构造

工厂样品试制

成品：装饰保温一体墙板

图 F20　工厂预制的铝合金复合无机保温材料墙板

资料来源：铝合金可移动建筑设计团队提供；自摄，作者编辑

虽然泡沫混凝土的蓄热性较好，但由于其密度较大，因此必须对组件的尺寸进行限制。将组件的尺寸限制在一定的范围内一方面避免了泡沫混凝土质量过大而引起铝板变形，另一方面将组件的总体质量控制在两个工人可以操作的范围内，不会影响到安装的便利性。在铝板复合无机

保温材料的工艺研发基础上,团队又研发了铝板复合聚氨酯材料的保温装饰一体化组件的生产制造工艺(图 F21)。相比较前者,由于聚氨酯的质量轻,铝板的尺寸可以加大,由此可以减少外围护体墙板的缝隙,另外,减少了加强结构强度的带肋构造,铝板的制作工艺也更加简洁。这种围护体产品组件适用于对防火性没有较高要求的可移动建筑产品类型,由于组件的重量大大减轻,装配效率更高。不论是铝合金复合无机保温材料还是有机保温材料,都不是唯一发挥"热阻"与"热容"功能的单一构造措施。不仅组件之间的缝隙采用了绝缘的密封处理,内外围护体之间还增加了一层绝缘材料减少冷桥产生的可能,进一步提高建筑围护体的综合热工性能。

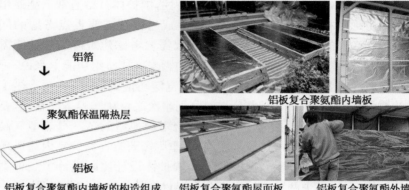

铝箔

聚氨酯保温隔热层

铝板

铝板复合聚氨酯内墙板

铝板复合聚氨酯屋面板

铝板复合聚氨酯外墙板

图 F21　铝板复合聚氨酯墙板系列产品
资料来源:自绘、自摄

铝板复合聚氨酯内墙板的构造组成

虽然在围护体组件与结构构件连接的时候做了特殊的绝缘构造设计,但过多的金属构件难免会产生一定的冷桥从而影响建筑的热工性能。经过反复的实验和调整,在对热工性能有着较高要求的铝合金可移动居住产品原型——"微排房"的设计中,团队采用了一种新的围护体构造系统设计。考虑到无论采用何种外保温组件设计,都会产生较多的连接间隙,因此内保温成为绝缘设计的基本思路。虽然,将保温层与装饰层分开处理增加了安装工序,但可以使得保温层更好地发挥绝缘作用。鉴于金属板材的热阻性较差,设计采用了热阻性更好的木板作为内保温组件的主要组成,在双层木板的空腔内复合了岩棉材料加强绝缘效果,木板朝向外部环境的一侧还附加了一层铝箔以增强保温组件的"蓄热"性能,材料的构成不仅符合热工学理论原则,还进行了精确的模拟计算。

将墙体、地面、屋顶及门窗等围护结构均设定为虚拟层,以聚氨酯为虚拟层计算围护结构的热阻。在确定基础参数(表 F1)后,通过改变聚氨酯的厚度,当达到 120 mm 时住宅的冷热负荷的变化趋势明显减弱。因此从节能角度分析,以聚氨酯为虚拟保温层的围护体厚度的最佳值为 120 mm。聚氨酯的导热系数 $K=0.024$ W/(m·k),确定厚度 $L=0.12$ m,得传热系数 $C=K/L=0.2$ W/(m²·k),热阻 $R=1/C=5$(m²·k)/W。根据模拟的数值和围护体所采用的材料,设计确立了每一个材料的厚度和相互组合关系,最终确立的围护体构造材料组合从外到内依次为:4 mm 铝单板＋60 mm 聚氨酯＋25 mm 木工板＋70 mm 岩棉＋25 mm 木工板。其热阻 $R=R1+R2+R3+R4+R3$,$R=L1/K1+L2/K2+L3/K3+L4/K4+L3/K3$。$R=0.004/121+0.06/0.022+0.025/0.15+0.07/0.037+0.025/0.15≈2.73+0.17+1.89+0.17$,得 $R=4.96$(m²·K)/W≈5(m²·k)/W。从墙体到地板再到天花板形成完整的、高度封闭的内保温层,将冷桥产生的可能性降到最低(图 F22)。

表 F1 "微排屋"围护体构造材料的导热系数

材料	聚氨酯	铝型材	铝单板	木工板	岩棉	挤塑板
导热系数 K [W/(m·k)]	0.022	80	121	0.15	0.037	0.0289

资料来源:自绘

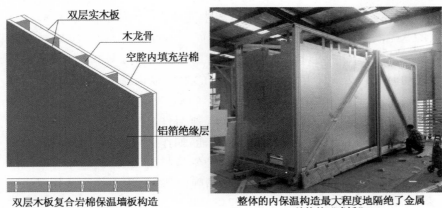

双层实木板
木龙骨
空腔内填充岩棉
铝箔绝缘层

双层木板复合岩棉保温墙板构造

整体的内保温构造最大程度地隔绝了金属结构的"冷桥"

图 F22 双层中空木板复合岩棉保温墙板
资料来源:铝合金可移动建筑设计团队提供,作者编辑;自摄

经过一系列的实验,团队从材料选择、构造层级以及节点处理等综合方面的系统设计有效地改善了围护体的热工性能,较好地平衡了可移动建筑产品建造效率与使用舒适性能之间的矛盾。

三、基础

通常关于建筑基础的观念就是与大地紧密接触以保持建筑结构的稳定性,这一点在森佩尔的基座要素以及与之对应的砌筑工艺中也得到了显著的体现。尤其是随着现代建筑体量和高度的日益增加,基础的埋深和处理技术也愈发复杂。深埋地下的基础不仅需要考虑结构的强度,还要考虑防水、防冻、防腐蚀等诸多耐久性问题,因此采用混凝土基础也成为通常的选择。

但当上层建筑形态与质量发生质的变化后,基础的处理原则也并非一成不变。与深埋地下的整体基础所不同的策略,在早期轻型建造系统中就已经出现了。当上层建筑的自重与荷载显著降低后,结构的整体抗震性能也会得到加强,进而也减轻了基础的结构强度,传统的木结构建筑就具备这样的潜质。在大多数常年气候炎热的地区,为了实现舒适的通风环境,从结构到围护体都会采用木材,而为了防止底层潮气的影响,将建筑抬升脱离地面就成为自然而然地应对气候的策略,由此诞生了一种轻型基础支撑形式——撑脚基础(传统的"干阑式"基础)。这种点式的独立基础为建筑设计带来了诸多新的可能:基础的工作量减少了,节约了时间与成本;底层的空间可以用于对舒适性要求不高的辅助功能区(如传统干阑式建筑底层作为牲畜圈、厕所),既可以充分利用空间,也不影响使用的舒适性。对于可移动建筑来说,这种基础在建筑迁移的过程中,不会对既有环境如植被、土壤造成不可逆转的破坏。除了上层建筑质量、形态以及功能使用上的考虑,从结构的合理性来说,由于可移动建筑产品大多采用轻型框架结构,主要受力荷载最终落在点式的结构柱上,因此采用独立

的点式基础也合乎建筑的受力机制。因此,采用撑脚基础不仅符合可移动建筑产品的结构形式需求,还对环境的可持续发展以及建筑空间灵活拓展有着诸多益处。

确立了以撑脚式基础为核心设计理念之后,团队根据模块化装配的工序将基础模块的功能进一步分解进行细化设计。第一个问题就是,主体单元模块如何与基础连接?是直接连接还是间接连接?这个问题的最佳解决策略从装配的过程来看,显然是间接连接更合理:因为采用了独立式撑脚基础,在安装过程中要使得主体建筑结构柱和每个点的基础实现对位需要极高的安装精度。不仅如此,在对位的同时还要将主体与基础固定,而且必须是所有的点都对齐了才可以操作,这种方式耗时又耗力。于是采用过渡连接的策略很快就形成了,这个过渡组件就是基础平台。

基础平台不仅是承上启下的重要过渡组件,也是单元在任意水平位置拓展的基准,同时还可以连接附属功能,如作为设备系统的承载、入口和景观休息的平台等。基础平台由工业铝型材组装而成,尺寸与单元模块的结构尺寸保持一致以实现连接的精确性(图 F23)。作为基础模块的核心部分,独立撑脚不仅需要具备足够的强度,还要具有灵活调整的可变性,这样才能保证在不需要大量平整场地的情况下可以迅速地完成基础平台的调平作业。在考察和调研了大量工业产品之后,团队决定采用螺纹千斤顶作为撑脚的核心构造组成,这种千斤顶具有高承载力、操作简易、经济适用等优点。在该产品的基础上,团队对其进行了特殊的改进设计:在千斤顶的顶部增加了可以与基础平台连接的节点板;在中部增加了钢管提高了撑脚基础的高度;在底部增加了圆形底盘,用以增加撑脚与地面的接触面积,增加基础的稳定性(图 F24)。

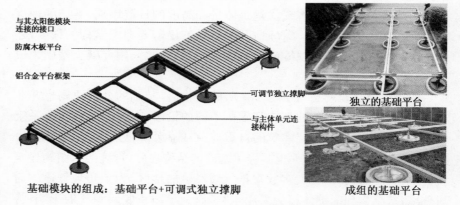

图 F23 由可调式撑脚与基础平台组成的基础模块
资料来源:铝合金可移动建筑设计团队提供,作者编辑;自摄

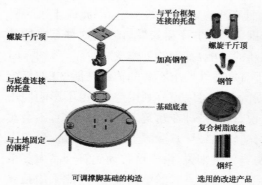

图 F24 可调式撑脚基础的构造设计与产品改进
资料来源:铝合金可移动建筑设计团队提供,作者编辑;自摄

这种经过改进后的撑脚基础具有较强的场地适应性,既可以用于具有一定平整度的硬质场地上,也可以用于起伏不定的松软地形中。不过根据地质的差异,一定的地基处理还是必要的:在土质条件较好,不会发生明显沉降的场地上,一般只需要在撑脚下增加碎石垫层,再通过钢钎穿过撑脚底盘与大地加固即可;如果场地地质松软,地基承载力较弱,容易产生不均匀沉降,则还需要做特殊的基础加强设计。在南京陶吴镇台创园的可移动铝合金办公建筑工程中,场地为未经处理的软质土,且一边有陡坡,为了避免不均匀沉降的出现,在安装撑脚基础组件前,在场地内预先为每个撑脚建造了独立的砖基础。在砖基础之上,特制的混凝土圈用来固定细石垫层,成为独立撑脚的缓冲层。虽然进行了一定的地基处理,但对场地的影响是有限的,如果日后建筑迁移或拆除,可以迅速恢复原先的地貌(图F25)。

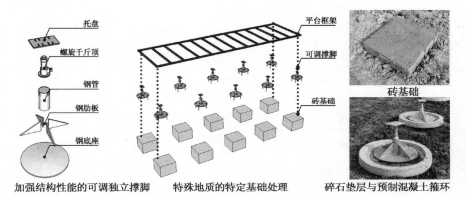

加强结构性能的可调独立撑脚　　　特殊地质的特定基础处理　　　碎石垫层与预制混凝土箍环

图 F25　在特定的工程中,基础根据地质条件进行灵活的调整
资料来源:自绘、自摄

由于基础模块和装配模块的生产与建造过程是同步进行的,因此在主体模块完成之前,基础的建造与平台的调整就已经完成了,实现了高效的并行建造流程。从可移动太阳能房到多功能可移动办公建筑,再到"微排屋",每一个不同功能和形式的可移动产品都采用了原理相同、灵活可变的基础模块。正如阿尔瓦·阿尔托指出的,建筑的标准化不应造成相似的建筑或者不能改变的实体,而应该深入建筑的构件和元素的内在系统中,以一种有机的方式着重保留这些元素的性质,使它们能构成无穷的不同组合形式。基础模块作为标准组件的同时也具备了可更改和添加的功能,同时又不需要为适应不同的情况改变组件的生产工艺和组合原理,这样就保证了产品实现标准化的同时具有较大的自由度和可变性。

四、设备体与装修体

设备主要包括了建筑能源供给(太阳能光电、光热等)、环境调节(空调)以及功能使用(厨房、卫生间)三部分。设备是一种灵活可变的模块,根据建筑具体的使用功能需求增减,有些产品根据功能由供应商提供现成的产品,由设计团队完成产品的布置与接口设计,有些产品则需要根据特定需求重新设计以及定制。

太阳能设备是为了实现可移动建筑产品能源自给自足而采用的一种通用产品。根据能耗设计确定(表F2)的太阳能光电(热)板以及逆变器设备由太阳能厂商提供(表F3),但是如何与建筑主体单元结合,依然需要特定设计的结构以及围护体组件。由于建筑内部空间有限,又不能将设备直接暴露在外部环境之中,就需要根据设备的尺寸定制保护设备的容器,容器不仅需要具有保护的作用,还要考虑到可以及时将设备运转时产生的热量排走,以免设备过热,因此在容器的外表面上需要做排气孔构造处理(图F26)。

表F2 太阳能光伏电板的量算

	算例一	算例二	算例三	算例四	算例五
模型					
光电板(m²)	7.9	18	18	22	18.9
换气(次/h)	2.5	2.5	6	6	6
热阻(m²·k/W)	5	5	5	5	5
开窗(m²)	0.8	0.8	0.8	0.8	4.9
耗能(GJ)	0.45	0.45	0.57	0.57	0.45
产能(GJ)	0.20	0.46	0.46	0.56	0.46

资料来源:铝合金可移动建筑设计团队提供

表F3 太阳能设备的选型与设备安装设计

设备	光伏电板	离网逆变器	ROWER系列控制器	铅酸维修蓄电池	机 柜
型号	钢化琉璃层封装	SN110 10KSD1	SD110 100	12V 242Ah	—
数量(个)	12	1	1	20	1
尺寸(长×宽×高,mm)	1 600×982	800×1 800×600	482×266×455	520×269×203	1 700×1 200×1 900
重量(kg)	300	200	40	1 440	100
厂家	阿特斯	阳光电源	阳光电源	大力神南京代理	—
价格(元)	18 000	—	—	42 000	—
备注	—	最大启动功率8 kW	光伏阵列输入控制路线(4>3)110 V系列	串联10组之后并联2路	—

资料来源:铝合金可移动建筑设计团队提供

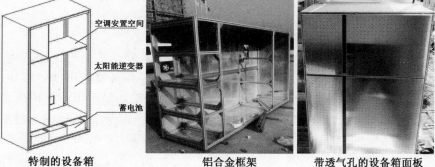

图F26 "微排屋"中特殊定制的设备箱
资料来源:铝合金可移动建筑设计团队提供,作者编辑;自摄

特制的设备箱　　　　铝合金框架　　　　带透气孔的设备箱面板

相比较设备的容器,用于支撑光电(热)板的支架设计要更加复杂,支架的结构形式不仅需要考虑光电板的数量、利于光电板吸收太阳能的角度,还要考虑支架主体结构连接的方式。综合考虑上述因素,支撑结构采用整体桁架形式是比较合适的。在可移动太阳能实验房和"微

排屋"太阳能支架设计中,都采用了桁架式的支撑结构,根据太阳能板的数量选择合适的工业铝型材。同时利用桁架本身的支撑斜杆兼作夹固太阳能光电板的构件,斜杆的角度以太阳能光电板最大吸收太阳能效率需求为准。在"微排屋"的设计中,由于建筑内部配置了完善的厨卫、水电设施,因此对能源供给的需求更高,在太阳能系统的设计中不仅增加了光电板的数量,还增加了太阳能光热板。由此桁架的结构强度需要相应的提高,于是,团队设计了结构强度更大的梯形桁架支撑形式(图 F27)。

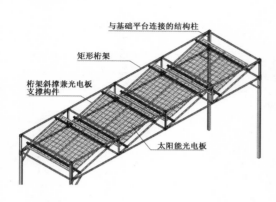

图 F27-a "可移动太阳能实验房"中的矩形太阳能桁架结构

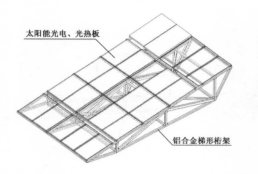

图 F27-b "微排房"中梯形太阳能桁架支撑结构

资料来源:铝合金可移动建筑设计团队提供,作者编辑;自摄

通常情况下,厨房、卫生间以及家具都不会是建筑师所关心的问题,因为这些装修模块一般是在主体建筑完成之后由其他设计与生产部门介入的,建筑师只要提供一个基本的空间尺度就可以了。但是在可移动建筑产品中,每一寸空间都是需要精心设计的,否则,未经考量的布置会影响用户的使用体验。在有限的空间内要让用户获得更舒适的使用感受,就要紧凑地安排功能空间,并创造可以自由变化的空间。具体的策略主要有以下几点:① 将必要的使用功能尽可能压缩,使得能够满足正常使用的同时不占用过多空间;② 采用可折叠的家具,节约空间使用;③ 利用可移动隔断,赋予空间灵活可变的多用途性。

"微排屋"虽然只有不到 30 m² 的空间,但通过以上合理的功能分配与装修设计,实现了一个"五脏俱全"且灵活多变的可移动居住产品。首先,设计将必要的功能空间与可变的功能空间进行了明确地区分:厨房、卫生间以及卧室被集中在 2 m×6 m 的模块内,并且卧室所占有的 2 m×3 m 的空间通过折叠床可以扩展作为日常使用空间;可变的功能空间则在 3 m×6 m 的模块内,除了靠墙一侧安排了家具,其余的空间都是自由的。所有的桌椅都经过特殊设计,平时不使用的时候都可以收入壁橱中,需要的时候再取出来,提高了空间的使用效率。如果"缩"

和"收"的方式直接扩展了空间,那么"变"则通过多样的空间体验间接"增加"了空间。特殊设计的"Z"形构件穿过预留在天花板的缝隙和主体结构框架连接,"Z"形构件下部连接滑轨,由此实现了可变的活动隔断。两扇活动隔墙在十字形的滑轨上自由滑动的过程中实现了空间性质(公共—私密)以及大小、形式的灵活转变,增加了空间使用的多样性(图 F28)。

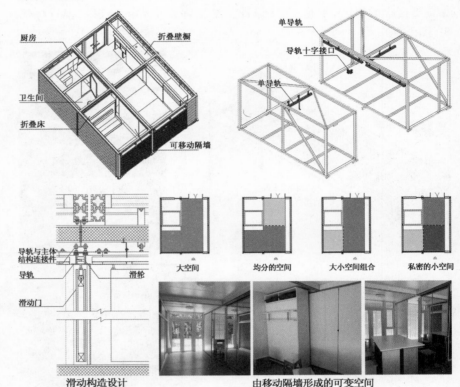

图 F28-a "微排屋"中根据建筑空间功能与变化需求定制的装修部件

图 F28-b "微排屋"中的滑动隔墙实现了空间的多变性
资料来源:铝合金可移动建筑设计团队提供,作者编辑;自摄

从上述系列产品原型的组件以及零部件设计中可以看出,虽然可移动铝合金建筑产品的体量不大,功能也不复杂,但从基础、结构、围护体到内装,再到水电、暖通等设备,形成了完整的构造系统。这个完整的系统设计不仅需要协调模块内部的构件形式、尺寸和连接,还需要处理不同模块之间的接口关系,例如各种围护体构件与主体结构的连接、基础模块与主体模块的连接、设备模块与主体模块之间的连接、单元模块之间的连接等等。尽管工业铝合金产品有着极高的加工精度,但安装误差不可避免,为了解决这些误差和调节所有构件的相互关系,模数协调和公差控制是装配设计必需的手段。

五、模数协调与公差控制

正如同艾顿所指出的,公差控制才是工程学的核心内容[6],在整体设计的铝合金可移动建筑系列产品中,模数协调只是用来确定组件大概尺寸的范围,而组件的加工尺寸必须考虑组件特定的安装方式。

例如在可移动集装箱铝合金房产品的复合保温铝板组件的设计中,根据结构框架的尺寸以及组件的制作工艺,在 6 m 的立面上按基本模数划分只需要两种型号的组件,即中间 2 000 mm 长以及两侧 1 950 mm 长的组件。但由于考虑到上下铝板之间需要留缝,同时还要能够防水,每块铝板都做了企口设计,并且根据面板位置的不同,企口的设置也不一样:

底部面板的企口在面板顶部,顶部面板的企口在底部,中间面板两端都有企口,因此将企口的尺寸以及安装误差计算在内后,实际的面板组件加工尺寸类型不是两种,而是六种,而且最终的组件加工尺寸都大于基本的模数尺寸(图F29)。

关于组件的模数协调与公差控制还在其他相似的围护体组件如地板、屋顶、内装面板中得到了应用,所有组件尺寸都得到了合理设计,在建造的过程中鲜有因为尺寸的误差而导致组件重新设计的问题出现。公差控制不仅在单元模块内各部分组件的关系协调过程中发挥了重要作用,还是单元模块之间组合协调的关键。在单元模块连接的过程中,接缝是构造连接处理的重点,随着单元模块的数量增加,接缝的误差也会累积而增大,而安装误差并不是导致接缝不能对齐的唯一原因,每个单元模块在安装过程中产生的误差也可能导致单元尺寸之间的差异,这些误差都是不可避免的。为了解决模块预制和装配中可能出现的误差,在装配设计中综合各种误差的可能进行了模块的公差设计,主要的构造方式为预留构造缝。

在南京陶吴镇台创园的可移动铝合金办公建筑设计中,构造缝的设计为最终的单元模块装配的顺利进行提供了必要保证。通过之前的建造实验,团队在对铝合金型材的组装误差(1 mm)、在使用过程以及吊装过程中可能产生的应力变形(2 mm),以及主体模块与基础平台就位时的安装误差(1 mm)等因素的综合计算基础上,结合人工装配误差的放大系数,最终确定了为单元模块之间预留2 cm的构造缝。由于构造缝的加入,建筑的尺寸也不再是简单地将若干单元的尺寸叠加就可以得出的,而是将总体单元尺寸的总和加上若干构造缝尺寸的总和而形成的(图F30)。针对预留的构造缝,弹性封堵、绝缘以及盖缝板等特殊的材料与构件被设计出来完善建筑整体性能、美观品质(图F31)。

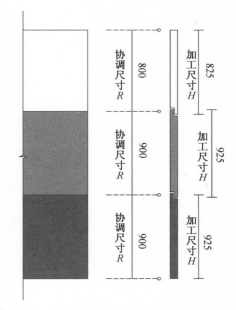

图 F29　围护体面板的模数协调与公差控制
资料来源:自绘

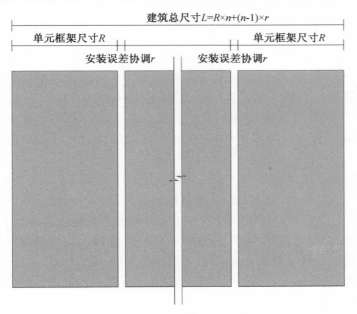

图 F30　单元模块的模数协调与公差控制
资料来源:自绘

有了总体的尺寸协调与公差控制,单元模块与组件安装的效率和质量就有了基本保证,但这还不够。为了提高构件与模块的安装质量,我们还需要合理、简洁、高效的装配工艺。虽然工业铝型材本身已经具备了成熟的构造连接技术,但围护体部件、基础部件以及设备部件与结构的连

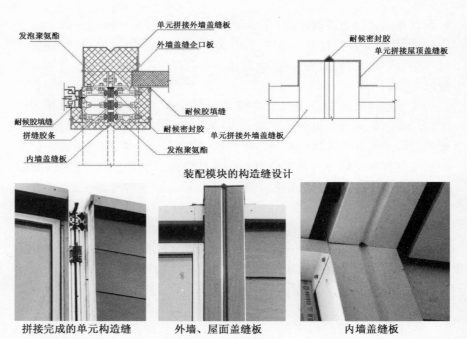

装配模块的构造缝设计

拼接完成的单元构造缝　　　外墙、屋面盖缝板　　　内墙盖缝板

图 F31　为了控制安装误差设计的构造
缝以及填缝、盖缝构造设计
资料来源：自绘、自摄

接并没有现成可用的构造连接技术，模块与模块之间的连接更是无先例
可循。这些既是装配构造设计的问题，也是激励团队进行创新性设计的
动力。在全面的市场调研、概念设计以及与产品生产企业合作的样品试
制、测验的过程中，众多具有原创性的可移动铝合金建筑产品的装配构造
工艺被研发出来。

第四节　装配构造设计

一、栓接构造

　　整个可移动建筑产品系列都采用了工业铝合金型材作为结构构
件，因此，构件、组件与模块的连接构造设计都与铝合金型材的构造特
征有着紧密的关系。相比较钢材，铝合金型材的加工精度更高，通过型
材四周的凹槽，工业铝型材可以在任意位置通过特制的螺栓和过渡连
接件和其他结构以及围护体构件连接，因此栓接成为装配构造设计的
核心。

　　相比较其他如铆钉、螺丝等金属连接构造，栓接除了安装高效，还具
有强度高、可拆卸等优点。由于所有的铝合金型材的凹槽尺寸都是统一
的（8 mm），因此螺栓与螺母的尺寸也是标准的：M8 型 T 形螺栓和螺母。
螺栓螺母的统一规格既减少了零部件的种类（表 F4），也为过渡构件的开
洞设计提供了基本参照，所有构件与铝型材连接面的开洞都采用了 9 mm
的长圆孔，既保证了工艺的标准化，也考虑了安装误差。主要的构件连接
包括工业铝型材之间（包括主体结构框架、太阳能支架、设备容器框架）、
各种围护体组件以及零配件与铝合金型材之间，都采用了统一的栓接
构造。

表 F4　铝合金单元房中的装配构件统计:栓接占据了装配构造的主要部分

连接部分	连接对象	连接工作量					
		卡扣连接		螺栓连接		自攻螺丝	
		个数	安装构件数	个数	安装构件数	个数	安装构件数
基础	框架	—		96	8		
框架	内部	—		720	39		
地面	框架			96	9		
墙体	框架	180	45	360	(45)		
	内部			—	—	128	8
屋面	框架	32	8	64	(8)		
	内部				—	174	11
总计		212	53	1 336	56	302	19
注:括号内构件由螺栓连接与卡扣连接件共同完成连接工作,不重复计入构件个数							

在减少螺栓的类型、保证结构强度的基础上简化节点的连接数量可以有效地提高装配效率。

资料来源:姜蕾.卡扣连接构造应用初探——应急建造及其连接构造问题研究[D].南京:东南大学,2009.

　　尽管过渡连接件用来栓接的开洞形式是相同的,除了型材之间标准的角件,根据节点强度和连接对象的差异,每一种栓接的过渡构件都是经过特殊设计定制的。过渡构件按连接功能可以分为三种:连接结构构件、连接围护体构件、结构构件同构配件之间的连接。主体框架结构的工业铝型材之间的连接角件是强度最大的,根据角度的不同分为 90°、45°标准角件,这两种角件采用了整体性铸铝制造工艺,因此是结构受力的主要构件。而对于起辅助结构作用的斜撑构件,由于和主体结构连接的角度不能确定,就需要进行定制。这种角件采用 4 mm 的铝合金板加工而成,具有一定的结构强度,通过折弯工艺可以满足不同角度的连接需求(图F32)。除了非标准角件,这些铝板还被加工成不同形式和尺寸的节点板,这些节点板并不具有结构支撑作用,主要是用来固定平面内构件的连接,如撑脚基础的顶部与基础平台底部的连接、主体单元模块底部定位构件与基础平台的连接、太阳能光电板的结构支架连接等(图 F33)。

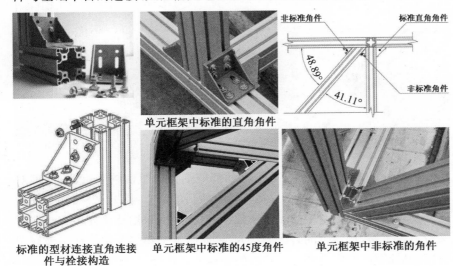

标准的型材连接直角连接件与栓接构造
单元框架中标准的直角角件
单元框架中标准的45度角件
单元框架中非标准的角件
非标准角件　标准直角角件　48.89°　41.11°　非标准角件

图F32　结构框架的栓接构造
资料来源:铝合金可移动建筑设计团队提供,作者编辑;自摄

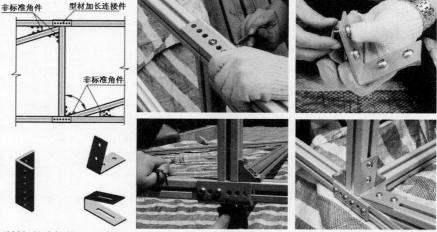

图 F33 太阳能结构框架的中的栓接构造
资料来源：铝合金可移动建筑设计团队提供，作者编辑；自摄

型材加长连接件　非标准角件　型材加长连接件的螺栓构造　非标准角件与型材的螺栓连接

　　除了用于结构型材连接的角件与节点板，围护体的部分组件也采用了类似的栓接构造。栓接对于型材的连接是高效的，因为型材是点对点的连接，容易定位；而相对平面型的围护体板材，如果同时要在定位的同时安装螺栓并紧固，不仅需要耗费较多的人力，也容易造成更大的安装误差。因此，对于围护体组件采用栓接的连接方式需要满足以下几个条件：① 组件至少有一侧能直接与连接的型材稳固地联系在一起，以保证构件对位的精确性，因为如果组件的所有位置在安装过程中都是悬空的，那么仅靠人力是很难实现精准对位的。比如地板组件可以平放在地梁上，内保温组件的底部可以搁置在地板上，在一边或者一个平面都可以稳定就位后，再进行栓接，就可以将安装误差降到最小。② 过渡连接件除了和型材连接的部分需要采用标准的栓接方式，和围护体组件的连接可以通过其他方式（如铆钉、螺丝等）预先固定，这样就可以减少组件现场安装的步骤与时间（图 F34）。

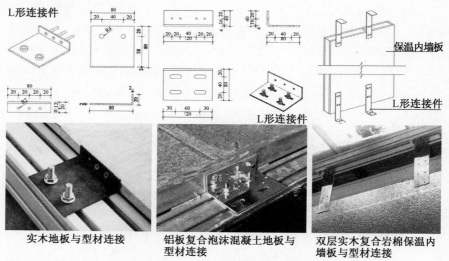

图 F34 围护体构件与型材构件之间特制的栓接构造
资料来源：自绘、自摄

实木地板与型材连接　铝板复合泡沫混凝土地板与型材连接　双层实木复合岩棉保温内墙板与型材连接

　　虽然栓接构造可以解决从型材到部分围护体组件的装配需求，但对于外围护体，尤其是外墙板，显然不符合栓接的基本条件。外墙板不仅种类繁多，安装时也完全脱离于主体框架结构之外，采用螺栓连接方式费时又费力。于是，从"挂"的装配方法入手，团队从塑料的卡扣构造中汲取了灵感，设计了用于安装外墙板特殊的金属卡扣构造。

二、卡扣连接

卡扣构造本身也是铝合金面板与龙骨连接的一种方式,如吊顶产品,轻型龙骨既是面板的支撑结构,又具有定位功能,铝合金面板与附着在龙骨上的卡扣件进行卡扣连接,高效而精确。在铝合金可移动建筑中,框架结构型材就是围护体组件的支撑结构,但是由于围护体组件的尺寸与质量都大大超过铝单板,因此原有的通过铝板边缘与卡扣件连接的方式在各方面的关键要素上都不能满足新的构件连接需求,因此,卡扣件需要重新设计。卡扣的关键要求包括强度、约束、协调性和容许度(表F5)。

表 F5　卡扣连接的关键要求及相关设计

关键要求	考虑因素	设计方案
强度	产品选择	铝合金板材
	连接件细部尺寸	2 mm 厚
约束	各向运动度限定 (水平方向除外)	安装方向上的运动度通过构件自身的重力以及相互之间的定位进行限制
协调性	安装方向	各连接点安装方向相同,相互无干扰
	操作空间	合理的安装顺序设计,预留足够的操作空间
容许度	安装工差	对构件进行导向增强设计,预留安装余量

资料来源:姜蕾.卡扣连接构造应用初探——应急建造及其连接构造问题研究[D].南京:东南大学,2009

卡扣构件的强度根据墙板的重量来决定,在可移动铝合金集装箱房产品中,由于墙板采用了铝板复合泡沫混凝土的工艺,重量较大,因此卡扣构件采用了 2 mm 厚的铝板。在南京陶吴镇台创园的可移动铝合金办公建筑的墙板中,采用的是铝板复合聚氨酯保温材料的工艺,重量有了明显下降,卡扣构件的厚度也减小到 1 mm。在约束性方面,墙板的安装方式决定了卡扣构件的定位以及运动方向的限制。不仅如此,为了更好地引导卡扣的装配运动,卡扣构件的卡口处做了斜角放大处理,起到了导向增强的作用,提高了装配的协调性。同时,扣缝的尺寸也比卡扣构件的厚度略大,增加了连接的容许度(图F35)。

点式卡扣件构造设计:连接开口斜角放大,加强装配导向

墙体安装中垂直运动的卡扣连接　　屋顶板安排中水平运动的卡扣连接

图 F35　铝合金集装箱房产品中墙板、屋面板与型材连接的卡扣构造设计
资料来源:铝合金可移动建筑设计团队提供,作者编辑;自摄

卡扣构造使得墙板组件在安装过程中只需要简单的滑动运动就能定位和固定，具有比栓接更高的安装效率。不过，点式的卡扣连接要求与型材预先连接的卡扣构件位置必须非常准确，如果第一块墙板的位置误差较大，累积到最后，安装误差就有可能超过设计的容许值。为了有效控制误差，在实际的操作过程中，建造者不得不逐个安装卡扣构件，在确认墙板位置无误后再进行下一块墙板的定位与安装，这样与预想的先把所有卡扣构件安装在型材上，然后一起进行墙板装配的工序并不吻合，反复调整卡扣定位件的位置也增加了装配时间。于是，在后续的设计中，为提高装配效率对卡扣构件进行了优化调整设计：通过将与型材连接的单个卡扣构件替换成了带有均匀连续开口的条形卡扣构件，这样，精确定位的工序就被具有更大安装容许度的公差设计取代了，新的组合卡扣构件的装配协调性有了显著提高，卡扣构造连接的高效得到了真正体现（图F36）。

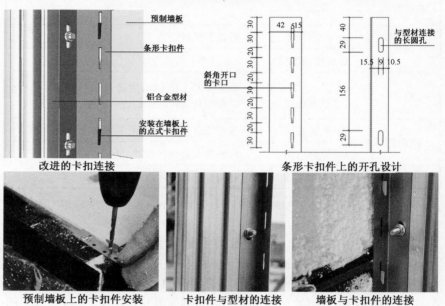

改进的卡扣连接　　　　　　　　　　　条形卡扣件上的开孔设计

预制墙板上的卡扣件安装　　卡扣件与型材的连接　　墙板与卡扣件的连接

图F36 铝合金办公建筑产品中改进的卡扣构造
资料来源：自绘、自摄

在保证建筑整体安全性与稳定性的情况下，在设计中尽量多地使用栓接和卡扣连接组件与模块，可以最大限度地提高现场装配的效率，并实现可移动建筑的反复拆卸与安装。虽然由栓接和卡扣组成的可变连接构造可以解决可移动建筑产品的大部分装配需求，但作为铝合金可移动产品系列中的一种特殊类型，灵活大空间的组合需求产生了单元模块连接的一种特殊装配构造——滑动构造。

三、滑动构造

为了留有安装误差的余地，单元模块之间装配时留有构造缝是必需的，而构造缝处理的技术也是单元模块连接质量和建筑性能的重要保证。在通常情况下，构造缝都是在单元就位后单独处理的，不过这种方式会产生以下一些问题：单独处理构造缝会耗费更多的装配时间和人力；由于填缝工作有不可避免的湿作业，会受到天气情况的影响；如果构造缝较多，不能在短时间内完成，雨雪等天气会对已经还未封闭的单元模块内部产生不利影响，比如电线等设备管线的接口可能被侵蚀。那么是不是可以设计一种集单元模块就位、填缝一体化的构造技术呢？这个问题在南京陶吴镇台创园的可移动铝合金办公建筑设计中成为装配建造最关键的问题,因为这个铝合金建筑是由 12 个单元模块拼装而成的,如果不能实现快速的单元就位和填缝工作,就会影响建造的效率和最终的建筑品质。

考虑到传统的静态填缝构造技术无法实现高效的装配需求,团队开始将思路扩展到运动构造技术中寻找新的可能。经过广泛的市场调研和反复的设计与模拟实验,滑动构造被确定为单元模块装配的可行性方案。在进一步的研发中,团队根据单元模块的重量、吊装的工序、定位需求以及填缝的过程选取了合适的产品并进行了建造实验和改进,最终实现了一套针对可移动铝合金建筑单元模块连接的滑动构造连接技术。

中间单元吊装就位   其余的单元从中间单元两侧按顺序滑动就位并完成缝隙填补

图 F37　对装配方式的创新思考激发了滑动构造的设计
资料来源:自绘

这套滑动构造的组件设计的每一个细节都和建造的工序密切相关(图 F37):滑动装配的基本设计策略在中间单元模块基本就位的基础上通过滑动进行精准的定位,然后其余的模块从两侧分别安装,通过相同的方式就位,在滑动就位的过程中挤压安装在单元模块四周的柔性材料完成填缝的工序。因此,在滑动构造设计中,滑动组件与弹性构造的设计是最为关键的。滑动组件的功能主要有两个:① 定位单元模块;② 在保证结构支撑强度的前提下实现流畅的滑动(表 F6)。

表 F6　滑动构造的关键要求及相关设计

关键要求	考虑因素	设 计 方 案
承载强度	产品选择	滚珠滑动轴承,动荷载 1.3 t
		不锈钢圆形导轨
约束	各向运动度限定 (水平方向除外)	吊装时,由槽钢引导单元进入固定位置,减少了最终定位时需要约束以及对位的工序
协调性	安装方向	各连接点安装方向相同,相互无干扰
	操作空间	合理的安装顺序设计,滑轨预先与基础平台连接,预留足够的操作空间
容许度	安装工差	与主体单元连接的槽钢构件留有 1 cm 的安装误差

资料来源:自绘

经过计算,每个单元模块在完成结构和维护体装配后的重量在 3 t 左右,因此如果采用 4 个点式滑块作为单元的支撑,每个点需要承担约 0.75 t 的重量。在市场调研中,基于现有常见的机械滑动轴承产品,团队发现了一种 14 cm×7 cm 的标准滚珠滑块产品满足结构承载与工艺改良的综合需求:该滑动轴承每个滑块可以承受 1.3 t 的荷载,同时,和这种滑块相配合的圆形导轨不仅可以根据需求切割成不同的长度,底面亦可以根据与之连接的铝型材凹槽位置预先开洞,通过标准的 T 形螺栓实现紧固的连接。

虽然现成的产品可以满足结构承载需求以及与基础平台的有效连接,但滑块顶部是光滑的,无法直接和主体单元模块的定位构件直接固定。为此,作为过渡连接的槽钢连接件被设计出来实现连接主体单元与滑块的承上启下的功能,这个特殊的构件不仅起到了连接固定作用,还起到了快速定位单元模块的作用。铝合金定位构件的宽度为 8 cm,考虑槽钢内部的倒角以及安装误差,最终确定使用 10 cm 宽的槽钢产品作为过渡构件。槽钢被切割为 16 cm 长的标准构件,根据滑块上部的四个预留螺栓洞口在槽钢底面开锥形洞,用沉头螺丝将槽钢和滑块进行固定(保证与主体垫块接触面的平整)。同时在槽钢两侧根据铝型材凹槽位置预先开长圆孔,通过栓接与铝合金定位构件紧固。在之前的单元模块吊装就位过程中,要使得单元的四个角都和基础平台完全吻合,每个点都需要调整 X 与 Y 方向两个位置的定位,而滑块上的槽钢固定件减少了一个方向的定位,显著提高了安装效率(图 F38)。

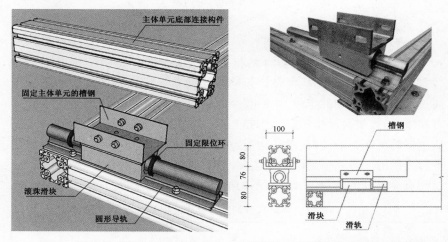

图 F38 滑动构造的产品选择与改进设计
资料来源:自绘、自摄

　　槽钢、滑块和导轨实现了定位与滑动功能,但在单元模块滑动就位之后,还需要一个可以固定滑轨的限位件,避免单元模块产生自由滑动。在设计限位件的开始阶段,工厂试制组件的工人师傅为我们提供了一种现场的圆环形卡扣限位器,这种限位器圆环的尺寸与滑轨的尺寸正好吻合,当单元滑动到指定位置,可以通过圆环限位器上的螺孔用螺栓紧固限位器,从而限制滑块移动(图 F38)。

　　在解决单元模块滑动与定位问题的同时,单元之间的弹性构造也是同步推进的另一个关键构造技术。作为弹性构造的填缝材料需要满足两个基本条件:① 硬度不能过大,以满足和型材连接的需求;② 具有一定的弹性和耐久性(表 F7)。在这两个前提下,用于汽车门窗封边的橡胶产品成为这个弹性构造设计的重要启迪:利用橡胶的可塑性,可以定制一种一侧可以嵌入型材凹槽便于安装,另一侧用于挤压产生弹性变形来封堵缝隙的特质弹性构件。

　　橡胶的种类很多,硬度区分橡胶的重要指标,它不仅关系到橡胶变形的难易度,还关系到橡胶的耐久性。在和橡胶制造商的共同讨论下,综合弹性橡胶的工作工况和变形受力程度,设计采用了一种耐候性较长,中等硬度[7]的硬橡胶材料。确定了弹性橡胶的种类,为了保证橡胶能够方便和型材凹槽的连接,同时又具有一定的连接强度,经过多次试制与实验,最终采用了一种两边都为圆环的胶条构造形式。两个圆环,一大一小,小的圆环用于和铝型材的凹槽相嵌,大的圆环则用于滑动过程中的挤压填缝(实心橡胶硬度过大,很难实现有效的挤压,无法准确控制缝隙的尺寸)。根据单元模块之间最终留有 2 cm 构造缝的设计,用于挤压的大圆环内直径设计为 2 cm,这样就为两边的单元模块挤压胶条实现严密的密封效果提供了充分的操作空间(图 F39)。

表 F7　滑动构造填缝胶条关键技术要求

关键要求	考虑因素	设计方案
耐久度	临时使用	耐候性较长的橡胶,耐久性 10~15 年
硬度	可以满足挤压变形要求	两个大小环的橡胶采用中等硬度,小环的壁厚比大环略薄
协调性	安装方向	水平线性安装,用润滑剂润滑橡胶条后从型材凹槽的一侧拉入
	操作工序	在型材安装成框架前预先在地面水平安装
容许度	安装工差	保证橡胶完全挤压后的壁厚叠加不会超过设计的构造缝跨度

资料来源:自绘

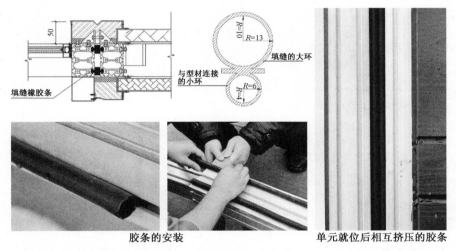

图 F39　根据滑动填缝的装配需求以及铝合金型材构造特征定制的嵌缝橡胶条
资料来源:自绘、自摄

　　滑动构造与弹性构造的组合装配设计保证了单元模块拼装的效率与质量,不过,作为一套全新的装配构造设计,只有构件样品试制还是不够的,为了确定各个组件能在真实的建造中各司其职,在正式安装前,必须在工厂做建造实验以确保新构造工艺的可靠性。经过试验,滑轨构造系统的承载强度、滑动可行性以及胶条的挤压效果都得到了确认,但也暴露了一些理想化的构件与建造工序设计问题(表 F8)。

　　例如,之前确定的圆环形限位构件由于与滑轨之间接触面积过小,摩擦力不够,很容易松动,并不能有效起到限位的作用。于是,一种简单有效的 L 形限位件被设计出来替代前者。又如为了保证单元模块在滑动过程中受力合理,又不被损坏,专门设计了一种由铝型材和钢构件组成的装配框架,在单元就位后,将装配框架扣在需要滑动的单元侧面,然后用两组紧线器拉动单元实现滑动。虽然实验中装配框架表现良好,但是由于框架较重,每次安装和拆卸都需要借助起重设备完成,加上复杂的紧线器固定步骤,准备工序过于冗长,耗费大量时间。经过现场的试验,发现紧线器可以直接固定于单元底部的吊装构件上进行紧固运动,效果和采用辅助装配框架是一样的,工序却得到了大大的简化(图 F40)。

实验目的	实 验 结 果	改 进 方 案
单元就位的精确性	安装误差的容许度设计合理,单元可以迅速在槽钢的引导下与滑轨连接	无
滑轨的承载力与移动性	就位固定后的单元能够顺利地沿水平方向进行滑动,滚珠滑块的承载力满足单元滑动荷载需求	无
胶条的挤压效果	应用紧线器可以滑动单元进行挤压,胶条的硬度适中,不会对滑动造成过大的阻力	无
限位器的约束力	在限位器固定后,滑动单元与固定单元拼接的过程中,固定单元出现了位移,限位器的约束力不足	重新设计了 L 形定位件,定位件与平台框架通过螺栓连接,大大增加了对滑块的约束效果
工装工具的工况	可以起到拉紧单元进行紧固的作用,但是工装工具的安装和拆卸都要用到起重机辅助,耗时又耗力	将紧线器固定在单元模块底部的吊装辅助构件上,进行单元紧限装配,简化了工序,但可以实现相同的效果

资料来源:自绘

图 F40‑a　滑动单元的工装工具构造设计

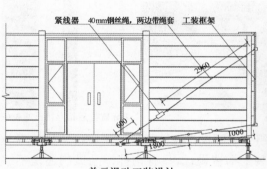 

单元滑动工装设计　　　　　　安装在单元模块上的工装框架

图 F40‑b　在工厂进行的单元模块吊装建造实验

1. 安装基础平台　　2. 基础平台调平　　3. 吊装单元模块　　4. 单元模块就位,滑到指定位置

5. 用限位器固定滑块位置　　6. 安装紧限工装工具　　7. 吊装第二个单元模块与滑块固定　　8. 利用紧线器将第二个模块拉到指定位置

原有的紧限环

改进后的紧限件

滑动构造的改进设计　　　安装工序的简化　　　现场模块装配

图 **F40-c**　经过建造实验后对模块装配构造以及建造工序进行了调整,保证了正式建造的效率与质量

资料来源:铝合金可移动建筑设计团队提供,作者编辑;自摄

　　经过精心设计和严谨实验改善后的装配构造为最终现场高效的装配建造奠定了扎实的基础。从 2013 年 1 月 3 号早上开始,到 1 月 4 号下午,不到 20 人的施工团队仅用时不到 16 h 的时间,就完成了 12 个单元模块的全部安装工作(包括从工厂到现场的运输时间在内)。当然,高效的装配过程也得益于系统的建造设计组织(表 F9)。

表 F9　单元模块结构的建造图

结构轴侧　　　　　　安装工序　　　　　建造记录

类型	编号	轴测图	数量	建筑图	连接构件	数量	工具	人工	时间
柱	APS-8-80120-1		4	详细参数见 APS 工业铝型材产品手册	标准直角件(详见角件图纸)	16	扭力扳手		
柱	APS-8-8080W-1		6	详细参数见 APS 工业铝型材产品手册	定制角件(详见角件图纸)	16	扭力扳手		
梁	APS-8-80120-2		4	详细参数见 APS 工业铝型材产品手册	标准直角件(详见角件图纸)	16	扭力扳手		
梁	APS-8-8080W-2		4	详细参数见 APS 工业铝型材产品手册	专用螺头螺栓(详见螺栓图纸)	28	扭力扳手		
梁	APS-8-4080W-2		6	详细参数见 APS 工业铝型材产品手册	标准直角件(详见角件图纸)	24	扭力扳手		

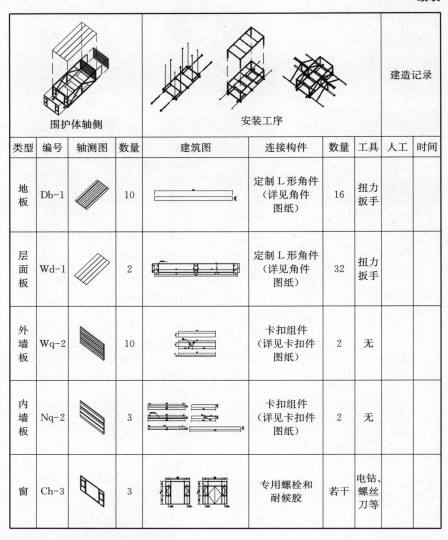

类型	编号	轴测图	数量	建筑图	连接构件	数量	工具	人工	时间
地板	Db-1		10		定制 L 形角件（详见角件图纸）	16	扭力扳手		
层面板	Wd-1		2		定制 L 形角件（详见角件图纸）	32	扭力扳手		
外墙板	Wq-2		10		卡扣组件（详见卡扣件图纸）	2	无		
内墙板	Nq-2		3		卡扣组件（详见卡扣件图纸）	2	无		
窗	Ch-3		3		专用螺栓和耐候胶	若干	电钻、螺丝刀等		

资料来源：自绘

本章小结

　　从上述可移动铝合金系列建筑产品的构造系统设计中，我们看到了完整的、基于开放的闭环开展的建筑设计、生产与建造流程。这是一种基于研发的全流程设计，并行的流程不仅效率高还更具创造性。当然，这种创造性也意味着在研发前端需要投入更多的时间与资源，比如需要高度集中的团队领导者与核心研究成员的注意力，需要全面地调查市场的需求，然后收集并分析国内外相关产品优点与缺陷，需要调研相关企业的产品制造工艺再进行改良与创新。

　　从 2011 年到现在，可移动铝合金建筑产品的研发工作都在持续地进行中，每一个产品原型的研发工作都在 4 个月到 8 个月的周期：期间从设计构想开始，到模型研究、虚拟建造、样品试制、实验调整，再到工厂生产、现场安装，经历了规划—设计—实验—生产—建造—反馈—修改的多次循环，产品的性能、装配工艺得到了不断的改进。系统的设计，并行的流程，严谨的实验将所有关于建造的细节都做了各项合理的均衡，性能、效率以及美观也都在合理的范围内做了协调处理。虽然研发的流程变得复杂,并且耗时更长,但建造过程变得更简单、安全、经济,建筑产品的整体品质也得到了保证。当然,这所有的一切离不开信息技术的进步:建筑信息模型(BIM)+计算机辅助制造(CAM)的模式取代了传统的二维设计(CAD)与生产建造分离的模式,设计研发与制造业紧密合作,设计、测试、生产以及组装不计其数的用于特定建筑产品的零部件。众多原创性的产品不仅改进了现有产品的缺陷,也为相关建筑产品生产企业的产品创新发展提供了机会,实现了建筑设计团队与产品制造企业双赢的局面。

东南大学建筑学院建筑技术与科学研究所关于可移动铝合金建筑产品的研发过程展示了一种不同于传统建筑学的,同时又符合当代建筑产业变革趋势的建造技术研究的发展方向。这个新的方向预示着建筑由造型艺术向更全面的流程设计的转变,不论是建筑教育还是建筑实践,都应该敏锐地把握住这个变化的脉动,将建造作为整个流程中至关重要的环节进行系统设计。

注释

[1]　基于环境保护的[4R]原则是从[3R]原则发展而来:reuse(重复利用)、reduce(减量化)、recycle(循环利用),随着技术的进步,又加上了 recovery(回收利用)。

[2]　王海宁,张宏,唐芃,等.工业化住宅之铝制建筑发展历史:以日本铝制住宅发展状况为例[J].室内设计与装修 2010(8):108-111

[3]　详见第六章第三节。

[4]　工业铝型材根据国际 ISO 标准,从 15 系列到 100 系列根据不同的企业的生产工艺有上百种不同的型号,适用于不同的工业制造领域。

[5]　详见第四章第四节。

[6]　详见第四章第三节。

[7]　邵氏硬度在 65~80℃之间的橡胶。

参考文献

一、中文著作

1. 中国科学院自然科学史研究所. 中国古代建筑技术史[M]. 北京:科学出版社,2000
2. 王群. 解读弗兰姆普敦的《建构文化研究》[M]. A+D,2001(1)
3. 叶丹,孔敏. 产品构造原理[M]. 北京:机械工业出版社,2009
4. 柴邦衡,黄费智. 现代产品设计指南[M]. 北京:机械工业出版社,2012
5. 陈镌,莫天伟. 建筑细部设计[M]. 上海:同济大学出版社,2009
6. 史永高. 材料呈现:19和20世纪西方建筑中材料的建造—空间双重性研究[M]. 南京:东南大学出版社,2008
7. 樊振和. 建筑构造原理与设计[M]. 天津:天津大学出版社,2009

二、中文译著

1. [丹]斯蒂芬·艾米特,[荷]约翰·奥利,[荷]彼得·施密德. 建筑细部法则[M]. 柴瑞,黎明,许健宇,译. 北京:中国电力出版社,2006
2. [德]汉诺·沃尔特·克鲁夫特. 建筑理论史:从维特鲁威到现在[M]. 王贵祥,译. 北京:中国建筑工业出版社,2003
3. [美]肯尼斯·弗兰姆普敦. 现代建筑:一部批判的历史[M]. 张钦楠,译. 北京:生活·读书·新知三联出版社,2004
4. [德]金德·巴尔考斯卡斯. 混凝土构造手册[M]. 袁海贝贝,译. 大连:大连理工大学出版社,2006
5. [德]普法伊费尔. 砌体结构手册[M]. 张慧敏,译. 大连:大连理工大学出版社,2004
6. [德]克里斯蒂安·史蒂西. 砌体结构手册[M]. 白宝鲲,译. 大连:大连理工大学出版社,2004
7. [德]黑格. 构造材料手册[M]. 张雪晖,译. 大连:大连理工大学出版社,2007
8. [德]舒克. 屋顶构造手册[M]. 郭保林,译. 大连:大连理工大学出版社,2006
9. [美]诺伯特·莱希纳. 建筑师技术设计指南:采暖·降温·照明[M]. 张利,译. 北京:中国建筑工业出版社,2004
10. 维特鲁威. 建筑十书[M]. 高履泰,译. 北京:知识产权出版社,2001
11. [英]尼古拉斯·佩服斯纳. 现代建筑与设计的源泉[M]. 殷凌云,译. 北京:生活·读书·新知三联书店,2001
12. [瑞士]安德烈·德普拉泽斯. 建构建筑手册[M]. 袁海贝贝,译. 大连:大连理工大学出版社,2007
13. [西]迪米切尔·考斯特. 建筑师材料语言:玻璃、金属、混凝土、木材、塑料[M]. 孙殿明,译. 北京:电子工业出版社,2012
14. [美]彼得·布坎南. 伦佐·皮亚诺建筑工作室作品集[M]. 张华,译. 北京:机械工业出版社,2002
15. [意]布鲁诺·赛维. 现代建筑语言[M]. 席云平,译. 北京:中国建筑工业出版社,1986
16. [斯]阿莱斯·艾尔雅维茨. 图像时代[M]. 胡菊兰,张云鹏,译. 长春:吉林人民出版社,2003
17. [法]勒·柯布西耶. 走向新建筑[M]. 陈志华,译. 西安:陕西师范大学出版社,2004
18. [荷]亚历山大·佐尼斯. 勒-柯布西耶:机器与隐喻的诗学[M]. 金秋野,王又佳,译. 北京:中国建筑工业出版社,2004
19. [美]维多利亚·巴拉德·贝尔,帕特里克·兰德. 走向新建筑[M]. 朱蓉,译. 北京:中国电力出版社,2008
20. [英]艾伦·麦克法兰,格里·马丁. 感官性极少主义[M]. 管可秾,译. 北京:中国建筑工业出版社,2002
21. [英]玛格丽特·A 罗斯. 后现代与后工业:评论性分析[M]. 张月,译. 沈阳:辽宁教育出版社,2002
22. [德]赫尔佐格,克里普纳,朗. 立面构造手册[M]. 袁海贝贝,译. 大连:大连理工大学出版社,2006
23. [德]金德·巴尔考斯卡斯. 混凝土构造手册[M]. 袁海贝贝,译. 大连:大连理工大学出版社,2006
24. [德]温菲尔德·奈丁格,艾琳·梅森那,爱伯哈德·莫勒,等. 轻型建筑与自然设计:弗雷·奥托作品全集[M]. 柳美玉,杨璐,译. 北京:中国建筑工业出版社,2010

三、外文著作

1. Frampthon K. Morden Architecture：A Gritical History[M]. New York：Thames and Hudson，1992
2. Frampthon K. Studies in Tectonic Culture：The Poetics of Construction in Nineteenth and Twentieth Century Architecture [M]. Cambridge，Mass：MIT Press，1995
3. Ford E R. The Details of Modern Architecture [M]. Cambridge，Mass：MIT Press，1990
4. Banham R. Theory and Design in the First Machine Age[M]. Cambridge，Mass：MIT Press，1980
5. Ford E R. The Architecture Detail[M]. New York：Princeton Architecture Press，2011
6. Leatherbarrow D，Mostafavi M. Surface Architecture [M]. Cambridge，Mass：MIT Press，2002
7. Groak S. The Idea of Building：Thought and Action in the Design and Production of Building [M]. London：E & FN Spon，1992
8. Wachsman K，Wendepunkt B. The Turning of Building：Structure and Design [M]. New York：Reinhole Publishing Corporation，1959
9. Gannon T. The Light Construction Reader[M]. New York：The Monacelli Press，2002.
10. Semper G. The Four Elements of Architecture and Other Writings[M]. Cambridge University Press，1989
11. Sekler E U，Curtis W. Le Corbusier at Work [M]. Cambridge，MA. ：Harvard University Press，1978
12. Allen S. Practice：Architecture，Technique and Representation [M]. Amsterdam：G+B Art International，c2000
13. Carter P. Mies van der Rohe at Work [M]. London：Phaidon，1999.
14. Ronner H，Jhaveri S. Louis I. Kahn：Complete Work 1935-1974 [M]. Basel：Birkhauser，c1987
15. Ursprung P，Meuron D. Nature History [M]. Montreal：Canadian Center for Architecture，c2002
16. Pare R，Ando T. The Color of Light[M]. New York：Phaidon，2000
17. Albertini B，Bagnoli S，Scarpa C. Architecture in Details [M]. Cambridge，Mass：MIT Press，1980
18. Dernie D. New Stone Architecture[M]. Boston：McGraw-Hill，2003
19. Paven V. Scriotures in Stone：Tectonic Language and Decorative Language [M]. Millan：Skira，c2001
20. Kaltenbach F. Translucent Materials：Glass，Plastics，Metals [M]. Basel：Birkhauser，c2004
21. Weston R. Materials，Form and Architecture [M]. Cambridge，Mass：MIT Press，1999
22. Farrelly L. Construction and Materiality [M]. Ava Publishing SA，2009
23. Burry M. Gaudi Unseen：Completing the Sagrada Familia[M]. Jovis Verlag，2008
24. Bel V B，Rand P. Materials for Architectural Design [M]. Thames & Hudson，2006
25. Allen E，Iano J. Foundamentals of Building Construction [M]. Toronto：John Wiley & Sons，Inc，2009
26. Abel C. Architecture and Identity：Responses to Cultural and Technological Change [M]. 2nd ed. New York：Architectural Press，2000
27. Samuel F. Le Corbusier in Detail [M]. Oxford：Elsevier Ltd Press，2007
28. Blaster W. Mies van der Rohe：The Art of Structure[M]. Basel：Birkhäuser Verlag，1993
29. Kieran S，Timberlake J. Refabricating Architecture[M]. New York：McGraw-Hill Press，2004
30. Smith R E. Prefab Architecture：A Guide to Modular Design and Construction[M]. John Wiley & Sons，Inc，2010

四、学位论文

1. 张慧. 玻璃钢（玻璃纤维增强塑料）的建筑应用与探索性研究[D]. 南京：东南大学，2009
2. 赫春荣. 从中西木结构建筑发展看中国木结构建筑的前景[D]. 北京：清华大学，2004
3. 邓中美. 大跨度建筑空间形态和结构技术理念探析[D]. 武汉：武汉理工大学，2004
4. 谢毅. 钢结构建筑构件连接构造技术研究[D]. 重庆：重庆大学，2008
5. 王晶. 钢结构建筑节点及材料的建构学[D]. 西安：西安建筑科技大学，2004
6. 张楷. 钢结构与玻璃建筑构造特征及表现研究[D]. 长沙：湖南大学，2004
7. 高原. 建构视野下的建筑细部设计研究[D]. 大连：大连理工大学，2010
8. 陈丽华. 建筑构造与细部的文化表现[D]. 合肥：合肥工业大学，2005
9. 曹婷. 浅析早期复杂形体建筑的设计与建造：以巴塞罗那家族大教堂为例[D]. 南京：东南大学，2012
10. 姜蕾. 卡扣连接构造应用初探：应急建造及其连接构造问题研究[D]. 南京：东南大学，2012
11. 焦红. 膜结构建筑与膜结构施工[D]. 上海：同济大学，2005
12. 刘杰民. 石材的建造诗学：建构视角下石材在建筑设计中的应用解析[D]. 济南：山东建筑大学，2011

13. 乔迅翔. 宋代建筑营造技术基础研究[D]. 南京:东南大学,2005
14. 邢大鹏. 现代木建筑技术及建筑表现[D]. 南京:东南大学,2005
15. 戚广平. "非同一性的契机":关于"建构"的现代性批判[D]. 上海:同济大学,2005
16. 周海龙. 徽州民居砌体外墙热工性能与改进技术研究[D]. 南京:东南大学,2011
17. 张弛. 基于永久模板体系的村镇低层住宅设计与可视化建造方法初探[D]. 南京:东南大学,2012
18. 邹育华. 论中国当代建筑学发展的"建构"话语[D]. 天津:天津大学,2005
19. 邵如意. 浅析参数化设计在建筑中的应用[D]. 南京:东南大学,2011